JN191778

繁殖干渉

Reproductive Interference

理論と実態

高倉耕一
西田隆義 ＝編

名古屋大学出版会

はじめに

本書のテーマである「繁殖干渉」とは，ごく単純化して説明すると，オス（動植物を問わない）が間違って他種のメスに配偶（求愛や送粉）を行い，そのメスに対して何らかの不利益を及ぼす現象である（第1章で詳述する）．このような迷惑な間違いは，野外での動植物の観察に長けたナチュラリストはしばしば目撃することであるが，それでもプロフェッショナルな生物学者が研究対象として注目することはほとんどなかった．おそらく，多くの生物学者たちは，生物の適応進化は概ね合理的な結果を導くものであると考えていたため，間違いが永続的・普遍的に存在し続け，さらには生態学的・進化学的に重要な意味を持つなどと考えることはなかった．

ところが，そのような考えは，1990年前後の理論研究や，21世紀になって積み重ねられた実証研究によって覆された．それらの研究は，繁殖干渉が生物界に広くあまねく存在し，さまざまな生態・進化の現象を作り出していることを示した．分布・すみ分け・食い分け・近縁種間での形質分化・外来種問題など，従来の生態学の教科書ではそれぞれ異なる章で説明されていた現象に繁殖干渉が深く関わっているどころか，それらを形づくる主要な要因になっていることさえ珍しくないことが明らかにされてきた．このことは，やや大げさに聞こえるかもしれないが，繁殖干渉に関する研究の進展により，教科書を随所にわたって書き換える必要が生じてきたことを意味する．

繁殖干渉の生態学的・進化学的な意義がこれほど大きいにもかかわらず，その理論や実証例，さらには研究法にいたる全容を概観することができる書籍は，これまで洋の東西を問わず存在しなかった．繁殖干渉という現象の普遍性とは不釣り合いに，その情報は不足していたのである．この情報不足が繁殖干渉に関するさまざまな誤解を生みつつあることに，繁殖干渉の実証研究に最初期から関わってきた編者らは，危機感や責任感を感じていた．本書の中でも述べられている通り，繁殖干渉の研究において日本の生態学者が果たしてきた役割は大きい．特に，繁殖干渉の一般的な性質を，シンプルな数理モデルを用いて明解に示した久野英二博士（当時京都大学農学部教授）の功績はきわめて大きい．この先見的な研究とそれに刺激を受けた実証研究によって，日本における繁殖干渉の研究は世界でも先行している状況にある．このアドバンテージを活かし，研究をさらに発展させるためには，繁殖干渉の理論から実証までを網羅した書籍がぜひとも必要であった．

そのように感じていた折，名古屋大学出版会より繁殖干渉の書籍をまとめるお誘いを受けた．必要性が高く重要な仕事であることは間違いなかったが，正直に言って，編者らだけで執筆するのは荷が重く感じられた．比較的新しい話題とはいえ研究は理論・実証にまたがり，関連する現象もきわめて広範囲にわたるためである．そこで，精力的に研究を進めている若手を含めた研究者に執筆をお願いしたところ，大変労力を要する仕事であるにもかかわらず快く引き受けていただき，人数は多くないものの，充実した執筆陣を揃えることができた．その執筆陣による本書は，大きく3部に分かれる．

第I部は「繁殖干渉の理論」と題し，その定義や過去の研究との関連を含め，理論的な背景について詳述した．第1章で繁殖干渉の定義や行動学的なメカニズム，生物群集への影響を解説した．また，繁殖干渉について生じやすい誤解を敢えて取り上げることで，繁殖干渉の特異な性質を浮き彫りにすることを試みた．第2章では，繁殖干渉由来と推測される現象が過去にどのように説明されていたかを解説し，以前の資源競争による説明が持つ問題点，および，繁殖干渉の理論がそれらの問題点をいかに解消するかを示した．このことを通して，繁殖干渉理論を群集生態学の体系の中に位置づけた．

第II部では「繁殖干渉の実態」として，著者らによる実証研究を植物（第3章，第4章）と昆虫（第5章，第6章）を題材に紹介した．第3章と第4章では，それぞれタンポポ類とイヌノフグリ類を対象として，外来植物が近縁な在来種に及ぼす繁殖干渉の例を解説した．第5章では，資源競争の例として有名なマメゾウムシの種間関係が，実は繁殖干渉によるものであることを実証した．第6章では，繁殖干渉がエサ資源や生息環境の分割（食い分けやすみ分け）をもたらすことを，テントウムシで研究した例を示した．これらの章では，実証研究を行う上での実際的な方法論や注意点にも可能な限り触れることにした．今後の研究に直接的に役立つだけでなく，繁殖干渉の性質を深く理解する上でも有用であると考えたためである．

第 III 部では「繁殖干渉研究の現在と未来」と題し，より俯瞰的な視点から既存の研究を総括したうえで，繁殖干渉研究の将来の展望を述べた．第 7 章では，第 II 部で紹介しきれなかった多くの実証研究を体系立てて紹介し，現在の繁殖干渉研究の到達点を示した．第 8 章ではまだ解明されていない繁殖干渉と他の生態的特性・進化的過程との関係について考察した．

これを書いている時点で，出版のお誘いを受けてから既に 3 年以上が経過してしまった．時間はかかったが，繁殖干渉の理論から実証までの研究を紹介し，生態・進化における繁殖干渉の意義を示すという当初の目的は達成されたのではないかと思う．第 8 章で詳述されているように，繁殖干渉が果たしている役割は現在明らかにされているよりもはるかに大きいだろう．本書では言及すらされていない役割もあるに違いない．本書の出版が契機となってそれらの謎の解明が進み，生物社会を形作る法則がさらに明らかになれば，私たちにとってこれ以上の喜びはない．

2018 年 9 月

編者を代表して　高倉耕一

目　次

第 III 部　繁殖干渉研究の現在と未来

I

繁殖干渉の理論

第1章
繁殖干渉とは

本書の目的は，生態学的あるいは進化生物学的にきわめて重要な意味を持つ繁殖干渉 reproductive interference という現象を，理論・実証の両面から，とくに実証面では多様な生物での研究をもとに，詳解することである．この章では，本題である繁殖干渉について述べる前に，まず私たちがこれまでに繁殖という現象をどのような枠組みと前提の中で考えていたのか，その中で何が見落とされていたのかを説明したい．この説明は，生物の繁殖に対する私たちの認識を再確認すると同時に，その認識の中で暗黙のうちに無視していたものが何であったのかを浮き彫りにするだろう．繁殖干渉が生態学の中で注目されるようになってから十分に時間が経ったとはまだ言えないが，なぜ私たちがこの重要な現象を長きにわたって見落としてきたのか，あるいはなぜ繁殖干渉という現象が誤解されやすいのかについての説明にもなるだろう．そのうえで，繁殖干渉の定義，基本的な性質，現在見られるさまざまな誤解，実証の枠組みについて議論し，繁殖干渉とは一体どのような現象であるのかを明らかにしたい．

1.1　繁殖とは何か？　繁殖干渉とは何か？

1.1.1　繁殖という現象をどう捉えるか？

動物・植物の別を問わず，繁殖はその生物の遺伝情報を後代に伝える重要な過程である．遺伝子の乗り物である個体はいずれ機能を失い死んでしまうことは必然であり，個体の死を乗り越えて遺伝子を伝えるためには，どのような形であれ生物は必ず何らかの手段で繁殖を行わなければならない．また，ほとんどの生物種は有性生殖を行う．そのためには，遺伝子を交換しうる個体と出会い，互いに配偶相手であることを認識し，配偶子を渡し，あるいは受け取らなければならない．この過程を効率良く進めることができる表現型，たとえば異性に好まれる美しい羽や遠くからでも配偶相手を見つけ出すことができる視覚や嗅覚，あるいは配偶におけるライバルを追い散らすことができる大きな体は，進化的にも有利になるであろうことが予想される．これらの表現型が広義の自然選択[1)]の対象になる，つまり性選択が作用することは，ダーウィンが既に指摘していた（Darwin, 1874）．このことは進化生物学が成熟した1980年代以降には，広く受け入れられるようになっていた．

しかし，その繁殖の重要性についての議論は，あくまで種内での文脈にとどまっていた．このことは種という用語をより厳密に言い換え，繁殖集団と定義するとわかりやすい．つまり，これまでの繁殖に関する議論は，暗黙のうちに「繁殖は繁殖集団の中でのみ意味を持つ」という前提を設けていたと言ってよい．一見するとこの前提はきわめて当然のことのように思えるかもしれない．確かに，（雑種の問題は後述するとして）一般的には繁殖によって子孫を作ることができるのは同種個体の間で配偶を行う場合に限られる．そのため，繁殖によって産み出される子孫個体に注目する限りは，同種個体同士の相互作用を重視することは間違いではない．ただし，そのような見方は繁殖という活動の一面を見ているにすぎない．繁殖は遺伝子の乗り物である子孫個体を産み出す一方で，エネルギーや時間など多くの資源を消費する活動であり，オス同士の闘争や，オス個体からメス個体へのセクシャル・ハラスメントなどの干渉型の相互作用を産み出す，大きなコストを伴う活動でもある．有効な遺伝子の乗り物たる子孫は同種個体の間でしか生まれない一方で，そこに至るまでのコストで

1）ただ単に自然選択と呼ぶ場合には，性選択を含まない狭義の自然選択と性選択も含んだ広義の自然選択の両方を指すことがある．ここでは後者を広義の自然選択と呼んだ．

ある資源消費やハラスメントは種間で配偶や交尾が生じた場合にも同じように，場合によっては種間での配偶や交尾のほうが同種内の場合よりもより強く，あるいはより悲惨な形で生じるのである．

私たちが自然の中で生態現象を観察する場合，よほど注意深くても目につくのは存在しているものだけである．繁殖に関して言えば，正常に生まれてきた卵や幼体，種子は容易に観察することができる．ごく低頻度にしか生まれなかったとしても，雑種個体は確かにそこに存在しているため，やはり容易に観察することができる．存在していないものを見ることはない．求愛や送粉といった配偶過程を最終的な繁殖という目的のみに注目し，「新たな個体を産み出す過程あるいは個体間相互作用」であると位置づけるのであれば，存在しているものだけに注目することは正しい．しかし，前述のように，配偶は「コストを負わせる個体間相互作用」でもあることを考えると，そのような見方は配偶という相互作用のうち，形ある子孫を残すことに成功したものだけを見ていることになる．子孫を残すことなくただ消費されていった資源や，そのために産まれるはずだったが生を受けるに至らなかった子孫については，全く見ていない．それらは決して目に見えるものではなく，自然の中で観察されることはない．

1.1.2　繁殖干渉の定義

繁殖干渉の実体は，こうした繁殖成功度[2]の見えない喪失である．より一般的に定義すると，繁殖干渉とは種間配偶によって生じる干渉型の相互作用であり，特にメスの繁殖成功度の低下をもたらすものを指す．ここでメスの繁殖成功度と限定したのには理由がある．配偶における種間相互作用はオスにも生じ

2）繁殖成功度とは，ある個体，特にある形質を持った個体が，生涯に残す子どもの数の期待値と定義される．生涯にわたって子どもの数をすべて数え上げるのは困難なので，実際の研究では相対的に評価されることや，繁殖成功度と関連する別の要素（たとえば性成熟後の寿命など）で評価されることも多い．繁殖成功度は，集団サイズや形質の頻度を直接左右するので，生態的にも進化的にもきわめて重要な値である．

うるものの，その影響はきわめて限定的である．たとえば，異なる種のオス個体同士が争うことは，樹液に集まるカブトムシとクワガタムシ類など実際にさまざまな動物で知られている．そのような異種オス同士の争いは，そのオス個体に対しては時間やエネルギーを浪費させ，場合によっては怪我や死亡をもたらすかもしれない．しかし，そのようなオスにおける適応度のロスは，個体群の成長には影響しにくい．一般的に，オスは1頭でも多くの配偶機会を持ちうる一方で，1頭のメスが残す子孫の数には限りがある（ベイトマンの法則）．そのため，オスの配偶機会が多少制限されても個体群の成長にほとんど影響しないが，メスの繁殖成功度の低下は個体群成長の低下に直結しやすい．近年の研究の中には，オス同士の種間相互作用を繁殖干渉としているもの（たとえば，Drury, Okamoto, et al., 2015）もあるが，そのような相互作用は実際には種の排他的分布や排除をもたらしていないとされている．

本書で取り扱う繁殖干渉のもう一つ重要な特徴は，その作用が頻度依存的であることである．つまり，繁殖成功度の低下の程度が，自種個体数に対する他種個体数の比率によって決まることが重要である．極端に単純化した例で説明すると，近縁他種も含んだオス集団の中からランダムに配偶者を選ぶような場合，自種と他種の比率が1：1であれば，配偶相手を間違うことによって種間配偶のコストを負う確率は50％であり，1：3であれば75％になる．このように，メスのコストが，配偶者集団の数や密度ではなく，2種の頻度に依存することが決定的に重要である．たとえば，植物の配偶における種間相互作用として注目されてきた現象の一つに，送粉者をめぐる競争（Levin and Anderson, 1970；Waser, 1978a；Brown and Kodric-Brown, 1979）があるが，この相互作用は繁殖干渉ではない．仮に，自種と多種の頻度は変わらず密度がそれぞれ2倍になった場合，送粉者をめぐる競争は厳しくなるだろう．しかし，ここに頻度依存的な種間の相互作用はない．1.2.2小節で詳述するが，頻度依存的な影響こそが種の排除をもたらす決定的に重要な性質であるため，繁殖に関係していても頻度依存的でない種間相互作用は，本書で扱う繁殖干渉の範疇に入れないこととする．

配偶過程は分類群によってきわめて多様であり，その過程で生じる種間相互作用も同様に多様だろう．現時点では想像すらできないような種間相互作用さえあるに違いない．しかし，この小節で述べたように，重要なのは種間配偶がメスの繁殖成功度を低下させ，さらにその低下の程度が2種の頻度に依存するという性質である．本書で扱う繁殖干渉は，そのような性質を備えた種間相互作用である．

1.1.3 種間配偶のコストとは何か？

1.1.2 小節で述べた「種間配偶のコスト」とは，具体的に何を指すのだろうか．既に述べたように，私たちの生物を見る目は通常“存在する何か”に向けられているため，種間配偶のコストについても形のあるものに注目が偏りがちである．しかし，生物の繁殖は多くの段階を踏むため，コストも多様である．その中には形のあるものもあるが，ないものの方が多いだろう．ここでは，動物における種間配偶における段階のうち四つ（図 1.1）を取り上げ，それぞれの段階で生じうる繁殖成功度のロスについて紹介する．ここでは動物を例に挙げて詳述するが，植物においても同様に繁殖成功度のロスが生じる．動物での求愛は植物における送粉過程に相当し，交尾は花粉管の伸長に相当すると置き換えて考えることができるだろう[3)]．ここで取り上げる配偶過程の4段階は時系列で並んでおり，なおかつ前の段階が後の段階の前提条件になっている．つまり，後の段階ほど発生の頻度が小さ

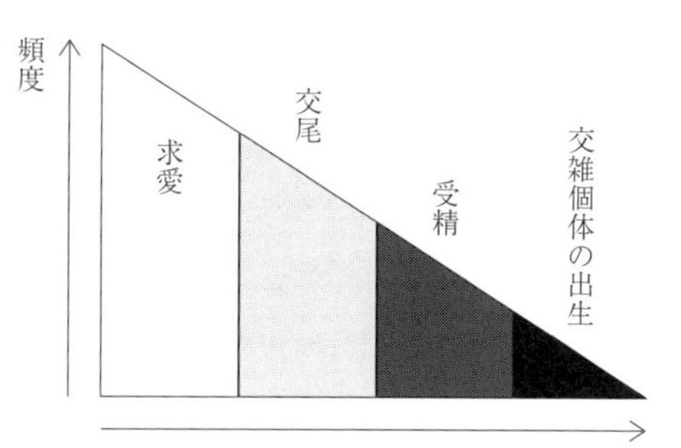

図 1.1　動物における種間配偶の各段階とその頻度の関係．最終段階である交雑個体の出生は全体の中では低頻度であり，それ以前の段階の相互作用がさらに高頻度で存在していることに注意する必要がある．

3）動物と植物の繁殖戦略は，一般的に大きく異なる．そのため，各段階で生じる種間配偶のコストも，大きく異なったものとなる．具体例については，第3章および第4章を参照されたい．

く，稀な現象であるということに注意が必要である．

段階 1：求愛とその拒否

多くの昆虫の求愛は，オスがメスをしつこく追い回したりマウントしたりするといった，やや荒っぽく強引なものである．たとえば，アズキゾウムシ（アズキの害虫で，生態学の研究で盛んに用いられる甲虫の一種．第 5 章で詳細に紹介する）ではオスは交尾器を伸ばした状態でメスを追いかけながら，隙あらば上に乗りかかり交尾しようとする．追いかけられたメスは逃げ回りながら，時折飛びかかってくるオスを脚で蹴落とそうと激しい拒否行動をとる．この間，メスは産卵することも休息することもできず，エネルギーや時間をロスするばかりである．モンシロチョウでもオスはメスを追い回して求愛する．メスは飛んで逃げるだけでなく，とまった状態で尾端を持ち上げるという特徴的な交尾拒否姿勢をとる．これらの拒否行動でも，メスは採餌や産卵，休息の時間をロスし，エネルギーを浪費することになる．もし，多数の別種オスが存在し，それらに求愛されることになれば，その不要な求愛を拒否するためにメスは多大なエネルギーと時間を消費しなければならなくなる．また，過剰な求愛を避けるために，採餌場所や産卵場所での滞在を減らすなどの行動の変化が生じれば，これらもエネルギー摂取や産卵の速度の低下を招くだろう．いずれもメスにとっては繁殖成功度の低下に繋がることになる．また，注意が必要なのは，これらの繁殖成功度の低下は形のある証拠を残さないことである．繁殖成功度の低下は最終的な産卵数や子どもの質でしか評価できないために，野外観察などで他種オスによる求愛の影響を測ることは容易ではない．

段階 2：種間交尾とそれに付随するコスト

種間での求愛が生じた場合，その一部では交尾が成立することもある．前述の通り種間求愛を拒否するためにもメスはエネルギーや時間を浪費したが，種によって交尾時間は数時間から数日に及ぶこともあり，種間交尾によってメスはさらに時間やエネルギーをロスすることになる．オスは自身の父性を高めるために，交尾前あるいは交尾後にメスを独占的に防衛することがある．たとえば，多くの甲殻類ではメスは繁殖期に一度しか交尾ができないので，オスは性成熟直前のメスを捕まえて警護し，交尾の機会を独占しようとする．あるいは，ギフチョウ類 *Luehdorfia* spp. やウスバシロチョウ類 *Parnassius* spp. などでよく知られているように，交尾後にメスの生殖器を物理的に塞いでしまうこともある．これらのオスの行動によって，メスは時間とエネルギーを失うだけでなく，正しいオスとの交尾の機会も失うことになる．

種間交尾は，時としてより悲劇的なコストをメスにもたらすこともある．体内受精を行う動物においては，同種のメスとオスの交尾器が形態的な対応関係にあることが多い．このことはしばしば「錠と鍵」の関係にたとえられる（石川，1991）．もともと交尾器は外部形態よりも多様であることが多く，種の同定を行う上では重要な形質の一つとされてきた．そのために，種間ではメスとオスの交尾器の形態が大きく異なっていることがあり，「錠と鍵」がうまく結合しない場合がある．悲劇的なのは，うまく結合できないだけでなく，交尾器を物理的に損傷してしまう場合である．ペニスが膣壁を突き破ってしまったり，ペニスが折れてしまったりする例が知られている（Sota and Kubota, 1998）．

また，種間交尾がもたらす直接的なコストは物理的な外傷だけにとどまらない可能性がある．キイロショウジョウバエ *Drosophila melanogaster* で知られているように（Chapman et al., 1995），動物種の中には精液の中にメスにとって有害な成分を含むものがある．交尾1回分の毒成分であれば持ちこたえることができても，2回分の毒成分には耐えられない場合，メスにとっては生涯に1回だけ交尾をすることが最適な行動になる．それによって最初に交尾したオスは，そのメスが産む卵を全て自身の精子で受精することができるので，繁殖成功度を高めることができる．しかしメスの立場から見れば，このような毒成分は生理的に大きな負担になることから，解毒能力の高いメスが選択されるだろう．つまり，高い解毒能力を持ったメスは多くのエサを食べ，より長生きをし，多くの卵を生むことができるので，進化的には優位である．そのようなメスは2回目の交尾をしても命を落とすこともないかもしれない．しかし，そのように精液の有毒成分がメスに解毒されてしまい，2回目以降の交尾が起こりうる状況は，交尾相手であるオスにとっては好ましくない．メスの解毒能力が向上した分だけ，精液中の毒成分は強くなるような選択が作用するはずである．このような雌雄間の軍拡競走を経て，精液の毒成分とメスの解毒能力は互いに高めあっていくに違いない．毒成分の強さや解毒能力を高いレベルで維持するためには何らかの生理的なコストが必要だろうから，この軍拡競走はどこかで止まるはずだが，その停止位置は配偶集団（地域集団）によって異なることが実証されている（Himuro and Fujisaki, 2008）．このような雌雄間の生理的な拮抗作用が要因となって生じる繁殖干渉は，これまでの研究からは知られていないが，その理由も毒性や解毒能力が見えにくいためだろう．

また，種間交尾はメスのその後の行動を変える可能性もある．第6章で詳しく述べるが，クリサキテントウのメスはナミテントウのオスとの種間交尾を経験すると，それ以降の交尾をしにくくなることが示唆されている．実験的に同種オスとの交尾をさせれば妊性は完全に回復するにもかかわらず，他種オスとの交尾後に自ら同種と交尾し妊性を回復させることは少なく，結果的に繁殖成功度を低下させてしまう．その生理的なメカニズムについては不明であるが，メスの不応期（性的な活動を行わない期間）を延長する物質が精液中に含まれていることが多くの昆虫で知られており（Takakura, 2004；Gemeno et al., 2007），これと似たような作用がメスの行動を変化させているのかもしれない．しかし，現在のところ，そのようなメカニズムによる繁殖干渉はほとんど知られていない．クリサキテントウのメスの行動の変化も，条件をコントロールし，個体識別を行った上での室内観察でようやく認識できたわけで，これを野外で検知することはきわめて困難だっただろう．このように，行動の変化をメカニズムとした繁殖干渉は原理的には生じうるものの，検出は容易ではない．

ここでは，種間交尾が生じた場合のメスのコストについて，時間やエネルギーのロス，交尾器の物理的な損傷，精液中の物質による死亡や行動の変化などを挙げたが，種間交尾そのものによって生じるコストに限ってもきわめて多岐にわたることがわかる．しかも，これらのコストのうち，観察などで容易に検出可能であるのは交尾器の損傷に限られる．その他のコストについては，たとえそれが劇的に大きな影響を持っていたとしても，野外観察などで気がつくことは難しい．

段階3：異種配偶子同士の融合による胚の死亡

異種間で行われた求愛のうち，一部では上述のように種間交尾が起こりうるが，さらにその一部では正常に精液が受け渡される．その一部では，異種配偶子同士の融合が起きるかもしれない．しかし，体内受精を行う種の場合，受精やその直後の死亡については観察が困難であり，異種配偶子の融合のうち生存能力を持つ子孫がどの程度産まれているのかについては必ずしも明らかでない．昆虫類は体内受精ではあるものの産卵直前に受精が行われるために，異種配偶子の融合のあと胚の発生がどのように進むのかについての観察が比較的容易である．アゲハチョウ属 *Papilio* について人工的に種間交尾を行わせ卵発生の過程を観察した研究では，種の組み合わせによってばらつきは大きいものの，受精卵のうち孵化にいたるものは10％前後が多く，全く孵化に至らない親種の組み合わせもあることが報告されている（阿江，1962）．ハマダラカ属 *Anopheles* の8分類群（種・亜種）を用いて種間交雑を行わせた実験では，42組の全組み合わせで少なくとも一部の卵の発生が見られたものの，半数以上の卵が孵化する組み合わせは11通りだけで，成虫にまで発生したものはきわめて少なかったことが報告されている（Takai and Kanda, 1986）．体外受精を行う種での観察はより容易で，特に水産資源として有用な魚類については育種を目的に多くの研究が蓄積されている．伊藤ほか（2006）はサケ科における雑種個体の生存能力についてまとめ，12種の親種を用いて，異種の組み合わせの90通りのうち50通りで雑種が致死性であるとしている．カエル類では13親種からなる組み合わせ48通りのうち30通りで少なくとも一部の卵が発生を開始したが，そのうち孵化に至ったのは3つの組み合わせのみであったことを報告している（倉本，1974）．また，種間交雑によって産まれた子のうち一方の性だけが致死になる場合もある．キイロショウジョウバエのメスとオナジショウジョウバエ *Drosophila simulans* のオスの交雑では娘個体だけが発生する（Sturtevant, 1929）．

種間交雑の可能性は古くからさまざまな生物で調べられてきた．しかし，それらの研究では，雑種ができなかった場合に，それが配偶子の融合が起きないためなのか，その後の発生が進まないためなのかを区別していないことが多い．しかし，繁殖干渉が生じるかどうかという観点においては，両者は全く異なる意味を持つ．異種配偶子との融合が起きないのであれば，種間での配偶は（少なくともこの段階においては）繁殖成功度の低下をもたらさない．しかし，融合が生じて，さらにその後に胚が死亡するのであれば，繁殖成功度は低下する．しかも，エネルギーと時間を投資して形成した卵細胞を失うのであるから，繁殖成功度の低下は深刻なものになりやすいだろう．雑種形成に関する研究がもし既にあり，雑種ができないのはどの段階に原因があるのかが明らかにされていれば，繁殖干渉が存在するかどうかを判断する材料の一つになるだろう．

段階 4：雑種個体の繁殖能力

種間求愛のうち一部で種間交尾が起き，そのうちの一部では異種配偶子同士が融合し，さらにそのうちの一部では胚の発生が進行した結果として，種間雑種が生じることがある．繁殖干渉が注目される以前，繁殖過程における種間相互作用といえば雑種形成のことを指すことがほとんどだった．そのため，形成された雑種個体について，その生存能力および繁殖能力に関して研究が蓄積されてきた．

ラバ（オスのロバとメスのウマの交雑個体）やライガー（ライオンとトラの交雑個体），レオポン（ヒョウとライオンの交雑個体）などの例で知られているように，交雑によって産まれる個体はしばしば不稔[4]である．魚類のシマドジョウ属 *Cobitis* spp. 種間（皆森，1951；Minamori, 1951），モツゴ *Pseudorasbora parva* とシナイモツゴ *P. pumila pumila*（Konishi et al., 2003），昆虫類のコクヌストモドキ *Tribolium castaneum* とカシミールコクヌストモドキ *T. freeman*（Wade and Johnson, 1994）などの組み合わせにおいても，完全な雑種不稔性が知られている．また，どちらか一方の性にだけ雑種不稔性が現れることもある．たとえば，ドクチョウ属 *Heliconius* での研究では，雑種メス個体のみが不稔であることが知られている（Naisbit et al., 2002）．多くの場合，段階 3 で述べた致死の場合も含め，異型接合の性（ヒトで言えば XY 型であるオス．チョウ目ではメスが異型接

4）繁殖能力を持たないこと．特に，正常な配偶子（卵・精子）を作る能力を欠くこと．動物のメスについて「不妊」の語を用いることが多いが，本書では動物・植物，オス・メスを区別せずに，「不稔」を用いることにする．

合）で種間交雑の影響が顕在化する傾向があることが知られ，このことはホールデンの規則（Haldane, 1922）と呼ばれる．ここでは，動物の例を多く挙げたが，植物でも同様である（たとえば，Yamaguchi and Hirai, 1987）．

このように雑種個体は多くの興味を惹き，具体的な知見が残されていることも多い．その中でも不稔雑種を生じる種間配偶は，繁殖干渉の一つである．しかし，上述のように，配偶における種間相互作用の最終段階であり，ここに挙げた相互作用のうち発生頻度は最小であることに改めて注意して欲しい．

1.2　個体から個体群へ

多くの生態学の教科書が最初の章で説明するように，生態学的な現象には複数の階層がある．最も下位の階層は個体であり，それよりも上位の階層として同種個体の集合である個体群，複数種の個体群の集合である群集などがある．既に述べた種間配偶のコストは，全て個体レベルでの現象であった．いわば，不運な個体が存在するというだけの話である．種間での配偶がそのような個体の不運をもたらすことについては，1.1.3 小節で紹介した不稔雑種個体の例などで，古くから知られていた．しかし，そのような個体レベルでの不運がそれよりも上位の階層での現象を駆動する可能性は，ほとんど考慮されてこなかった．繁殖能力がない子どもが産まれる交雑は，間違いを犯した個体にとっては重大事だが，それが個体群や群集の動態に大きな影響を与えるかもしれないとまでは考えられてこなかったのである．

一方で，繁殖干渉が生態学的に重要な意味を持つ理由は，2 種間の置き換わり（排除）をもたらしたり，ある種の分布域を制限したり，ある種の利用する資源の範囲（たとえば食性幅）や配偶時間帯を変更させたりと，個体群ないしは群集のレベルでの現象をもたらすことにある．個体レベルの現象がそれよりも上位の個体群・群集レベルでの現象を駆動する特別なメカニズムが存在しなければ，繁殖干渉の重要性はより小さなものになるだろう．個体の不運が，種の存続を左右するほどに重要になるメカニズムとは，一体どのようなものだろうか．

1.2.1　理論的研究からの予測

種間配偶について，個体群レベルでのその意味を初めて明示的に問うたのはRibeiro and Spielman (1986) のシミュレーション・モデルである．彼らは昆虫のような動物を念頭に，性的に相互作用する2種生物の動態を数理的に解析し，種間配偶が繁殖成功度を低下させる場合には，容易に側所的分布（2種がごく狭い共存域，あるいは分布境界を挟んで異所的に分布すること）や排除が生じること，つまり性的な相互作用が2種の共存を強く妨げることを示した．側所的分布と排除はいずれも2種が共存できない状態である．そのごく狭い共存域が時間的に不動である場合が側所的分布であり，時間とともに移動して最終的には一方の種の分布域が消滅する場合が排除であると言ってよい．いずれにしても，適応度コストを伴う性的な種間相互作用が存在すれば，2種の共存はきわめて困難になることを，彼らのモデルは初めて示した．とりわけ，彼らのモデルが空間構造を明示した解析であったことから，これまで全く無関係と認識されていた配偶と分布の間に関係を示したことは意義深かった．彼らはこの論文の中で，種間における配偶とその作用のことをsatyr effect，つまりサチュロス効果と名付けている．ギリシャ神話に登場する半人半獣のサチュロスは，しばしばニンフを襲う“種間配偶”を行うことに由来する．この呼び名は，彼らが動物種間での現象を主に念頭に置いていたことを反映していると思われるが，それにしても動物に偏りすぎた印象を与え，その後に植物生態学者がこの現象に気がつくことを遅らせた要因となったかもしれない．

Kuno (1992) も動物，特に昆虫において配偶時間帯や寄主植物が近縁種間で分離していることを念頭に，種間での性的な相互作用について微分方程式を用いたモデルの解析を行った．ロジスティックモデルを拡張したそのモデルはきわめてシンプルで，他種の存在によって同種配偶者との遭遇機会が減り，その結果として実現される出生率が低下することがその骨子である[5]．このことは，資源をめぐる競争を念頭に置いたロトカ-ヴォルテラの競争方程式では，他種の影響が混み合い効果として作用することと対照的である．Kuno (1992) がこのモデルで示したきわめて重要なことは，種間相互作用の影響は資源競争よりも配偶において生じる場合のほうがはるかに大きいということである．ロトカ-ヴォルテラの競争方程式において種の排除が生じうるのは，他種の影響が自種のそれよりも大きな場合に限られる．さらに，現実的な環境の異質性と生物の分布様式を考えた場合には，排除はさらに生じにくくなる (Kuno, 1988)．ところが，配偶における種間相互作用は，その頻度が自種との配偶よりもずっと低くても排除をもたらすことを示した．

なお，繁殖干渉 reproductive interference という用語，あるいはその頻度依存的な作用の指摘は，Ribeiro and Spielman (1986) や Kuno (1992) 以前にも存在していた．Grant (1972) は配偶形質における形質置換の原動力として reproductive interference に言及している．Colwell (1986) は，植物寄生性のダニにおける寄主分割の要因として，種間での配偶を避けるためであるという仮説を提唱し，reproductive interference という語句を用いている．しかし，いずれもその頻度依存性についてまでは明示的に言及していない．Levin and Anderson (1970) は，種子植物2種間の送粉の過程をモデル化し，その頻度依存性と少数派不利の原則について明示的に指摘した．しかし，彼らはこの現象に特別な名称を与えることもなく，競争排除の一つとして扱った．また，彼らの議論は，植物における送粉に限定されていた．このことは，Ribeiro and Spielman (1986) や Kuno (1992) が動物を対象に議論を展開していたことと似ている．このように，繁殖干渉の性質については，対象生物の分類群が限定された形で，あるいは個体群レベルでの影響やその頻度依存性までは言及されない形で，何度も繰り返し発見されていた．しかしながら，繁殖干渉が分類群を問わずに生じうること，そしてその影響は単なる個体の繁殖失敗にとどまらずに一方の種の排除をもたらすこと，その影響力は資源競争の比ではないことなどが包括的に理解され，実証研究が盛んに提出されるようになるには2000年代を待たなければならなかった．

---

5) モデルについての詳細な解説は第2章に譲る．

1.2.2　頻度依存性と正のフィードバック

繁殖干渉が資源競争よりも強力に排除をもたらすことは，繁殖干渉が頻度依存的に作用するために，その影響力の大きさには正のフィードバックが掛かることによる．繁殖干渉には，多い種がますます多くなる性質，いわば多数派有利の原則が予め組み込まれていると言ってもいい．

話を単純にするために，互いに同じ強さの繁殖干渉を及ぼし合う種AとBについて考えよう．この2種の間には資源をめぐる競争などはないものの，各種はそれぞれ一定の確率で他種を自種と見間違えて[6]交尾を行い，そのために繁殖成功度をロスしてしまう．この2種の頻度が完全に同じ，つまり厳密に1：1の比で生息しつづけていれば（これがかなり厳しい前提であることは想像に難くないが），1頭の種Aのメスが被る繁殖成功度のロスと，1頭の種Bのメスが被る繁殖成功度のロスは等しくなる．そのために，世代をまたがって2種の個体群サイズが変わることはないと期待される．

しかし，個体数が種間で違っている場合，状況は大きく異なってくる．ここでは傾向をわかりやすくするために，種AとBが1：3で存在している状況を考える（図1.2左）．この場合，種Aのメスが出会うオスは3/4（75％）が他種である種Bのオスである．この他種との遭遇が種間配偶や種間交尾を引き起こし，メスの繁殖成功度を下げるのであれば，種Aの再生産は大きく妨げられるだろう．しかし，同じように種間配偶や種間交尾が起きるのだとしても，種Bのメスにとっての事情は大きく異なる．種Bのメスにとっては他種オスとの遭遇頻度は1/4（25％）でしかないため，繁殖成功度のロスは小さく，種Bの再生産はそれほど大きく妨げられないだろう．その結果，次の世代では2種の頻度の差は1：3よりも大きくなってしまうだろう．たとえば1：7になってしまった場合（図1.2右），種Aのメスが出会うオスの7/8（87.5％）は種Bである一方で，種Bのメスが別種オスに出会う頻度は1/8（12.5％）でしかない．種間配偶による繁殖成功度のロスは，種Aにとってはますます大きく，

6）もちろん，視覚以外によって配偶者の認識をしていても議論の本質は変わらない．

種Bにとってはますます小さくなる．そのため，2種の頻度の差はさらに開いてしまう．以上のように，別種との遭遇頻度が各種の頻度に依存するため，繁殖干渉が存在すれば少数派はますます少数派になってしまう．この繁殖干渉で見られるような，あるシステムに生じた変化がさらにその変化を強めるような作用は正のフィードバックと呼ばれる．

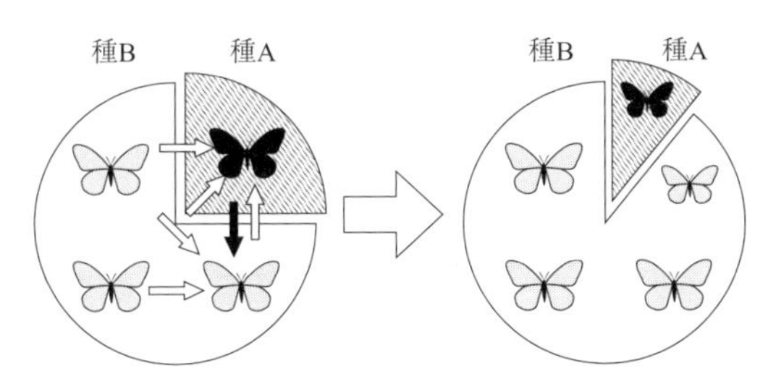

図 1.2　相互に種間配偶を行う種AとBの頻度とそれぞれのメスが被る種間配偶の関係（左），およびその帰結（右）．

繁殖干渉の頻度依存性とそれによってもたらされる正のフィードバック作用こそが，資源競争との根本的な違いであると言っていい．繁殖干渉では，同種配偶者との遭遇頻度が自種頻度に依存するという個体レベルでのメカニズムに依拠しているため，正のフィードバックが予め組み込まれている．この性質は，配偶において種を間違える確率が小さくても，基本的には変わらない．しかし，資源競争で作用するのは，むしろ負のフィードバックである．繁殖干渉と資源競争の詳細な対比，両メカニズムが同時に作用する場合の2種個体群の動態など，より踏み込んだ議論は次章で行うこととする．

既に述べたように繁殖干渉は頻度依存的に作用するため，多数派が必ず有利になる．だが実際には，多くの外来種が定着し，種によっては個体数を大きく増加させ在来種の存続を脅かしているように見える例も多い．侵入当初の外来種は必ず少数派であるため，多数派が有利になると述べた先ほどの説明とは矛盾が生じる．実は，この矛盾の原因を説明することは容易である．先ほどの説明では，2種が互いに繁殖干渉を及ぼし合うことを前提としていた．つまり，繁殖干渉が双方向の相互作用であることが前提であった．この前提が異なっている場合，すなわち繁殖干渉が一方的（非対称）である場合には結果が異なってくる．少数派の種であっても，先住者に対して繁殖干渉を一方的に及ぼすだけで，自身は先住者から影響を受けることがなければ，侵入初期の少数派である段階で排除されてしまうことはない．あるいは受ける影響の大きさがごくわずかであれば，何らかの要因で（たとえば人為的な撹乱によって）先住者の頻度が小さくなった場所への侵入は可能になる．本書の第II部で紹介するように，外来種が近縁在来種に対して繁殖干渉を及ぼしている例は既にいくつか詳細に研究されている．それらの研究が示すところによれば，侵入に成功し繁殖干渉によって在来種を脅かしている外来種は，在来種に対してほぼ一方的に繁殖干渉を及ぼしている．つまり，繁殖干渉における多数派有利の原則は，2種が相互に繁殖干渉を及ぼし合う場合のルールであって，繁殖干渉が非対称であれば必ずしもその限りではない．繁殖干渉の非対称性は，少数派にも定着の機会を与えるのである．

1.3　繁殖干渉理論がもたらす予測

Kuno (1992) のモデルは，繁殖干渉について生態学的に重要な予測をいくつかもたらす．ここではその予測のうち主要なものについて取り上げ，議論する．

1.3.1　共存している2種の間には繁殖干渉は存在しない

この予測は，繁殖干渉が存在すれば一方の種が急速に排除されるという命題の対偶である．たとえば，野原では多数の草本が混然と生育し，同時に花を咲かせているのを見ることができる．それらの草本種の間には繁殖干渉は存在しないだろう．ある種の樹木の上では，同時に複数の昆虫種が交尾・産卵をしている場合がある．それらの昆虫種の間にも繁殖干渉は存在しないだろう．仮に繁殖干渉が存在するならば，少数派の種は世代を経るごとにより強く種間配偶（送粉や求愛，種間交尾など）を受けて頻度を減らし，野原や樹木の上から排除されてしまうはずだからである．

このことは同時に，野外では繁殖干渉を検出することが容易ではないことも示唆している．野外で相互作用を観測することができる前提条件は，その2種が同所的に生息していることであるが，繁殖干渉を及ぼし合っている2種ではその前提条件を満たすことはないはずだからである．ただし，現在分布域を拡大している過程にある外来種と先住者である在来種との間の繁殖干渉は，外来種の分布域拡大が続いている間は観測できる可能性がある．オオイヌノフグリからイヌノフグリへの繁殖干渉（第4章）は，その例である．本州本土では外来種オオイヌノフグリはほぼ全域に分布域を拡大し終わっているので，そこではこの2種の相互作用を観測することは難しい．しかし，島嶼地域においては現在でもオオイヌノフグリの侵入が続いている状況であり，2種の相互作用を観察することができた．また，繁殖干渉を野外で観察する可能性があるもう一つの状況は，人為的な撹乱である．繁殖干渉の結果として既に異所的な分布となっていても，人間活動によって2種が再び出会うことがある．タンポポ種間の繁殖干渉（第3章）では，その検証を行う調査地の一つとして人為的に造成された里山的な環境の公園（大阪の調査地）を選んだ．調査地の周辺は既に外来種セイヨウタンポポが優占していたが，公園の造成に使われた表土とともに在来種カンサイタンポポが持ち込まれたことで，野外での相互作用を直接的に観察することができた例である．これらの特別な要因がなければ，2種の排他的な分布を実現するほどの強力な繁殖干渉を野外で直接的に観察することはきわめて難しくなる．

1.3.2 侵入成功種は繁殖干渉を受けない

2種が互いに繁殖干渉を及ぼす場合，その頻度依存性のために，常に少数派が不利となる．もし仮に，侵入種が先住者から繁殖干渉を受けるのであれば，侵入当初は必ず少数派であることから，周囲の先住者からのきわめて強い繁殖干渉を受けてその個体群サイズを縮小させてしまう．結果として，侵入とそれに続く定着は失敗することになるだろう．このことから，侵入と定着に成功した侵入種は，先住種からの繁殖干渉を受けなかったと予想される．ただし，このことは侵入種と先住種のペアが繁殖干渉という相互作用とは無縁であることを意味しない．逆の影響，つまり侵入種が先住種に及ぼす繁殖干渉は，侵入種の侵入と定着を妨げないどころか，むしろ定着や分布域を拡大するのに役立つかもしれない．繁殖干渉の結果として，先住者がそれまで占めていたニッチがまるまる空くのだから，少なくとも侵入種にとって不利には働かないだろう．

第4章で詳しく述べるように，外来植物のオオイヌノフグリは，同属の在来種であるイヌノフグリからもわずかに繁殖干渉を受けるようであるが，その程度はきわめて弱く，人工授粉実験では検出できないほどである．第3章で取り上げる外来種のセイヨウタンポポにいたっては，日本に侵入した系統は3倍体で無融合単為生殖を行うため，外部からの花粉を必要とせず在来種からの繁殖干渉を受けないと考えられている．タンポポ以外でも，無性生殖など他個体との交配を必要としない繁殖様式を持つ種や系統が侵入種になりやすいと言われてきた．たとえば，イネの害虫であるイネミズゾウムシ *Lissorhoptrus oryzophilus* は，原産地のアメリカでは両性生殖を行うものが普通であるが，日本に侵入した系統は単為生殖を行う（渡辺，1976）．また，近年日本に侵入し分布域を拡大しつつある淡水巻貝類の一種ハブタエモノアラガイ *Pseudosuccinea columella* は，有性生殖を行うものの自身の精子で卵を受精させる自家受精を行っていると考えられている（高倉，2008）．侵入種に単為生殖種が多いという傾向については，侵入初期には密度が低いので配偶相手を見つけることが困難であり，そのため配偶相手が必要のないことが有利になるとこれまで説明されてきた．しかし，配偶相手が必要ないということは，同時に繁殖干渉を受けにくいということでもある[7]．配偶相手の要不要あるいは先住者からの繁殖干渉のどちらがより大きな要因であるかは，今後の検証を待たなければならない．

1.3.3　資源分割は繁殖干渉によってももたらされうる

近縁種間でのすみ分けや食い分け，すなわち資源分割については，これまでそのメカニズムとしてもっぱら資源競争を想定した議論が展開されてきた．エサなどの資源を使い分ける現象が資源分割であるが，この要因について考える

7）ただし，第7章で述べるように，単為生殖種が繁殖干渉を受ける場合もある．

とき，暗黙のうちに分割された資源そのものに注目してしまいがちである．

しかし，繁殖干渉が資源競争よりも容易に種の排除をもたらすのであれば，繁殖干渉によって排除された結果として資源分割が実現されることも起こりうるだろう．また，エサ植物上で配偶を行う植食性昆虫のように資源利用が配偶と関係する場合には，その傾向はさらに強まるに違いない．たとえば，繁殖干渉を及ぼす近縁種が特定の環境や条件（物理的な環境，あるいはエサ資源）を利用している場合，もう一方の種はその環境や条件に進出することはきわめて難しくなる．一部の個体が進出し定着に成功したとしても，そこでは繁殖できないために世代をまたいで個体群を維持することができないだろう．結果として，一方の種が存在する特定の環境や条件では繁殖干渉を受けるもう一方の種は分布できず，資源や環境条件と関連した排他的な分布となり，すみ分けや食い分けが生じているようにみえる．この場合，すみ分けや食い分けが原因となって資源や環境条件が分かれたのではない．

しかし，野外では2種が利用する資源や環境条件が異なっていることは観察できる一方で，2種はすでに同所的には生息しないため，繁殖干渉が観察されることはない．このため，野外観察だけに基づいて考察をすれば，2種の排他性はすみ分けや食い分けが原因であったとの結論になるだろう．このため，これまですみ分けや食い分けとして説明されてきた現象の中には，実際には繁殖干渉が要因となって生じているものも少なからずあるに違いない．今後の研究に期待したい．

ここで用語について注意しておきたい．本書を通じて，「資源分割」および「ニッチ分割」の語が何度も登場する．生態学の用語の本来的な意味では，資源は「ある生物が利用することによって他者が利用できなくなるあらゆるもの」であり，ニッチは資源と環境条件について「耐性と要求性を凝集したもの」である（Begon et al., 2006）．この本来的な意味においては，資源はニッチの部分集合であり，より限定的な意味を持つ．しかし，本書ではこのような意味合いでの使い分けをしていない．繁殖干渉の結果として「資源分割」および「ニッチ分割」の語を用いる場合，2種の境界を，現象的にうまく表現できるようにという観点で「資源分割」・「ニッチ分割」の語を使い分けている場合がほとんどである．つまり，結果的に生じた資源・ニッチの分割に過ぎず，その分割をもたらしたメカニズムが資源やニッチをめぐる競争だとは考えていない．これまでの多くの議論の中で，資源分割・ニッチ分割の原因として暗黙的に資源やニッチをめぐる競争が考えられてきた．そのため，それ以外の要因が主なメカニズムとして成立した，結果的な（見かけ上の）資源分割・ニッチ分割を，資源やニッチをめぐる競争の結果生じた（本来的な意味での）資源分割・ニッチ分割と，区別して指すための適当な用語がない．そのため本書では，繁殖干渉の結果として生じた2種間のすみ分けが，見かけ上，資源・ニッチを分ける形で生じた場合にも，従来の「資源分割」・「ニッチ分割」の語を用いている．結果的に生じた2種の境界が，資源あるいはそれ以外の環境条件に結びつけて考えられる場合に，便宜的に「資源分割」・「ニッチ分割」の語をあてているに過ぎないことに注意されたい．

なお，繁殖干渉によって資源分割がもたらされうることについては，シミュレーション・モデルを用いた解析から Nishida et al.（2015）が示している．このモデルの予測は，資源分割と異所的分布という一見無関係な現象が，繁殖干渉（とわずかな資源競争）により一元的に説明されうることを示している．また，実証研究では，ナミテントウとクリサキテントウという2種の近縁なテントウムシ科昆虫が，繁殖干渉が要因となってそれぞれ異なる植物上で異なるアブラムシ種を利用していることが示されている[8]（Noriyuki et al., 2012）．繁殖干渉によって資源分割（生育環境の分割）が生じたもう一つの例として，外来オナモミ2種の関係について次の1.4節で紹介する．

以上のように，繁殖干渉という種間相互作用についての理論的な枠組みは，野外での現象についていくつかの具体的な予測を提供する．ここで挙げた予測の多くは，同所的に分布する2種で繁殖干渉が観察されないなど，できないことの予測である．野外で観察されるはずの現象を積極的に予測するものではな

8）このシミュレーション・モデルとテントウムシについての研究に関しては，第6章で詳細に紹介する．

く，物足りなく感じられるかもしれない．しかし，いずれも繁殖干渉を検証する上では前提として考慮しておくことが必要なものである．

1.4　すみ分け現象との関係

1.4.1　オナモミ属を例に

繁殖干渉の結果としてすみ分けが実現されていると考えられている例として，西日本における外来オナモミ種群が挙げられる．オナモミ属はキク科に分類されるが，風媒により繁殖を行うため，タンポポやヒマワリのようなキク科らしい目立つ花は付けない．代わりに表面に鉤付きのトゲを多数付けた大きな果実をつけるため，その果実は“ひっつきむし”や“ひっつきぼう”と呼ばれて親しまれている．しかし，現在日本で見られるオナモミ類はほとんどが外来種である．西日本で見られる主要なオナモミ属植物は，北米大陸から侵入・定着したオオオナモミ *Xanthium occidentale* とイガオナモミ *X. italicum* の2種[9)]で，在来種のオナモミはほぼ絶滅状態にある[10)]．筆者らは複数のアプローチを用いて，これら外来種のすみ分けの実態とメカニズムを明らかにした（Takakura and Fujii, 2010）．

まず，博物館に所蔵されていたオナモミ属植物の標本を精査し，外来種の生育環境について調べ，イガオナモミが河口部河川敷や人工島など海水の影響を受けやすい場所に特異的に生育する一方で，オオオナモミがその他の水辺や荒れ地に生息し，生育環境を分割していること，2種が同じ時期に同じ場所で採集された記録もないことを明らかにした．また，栽培実験からイガオナモミだけが塩分への耐性を持っていることを示し，さらにイガオナモミがオオオナモ

9）それぞれ独立した種ではなく，同一種の2亜種とする立場もある．最近では，イガオナモミの学名として *X. strumarium* subsp. *italicum* を用いることも多い．

10）在来オナモミの衰退にこれら外来オナモミ類による繁殖干渉が関与した疑いがきわめて濃厚であるが，ここでは割愛する．

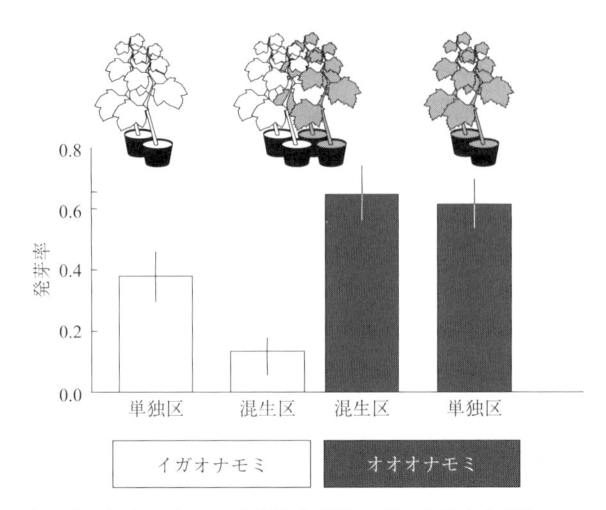

図 1.3　外来オナモミ 2 種間を単独で育てた場合と混生させて育てた場合の種子発芽率．イガオナモミはオオオナモミと混生した場合に発芽率が低下するが，オオオナモミはイガオナモミから影響を受けない．エラーバーは 95 % 信頼区間（Takakura and Fujii, 2010 を改変）．

ミから繁殖干渉を受けて発芽可能な種子を減らすこと（図 1.3）を示した．

イガオナモミの高い塩分耐性は，本種が沿岸域に特異的に分布することをいかにもうまく説明するように思えるが，実はこれだけですみ分けを説明することはできない．イガオナモミは塩分によく耐えるものの，むしろ塩分がないほうがよく育つ．そのため，仮に 2 種間に繁殖干渉がないとすると，塩分の影響を受けない場所には，イガオナモミとオオオナモミの両種が分布するはずである．これが耐塩性の違いだけでは 2 種のすみ分けを説明できないことの理由である．

生物種間のすみ分け現象に対して，あるタイプの環境ストレスに一方の種がよく耐えることが理由として挙げられることは珍しくない．しかし，上記と同様の理由から，一方の種が特定の環境ストレスに耐えることは，すみ分けの説明として不十分である．ストレス耐性のみに基づく説明では，ストレスから開放された環境に 2 種がともに分布することになるためである．ストレス耐性が高い種が，ストレスから開放された環境には分布できないことを説明する他の理由が必要である．そこで，もう一つ別のタイプの環境ストレスを持ち出すという解決策を考えつく人もいるかもしれない．オナモミ類の例で言えば，イガオナモミは冬場の冷え込みに弱い（内陸部ほどその傾向は強いだろう）などの仮説を立て，それが正しければそれらしい説明になると思われる．しかしそれでも，2種の分布がクリアカットに切り替わり，2種が同所的に分布しないことを説明することができない．環境条件は地理的に徐々に移り変わるので，環境条件が原因だとすると2種の密度も徐々に変わることになる．しかしこの分布パターンは，いわゆるすみ分けの分布パターンとは相容れない．環境条件との関連で2種のすみ分けを説明することは，分布の問題をめぐる議論の中で現在でも頻繁に，しかし厳密な検証を抜きにして，行われていることであるが，実は説明の枠組みとして不完全なものである．環境条件で排他的なすみ分けを矛盾なく説明するためには，複数の環境条件自体が同一の境界線上でクリアカットに切り替わるなど，かなり特殊な条件が必要になる．そのような偶然が生じうることは否定できないが，すみ分けをもたらす一般的なメカニズムとして考えるのは難しそうだ（高倉，2018）．

1.4.2　繁殖干渉と環境条件との相互作用

一方で，繁殖干渉と環境ストレス耐性の組み合わせは，2種のすみ分けをうまく説明することができる．オナモミ類を例に，このことを説明する．イガオナモミはオオオナモミから繁殖干渉をほぼ一方的に受けるために，オオオナモミが生育する場所にイガオナモミが生育し繁殖することができない．これにより，イガオナモミはオオオナモミが生育しない環境でのみ世代を重ねることができる．オオオナモミは塩分ストレス耐性が低く，イガオナモミは耐性が高いので，塩分の影響を受ける沿岸地域がイガオナモミにとっての避難所として機能し，イガオナモミの分布はそこに限定されることになる．以上のように，環境ストレス耐性と繁殖干渉を組み合わせることで，比較的容易に環境傾度に関連した2種のクリアカットなすみ分けを説明することができる．

繁殖干渉はその頻度依存性と正のフィードバックのために，2種の排他的な分布を容易に実現する．Ribeiro and Spielman (1986) がシミュレーション・モデルを用いて示したように，繁殖干渉の結果として側所的分布に至ることがある．しかし，繁殖干渉だけでは2種のすみ分けを説明できても，その境界線は環境傾度とは関連しない．そこに，環境傾度に応じた一方の種の個体群密度の変化があれば，2種の頻度が逆転する点が分布境界となり，クリアカットなすみ分けが実現されるだろう．繁殖干渉の強さが非対称であったり一方的であったりする場合には分布境界がずれることになるが，ある点で2種の分布がクリアカットに切り替わるという点では変わらない．

このように，環境傾度に関連して2種が排他的に分布するすみ分け現象は，直感に反して環境ストレス耐性だけで実現することは現実的に困難であり，繁殖干渉だけでも実現できない．しかし，環境ストレス耐性と繁殖干渉が同時に働いた時には，容易に実現されうる．同様のメカニズムは，環境傾度に応じた空間の分割だけでなく，資源分割においても成立するだろう（第6章）．

1.5　繁殖干渉をめぐる誤解

繁殖干渉は，生態学の中で比較的最近になって注目を集めるようになった．既に述べたように基本的な理論的枠組が整理されたのは1990年前後であり，実証研究が多く出てくるようになったのは2000年代以降である．このことは繁殖干渉に対する誤解が多いことと強く関連している．まず，繁殖干渉について詳細に解説したテキストが国内外に存在しなかった．さらに，繁殖干渉そのものに直感的には理解しにくく誤解しやすい性質があるためで，このことは生態学界において繁殖干渉の“発見”が遅れた理由でもある．ここでは，筆者がよく出くわす繁殖干渉についての誤解について取り上げ，その誤解について正すとともに，なぜそのような誤解が生じるのか，どのようにすれば避けることができるのかなどについて，筆者なりに考察を加える．

1.5.1 繁殖干渉は交雑だという誤解

異種間での配偶によって生じた雑種個体は，おそらくきわめて感情的な理由で一般の（非研究者の）感心を強く惹きつける．そして，雑種種分化仮説などの影響からか，研究者の関心をも少なからず惹く．繁殖干渉も交雑も，どちらも異種間における性的な相互作用であるということは正しいが，繁殖干渉は交雑そのものではないことには注意が必要である．

すでに説明したように，繁殖干渉は配偶から繁殖にかけての過程における複数の段階で生じうる．雑種個体の形成は，それらの最終段階で生じる現象である．メスの体力や時間を奪う種間求愛の中でも少数の組み合わせだけが，さらにメスに適応度コストを負わせる種間交尾を行い，さらにそのうちの一部のメスへの精子移送に成功した上で異種精子による受精で死亡しなかったものだけが，最終段階として生存能力のある雑種を生じる．ある段階を経験したメスの一部だけが，その次の段階を経験することになるので，あとの段階になるほど必然的にその頻度は小さくなる．不稔雑種個体の形成は，メスの繁殖成功度を低下させるので繁殖干渉の一部には違いないが，上記の過程の最終段階に当たる．そのため，繁殖干渉のごく一部でしかないことに注意する必要がある．不稔雑種の存在は，その親種同士の間に繁殖干渉が存在することの証拠ではあるが，繁殖干渉の影響をそのまま反映したものではない．

同様に，雑種個体の不在も繁殖干渉の不在を示すものではない．繁殖における種間相互作用の最終段階である雑種形成がなくても，それ以前の複数の段階でメスの繁殖成功度が低下していることは十分にありうる．実際に，これまでに繁殖干渉について実証的に研究された生物種のペアの中には，雑種個体について報告されているものもある（たとえば，芝池・森田，2002）が，そのような例はむしろ例外的である．少なくとも現時点でわかっている限りでは，繁殖干渉の多くは雑種形成以前の段階で生じている．雑種が知られていないこと，あるいは人工的な種間交配によって雑種個体を生じないことは，それらの種間に繁殖干渉が作用していないことを意味しない．

1.5.2 繁殖干渉に精液の移送が必要だという誤解

動物においては，異種精子による受精で生じる胚の死亡，あるいは雑種個体の形成の直前の段階が，異種間交尾での精液の移送である．しかし，雑種形成が繁殖干渉そのものではなかったのと同様に，精液の移送も繁殖干渉そのものではない．やはり，それ以前の段階でメスにコストを強いる求愛や交尾が存在し，その頻度は精液の移送よりもずっと大きいため，精液の移送の有無によってその種間に繁殖干渉が存在するのかどうかを推定することはできない．精液の移送が起きていてもメスの繁殖成功度を低下させているかどうかはわからず，移送が起きていなかったからといって他種オスがメスの繁殖成功度を低下させていないことの証拠にもならないからである．しかし，繁殖干渉を検証する目的で交雑個体の有無を調べる研究がしばしば行われているのと同様に，動物種間での繁殖干渉を検証することを目的として，種間交尾での精液の移送を検証する研究が行われることがある．そのような実験デザインに基づいた研究でたとえどのような結果になったとしても，繁殖干渉の有無について言えることはほとんど無い．

ただし，繁殖干渉が生じていることがすでに他の方法で明らかにされている種間において，その繁殖干渉がどの段階で生じているのかをさらに詳細に調べるための研究としては，精液の移送に注目することが有意義な場合はありうる．たとえば，メスの繁殖成功度の低下をもたらす直接的な要因が，異種精子の受精による胚の死亡ではないことを示すという目的で，種間での精液の移送がないことを示すのは直接的な検証として有効であろう．

1.5.3 野外で見られないから繁殖干渉は存在しないという誤解

繁殖干渉についての一般的な反論の一つに，「自分は野外で生物の調査・観察をしてきたがそのような現象を目にしたことはない．繁殖干渉は実在しないのではないか．」というものがある．この反論の半分は正しく，半分は間違いである．

繁殖干渉が野外で観察されないという指摘は，ほとんどの場合において正しい．繁殖干渉はその根本的な性質として，相互作用しあう2種の共存を妨げる．そのため，2種が繁殖干渉を及ぼしあう場合，そのうちの一方は速やかに排除されてしまうだろう．この場合は，かつて繁殖干渉が存在していたとしても，一方の種の排除に伴って繁殖干渉は観察されなくなる．あるいは，共存しても双方のメスの繁殖成功度を低下させない，あるいはきわめてわずかにしか低下させない2種の組み合わせでは，両種が共存し続けるだろう．その場合は，繁殖干渉がはじめから存在していないのだから，やはり観察されない．このように，いずれの場合でも，重大な結果をもたらすほどの強度の繁殖干渉が，野外で長期にわたって安定的に観察されることはない．

しかし，繁殖干渉が野外で観察されないことと，実在しないことは全く別問題である．野外で観察されないのは，その強力で急速な排除のためであるかもしれない．繁殖干渉に限らず，あまりに強力な拮抗的相互作用は，その強力さ故に長期間安定的に持続しない．たとえば，特定の寄主生物種に対してあまりにも高い致死作用を持つ病原体などでも同様である．その病原体は感染した寄主個体を速やかに殺してしまうので，病原体のみ，あるいは病原体と寄主生物の両方が絶滅してしまうことになる．この病原体がこの寄主生物に感染するというイベントは，それ以降観察されなくなってしまう．同様のことは，同じく拮抗的な相互作用である捕食や寄生でも，その作用があまりにも強ければ論理的には生じうる．ただし，エサ種が少なくなってくるとスイッチングなどにより捕食圧は低くなるのが一般的である．相手が少なくなればなるほど作用が強まる繁殖干渉は，その意味でやはり独特であると言えるだろう．

以上のように，繁殖干渉が野外で永続的に観察されることは確かにほとんどないだろう．しかし，それは繁殖干渉の作用があまりにも強烈なためであり，自然界に繁殖干渉が存在しない，あるいは稀にしか生じないことを意味するものではない．

1.5.4　メスが多回交尾をする種では繁殖干渉は作用しないという誤解

繁殖干渉は，種間でのいわば“間違い”交尾が問題なので，動物であればメスが複数回の交尾を行う種では問題にならないのではないかと考えられることもある．仮に間違ってしまっても，その後で正しい相手と交尾をやり直せば取り返しが付くだろうという予測である．この論理は一見正しそうに思えるが，これが成り立つには一定の条件が必要である．

大前提となる条件は，複数回の交尾が実際に可能であることだ．メスが子ども・卵を産む前に多回交尾をするための十分な時間があり，同種オスとの遭遇頻度も十分に大きい必要がある．しかし，実際にはエサ探しに多くの時間が必要であったり，天敵への警戒が必要であったりすることにより，交尾を何度も繰り返すことが困難な場合も多いはずだ．また，通常，メスにとって多回交尾はあまり利益にならないため，メスが過剰に多回交尾をすることは一般的には考えにくい．

さらに，やり直しの交尾が有効であるためには，繁殖干渉をもたらすメカニズムが，異種精子による受精で胚が死んでしまうことに限定されていなければならない．言い換えると，異種オスからの求愛やそれに対する拒否行動だけでなく，異種オスとの交尾も，メスにとって物理的あるいは生理的なコストにならないことが必要である．実際には種間求愛は（その後の交尾を経験しなかったとしても）メスにとっては大きなコストになることがある．マメゾウムシ類では交尾によってメスの膣が物理的に傷つく（Crudgington and Siva-Jothy, 2000）ので，メスにとって交尾の機会は限られている（Hotzy and Arnqvist, 2009）．

ここまでの多回交尾の議論は，体内受精によって繁殖する動物を念頭に進めてきた．動物での交尾は，植物においては花粉の柱頭への付着と考えていいだろう．一般的な植物の花においては，柱頭へ付着する花粉を 1 粒だけに制限するようなメカニズムは存在しない．そのため，柱頭には多数の花粉が付着することが普通であり，常に多回交尾をしているのと同じ状況であると考えられる．それでもやはり第 3 章や第 4 章で紹介するように，繁殖干渉は生じており，しかも種の排除をもたらすほどに強いのが現実である．これも多回交尾が繁殖干渉の影響を十分軽減することはできないことを示している．

1.5.5　オスは他種への配偶をしなくなるはずという誤解

繁殖干渉は，もともとは同種メスに向けられていた配偶（求愛や送粉）が，結果的に他種メスの繁殖成功度を低下させているだけである．異種間配偶を行ったオスは，そのことで直接的な利益を得ているわけではなく，むしろ繁殖には結びつかない無駄な配偶を行って時間やエネルギーの面でコストを負っている．そのことから，繁殖干渉に至るような種間の配偶は，無駄を省いて最適に振る舞うオスが選択されることにより，進化的な時間スケールでは消滅してしまうのではないかということが，当然の疑問として生じてくる．

しかし，この疑問はオスの事情を正しく捉えていない．オスにとっては無駄な配偶をするほうがむしろ有利なのだと筆者は考えている．言い換えると，配偶相手を間違えることが，実はオスにとっては最適な振る舞いなのである．そのため，オスが配偶相手を間違え，繁殖干渉をもたらすということは，進化的な時間スケールでもなくなることはないだろうと予想している．その理由の説明は少々長くなるが，次のとおりである．

配偶の相手を間違えることがオスにとってむしろ有利であることの理由は，繁殖におけるオスとメスの立場の違いにある．オスの配偶子である精子はサイズが小さく，作るのに栄養も時間もそれほど多くを必要としないので，オスは一生のうち何度でも繁殖に与ることができる．一方で，メスの配偶子である卵子は，作るのに多くの栄養と長い時間が掛かる．妊娠や子育てに時間やエネルギーが必要な場合もある．その結果として，オスはあぶれがちになる．オスはあぶれないように，できるだけ多くのメス個体と繁殖しようとする努力（配偶努力）を増やすことになる．メスにとって事情は全く異なり，作ることができる卵子の数が制限されているため，何度交尾をしようとも次世代に残すことができる自身の遺伝子のコピーの数は増えることはない．そのため配偶努力を増やすことの意味は小さく，卵子を作り，子を育てるための努力（繁殖努力）を相対的に増やすことになる．

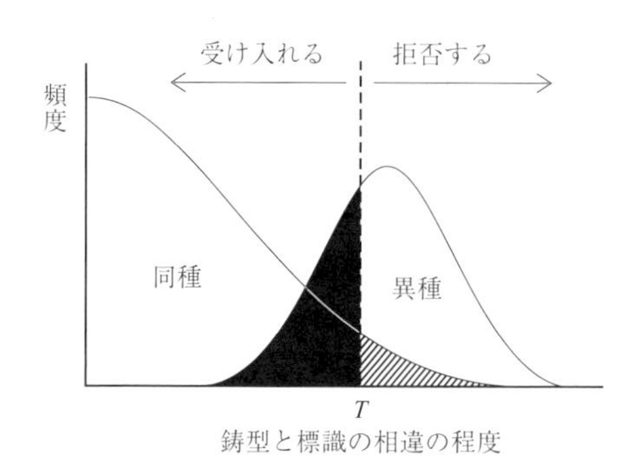

図 1.4　配偶者選択における閾値（T）と配偶者の受け入れ・拒否の関係．閾値によって，同種を拒否してしまう危険（斜線）と同時に，異種を受け入れてしまう危険率（黒塗り）も決まる．

このように，同じ種であってもオスとメスとでは，繁殖成功度のばらつきの大きさや配偶努力の比率に大きな違いがある．有性生殖種における繁殖という現象を，高い繁殖成功度を実現するものが勝利するゲームであると捉えるならば，オスとメスは同じゲームにそれぞれ異なるルールで参加しているプレイヤーだと見なすことができる．この繁殖というゲームで高い得点を得るには，オスとメスはそれぞれどのように振る舞えばよいだろうか．異なるルールでプレイしているオスとメスでは，当然最適な振る舞いが異なってくるだろう．この最適な振る舞いの性差を本間ほか（2012）は信号の認知システムの原理（Sherman et al., 1997）をもとに図 1.4 のようなグラフィックモデルで説明した．

各個体は相手の標識に基づいて種を認識していると考える．ここでの標識は，体の全体やある部分（たとえば角など）のサイズ，色の明るさ，斑紋の大きさ，鳴き声の周波数など何でも構わない．ただし，標識には個体差があるので，同種であっても一定のばらつきが存在する．配偶者を選ぶ側の個体は自身が持つ鋳型（判断の基準）と相手の標識を比較し，その差が閾値 T 未満であれば配偶者として受け入れるという意思決定を行うこととする．同種と異種の標識にそれぞればらつきが全く無ければ意思決定は容易だが，実際にはばらつきが存在するために，選ぶ側の個体は間違いをどの程度許容するかの判断を迫られることになる．判断基準を厳しくすると（T を左に動かすと）異種を間違えて受け入れてしまう間違いは少なくできるが，代わりに同種を拒否してしまうことが増えてしまう．逆に判断基準を緩やかにすると（T を右に動かすと）同種を拒否してしまうことは減るものの，異種を受け入れてしまうことが増えてしまう．メスにとって，配偶相手を増やすことは特に利益にはならないものの，異種オスを受け入れてしまった場合には交尾のために時間を無駄にしたり，物理的・生理的なダメージを受けたり，卵子が死亡してしまったりと，大きなコストを負うことになってしまう．このようなメスにとっては受け入れ基準を厳しくするほうが（閾値 T をより左に設けるほうが）有利になるだろう．このメスの意思決定については直感的に理解しやすい．しかし，オスにとっては事情が大きく異なる．オスが異種メスとの配偶で負うコストは，一般的に求愛に費やした時間と精子を作る僅かなエネルギー程度で，それほど大きくない．その一方で，オスの交尾回数の増加には繁殖成功度を増加させるという直接的な利益がある．オスは交尾をすればするほど繁殖成功度が大きくなるので，時々間違った相手に求愛をしてしまうことがあっても，より多くのメスに対して求愛をするほうが得になる．逆の言い方をすれば，オスが異種メスに対して間違った求愛をしないように判断基準を厳しくすれば，同時に同種のメスも見逃してしまうことになる．このように配偶相手を間違えることのコストと利益のバランスには大きな性差が存在しており，オスのほうがより多くの間違いを許容することになる．ここに標識が似ている近縁種同士において繁殖干渉が普遍的に生じる理由がある．

この配偶相手の間違いは，閾値が進化しうる場合においても継続して起こりうることが進化シミュレーションで示されている（Takakura et al., 2015）．これまでにも繁殖隔離機構の進化を解析した研究の多くでは行為者としてメスだけを考え，その閾値の進化を問題にしてきた．筆者らのモデルはオスの閾値についてもその進化を考えることにした点が異なるが，それ以外の基本的なモデル構造などは従来の研究を踏襲している．このモデルを用いたシミュレーションでも，従来のモデルと同様に種間交尾が速やかに消滅し，交尾前繁殖隔離機構が発達する．しかし，交尾よりも前の求愛の段階においては，オスは異種メスに対して高頻度で求愛し，そのコストがメスの繁殖成功度を低下させ続けることを確かめた．

繁殖隔離機構の進化に関する理論的研究の中には，標識やその認知の進化によって不利益な種間交尾が消滅しうることを予測しているものもある（Noor, 1999；Liou and Price, 1994）．これらの研究から繁殖干渉も速やかに消滅するはずだと予測することは一見合理的に見える．しかし，筆者らのシミュレーションは種間での交尾と求愛は別問題であることを示している．種間での交尾が消滅したとしても，それは種間求愛が消滅することを意味しない．不利益をもたらす種間交尾をメスは避け続けるが，より多くのメスとの配偶機会を得たいオスは種間求愛を繰り返し，メスの逃避行動による時間のロスや拒否行動によるエネルギーのロスは続き，結果的に繁殖成功度の低下をメスに課し続ける．種間交尾の頻度は限りなく低下させることができても，その低下はメスの繁殖成功度の低下に裏打ちされたものである．

このように，本間らのグラフィックモデルや筆者らの進化シミュレーションは，種間交尾が起きなくてもメスにとってコストとなる種間求愛，ひいてはその結果として生じる繁殖干渉が持続しうることを示している．

1.5.6　大切なものは目に見えない

これまで繁殖干渉にまつわるいくつかの誤解について説明してきた．なぜ，繁殖干渉という現象はこれほど誤解されやすいのだろうか．その理由を考える上で鍵となるポイントが二つある．いずれも私たちが生物を見るときの傾向を反映したものである．

第一のポイントは，私たちが野外で，あるいは実験室でも，生物を見る場合には，そこに存在している個体あるいは物体を見ていることがほとんどであるということである．その個体がどのような属性を持ち，どのような状態であり，どのような行動をしているか，そして多くの子を残すのか，あるいは早死するのかについて，詳しく見ようとする．これらは全てそこに存在している個体のストーリーであり，存在することが許されなかった個体のストーリーではない．すでに述べた繁殖干渉にまつわる誤解として，雑種個体や貯精嚢の中の異種オス由来精液が繁殖干渉の証拠だと誤って考えられがちであることを述べたが，これらも全てそこに存在している個体であり物体であるためである．

この私たちの認知の傾向に反して，繁殖干渉で重要なのは繁殖成功度のロス，つまりあるはずの繁殖成功度がなくなったことにあるというのが，第二のポイントである．繁殖成功度のロスとは，異種オスのしつこい求愛によって失われたメスのエネルギーや時間，あるいは種間交尾による生理的状態や行動の変化，寿命の短縮の結果として産み出されることがなかった子どもである．これらは全て，異種オスとの相互作用がなければ存在していたはずのものが無くなった状態であり，現在存在している個体や物体ではない．野外で繁殖干渉を受けているメス個体を観察したとしても（すでに述べたように，実際には野外での繁殖干渉の観察はほとんど期待できないが），これらがもたらす適応度の低下が目に見えるわけではない．第3章で詳しく述べるが，在来種カンサイタンポポは外来近縁種から強い繁殖干渉を受け，周囲の外来近縁種頻度が高いほど多くの胚珠が死亡する．この死亡した胚珠は肉眼でも観察することができる大きさだが，その存在を予測して花序をほぐし注意深く観察しない限り目につくことはない．在来タンポポの衰退はかねてより話題になっていたが，それでも筆者らの研究以前にこの胚珠の死亡を重要視して調べることは誰もしなかった．繁殖干渉の証拠は，有るはずのないものが無いことである．これを検出するためには，それを予測した上で，その検出を可能にするような（具体的には，適切な対照を設けた）デザインで調査・実験を行うことが必要である．また，繁殖干渉はその強力な排除の作用のため，野外で持続的に存在できないという特性を持つことから，人為的な操作や実験（外来種の観察も含めて）に頼らなければ実証は困難である．次章以降で紹介するように，繁殖干渉は多様な分類群で生じており，幅広い生態学的現象を説明する普遍的なメカニズムであり，その影響も大きい．しかし，その観察や検証はむしろ困難である．この困難さが，繁殖干渉の重要性が理論的には何度も指摘されていたものの，実証的な証拠は長らく乏しいままであったことの理由であろう．

1.6　繁殖干渉を実証する

観測しにくい繁殖干渉が存在しているかどうかを検証する上で，いくつかの重要なポイントがある．本節ではそのポイントを紹介するが，その目的は繁殖干渉の適切な実証研究を読者に勧めるためだけではなく，それらのポイントが重要である理由を考えることから繁殖干渉の性質を改めて浮き彫りにすることにある．また，個別の実証研究について紹介する第II部への導入でもある．

1.6.1　研究対象の選び方

実証研究では，まず対象生物を選ばなければならない．繁殖干渉は種間の相互作用であるため，最低でも 2 種の対象生物を選ぶ必要があるが，どのような組み合わせの 2 種を選ぶべきだろうか．繁殖干渉のいくつかの性質から，適した対象は自ずと限られてくる．繁殖干渉は種間の配偶を端緒とする相互作用であるから，種間での配偶が生じる程度には近縁な種同士である必要がある．また，種間の配偶がメスの繁殖成功度を低下させる必要があるので，配偶に何のコストも無いようなきわめて近縁な 2 集団（たとえば，二つの同種地域集団など）では繁殖干渉が生じることは期待できない．また，容易に雑種を形成する場合でも，たとえば雑種個体が不稔であるなどすれば，繁殖干渉は生じうるものの，子ども世代の稔性を調べる必要があることから検証には時間がかかるだろう．つまり，種間配偶が生じうる程度に近縁だが，雑種を形成しない程度に分化が進んでいる 2 集団が，良い材料となるだろう．これまでに繁殖干渉が実証的に示されている組み合わせのほとんどが同属の別種であることは，このような繁殖干渉が生じうる近縁度と分類学者が考える属レベルでの近縁度がほぼ一致することを示すものであろう．さらに，繁殖干渉を及ぼしあう 2 種は同所的に共存できないと考えられることから，野外で同所的に存在している 2 種について繁殖干渉を検出することはできないと予測できる．ただし，季節的な渡りを行う生物や個体発生の段階で生息環境が変わる生物であれば，非繁殖期における分布はほとんど参考にならないだろう[11]．

11）たとえば，多種のカモ類が非繁殖期である冬季に日本に渡ってきて同所的に越冬するが，この場合の同所的分布は繁殖干渉の不在を予測しない．

1.6.2 何を検証するのか？

対象の 2 種を選んだら，その 2 種で繁殖干渉が生じるかどうかの検証を行う．たとえば対象生物が動物の場合，種間交尾やその後の精液の移送が実際に起こるかどうかを調べる必要は差し当たってない．既に述べたように，それらの存在あるいは不在が繁殖干渉について語ることはきわめて少ない．個体レベルでの繁殖干渉を検証するためには，異種オスの存在下でメスの繁殖成功度（産卵数や産子数，性成熟してからの寿命など）が低下することを示すだけで良い．その繁殖成功度の低下が繁殖過程のどの段階で生じているかは，一方の種の排除や異所的な分布などの結果に影響しないからである．雑種個体を生じるかどうかも，差し当たっては問題ではない．同種オスが存在しており同種同士の配偶の機会は十分あるにもかかわらず，異種オスの存在によって繁殖成功度が低下してしまうことを示すことが必要である．たとえば植物種間において繁殖干渉の検証を行うためには，同種花粉も存在しているにもかかわらず異種花粉が混在することで結実率など適応度要素に負の影響が及ぶことを示す必要がある．繁殖干渉が存在した場合，それがどの段階で生じているのかについて興味を持つこともあるかもしれない．その時には，花粉管伸長，胚珠への精核の侵入，胚の発生，発芽などの段階ごとにより詳細な観察を行うことなどが必要になるだろう．植物における繁殖干渉について，これらのどの段階で生じているのかほとんど明らかでないことから，繁殖干渉が存在していることを確認できた場合には，次の段階の研究テーマになるだろう．

繁殖干渉の検証において具体的なメカニズムよりもむしろ重要なのは，その作用の頻度依存性である．繁殖干渉が生態学的に重要である理由は，まさにその頻度依存性とそれがもたらす正のフィードバック作用にある．つまり，低頻度になった種がより大きな負の影響を受けてさらにその頻度を低下させることが示されれば，その種間において繁殖干渉が作用し，一方の種が排除されることがきわめて強く示唆される．そのため，ある生物種間において繁殖干渉が作用しており，それが異所的分布や一方の種の排除の原因になっていることが疑われる場合は，繁殖干渉の頻度依存性を示すことが検証の中で最も重要となる．

頻度依存性を直接的に示すためには，操作実験を行って2種の頻度を変え，それによって繁殖成功度が影響を受けるかどうかを調べれば良い．もし排除をもたらすほどの繁殖干渉があるならば，異種の頻度が高まるにつれ繁殖成功度は低下するはずである．昆虫など体サイズが比較的小さな動物の場合は，頻度を変えての飼育実験も可能だろう．植物の場合は，異種の頻度は柱頭が受け取る異種花粉の割合である．これも人工授粉の方法を工夫することによって，頻度を人為的に操作し頻度依存性を示すことが可能なこともある（Tokuda et al., 2015）．

人為的な頻度の操作とそれによる繁殖成功度の変化の関係の検証は，実際には困難な場合も多い．たとえば，木本植物などの大型の生物では人為的に頻度を操作することは難しい．その場合には，2種の頻度が異なる多数の場所で繁殖成功度を測定し，頻度と繁殖成功度の間に関係があることを示すことができれば，繁殖干渉の頻度依存性を支持する証拠になるだろう．メスが遭遇するオスやその配偶子の頻度を直接評価できる場合には，直接的な検証が可能であろう．柱頭に付着している個々の花粉の種を識別できれば，その柱頭が受けた異種からの配偶の頻度を推定することができる（第3章）．動物においてもギフチョウ類などでは，交尾栓の形態から交尾相手のオスの種を識別できることがあり，メスが経験した配偶の履歴を見ることができる．しかし，このように交尾の履歴がそのまま残り，それを観測できることは一般にはないため，野外において各個体が経験する配偶の頻度は間接的に推定するしかない場合も多い．その場合には，予め何らかの方法で配偶行動をどの程度の広さで行っているのかを調べておき，その範囲内に生息する同種および他種オス個体の頻度を配偶の頻度の近似値として用いるなどの方法が必要になる．

1.6.3　個体群・群集への影響の検証

これまで述べた検証方法では，異種オスがメスの繁殖成功度を低下させる現象が関心の中心にあった．これは個体レベルでの現象であり，繁殖干渉という生態現象の前半部分に当たる．しかし，繁殖干渉が生態現象として重要な理由は，個体群・群集レベルでの現象を引き起こすからである．すなわち，頻度依存性を通じて，多数派の種や繁殖干渉を受けない種が，もう一方の種に取って代わるからである．メスの繁殖成功度の低下が頻度依存的に生じるならば，個体群・群集レベルでの変化にも繋がることが強く示唆されるものの，それを保証するわけではない．たとえば，もともと内的自然増加率が高く出生後の密度依存的な死亡によって個体群密度が調節されているような場合，繁殖成功度が多少低下したとしても個体群密度への影響はほとんど無いかもしれない．つまり，個体レベルでの繁殖干渉が存在することと，その影響が個体群・群集レベルに及ぶことは，密接に関係してはいるものの別の問題である．

繁殖干渉におけるこの二つの局面を，Kyogoku (2015) は明示的に分けて議論した．彼は繁殖干渉を二つの要素に分け，適応度成分（としての繁殖成功度）の低下を component reproductive interference (CRI) とし，その結果として生活史の中で実現された適応度への影響，言い換えると個体群成長への影響を demographic reproductive interference (DRI) とした．CRI は個体レベルでの繁殖干渉で，DRI は個体群レベルでの繁殖干渉であると言い換えてもよいだろう．CRI が確かに存在していたとしても，たとえば何らかの密度依存的な死亡によって，DRI に至らないこともありうる．生態学的に，あるいは進化生物学的に特に重要なのは，DRI に至る CRI である．個体レベルでの検証作業により CRI が示された場合，それが DRI をもたらすのかどうかが次に検証すべき命題になる．

個体群・群集レベルでの繁殖干渉，あるいは実現される適応度の変化としての DRI を示すことは，実際問題としてしばしば非常に困難である．容易に想像できることであるが，個体レベルでの現象を追跡し個体群・群集レベルにまで影響をおよぼすことを確認することは容易ではない．しかし，検証の可能性が全く無いわけでも無い．ここでは有望でなおかつ実際の研究例もある三つの方法を紹介する．

最初の方法は実験個体群を用いた検証である．特に実験室内で単純な環境で累代飼育が可能な生物については，この方法は現実的である．また，実際に個体群・群集レベルでの現象（排除やすみ分け）をもたらすことを示すことができるという点で最も直接的な検証方法であり，これはこの方法の最大の利点であろう．既に述べたように，繁殖干渉は野外で持続的に観測される現象ではないため，実験室で 2 種が同所的に存在する状況を作り出して検証できるという点でも有利である．マメゾウムシ類においてはこの方法によって個体群レベルでの繁殖干渉が示されている（第 5 章）．

また，完全に環境条件をコントロールした実験個体群を用いた検証ができない場合であっても，侵入種を対象にすることによって繁殖干渉が個体群・群集レベルでの排除やすみ分けをもたらすかどうかの検証を行うことができる場合がある．つまり，侵入種と近縁在来種の間に十分に強い繁殖干渉があった場合，侵入種が定着に成功した環境では在来種が排除されることが予測されるため，これを検証する．この場合の侵入先としては，互いに独立な反復とみなせるような分断化された環境（たとえば島やため池など）であることが望ましい．この方法は，多様な要因が同時に作用する野外条件で実際に繁殖干渉が排除をもたらすことを示すことができるという点で直接的である．しかし，研究対象の生物が複数の独立な環境に侵入している一方で，対照となる未侵入の環境も多く残されているというように，侵入過程の途上でなければこの方法は適用できない．もし研究対象の生物がそのような幸運な状況にあれば，積極的にこの方法を適用すべきであろう．第 4 章でイヌノフグリ類にこの方法を適用した例を紹介する．

これまでに述べた二つの方法，実験個体群を用いる方法と分断化された環境への移入を利用する方法では個体群・群集レベルの現象を直接観察したが，最後に紹介する方法では実測したパラメータに基づいたシミュレーションにより個体群・群集レベルでの動態を予測する．実験個体群を用いる方法を，体サイズが大きく世代期間が長い生物に適用するのは現実的でない．分断化された環境への移入は，そのようなイベントが既にあれば観察が可能だが，そのような幸運にいつも恵まれるわけではない．しかし，個体群動態と CRI に関するパラメータが得られれば，シミュレーション・モデルとして個体群および群集の動態を予測し，DRI を検証することができるかもしれない．配偶個体の移動能力が高いなど，繁殖干渉の強さに空間構造が影響しない生物種については，Kuno（1992）のモデルに当てはめるのが最も シンプルな予測モデルとなる．シミュレーション・モデルに基づく予測は，実際の個体群や群集を観察した結果ではないため，その信頼性は用いるパラメータとモデルに大きく依存する．その一方で，モデルによる予測には独特の利点もある．それは各生物の生態的特性や個体群が経験するイベントなど，新しい前提を自在に加えて（あるいは除去して）それが個体群・群集の動態に及ぼす影響を仮想的に観察することができるという点である．たとえば，繁殖干渉が無いと仮定した場合や，一方の種を人為的に除去した場合など，実際の個体群に対して行うことが困難な操作であっても，シミュレーション・モデルの中でなら自在に行い，その結果を観察することが可能である．動物での例として，タバココナジラミ類 *Bemisia tabaci* species complex においてこの手法が用いられている（Crowder, Horowitz, et al., 2010）．第3章では，植物での例としてタンポポ類の繁殖干渉について解析を行った例を紹介する．

1.7　繁殖干渉という現象の生態学らしさ

この章では，繁殖干渉という現象について，その定義から実証法までいくつかの視点で解説した．その生態学的な重要性を強調するとともに，これまでこの現象が見過ごされたり誤解されたりしてきたことの理由を説明する中で，繁殖干渉という生物間相互作用の特徴を浮き彫りにすることを目指した．

頻度依存性やそれが生みだす正のフィードバックなど，繁殖干渉の作用の特徴は，これまで最も重要な種間相互作用の一つであるとされてきた資源競争とは大きく異なる．そのため，種の置き換わりやすみ分け，分布域の決定に対してきわめて大きな影響を及ぼしているはずだ．その点で，繁殖干渉は生態学的にきわめて重要な種間相互作用であることは間違いない．

しかし，その重要性は抜きにしても，繁殖干渉はきわめて生態学らしい現象であると思う．生態現象の最小の単位は個体であり，適応進化をもたらす自然選択はその個体の表現型に作用する．個体群や群集の性質は，その個体の表現型の集積，そしてそれらの相互作用の結果として現れてくるものである．繁殖干渉は，まさにこの出発点から結果にいたる過程を含む現象であり，まずはその点で生態学らしい．

また，本章でも紹介したように，繁殖干渉の重要性はまず理論研究によって指摘された．そして，その実証研究は植物でも動物でも行われ，その手法も室内飼育個体群を用いたものもあれば，野外での調査や操作実験を用いたものもある．より上位の階層に与える影響を調べるためにシミュレーション・モデルを使った研究もあれば，より詳細な過程や機構にせまるため分子データを利用した研究や，花粉管の観察を行った研究もある．このように，その研究には生態学における多様な分野とその手法が盛り込まれている．

繁殖干渉という現象とその研究に取り組むためには，（やや大げさにすぎるかもしれないが）生態学のすべてが必要である．多様な研究手法を取捨選択し，異なる階層間の現象をつなぎあわせて議論しなければならない．これが繁殖干渉という現象の生態学らしいところであり，その研究の面白いところであると筆者は考えている．

第 2 章
繁殖干渉と種間競争

第 1 章の内容から，繁殖干渉がどのようなものか，およそつかめたはずだ．繁殖干渉とは種間の性的相互作用であり，かつメスの繁殖成功度を低下させるものをいう．近縁種間の性的相互作用というと，種間交雑や種間交尾といった明らかな相互作用を想像しやすいけれども，繁殖干渉はそれだけではなく，他の多くの性的相互作用，すなわち，種間交尾に至る前の直接的，間接的な性的相互作用を含む．ある生物種が交尾に至る過程で多くの直接的，間接的な相互作用を経るならば，それらのすべての相互作用で繁殖干渉が生じうる．さらに生物の配偶様式がこのように多様であることを考慮すれば，繁殖干渉は普遍的である上に，実に多様であることがわかるだろう．

第 2 章では，繁殖干渉の歴史的な位置づけと理論的な背景について述べる．繁殖干渉を生態学の体系に位置づけるためには，どうしても種間競争を正確にとらえる必要がある．なぜなら種間競争は生態学のなかで特に重要な概念であると同時に，繁殖干渉と混同されてきた経緯があるからだ．そこでまず，種間競争に関する研究の歴史を整理することからはじめる．ダーウィンから現在に至る種間競争に関する研究の歴史は濃密である．次に繁殖干渉と資源競争の違いを説明する．両者の最大の違いは，効果の働き方である．繁殖干渉は正の頻度依存性をもつ一方，資源競争は密度依存性をもつ．これらの効果が，どのような生態学的帰結をもたらすか，簡単な数理モデルを用いて説明する．とはいえ，近縁種間には，繁殖干渉と資源競争のどちらか一方のみが働くわけではなく，両者とも生じることが多いだろう．そこで，両者が生じた場合の生態学的帰結についても説明する．そして繁殖干渉の最近の理論的展開についてまとめ，最後に繁殖干渉が生物群集に与える影響について検討する．この章では理論的な説明が続くので，難しく感じるかもしれない．しかし，繁殖干渉と資源競争の二つを組み合わせた概念を理解することは，第II部での具体的な事例を深く理解する助けになるだろう．

2.1　種間競争に関するこれまでの研究

2.1.1　種間競争とは

種間競争とは，他種個体と資源をめぐって直接的，間接的にあらそった結果，一方の種の個体の生存率，成長率，増殖率のいずれかが低下することをいう（Begon et al., 2006；Cain et al., 2014）．つまり，種間競争は，種間の資源競争である．種間競争は個体群の存続と絶滅に大きく影響する，最も基本的な種間関係であるといわれている．これまでに種間競争として記述されてきた種間の関係は多くの報告例があり，枚挙にいとまがない[1]．野外の種間競争は，外来種が侵入した場合にしばしば観察される．たとえば1990年代にトマトの受粉のために北海道に持ち込まれたセイヨウオオマルハナバチ *Bombus terrestris* が野外に定着し，分布域を拡大する一方，在来のエゾオオマルハナバチ *B. hypocrita sapporoensis* やノサップマルハナバチ *B. florilegus* が減少している（鷲谷，1998；高橋ほか，2010）．哺乳類では，1930年ごろ日本の明石市付近で飼育されていたチョウセンイタチ *Mustela sibirica coreana* が野放しにされた結果，周辺に生息地を拡大し，在来のニホンイタチ *M. itatsi* が減少した（佐々木，1996）．1970年代には関西の都市部一帯はチョウセンイタチで占められるようになった．海

1）ただし，その内容やメカニズムについて，必ずしも十分に理解されているとは限らない．筆者らは，これらの種間競争のうち相当数は，繁殖干渉によるものではないかと考えている．ここに挙げた例の中にも，実は繁殖干渉をメカニズムとするものも含まれていると考えられる．マルハナバチ類については本書第7章でより詳しく解説する．

外では，イギリスに侵入したハイイロリス *Sciurus carolinensis* が生息地を拡大し，在来のキタリス *S. vulgaris* が減少していることはよく知られている（Hengeveld, 1989）．植物でもこのような例は多く観察されている．たとえばオッタチカタバミ *Oxalis dillenii* が1965年に京都で確認された後，日本全国に急増し，在来のカタバミ *O. corniculata* が減少している（亀田・有沢，2010）．

種間競争は種の置換の原因となっているだけでなく，資源分割の原因とも考えられている．生物にとっての資源には，空間や環境，エサ資源，時間などがあるから，資源分割には，生息場所分割（すみ分け），エサ資源の分割（食い分け），時間的すみ分けなどの種類がある．たとえばある種の分布域に近縁種が二次的に侵入し，種の置換が部分的なものに留まった場合には生息場所分割となる．一方，資源分割は種間競争の結果生じたのではなく，同所的種分化の結果生じたと考えることもできる．ある生息地内で1種が2種に種分化するとき，異なる方向に適応が生じて資源分割が生じたとする仮説である（Dobzhansky, 1940；Maynard-Smith, 1966）．この仮説についてはこれまでにいくつかの報告があるけれども（Berlocher and Feder, 2002；Drès and Mallet, 2002），同所的種分化は異所的種分化に比べてはるかに少ないことがわかってきている（Bolnick and Fitzpatrick, 2007）．同所的種分化が生じるためにはほとんどの場合，同類交配 assortative mating を必要とするが，同類交配にコストがかかる場合には種分化は起きにくい（Dieckmann and Doebli, 1999；Higashi et al., 1999；Kondrashov and Kondrashov, 1999）．さらに，これまでの同類交配を通じた同所的種分化の数理モデルでは2系統のオスによるメスの選好性の違いか，あるいは2系統のメスによるオスの選好性の違いが対称であることを仮定していたが，実際の生物ではほとんどの場合非対称であって，この場合は共存そのものが難しくなるため種分化は生じにくいと考えられる（Takakura et al., 2015）．同所的種分化と繁殖干渉の関係については第6章に詳しいのでそちらを参照してほしい[2]．

生息場所分割の例は，飛べないカミキリムシとして知られるコブヤハズカミ

2）筆者は，同所的種分化の途上といわれている多くの事例も，実は異所的に種分化した2種が二次的に接触した結果ではないかと考えているが，ここでは詳しく論じない．

キリ属 *Mesechthistatus* に見られる．日本には 4 種が知られており，いずれも分布域は排他的で，中部地方の山岳地帯で分布域を接している（高桑，2013）．コブヤハズカミキリ *M. binodosus* とマヤサンコブヤハズカミキリ *M. furciferus* は妙高山系で分布域が接しており，2 種の分布境界では道路を隔てた両側に二種がすみ分けている場所がある（高桑，2013）．同様にフジコブヤハズカミキリ *M. fujisanus* とタニグチコブヤハズカミキリ *M. taniguchii* は八ヶ岳山麓で分布域が接しており，こちらも林道を隔てて 2 種がすみ分けている場所がある（高桑，2013）．エサ資源の分割は植食性昆虫に多く見られる．たとえば日本に生息するミスジチョウ属 *Neptis* をみてみよう．日本には 6 種が生息しており，コミスジ *N. sappho* はクズやハギなどのマメ科，ホシミスジ *N. pryeri* やフタスジチョウ *N. rivularis* はシモツケなどのバラ科，ミスジチョウ *N. philyra* はイロハモミジなどのカエデ科，オオミスジ *N. alwina* はウメなどのバラ科，リュウキュウミスジ *N. hylas* はマメ科のタイワンクズやニレ科のクワハエノキを利用する（日本チョウ類保全協会，2012）．つまり，ミスジチョウ属の寄主植物は実に 4 科にまたがっている．時間的なすみ分けには，捕食性のカイアシ類 *Diaptomus* spp.（Sandercock, 1967）やカエル類 *Rana* spp.（Toft, 1985）などで報告があるが，空間やエサ資源の分割に比べて相対的に少ない（Schoener, 1974）．

2.1.2　種間競争の数理モデル——ロトカ-ヴォルテラの競争方程式

このような種間競争を理解するために提出されたのが，ロトカ-ヴォルテラの競争方程式である．名前の通り，アメリカの数学者ロトカ Alfred J. Lotka（Lotka, 1920）とイタリアの物理学・数学者ヴォルテラ Vito Volterra（Volterra, 1926）によるもので，二人が独立に考案した．この数理モデルは，密度効果を線形に仮定するなど非常にシンプルな仮定をもとに作られているが，そのシンプルさのために種間競争の概念の形成に大きく貢献した．すなわち，ある 2 種が競争した時，2 種の種内競争と種間競争の強さに応じて，競争の結末が変化するため，種内競争と種間競争の強さから競争の結末を予測できるというものである．

ロトカ-ヴォルテラの競争方程式（Volterra, 1926）を説明しておこう．ある2種が競争している場合，種1，種2の密度（N_1，N_2）はそれぞれ以下のような微分方程式で表される（Kuno, 1991）．

$$\frac{dN_1}{dt} = (b_1 - d_1)N_1 - h_1 N_1 (N_1 + c_{12} N_2)$$

$$\frac{dN_2}{dt} = (b_2 - d_2)N_2 - h_2 N_2 (N_2 + c_{21} N_1)$$

ここで b_i，d_i はそれぞれ種 i の出生率および死亡率，h_i は種 i の混み合い度，c_{ij} は種 j から種 i への競争係数である．この式では，種1は個体あたり増殖率 $b_1 - d_1$ に応じて増えていき，同時に混み合い度 h_1 を受けて減少する．種間の資源競争によって種2が種1に与える負の効果は，$c_{12}N_2$ で表される．したがって負の効果は種2の密度に比例して増加する．競争係数 c_{12} は種2の個体を種1の個体として扱うための変換係数である．たとえば $c_{12} = 0.5$ であれば，種2が2個体増えると，種1が1個体増えたときと同じ状態とみなし，種1の増殖率が1個体減少することを示す．

ロトカ-ヴォルテラの競争方程式の挙動は，以下のように個体群増殖率ゼロのアイソクライン（等傾斜線）を使うと理解しやすい．平衡状態では種 i の密度変動はないはずなので $dN_i/dt = 0$ とすると，上の式は以下のように表記できる．

$$N_2 = \frac{1}{c_{12}}\left(\frac{b_1 - d_1}{h_1} - N_1\right) \rightarrow N_1 = \frac{b_1 - d_1}{h_1} - c_{12}N_2$$

$$N_1 = \frac{1}{c_{21}}\left(\frac{b_2 - d_2}{h_2} - N_2\right) \rightarrow N_2 = \frac{b_2 - d_2}{h_2} - c_{21}N_1$$

つまり，種1の密度 N_1 が変動しない条件は，種2の密度 N_2 の一次式によって表される．その逆もまた同様である．これを図に描いたものがゼロ成長アイソクラインと呼ばれるものである（図2.1）．このアイソクライン上では種1の密度 N_1 の変化は横方向に，種2の密度 N_2 の変化は縦方向に表現される．両種とも，密度が十分に高い場合には密度は低下し，逆に密度が十分低い場合には密度は増加するはずなので，密度は常に自らのアイソクラインに近づこうとする．

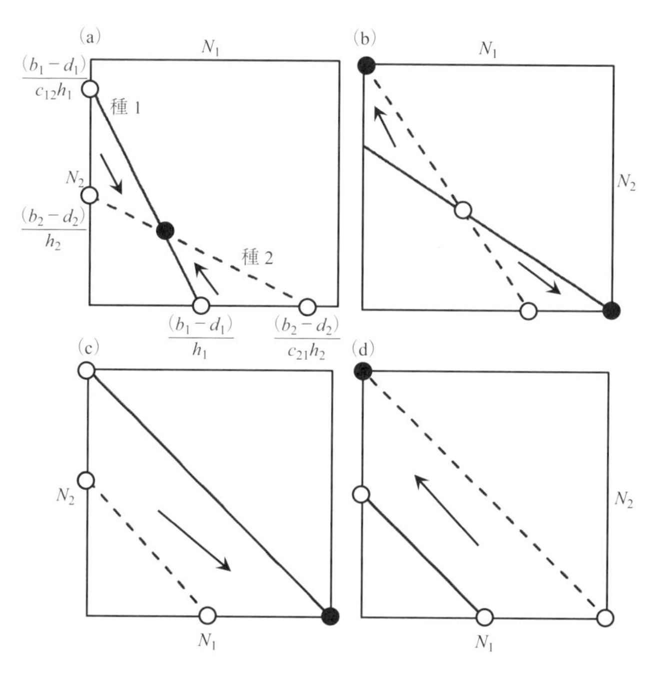

図 2.1　ロトカ-ヴォルテラの競争方程式から描かれる種 1（実線）と種 2（破線）のゼロ成長アイソクライン．図中の白丸（○）は不安定平衡点，黒丸（●）は安定平衡点を示す．パラメータ値に応じて (a) 2 種の共存，(b) いずれか一方の絶滅，(c) 種 1 のみ存続，(d) 種 2 のみ存続，の四つの状態が出現する．

こうして種 1 と種 2 のアイソクラインをたどっていくと，安定平衡点が理解できる．種 1 と種 2 のアイソクラインの関係によって異なる四つの状態が現れる．種 1 と種 2 が共存する場合（図 2.1a），種 1 あるいは種 2 のどちらか一方が勝ち残る場合（図 2.1b），種 1 が常に勝ち残る場合（図 2.1c），種 2 が常に勝ち残る場合（図 2.1d）である．ここで，$b_i-d_i=r_i$ とおけば，両種が共存する条件は，

$$\frac{r_2}{c_{21}h_2}>\frac{r_1}{h_1}$$

かつ

$$\frac{r_1}{c_{12}h_1}>\frac{r_2}{h_2}$$

となる．ここで種1と種2の増殖率と混み合い度が等しい（$r_1=r_2, h_1=h_2$）と仮定するならば，$c_{12}<1$ かつ $c_{21}<1$ となる．したがって，このような2種で競争排除が起きる条件は，$c_{12}>1$ あるいは $c_{21}>1$ となる．いま c_{ij} は競争係数だから，$c_{ij}>1$ は，種 j が1個体増えたときに種 i が同種1個体の影響による減少分よりも多く減少することを示す．このことは，よりわかりやすく言えば，生活史形質が似通ったある2種において，種内の資源競争よりも種間の資源競争が強い状態を指す．すなわち，ロトカ-ヴォルテラの競争方程式によれば，種内の資源競争より種間の資源競争のほうが強い場合に，競争排除が起きる．たとえば，2種のパラメータ値が似通っていて（$r_1=r_2, h_1=h_2$），かつ $c_{12}<1, c_{21}>1$ のとき，種1が種2を駆逐する．また前述のように，2種ともに種間の資源競争よりも種内の資源競争のほうが強い場合（$c_{12}<1, c_{21}<1$）には2種は共存する．

2.1.3　ロトカ-ヴォルテラの競争方程式の検証

ロトカ-ヴォルテラの競争方程式が提案される前までは，種間競争の結末は予測できないと考えられていた．それが，この競争方程式では2種の種内競争と種間競争の強さを調べることによって種間競争の結末を予測できるというのである．そのため，ロトカ-ヴォルテラの競争方程式は多くの生態学者に絶賛された．そして，この数理モデルから導かれる予測を検証しようとする動きがでてきた．その中でも嚆矢であり，かつ最も有名な実験は，ロシアの生態学者ガウゼ Gause によるゾウリムシ類 *Paramecium* spp. を用いた実験であろう（Gause, 1934a）．彼は，野外にはコントロールできない多くの要因があるため，実験環境で検証しようと考えた．そこでゾウリムシ類を材料に選び，ビーカーで種間競争を観察することにした．まずゾウリムシ *P. caudatum* とヒメゾウリムシ *P. aurelia* の2種をバクテリア *Bacillus pyocyaneus* をエサとしてビーカーで飼育したところ，ヒメゾウリムシが生き残り，ゾウリムシが絶滅した．一方，ゾウリムシとミドリゾウリムシ *P. bursaria* の2種を同様に飼育したところ，それぞれ単独の時よりも低い密度で共存した．調べてみると共存した2種が利用するエサは異なっており，ゾウリムシはバクテリアを，ミドリゾウリムシは酵母菌を食べていた（Begon et al., 2006）．ガウゼはこれらの一連の実験結果（Gause, 1932, 1934a）[3] にもとづいて，「同じニッチを占める2種は共存できない」とする仮説を提唱した．ニッチとは，生態的地位のことで，利用する環境やエサ資源，同所的な生物との相互作用の総体をいう．この仮説はのちにガウゼの法則やガウゼの仮説などと呼ばれたが，多くの派生名が出たため Hardin（1960）が競争排除則 competitive exclusion principle と統一した．

ガウゼが示した実験結果は，ロトカ-ヴォルテラの競争方程式を検証したものとして高く評価された（Varley, 1947）．つまり，ゾウリムシとヒメゾウリムシの競争では，ヒメゾウリムシからゾウリムシにかかる種間の資源競争がゾウリムシの種内の資源競争よりも強かったためにゾウリムシが絶滅したと解釈され，一方，ゾウリムシとミドリゾウリムシの競争では，両種とも自種が被る種間の資源競争よりも種内の資源競争のほうが強かったために共存したと解釈された．同じころのアメリカでは，キイロショウジョウバエ *Drosophila melanogaster*（Pearl, 1932）やヒラタコクヌストモドキ *Tribolium confusum*（Park, 1933）を材料に用いて，1種のみの実験個体群のロジスティック成長をようやく検証していたことを考えると，ガウゼの研究がいかに先駆的であったかを理解できよう[4]．

ガウゼの実験結果が称賛された一方，「競争排除則」については，それが命題として成立するかどうか議論が続いた．おそらく最初の表立った議論は，1944年3月21日，ロンドンで開催されたイギリス生態学会のシンポジウムであろう（Anonymous, 1944；菊池，1974）．時は第二次世界大戦の真っ只中であり，ノルマンディー上陸作戦が1944年6月だから，ドイツ軍はまだフランスを占領しており，ドーバー海峡をはさんでイギリスと盛んに交戦していた．ロンドン自体，1940年から1941年にドイツによる大規模な夜間空襲を受けたばかりである．そうした中，演題は The Ecology of Closely Allied Species（近縁種の生

3）ガウゼは1910年生まれだから，これらの成果は彼が大学生だった20代前半に行われたことになる．彼はこれらの成果を手にアメリカ留学を目指したが，結局かなわず，その後モスクワ大学で抗生物質の研究に多くを費やしたらしい（たとえば Gause, 1958）．

4）ただしガウゼの実験についてはいくつかの不備が指摘されている（Begon et al., 2006）．

態学）であった．シンポジウムの席上，オックスフォード大学グループのLack, Elton, Varleyらは野外の種間競争の事例を挙げてガウゼの競争排除則を支持した一方，Diverらは反対にまわった（Cody and Diamond, 1975）．Diverは反対陳述の中で，まず野外で近縁種が共存している事例を挙げ，次に数理モデルや室内実験は条件を単純化しすぎていること，野外では資源は余っているため資源の欠乏による激しい競争は起きないはずであることを挙げた（Diver, 1936）．そして空間やエサ資源によって共存やすみ分けが生じたことを示す決定的証拠はないと結論した（Diver, 1940）．その後，参加者は賛否相半ばのまま侃々諤々の議論がかわされたと伝えられている（Anonymous, 1944；Strong et al., 2014）．その後，競争排除則を支持したLack, Elton, Varleyらはそれぞれ論文を発表した（Lack, 1945；Elton, 1946；Varley, 1947）．これらの論文の評価は非常に高く，特にVarley（1947）の論文はイギリス生態学会が選ぶ過去100年（1913–2013）で最も影響力のある100論文に入っている（British Ecological Society, 2013）．この100論文の中には，Eltonの論文も主著，共著含め3本が選ばれている（Summerhayes and Elton, 1923；Elton and Nicholson, 1942；Elton, 1949）．Lackの論文は選ばれていないけれども，彼が記したガラパゴスフィンチ（Passeriformes：Thraupidae）の本“Darwin's Finches”は非常に有名で，多様なフィンチの嘴を並べた図はおなじみである（Lack, 1947）．彼らはこれらのすべての論文や書籍で競争排除則を支持している．これらの輝かしい業績の一方，競争排除則に批判的だったDiverは戦後ほとんど論文を発表していない（Cody and Diamond, 1975）．その理由は定かでないが，彼は1940年以降，研究の第一線から退いたようだ．あるいは競争排除則に代わる強力な代替仮説を提示できなかったのかもしれない．いずれにしろ，第二次大戦後に競争排除則が広く支持されるようになった背景には，このシンポジウムでの議論が歴史的出発点となっており，Elton，Varley，特にLackによる積極的なプロパガンダが功を奏したとみてよいだろう（Hardin, 1960；Cody and Diamond, 1975；Strong et al., 2014）．ただしEltonは動物の種間競争の普遍性について否定的な意見（Elton, 1927）から肯定的な意見（Elton, 1946）に転換していることから，競争排除則についてはあまり確信をもっていなかった可能性がある（McIntosh, 1986）．実際，『侵略の生態学』(Elton, 1958) でも，競争は不明なことが多い上に，非常に複雑であることを強調している．

2.1.4　ダーウィンによる種間競争の見方

それでは，ガウゼの競争排除則が提唱される前には，種間競争はどのようにとらえられていたのだろうか．それを知るために，まずダーウィン自身が種間競争をどのように考えていたのか確認していこう．1859 年に出版された有名な『種の起源』には以下のように書かれている (Darwin, 1859)．「同種の個体どうしはあらゆる面で激しい競争を演じることになるため，ふつうは同種個体どうしの競争がいちばん厳しい．同じ理由で，同種の変種間の競争もそれに劣らないくらい激しくなる．それに続くのが同属の種間競争である (種の起源 (下) 第 14 章，渡辺政隆訳，光文社文庫)[5]」．つまり，資源をめぐる競争は種内競争が最も強くなるから，種間競争はふつう種内競争よりも弱い．上で述べたようにロトカ-ヴォルテラの競争方程式によれば，種間競争が種内競争より弱いときには 2 種は共存するはずである．したがって，もしすべての種で種内競争のほうが種間競争よりも強ければ，すべての種が共存してしまう．しかし実際にはダーウィンの時代にも種間競争による (とみられる) 種の密度減少や種の置換が起きていた．『種の起源』にも以下のような記述がある．「スコットランドでは最近になってヤドリギツグミが分布域を広げたことにより，ウタツグミが減少した．(中略) ロシアでは，アジア産の小型のゴキブリがいたるところで同属の大型種を追い払ってしまった．アブラナ科のノハラガラシは，同属の他の種を排除してしまう．そのほかにも例はいくらでもある．(種の起源 (上) 第 3 章)」

『種の起源』をみるかぎり，ダーウィンは，競争排除は生態的な過程で生じるというよりは進化的な過程で生じると考えていた．つまり自然淘汰を受けて卓越した種が近縁他種を駆逐すると考えたのである．しかしこうして書くと，

5) 以下，『種の起源』の訳文は渡辺政隆訳 (光文社文庫) による．

一般的な読者なら，生息する物理環境条件により適応した種が同所的に生息する近縁他種を排除することを想像するだろう．しかしダーウィンは「気候条件よりも，すでに定着している他の生物種の存在のほうが重要だ（種の起源（下）第9章）」と考えた．したがって同居する他の生物種に応じて自然淘汰が進むこともあれば，進まないこともあるとした．さらに彼は，一般に個体数が多い種ほど変異が生まれやすいので，自然淘汰が進みやすいとした．そのため個体数が少ない種は同属近縁種と二次的に出会った場合，劣位になりやすいため絶滅しやすいという．つまりダーウィンは，個体数や同居する生物の影響により，たまたま進化した種がたまたま進化しなかった種を駆逐すると考えた．ダーウィンはこれらの理由をもって，その環境により適応しているはずの在来種を，より適応していないはずの外来侵入種が駆逐しうると考えたのである（Darwin, 1859）．

2.1.5　種間競争と進化

それではダーウィンのこのような仮説は，その後どのように解釈されてきたのだろうか．『種の起源』が出版された当初（Darwin, 1859）は，種間競争どころか，そもそも進化論自体に対しても批判のほうが多かった．たとえば，出版直後の1860年には「ダーウィンの番犬」ことトマス・ハクスリー Thomas H. Huxley とオックスフォード教区の主教サミュエル・ウィルバーフォース Samuel Wilberforce が進化論をめぐって公開討論を行っている（Wickliff, 2015）．この討論会では，ビーグル号の元艦長で，一廉の気象学者となったロバート・フィッツロイ Robert FitzRoy が客席で立ち上がり，聖書を振りかざしながら「神を信じろ」と叫んだといわれている（渡辺，2009）．あのファーブル Jean H. Fabre も進化論には否定的で，1877年に出版した『昆虫記』第3巻で「進化論への一刺し」と題した章を設けて，進化論を批判している（ファーブル；訳：奥本，2006）．ダーウィンはこれらの批判に答えるように『種の起源』に手を加え続け，1872年までに6版を重ねている．それでも，ヨーロッパには野生のサル目 Primates がいなかったことやサルの化石が出ていなかったことも手伝って，キリスト教において特別な存在である人間 *Homo sapiens* と動物にすぎないサルの起源が同じだという主張はなかなか受容されなかった（Goodman, 1871）.

やがて進化論への支持も広がっていった一方，今度は間違った解釈もみられるようになった．たとえば，Science に掲載された 1898 年の論文には，進化は生物以外のものにも起き，陸地などの無生物や人間の精神やモラルなども進化しうると書かれている（Packard, 1898）．優生学の勃興も書き留めておく必要がある．優生学の勃興によって，進化論の正当な評価が遅れ，かつ妨げられたことは間違いない.

それでも 20 世紀になると遺伝子の概念が確立し，進化論の検証が始まった（de Vries, 1909；Sutton, 1903）．アメリカの鳥類学者だった Grinnell（1904）はカリフォルニア地方の鳥類を調べ，クリイロコガラ *Parus rufescens rufescens* とその亜種 *P. r. neglectus* と *P. r. barlowi* がそれぞれ生息地を違えていることを発見した．彼は，その論文の中で競争排除則に近い考えをすでに述べている．「Two species of approximately the same food habits are not likely to remain long evenly balanced in numbers in the same region（同じエサ資源を利用する 2 種は，長期にわたって同じ地域に等しい個体数を保てないだろう）」．論文を読めばわかるが，この主張自体はダーウィンの受け売りであって，新しいものではない．つまり，新しく生じた種が原種を駆逐する過程を指しているにすぎない．一方，ダーウィンと異なる考えも形成されてきた．Jordan（1905）は多くの分類群について近縁種間のすみ分けをまとめ，種分化はそれぞれ異所的に隔離された個体群が生息する「環境条件」に応じて生じるとした．Grinnell（1914）も同様に，鳥や哺乳類の分布域を決定づける最も重要な要因は気温や湿度などの環境条件であると主張している．つまりこのころ，生物の進化は他の生物種との相互作用よりも環境条件への適応がより重要であると考えられるようになっている.

種間競争のメカニズムを調べようとする動きもあった．Harris（1913）は，種内変異の存在とそれらの死亡率の差が証明されてきた一方，進化の駆動力となる競争についてはまだほとんどわかっていないと書いている．そのなかで興味深い事例として紹介されているのが，ネズミの種の置換である．ノースカロライナ州ローリー Raleigh には 1909 年まで少なくとも 25 年間エジプトネズミ *Mus alexandrinus*（現在の分類はクマネズミの 1 亜種 *Rattus rattus alexandorinus*）のみが生息していたが，その後ドブネズミ *Mus norvegicus*（現在の分類は *Rattus norvegicus*）にすっかり駆逐されてしまった．Harris（1913）は畑井新喜司（実験用ラットの旧学名は *Mus norvegicus* var. *albus* Hatai）の実験も紹介している．白いアルビノのラットと茶色いドブネズミ（両者とも *M. norvegicus*）の 2 タイプでさえ同所的に生息すると争うようになるという．そして Harris は，これらの競争のメカニズムは不明だが，このような情報を多く蓄積すべきであると結んでいる．このころからようやく種間競争の科学的研究が始まったと考えてよいだろう．

このようにみてくると，ガウゼの競争排除則はそれほど斬新なアイデアではなかったことがわかる（Udvardy, 1959；Hardin, 1960）．むしろ競争排除則は進化論を支持する当時の研究者が持っていた一般的な概念に近い．ガウゼに先立つ 1920 年代は世界的に生態学が発展し，成熟した時代であって（Allee et al., 1949），競争排除則はその時代の到達点として登場した．とはいえ，この当時の理解は現在とは少し異なっており，『種の起源』の中にみられるように，より進化した種が（進化していない）原種を駆逐するというものであった．このような主張について，Grinnell や Jordan は野外の生物のすみ分けを研究した結果，ダーウィンの考えは正しいと考えた．つまり，近縁種どうしが側所的に生息する現在の状況は，より進化した新しい種が原種をまさに駆逐しようとしている過程にあるのだと考えたのである．以上のような研究がロトカ-ヴォルテラの競争方程式（Lotka, 1920；Volterra, 1926）へとつながっていったと考えられる．

ここまで，ダーウィンから第二次大戦中までの種間競争の研究について述べた．ダーウィンは種間競争よりも種内競争のほうが強いことを明確に指摘した．それでも種間競争で種が駆逐されるのは，より進化した種が進化していない種を駆逐するからであると考えた．進化は，その種の個体数が多いことや同所的に生息する生物との相互作用に応じて進むと考えた．しかし 1900 年代以降，生態学者たちは種分化を含む進化は主に環境条件によって生じると考えるようになった．またダーウィンはどちらかといえば種間競争を進化の過程ととらえたのに対し，このころの生態学者たちは進化の結果ととらえるようになった．それにより進化と種間競争が切り離され，ロトカ-ヴォルテラの競争方程式では，種間競争の結末は種間競争と種内競争のバランスに応じて決まるとされた．ガウゼは，ゾウリムシを用いた実験結果がロトカ-ヴォルテラの競争方程式の予測に合致することを示し，競争排除則を提唱した．1944年3月に行われたイギリス生態学会シンポジウムを契機に，Lack，Elton，Varleyは競争排除則のプロパガンダに成功し，競争排除則が現在まで生き延びる礎を築いた．

2.1.6　ニッチ理論との関係

それでは，第二次大戦後，現在まで種間競争の概念はどのような経緯をたどったのだろうか．戦争が終結すると，戦前から続く実験生態学が一気に花開いた．たとえばT. Parkのグループはコクヌストモドキ *Tribolium* spp.（Park, 1948）を，内田俊郎はマメゾウムシ *Callosobruchus* spp.（Utida, 1953）を，A. Crombieはバクガ *Sitotroga cerealella* とコナナガシンクイ *Rhizopertha dominica*（Crombie, 1945）を，L. C. Birchはコクゾウムシ *Sitophilus* spp.（Birch, 1954）を用いて種間競争を観察した．これらの実験のほぼすべてがいずれかの種の排除に終わったので，やはり競争排除則は正しいと解釈された．こうしてLackらのプロパガンダは成功したかに見えたが，しばらくすると，競争排除則自体に致命的な欠陥が指摘されるようになる．競争排除則の下では，競争排除が起きた場合にはニッチが等しかったのだと解釈し，共存した場合にはニッチが異なっていたのだと解釈するので，競争排除則は常に棄却できないのである（Hardin, 1960；Slobodkin, 1961）．すなわち，競争排除則にはPopper（1959）がいうところの反証可能性がない．

この批判に対してHutchinson（1957）は「共存する2種の実現ニッチは互いに交わらない」とすることで反証可能とした．その後ニッチの類似限界説（MacArthur and Levins, 1967）が提出され，多次元ニッチの概念が定着した．こうしてニッチの概念は今日も広く共有されている．

しかし筆者は，競争排除則の問題以前に，「ニッチ」の概念自体に欠陥があると考えている（岸・西田，2012）．ここで，ある植物2種のニッチを考えてみよう．2種の実現ニッチが交わるかどうか検証するために，温度，湿度，日長，土壌水分を調べるだけで十分だろうか．近年，土壌中の微生物（Toju et al., 2013）や周辺の血縁個体（Yamawo, 2015）も個体の生育に影響することがわかっているから，これらについても調べる必要がある．このように考えれば，ニッチ指標は無限にみつかることがわかる．そうしてニッチ指標を無限に調べていけば，いつか必ず交わらないものがみつかるだろう．なぜなら地球上にはまったく同じ空間は二つと存在しないからだ．ある植物2種に交わらないニッチ指標が必ず存在するならば，Hutchinson の仮説も，競争排除則と同様に検証不可能である．「ニッチ」は生態学では最も基本的な概念の一つであるけれども，筆者は「ニッチ」の概念はもはや科学的方法に耐えられなくなっていると考える．

競争排除則やニッチに限らず，種間競争については議論が絶えない．その理由は，野外の群集をみると種の置換が頻繁に生じていて種間競争がたしかに生じているようにみえるにもかかわらず，それらの現象を統一的に説明する理論が存在しないことである．Connell（1980）は，種間競争に関する議論の厳しさと難しさを嘆いている．野外で2種が共存しているのを見たとき，その2種がもともと競争することなく共存しているのか，あるいは過去の競争によりすみ分けが生じたけれどもより大きな空間スケールでは共存しているように見えるのか，あるいは競争を避けるように進化した結果，現在競争が見えないのか，区別することができない（Connell, 1980）．彼はこのことを「過去の競争の亡霊 the ghost of competition past」と称した．これを検証するためには野外で対象とする種を除去，あるいは付加する実験が必要である[6]．そこで野外で行われた種間競争の研究を収集して検討した結果，1/6（約 16.7 %）の実験でのみ，自種が被る種間競争が種内競争よりも強いことがわかった（Connell, 1983）．一方，Schoener（1983）は同様に野外の種間競争の研究を調べ，ほぼ 90 % の事例で種間競争が生じていると結論した．そしてこれらの研究を批判するように，植食

6）より厳密な実験設定は Connell（1980）を参照．

性昆虫で資源をめぐる種間競争が検出できないとする研究が報告された（Stiling and Strong, 1984；Strong et al., 1984）．さらにこの研究に対しても，植食性昆虫に種間競争が検出されたという研究がある（Kaplan and Denno, 2007）．植物群集を調べると，種間競争（種間に働く密度効果）よりも種内競争（種内に働く密度効果）のほうが強いことが多いけれども（Volkov et al., 2005；Nowicki et al., 2009；Comita et al., 2010；Zhu et al., 2010），これらの研究は除去操作や付加操作をしていないので，Connell の批判に反駁できない．このように種間競争については膨大な研究がおこなわれてきたにもかかわらず，いまだに一般的な理解には至っていない．

筆者は，種間の資源競争の存在を肯定すると同時に，普通は資源をめぐる種内競争が種間競争よりも強いことも肯定する（岸・西田，2012；Kishi and Nakazawa, 2013）．したがって筆者は，資源競争では多くの種が共存すると考える．しかし一方で，種間（の資源）競争によって種の排除が起きるケースがあることも肯定する．上記（Connell, 1983；Schoener, 1983）に限らず実際に野外にそのような事例があるからである．筆者は，種間の資源競争の結果，共存あるいは種の排除が生じることについて異論はないけれども，その結末の違いがなぜ，どのように生じるのかについて一般的な概念をもちえていない．資源をめぐる種間競争の結末がどの程度予測可能なのかについて研究したいと考えている．

2.1.7　ダーウィンの仮説の再検討

最後に，ダーウィンの仮説に立ち戻ってもう一度吟味する．ダーウィンは通常，他種から被る種間競争よりも種内競争のほうが強いことを指摘した．この指摘は種の共存を予測する．しかし彼は野外の種の置換を目の当たりにしていたので，種の置換が生じるメカニズムを別に考える必要があった．そこで彼が出した仮説は，個体数が多く，同所的な生物との相互作用が多い種がより進化し，進化していない種を駆逐するというものだった．さらにこのメカニズムは，野外にみられる近縁種間のすみ分けにも生じているとした．この仮説で重要な点は個体数の多い種が勝ちやすいことである．個体数が多い種というのは，密度が高い種と言い換えると，種内競争はむしろ弱い種といえる．一方，種内競争が強い種は，自種の密度抑制効果が強く働くはずなので，平衡密度は低くなる．ダーウィンによれば，個体数が多い種のほうが進化しやすいのだから，種内競争が弱い種のほうが進化しやすいことになる．さらに，個体数が多い種のほうが少ない種を排除しやすいのだから，種内競争の弱い種が，種内競争の強い種を排除しやすいことになる．たしかに，ロトカ-ヴォルテラの競争方程式をもとに考えると，種内競争が弱い種が強い種を排除しうる．アイソクラインで表現すると，図 2.2 のような状態になる．種内競争が強い状態というのは，混み合い度 h_i が強い状態である．種 1 の混み合い度が種 2 よりも強いとき（$h_1 > h_2$），自種の密度抑制効果が強く働くために，他のパラメータ値が同じ（$b_1 = b_2$, $d_1 = d_2$, $c_{12} = c_{21}$）でも，$c_{12}h_1 > h_2$ ならば，$(b_1 - d_1)/c_{12}h_1 < (b_2 - d_2)/h_2$ となってしまう．このとき，種 1 は種内の資源競争よりも種間の資源競争の影響を強く受けやすくなるために絶滅しやすくなるというわけである．したがって種内競争の弱い種 2 が種内競争の強い種 1 を排除する．この仮説は，競争方程式の中で種内競争と種間競争の強さが相関することに起因する人為的なアーティファクトかもしれないが，検討する余地があるように思える．

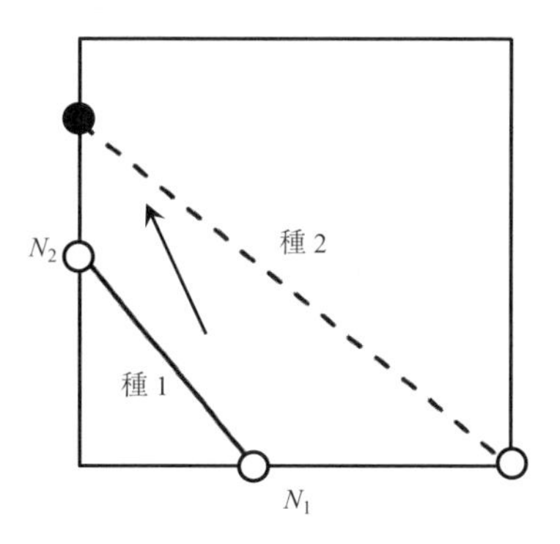

図 2.2　ロトカ-ヴォルテラの競争方程式から描いた 2 種のゼロ成長アイソクライン．他のパラメータ値が同じでも混み合い度の違いによって種 2 が種 1 を排除し勝ち残る（$b_1 = b_2 = 2$, $d_1 = d_2 = 1$, $c_{12} = c_{21} = 0.8$, $h_1 = 0.1$, $h_2 = 0.05$）．

ただし，より進化した近縁他種から被る種間の資源競争が，種内の資源競争よりも強くなることは普通ありえない．なぜなら近縁種が進化すればするほど，その近縁種とは近縁でなくなるので，資源の利用様式の変化などによりその種から被る種間の資源競争の効果は弱まるはずだからである．いずれにしろダーウィンが提唱した仮説についてはより具体的で詳細な吟味が必要だけれども，本章は繁殖干渉を位置づけることが目的なのでこのあたりで種間競争に関する研究の歴史の振り返りを終える．

2.2　繁殖干渉の数理モデル

2.2.1　繁殖干渉と種間競争の違い

種内競争と種間競争が資源をめぐる争いによる負の効果だったのに対し，繁殖干渉は種間の性的相互作用による負の効果である．同じような負の効果に見えるけれども，この二つは個体群増殖率に与える影響が大きく異なる．種間の資源をめぐる競争による負の効果は，相手種の密度に依存して効果が大きくなる．したがって相手種の密度が増加するとともに自種の個体群増殖率が被る負の効果が増大する．たとえば日本の岩礁潮間帯では固着生物間の空間をめぐる種間の資源競争が生じており，ムラサキイガイ *Mytilus galloprovincialis* の密度が増加するとイワフジツボ *Chthamalus challengeri* の密度が減少する（Hoshiai, 1960）．一方，繁殖干渉による負の効果は，（自種に対する）相手種の相対頻度に依存して効果が大きくなる．したがって相手種の相対頻度が増加するとともに自種の個体群増殖率が被る負の効果が増大する．たとえばミナミアオカメムシ *Nezara viridula* のオスが相対的に多い場所ほど，アオクサカメムシ *N. antennata* のメスは同種オスとの交尾機会が減少する（Kiritani et al., 1963）．なぜならアオクサカメムシのメスはミナミアオカメムシのオスとも交尾し，時間をロスしてしまうからである．このときアオクサカメムシのメスの同種オスとの交尾機会は，ミナミアオカメムシのオスとアオクサカメムシのオスの割合に依存するのであって，ミナミアオカメムシのオスの密度のみでは決まらない．この点が資源競争と繁殖干渉の大きな違いである．

密度と頻度の違いについて具体的な説明を加えておこう．いまキイロショウジョウバエ *Drosophila melanogaster* 10 個体とオナジショウジョウバエ *D. simulans* 10 個体をシャーレに入れたとすると，2 種の密度はともに 10 個体/シャーレで，頻度は 1：1 となる（表 2.1①）．

表 2.1

	密度		頻度	
	キイロ	オナジ	キイロ	オナジ
①	10	10	1	1
②	20	20	1	1
③	20	10	2	1
④	10	5	2	1
⑤	20	5	4	1

このシャーレにキイロショウジョウバエとオナジショウジョウバエをさらに10個体ずつ加えると，2種の密度はともに20個体/シャーレとなるが，頻度は1：1のまま変わらない（表2.1②）．キイロショウジョウバエとオナジショウジョウバエが20個体ずつ入っているシャーレから，今度はオナジショウジョウバエのみ10個体取り除くと，キイロショウジョウバエの密度は変わらず20個体/シャーレである一方，オナジショウジョウバエの密度は10個体/シャーレとなり，2種の頻度は2：1となる（表2.1③）．さらにここからキイロショウジョウバエ10個体，オナジショウジョウバエを5個体取り除くと，2種の密度は変化するが頻度は2：1のまま変わらない（表2.1④）．ここで今度はこのシャーレにキイロショウジョウバエを10個体加えると，キイロショウジョウバエの密度は2倍の20個体/シャーレとなり，オナジショウジョウバエの密度は変わらず5個体/シャーレであるが，2種の頻度は4：1と4倍になっている（表2.1⑤）．このように，密度と頻度は同じように変化するわけではない．

もう一つ，密度と頻度について指摘すべきことは，生物の生息密度には上限がある一方，頻度には上限がないことである．生物は同所的な同種や他種および生息環境や資源から直接的，間接的に密度抑制効果を受けるため，個体群の密度は無限には増えない．そのため，種間の資源競争が生じた場合にも相手種の密度が上限に達するとともに，自種が被るコストも上限に達する．つまり他種から受ける密度効果には上限が存在する．しかし相手種の密度が上限に達しても，自種の密度が低下する限り，相手種の相対頻度は増大していくため，そこから被るコストも無限に増大していく．

2.2.2　数理モデルの帰結

資源競争と繁殖干渉の違いは数理モデルを用いるとわかりやすい．これまでに繁殖干渉の数理モデルがいくつか発表されている（Waser, 1978b；Ribeiro and Spielman, 1986；Kuno, 1992；Yoshimura and Clark, 1994；Feng, 1997）．このうちKuno（1992）の数理モデルが上記のロトカ-ヴォルテラの競争方程式と比較しやすい．ある2種が二次的に出会って繁殖干渉が生じている場合，種1，種2の密度（N_1，N_2）はそれぞれ以下のような微分方程式で表される（Kuno, 1992）．

$$\frac{dN_1}{dt}=\left(\frac{N_1}{N_1+a_{12}N_2}b_1-d_1\right)N_1-h_1{N_1}^2$$

$$\frac{dN_2}{dt}=\left(\frac{N_2}{N_2+a_{21}N_1}b_2-d_2\right)N_2-h_2{N_2}^2$$

先ほどと同様に，b_i，d_i はそれぞれ種 i の出生率および死亡率，h_i は種 i の混み合い度である．繁殖干渉は，異種オスの相対頻度に応じてメスの繁殖成功度を低下させる効果だから，種 j から種 i にかかる繁殖干渉の強さの係数 a_{ij} を用いて上のように表現する．たとえば種1の密度 N_1 と種2の密度 N_2 が等しく，いずれの種もオスとメスが同数いるとき，$a_{12}=0.5$ であれば，種1のメス1個体あたりの出生率は種2がいないときに比べて2/3に減少する．

ロトカ-ヴォルテラの競争方程式と同様に，個体群増殖率ゼロのアイソクラインを使うと，資源競争と繁殖干渉の違いがよりはっきりと理解できる．平衡状態では種 i の密度変動はないはずなので $dN_i/dt=0$ となり，上の式は以下のように表記できる．

$$N_2=\frac{1}{a_{12}}\left(\frac{b_1N_1}{d_1+h_1N_1}-N_1\right)$$

$$N_1=\frac{1}{a_{21}}\left(\frac{b_2N_2}{d_2+h_2N_2}-N_2\right)$$

つまり，種1の密度 N_1 が変動しない条件は，種2の密度 N_2 の原点を通る曲線として表される（図2.3）．その逆もまた同様である．N_1 を横軸，N_2 を縦軸としたとき種1の密度 N_1 の変化は横方向に，種2の密度 N_2 の変化は縦方向に表現されるから，そうして種1と種2のアイソクラインをたどっていくと，競争方程式のときと同様に安定平衡点が理解できる．種1と種2のアイソクラインの関係によって主に四つの状態に分類できる（図2.3a–d）．まず，いずれも繁

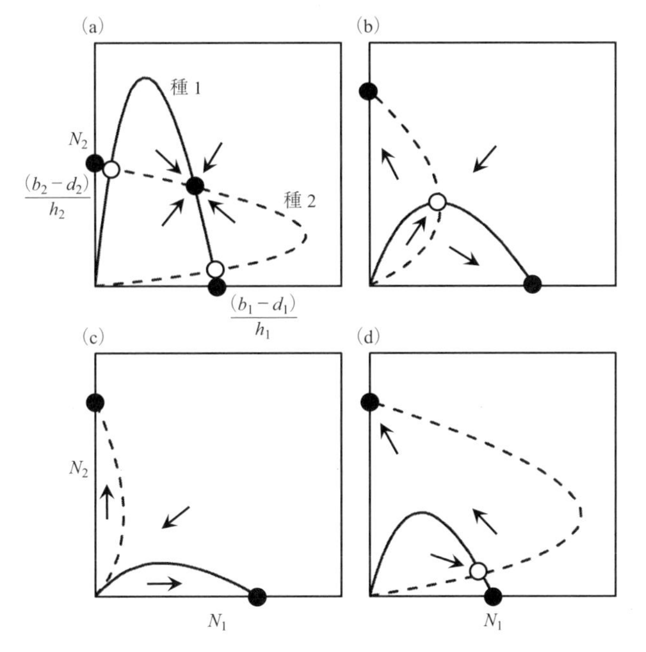

図 2.3　繁殖干渉の数理モデル（Kuno, 1992）から描かれる種 1（実線）と種 2（破線）のゼロ成長アイソクライン．図中の白丸（○）は不安定平衡点，黒丸（●）は安定平衡点を示す．パラメータ値に応じて (a) 2 種の局所的な共存（中央の安定平衡点）がみられるが，繁殖干渉が強まると共存は不可能となり（b, c），繁殖干渉が非対称な場合にも共存は難しい (d)．

殖干渉による負の効果が弱いとき（$a_{12}=a_{21}=0.1$），曲線が大きく湾曲し，平衡点が五つ出現する（図 2.3a）．このうち両端の二つ（軸上）と真ん中の平衡点が安定であり，それらの間の 2 点は不安定平衡点である．したがって真ん中の平衡点では種 1 と種 2 が共存しうる（図 2.3a）．しかし繁殖干渉が強くなると（$a_{12}=a_{21}=0.5$），2 種が共存する安定平衡点は消失する（図 2.3b）．二つのアイソクラインの内側に囲まれた領域は，不安定である．そして繁殖干渉がより強くなると（$a_{12}=a_{21}=0.8$），もはや不安定平衡点さえみられなくなる（図 2.3c）．繁殖干渉が非対称で，一方の種の繁殖干渉が弱いときにも安定平衡点は消失する（図 2.3d）．

ここで2種のパラメータ値が等しいと仮定すると（$b_1 = b_2 = b$, $d_1 = d_2 = d$, $h_1 = h_2 = h$, $a_{21} = a_{12} = a$），2種が共存する条件は，真ん中の安定平衡点

$$E = \left(\frac{b - d(1+a)}{h(1+a)}, \frac{b - d(1+a)}{h(1+a)}\right)$$

が存在することである．そのため局所安定性解析から，以下の2式を満たすことが条件となる（詳細はKishi and Nakazawa（2013）を参照）．

$$\frac{b}{d} - 1 - a > 0$$

$$\frac{b}{d}(a-1) + (1+a)^2 < 0$$

$a>1$ のとき，2番目の不等式を満たさない．したがって $0<a<1$ のとき，

$$\frac{b}{d} > 1 + a$$

$$\frac{b}{d} > \frac{(1+a)^2}{1-a}$$

このことから，2種が共存するには，繁殖干渉の強さ a が小さく，出生率 b が死亡率 d に比べて十分に大きくならなければならない．つまり繁殖干渉による負の効果を打ち消すほど個体あたり増殖率が大きいとき，2種が共存しうる．たとえば2番目の不等式をみると，$a = 0.5$ のとき $b/d > 4.5$ となり，出生率が相当に大きくなければならない．とはいえ，安定平衡点が存在する場合でも，2種の割合が極端に偏ってしまうと繁殖干渉によって密度の低い種が絶滅する（図2.3a）．

これらの結果からわかるのは，ある近縁2種間に繁殖干渉が生じているとき，その2種は共存しにくく，種の排除を起こしやすいことである．これは繁殖干渉の頻度依存的な効果によるものである．繁殖干渉の効果は，相対頻度が大きい種から小さい種には大きく，相対頻度が小さい種から大きい種には小さい．したがって正のフィードバック効果が働いて多数派の種が有利になり，少数派の種が不利になる．そして一度勝敗が決してしまった後には，その勝敗を覆すことは難しいため，この効果は強力な先住効果となる[7]．一方，資源競争は多

くの場合，種間競争よりも種内競争が強くなるために共存が起きやすい．このように，繁殖干渉と資源競争は，2種の動態に与える影響が大きく異なる（Kuno, 1992；Yoshimura and Clark, 1994）．

2.3　繁殖干渉＋資源競争の効果

2.3.1　繁殖干渉＋資源競争の数理モデル

これまで繁殖干渉と種間の資源競争を別々に説明してきたけれども，繁殖干渉と資源競争は排他的なものではなく，むしろ近縁種間には両方とも生じうる．たとえば北海道に侵入したセイヨウオオマルハナバチと在来のエゾオオマルハナバチは，種間交尾が生じると同時に，エサ資源である花粉や花蜜をめぐって競合が生じるといわれている（Kanbe et al., 2008）．ある近縁な2種間に繁殖干渉と資源競争が両方とも生じる場合，2種の動態はどのようなものになるだろうか．あるいは繁殖干渉のみが生じるとき，資源競争のみが生じるときに比べて，2種の動態はどのように変わるだろうか．

そこで繁殖干渉と資源競争の両方が生じる場合を仮定して数理モデルを構築した（Kishi and Nakazawa, 2013）．ロトカ–ヴォルテラの競争方程式と Kuno（1992）の繁殖干渉の方程式を組み合わせた．これまでと同様に種1，種2の密度（N_1, N_2），出生率（b_1, b_2），死亡率（d_1, d_2），混み合い度（h_1, h_2）とし，種 j から種 i に与える繁殖干渉の係数を a_{ij}，種間の資源競争の係数を c_{ij} とすると以下のように表される．

$$\frac{dN_1}{dt}=\left(\frac{N_1}{N_1+a_{12}N_2}b_1-d_1\right)N_1-h_1N_1(N_1+c_{12}N_2)$$

7）ここでいう先住とはその場所で優占している種を指し，単純に先住者が強いという意味ではない．

$$\frac{dN_2}{dt}=\left(\frac{N_2}{N_2+a_{21}N_1}b_2-d_2\right)N_2-h_2N_2(N_2+c_{21}N_1)$$

これらの式について個体群増殖率ゼロのアイソクラインは，$X_i=a_{ij}d_i+h_i(c_{ij}+a_{ij})N_i^*$ $(i, j=1 \text{ or } 2)$ とおくと以下のような式によって与えられる．

$$N_2^*=\frac{-X_1+\sqrt{X_1{}^2+4a_{12}c_{12}h_1N_1^*(b_1-d_1-h_1N_1^*)}}{2a_{12}c_{12}h_1}$$

$$N_1^*=\frac{-X_2+\sqrt{X_2{}^2+4a_{21}c_{21}h_2N_2^*(b_2-d_2-h_2N_2^*)}}{2a_{21}c_{21}h_2}$$

一見複雑に見えるけれども，定性的には繁殖干渉のみの方程式と同様の結果が現れる．すなわち，2 種のアイソクラインは曲線を描き，2 種の繁殖干渉と種間の資源競争がともに弱いとき，最大で五つの平衡点が現れる．それらのうち真ん中の 1 点と両端の 2 点は安定平衡点である一方，その間の 2 点は不安定平衡点である．2 種の繁殖干渉と種間の資源競争が強いとき，曲線のカーブは弱くなり，2 種が共存しうる安定平衡点は消失する．

単純のために，2 種のパラメータ値が等しいと仮定すると（$b_1=b_2=b,\ d_1=d_2=d,\ h_1=h_2=h,\ a_{12}=a_{21}=a,\ c_{12}=c_{21}=c$）真ん中の安定平衡点の座標は，以下のようになる．

$$E=\left(\frac{b-d(1+a)}{h(1+c)(1+a)},\ \frac{b-d(1+a)}{h(1+c)(1+a)}\right)$$

この座標が存在するには，局所安定性解析から（詳細は Kishi and Nakazawa (2013) を参照）以下の条件を満たす必要がある．

$$\frac{b}{d}-1-a>0$$

$$\frac{b}{d}(3ca+c+a-1)+(1-c)(1+a)^2<0$$

二つの不等式は，繁殖干渉と種間の資源競争の関係を簡潔に表している（図 2.4）．まず，2 種が共存しうる安定平衡点は b/d が大きいほど，つまり増殖率が大きいほど現れやすい．図 2.4 でも b/d が大きいほど共存しうる領域が広い．繁殖干渉は出生率 b を減少させる効果であるから，出生率 b が繁殖干渉に負け

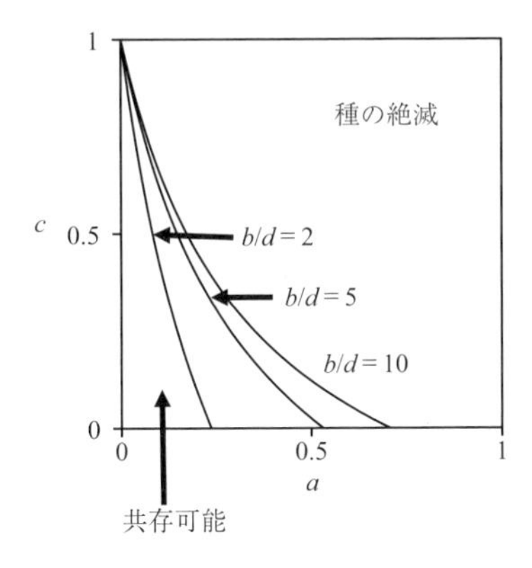

図 2.4　同じパラメータ値を持つ2種間に資源競争 (c) と繁殖干渉 (a) が生じたときの共存が起きうる領域．増殖率が高いほど共存可能な領域は広くなる．

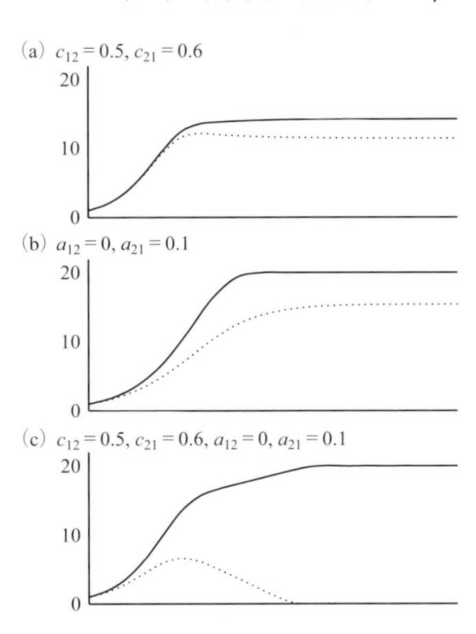

図 2.5　出生率，死亡率，混み合い度が等しい（$b_1=b_2=2$, $d_1=d_2=1$, $h_1=h_2=0.05$）種1（実線）と種2（破線）に (a) 資源競争が生じたとき，(b) 繁殖干渉が生じたとき，(c) 資源競争と繁殖干渉の両方が生じたときのシミュレーションの1例．

ないほど大きければ，絶滅を免れる．次に，2番目の不等式には，繁殖干渉 a と種間の資源競争 c の積があることから，繁殖干渉と資源競争は相加的でなく相乗的に安定平衡点を消失させることがわかる．言い換えれば，繁殖干渉と資源競争は相乗的に一方の種の絶滅を引き起こす．このことは，図2.4の境界線がいずれも下に凸のカーブになっていることと同義である．繁殖干渉のみ，あるいは資源競争のみでは共存しうる場合でも，繁殖干渉と資源競争の両方が生じると共存できなくなってしまう．次に，2番目の不等式では，種間の資源競争 c については1次になっている一方，繁殖干渉 a については二次になっていることから，種の絶滅を引き起こしやすいのは繁殖干渉であることがわかる．このことは，図2.4の共存可能域が縦に細長い山型になっていることからもわかる．資源競争のみのときには共存可能でも $(0<c<1)$，そこに少しでも繁殖干渉が加わると，途端に一方の種が絶滅してしまう．確認のために2種の動態をシミュレートしてみよう．資源競争のみのとき（$c_{12}=0.5$, $c_{21}=0.6$, 図2.5a)，繁殖干渉のみのとき

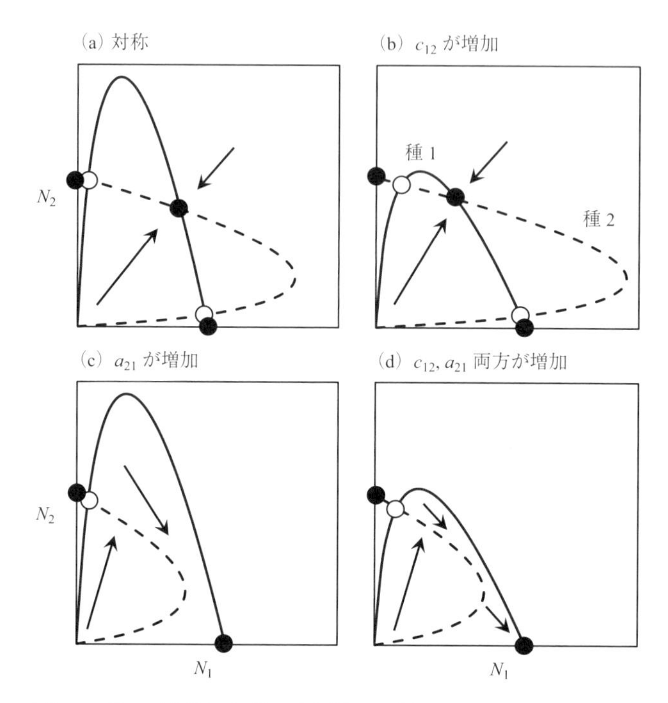

図 2.6　種 1（実線）と種 2（破線）に (a) 対称で弱い資源競争と繁殖干渉が生じた場合のゼロ成長アイソクライン．そこから (b) 資源競争が強まった場合および (c) 繁殖干渉が強まった場合，そして (d) それら両方が強まった場合．

($a_{12}=0$, $a_{21}=0.1$, 図 2.5b）には両種は問題なく共存しているようにみえても，資源競争と繁殖干渉が同時に生じると，もはや 2 種は共存できない（図 2.5c）.

次に，2 種の資源競争と繁殖干渉が非対称のときを検討する．2 種の出生率，死亡率，混み合い度が等しいと仮定し（$b_1=b_2=b$, $d_1=d_2=d$, $h_1=h_2=h$），繁殖干渉と資源競争も相手種から受ける効果が等しく弱い（$a_{12}=a_{21}=0.1$, $c_{12}=c_{21}=0.1$）と仮定する．このとき安定平衡点が出現するので，2 種は共存しうる（図 2.6a）．ここで種 1 が種 2 よりも資源競争に弱いと仮定すると，種 1 が資源競争による負の効果をより強く受けることになる（$c_{12}=0.3$, $c_{21}=0.1$, 図 2.6b）．このときまだ 2 種が共存可能な安定平衡点が残っている．次に，種 2 が種 1 よりも繁殖干渉に弱いと仮定すると，種 2 が繁殖干渉による負の効果をより強く受けることになる（$a_{12}=0.1$, $a_{21}=0.3$, 図 2.6c）．このとき，もはや 2 種が共存しうる安定平衡点は存在しなくなり，多くの領域で種 1 が種 2 を排除する．最後に，これらの両方の関係を組み込むことで，資源競争と繁殖干渉が互いに反対方向に非対称な状況になる（$a_{12}=0.1$, $a_{21}=0.3$, $c_{12}=0.3$, $c_{21}=0.1$, 図 2.6d）．すなわち，種 1 は資源競争に弱い一方，繁殖干渉には強い．種 2 はその逆である．このとき，やはり 2 種が共存しうる安定平衡点は存在せず，多くの領域で種 1 が種 2 を排除する．つまり，資源競争に弱くても繁殖干渉に強ければ相手種を排除しうる．

ここまで，繁殖干渉と資源競争を組み込んだ単純な数理モデルを解析してきた．その結果に基づくと，繁殖干渉と資源競争が 2 種の動態にどのような影響を及ぼすか定性的な予測をみることができる．まず 2 種間に繁殖干渉と資源競争の両方が生じている場合，これらの二つは相加的なだけでなく相乗的に種の絶滅を促進する．そのため資源競争と繁殖干渉の両方が生じている状況では共存が難しい．次に，繁殖干渉は資源競争よりも強く種の絶滅を決定づける．これは資源競争が相手種の密度に依存するのに対し，繁殖干渉が相手種と自種の相対頻度に依存するからである．密度依存効果の場合，相手種の密度以上には効果が大きくならないのに対し，頻度依存効果の場合には相手種の相対頻度に依存するために負の効果が無限に増大し続けてしまう．そのため，資源競争が生じているところに繁殖干渉がわずかでも入り込むといずれか一方の種が途端に絶滅してしまう．したがって，ある近縁な 2 種間の繁殖干渉と資源競争が互い違いに非対称な場合，繁殖干渉に強い種が，資源競争に強い種と共存するか，あるいは排除してしまうことが予想される．

2.3.2　モデルと現実との対応

前小節での予測は，外来種が侵入した場所で近縁な在来種を駆逐する現象を合理的に説明する．当然のことだが，外来種は侵入当初，侵入先の環境に適応していない．自然淘汰が本当に働いているならば，通常，外来種よりも在来種のほうがその環境に適応しているはずである．したがって資源競争は在来種のほうが強いと予想できる．にもかかわらず，実際には外来種が侵入して近縁な

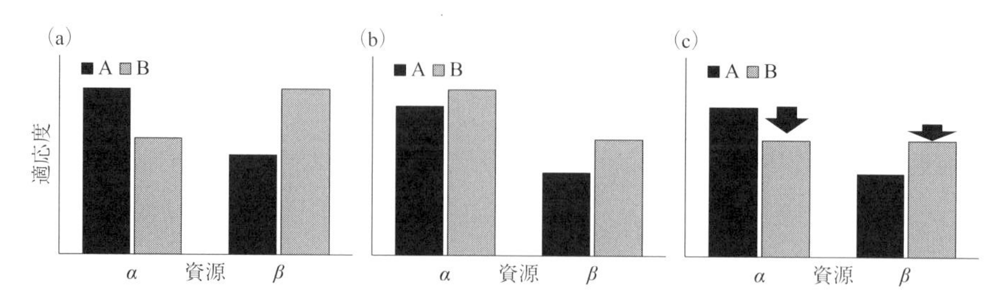

図 2.7　種間の資源競争と繁殖干渉によって資源分割が生じる場合の概念図．資源競争を通じた適応度のトレードオフ (a) は実際にはほとんど見つからず，いずれの種にとっても質のよい資源αと悪い資源βがみつかること (b) が多い．この状態に繁殖干渉が生じると資源分割が生じうる (c)．説明のための便宜的な図であることに注意．

在来種を駆逐してしまう現象が多く存在する．冒頭に挙げたように，日本に侵入したチョウセンイタチはニホンイタチを駆逐しているし，イギリスに侵入したハイイロリスは在来のキタリスを駆逐している．さらには北海道に侵入したセイヨウオオマルハナバチは在来のマルハナバチ類を駆逐している．これらの事実は，種の置換には資源競争以外の要因が存在することを示唆する．繁殖干渉は環境への適応と関係なく生じるため，資源競争に弱いはずの外来種が近縁な在来種を駆逐する有力な要因となりうる．

今回の数理モデルの予測は，近縁種間にしばしばみられる生息場所分割やエサ資源の分割も合理的に説明できる．上記のコブヤハズカミキリ属における生息場所分割やミスジチョウ属にみられるような明確な食草の分割である．このような資源分割はこれまで種間の資源競争のみによって説明されてきた．種間の資源競争によって資源分割が生じるには，資源競争を通じた適応度のトレードオフが必要である（図 2.7a）．すなわち，ある近縁な 2 種，種 A と種 B が 2 種類の資源，αとβをそれぞれ排他的に利用する状態が生じるには，資源αでは種 A から種 B への種間競争が強く働き，資源βでは種 B から種 A への種間競争が強く働く必要がある．しかもその強さはいずれも種内競争よりも強い必要がある．しかしそのような種間競争の存在を示した証拠はないといってよい．

強い種間競争がない場合でも近縁種間の資源利用能力にトレードオフがあれば，資源分割が生じうるが，そのような事例はほとんど見つからない（Aerts,

1999; cf. 田島ほか, 2007). 考えてみれば当然だが, 近縁な種ほど資源利用能力は似通っていると予想できる. 近縁種同士の資源利用能力を調べると, 多くの場合, 種Aにとって資源αのほうが資源βよりも質のいい資源ならば, 種Bにとっても資源αは資源βよりもいい資源となる (図2.7b). しかしこのような結果では, 野外に見られる資源分割を説明できないため, 研究者を悩ませてきた. このような結果に対してしばしば語られるのが「まだ調べていない未知の環境要因があって, それがトレードオフになっているのだ」という仮説である. しかし, このようなアドホックな仮説による反証逃れは科学的でない. なぜなら反証逃れによって, もともとの仮説が反証可能性を失っているからである. すなわち, この論理が科学的に通用するのであれば, 資源分割が種間競争によって生じたとする仮説は永遠に棄却できない.

一方, 繁殖干渉と種間の資源競争によって生じる資源分割には, 繁殖干渉にも資源競争にもトレードオフを想定する必要がない. 利用する資源に応じて繁殖干渉か資源競争のいずれかの関係が少しでも変われば, 資源分割が生じうる. たとえば, 種Aが種Bよりも繁殖干渉に強く, そして種Bが種Aよりも資源競争に強いものとしよう. そして前出の図2.7bのように, 資源αは種Aと種B両方にとってよい資源であって, 資源βは種Aと種B両方にとって資源αに劣るものとする. ただし資源αの質は種Aにも種Bにも同程度である一方, 資源βの質は種Aでより悪いものとする (図2.7b). いまこの状態の2種に繁殖干渉が生じ, 資源α上で種Aから種Bにより強い繁殖干渉がかかると, 資源αでは種Aが種Bを排除する一方, 資源βでは資源競争に強い種Bが種Aを排除する状況が起きうる. これで明確な資源分割が出現する (図2.7c). 当然ながら, いずれの資源でも種Aから種Bに非常に強い繁殖干渉が生じるときには, どちらの資源でも種Aが種Bを排除する. しかし資源βを利用した時の種Bの資源競争の優位を種Aの繁殖干渉が覆すことがないかぎり, 資源βでは種Bが優占する (図2.7c). 資源βを利用した時の2種の個体の適応度が異なることから, 資源βを利用した時には種Aの密度が種Bよりも低くなり, それに応じて実質的な繁殖干渉が弱まることも考えられる. いずれにしろ, 種Aと種Bに繁殖干渉と資源競争の両方が生じるとき, 2種にとっての資源β

の質が異なるだけで，明確な資源分割が生じうる．同様に考えれば，資源 α と β の質が種 A と種 B で同じでも，2 種における繁殖干渉の強さの関係が資源に応じて変化すれば，資源分割は生じうる．このように，繁殖干渉と資源競争の組み合わせによって生じる資源分割は，いくつかのバリエーションが考えられる．

生息場所分割の事例では，資源競争というよりは単なる地理的障壁が大きな要因となっているものもみられる．たとえばコブヤハズカミキリ属では道路が分布境界になっていることがあるし，オサムシ属 *Carabus* では川や山が近縁種間の分布境界になっていることが多い（Sota and Kubota, 1998）．資源分割のより具体的な事例については続く章で説明されるので，そちらを参照願いたい．

2.3.3　モデルの限界

繁殖干渉と資源競争を考慮した今回の数理モデルは概念的なものであり，実際の生物の状況を正確に反映したものではない．たとえば上記の解析では，2 種が共存する安定平衡点が出現するかどうかを調べたけれども，このような共存が本当にありうるのかわかっていない．なぜなら個体群増殖率ゼロのアイソクライン平面において 2 種が共存しうる安定平衡点が出現する場合でも，2 種の割合が極端に偏った時には少ない種が絶滅する（図 2.6a）．野外の個体群動態は同所的な生物による影響や物理環境の影響を受けるため，ほぼ常に変動している．個体群動態が繁殖干渉や資源競争と関係なく変動する場合には，2 種が安定平衡点上で共存していても，確率的にそこからすべりおち，いずれか一方の種が絶滅するだろう．つまり，野外のようなノイズが加わる場合には 2 種の共存はさらに難しくなると考えられる．一方で，2 種が広域ではすみ分けており，ある小さな時空間スケールでのみ共存する場合にはこの安定平衡点に近い状況といえるかもしれない．あるいは 2 種の密度が低いために繁殖干渉の頻度依存的な効果そのものが弱まった結果として共存する場合にも安定平衡点に近い状況と考えられる．

また今回の数理モデルは時間的な遅れの効果を考慮していない（Beckerman et

al., 2002)．資源競争も繁殖干渉も，それらのイベントが生じてから個体の適応度や個体群密度に影響するまでには時間がかかることも考えられる．たとえばワタリバッタ *Melanoplus sanguinipes* のメスは幼虫期に高密度を経験すると群生相になり産卵数が減少する（Smith, 1970）．したがって幼虫期の種間の資源競争は成虫期の産卵数を低下させるけれども，オスが近縁他種に与える繁殖干渉は減少しないかもしれない．またコドリンガ *Cydia pomonella* のメスは同種オスとの交尾が数日遅れると産卵数が減少する（Vickers, 1997）．異種オスから受ける求愛行動によって同種オスとの交尾が数日遅れることはありうるだろうから，繁殖干渉による適応度減少も遅れて生じる可能性がある．このような遅れの効果が生じる場合には資源競争と繁殖干渉の相乗的な効果も変化するから，個体群動態は当然変わると考えられる（Beckerman et al., 2002）．

繁殖干渉がどれほど頻度依存的なのかについても検証が必要である．今回の数理モデルでは繁殖干渉を頻度依存的に働く効果としてのみ扱ったけれども，実際には密度依存的に働くことも指摘されている（Hochkirch et al., 2007）．たとえば表 2.1 と同様にキイロショウジョウバエとオナジショウジョウバエが 10 個体ずついる状況を考えてみよう．これらの 20 個体を直径 10 cm シャーレの中にいれた場合と，20 m×5 m のビニールハウスの中に放した場合とを比較すると，2 種の頻度はいずれも 1：1 で変わらないけれども，密度は大きく異なる．このときシャーレに入れた場合には種間相互作用は多く，ビニールハウスに放した場合には種間相互作用は少ないだろう．そのため繁殖干渉の強さは変わりうる．しかも，密度を徐々に低下させていったとき，繁殖干渉の密度依存性が強くなり頻度依存性が弱くなると推測できる．すなわち繁殖干渉は 2 種の密度と相対頻度の両方に応じて強さが変わりうる．繁殖干渉の密度依存性と頻度依存性については配偶様式に応じて異なる可能性が高く，詳細に検証する必要があるが，このことから，2 種の密度が低いときには共存しやすくなることが予測できる．実際のところ，アズキマメゾウムシ *Callosobruchus chinensis* とヨツモンマメゾウムシ *C. maculatus* の 2 種はシャーレの中で同居させるといずれ一方の種が絶滅するけれども，寄生蜂のゾウムシコガネコバチ *Anisopteromalus calandrae* がマメゾウムシ 2 種の密度を低く抑制した時にはマメゾウムシ

2種は比較的長く共存する（Utida, 1953；Ishii and Shimada, 2012）.

繁殖干渉はそのほとんどが繁殖期のみに生じることから，繁殖期に空間やエサ資源などを分割していればそのほかの期間は問題なく共存できるかもしれない．たとえば日本の冬に公園の池に行くと多くのカモの仲間をみることができる．東京都上野にある不忍池には毎年13種以上のカモの仲間が確認されているが（福田，1977），そのうち日本で繁殖するものはカルガモ *Anas zonorhyncha* とオシドリ *Aix galericulata* だけである．冬の水田にはミヤマガラス *Corvus frugilegus* とコクマルガラス *C. dauuricus* の混群がしばしばみられるけれども，コクマルガラスは日本では繁殖しない．鳥類のように移動分散が容易にできる動物であれば繁殖場所と越冬場所を往復できるのだろう．むしろ，自由に移動分散できるはずの鳥類で，多くの種の繁殖場所がなぜこれほど限られているのか，という疑問を改めて検討する必要がある．

ここまで，ロトカ-ヴォルテラの競争方程式と比較して，繁殖干渉の数理モデルを説明してきた．資源競争と繁殖干渉の最大の違いは，繁殖干渉が正の頻度依存性を持つことである．この頻度依存性は正のフィードバック効果を生むので，多数派有利となる．そのため種の共存というより種の排除が生じやすい．ある近縁な2種に資源競争と繁殖干渉の両方が生じたときには，さらに種の排除が生じやすくなる．つまり資源競争と繁殖干渉は相加的なだけでなく，相乗的に種の排除を促進する．このとき資源競争よりも繁殖干渉のほうが主導的な役割を果たし，いずれの種が絶滅するかを決定する．したがってたとえば在来種の生息地に近縁な外来種が侵入したとき，外来種が在来種との資源をめぐる競争に弱くても繁殖干渉に強ければ定着でき，部分的あるいは全面的な種の置換が生じうる．この仮説は，環境に適応していないはずの外来種が，より適応しているはずの在来種をなぜ排除しうるのかという疑問に合理的な説明を与える．しかし繁殖干渉のこのような概念は検証されていない点もいくつか残っており，今後の研究が必要である．

2.4　繁殖干渉に関する理論研究

2.4.1　これまでの主な理論研究

これまで繁殖干渉のシンプルな数理モデル（Kuno, 1992；Kishi and Nakazawa, 2013）を説明してきたが，繁殖干渉に関する理論研究はほかにも多く発表されている．ここでは，それらの理論研究を簡単に紹介する．最初に過去の研究を紹介し，次に近年の理論研究の発展を述べる．次小節で繁殖形質の置換に関する研究を紹介する．

種間交配やその結果としての雑種形成は，ダーウィンをはじめ多くの研究者が興味を持ってきた．現実には，種間交配が生じても雑種が生じるとは限らず，むしろ雑種が生じる場合のほうが少ないけれども，雑種は種間交配の明らかな証拠なので研究の対象となりやすい（Harrison, 1993）．野外の雑種形成はほとんどの場合，側所的分布をする近縁な2種の分布境界周辺（交雑帯）で生じており，交雑帯は分布境界に沿って狭く延び，互いの分布域の内部に広がることはほとんどない（Ribeiro and Spielman, 1986；Harrison, 1993）．このことは，種間交配が資源競争よりも種の分布を強く規定する可能性を示唆する．実際，Bull（1991）は総説の中で，側所的分布を規定する要因の一つとして繁殖干渉 reproductive interference を挙げている．種間交配は外来種とそれに近縁な在来種との間にしばしば生じ，側所的分布だけでなく種の置換にも大きな影響を与える（Huxel, 1999）．Reitz and Trumble（2002）は種の置換の総説において，外来種が在来種を駆逐する要因の一つに繁殖干渉を挙げている．ただし従来の多くの研究では，繁殖干渉 reproductive interference はもっぱら種間交配のみを想定しており，種間交配に至る前の多くの相互作用を見落としていたことに注意したい．

種間交配（植物における送粉を含む）によって側所的分布の形成や種の置換が生じうることを示した初期の理論研究には，Anderson（1977），Waser（1978b），Ribeiro and Spielman（1986）などがある．Anderson（1977）は雑種を形成しない種間交尾を想定し，数理モデルを構築し検討した結果，種間交尾があるとき，資源の勾配よりも急激な種の置換が生じることを示した．この研究では鳥類を例に挙げて考察している．一方，Waser（1978b）は，同所的な 2 種の植物の種間送粉を想定した．花粉が異種の雌蕊の柱頭に付着することによって結実率が低下する現象を考慮して，簡単なシミュレーション・モデルを構築し，検討した結果，2 種の共存が著しく妨げられることを示した．Ribeiro and Spielman（1986）は，メスの繁殖成功度を下げる異種のオスをギリシャ神話にちなんで satyr と呼び，そのオスによる負の効果を satyr effect と名付けた．彼らは差分型のロトカ-ヴォルテラ方程式に satyr effect を組み込んだ．シミュレーションの結果，satyr effect と資源の勾配だけで 2 種の側所的分布および種の置換が生じることを示した．この数理モデルは多くの分類群を対象としており，しかも satyr effect は種間交配だけでなく種間の性的相互作用すべてを対象としている．すなわち satyr effect は繁殖干渉に等しい．この研究は，繁殖干渉の数理モデルの中でも重要な先駆けである．

本章で説明した Kuno（1992）は reproductive interference を生殖干渉と名付け，微分型のロトカ-ヴォルテラ方程式に組み込んだ．そのため数理解析が可能となった．解析の結果から，資源競争が密度依存であるのに比べて，繁殖干渉が正の頻度依存性（正のフィードバック）をもつため，2 種の共存を強く妨げることを示した．また 2 種の動態の結末が初期値に依存することも指摘した．同様の研究に Yoshimura and Clark（1994）と Feng（1997）がある．これらの研究はいずれも繁殖干渉を sexual competition と名付け，数理モデルを構築している．後者は反応拡散方程式を元に解析を行っている．いずれも結論は Kuno（1992）とほぼ等しい．Takafuji et al.（1997）は Kuno（1992）の数理モデルを改良し，クワオオハダニ *Panonychus mori* とミカンハダニ *P. citri* の側所的分布（一部同所的）が説明できることを示した．半数倍数性であるハダニは，多くの場合，性比が 1：1 にならない．そこで，この数理モデルでは性比を考慮するためにオスとメスを別の方程式で計算している．一方，Zeman and Lynen（2010）は Ribeiro and Spielman（1986）の数理モデルを改良し，ウシに寄生するマダニ 2 種，*Boophilus decoloratus* と *B. microplus* の分布に当てはめている．

西田隆義が 2004 年頃から繁殖干渉の再評価に取り組んで以降，いくつかの理論研究が発表されている．先述のように，Kishi and Nakazawa (2013) は繁殖干渉と資源競争の両方が働く系において，2種の動態を解析したものである．一方，近年では空間やエサ資源を明示したシミュレーション・モデルがいくつか発表されている．Crowder et al. (2011) は，繁殖干渉の確率過程を考慮した空間明示モデルを構築し，タバココナジラミ *Bemisia tabaci* に含まれる2種[8]のイスラエルでの分布を検討した．その結果，繁殖干渉だけでは外来種が在来種を駆逐してしまうが (Crowder, Horowitz, et al., 2010)，メタ個体群の確率的な絶滅と侵入によって2種の資源分割が維持されていることを示した．Nishida et al. (2015) は空間とエサ資源を明示したシミュレーション・モデルを用いた解析から，繁殖干渉の強度に応じて，側所的分布・寄主の特殊化・特殊化なしの共存のいずれかが生じうることを示した (第6章で詳述する)．Ruokolainen and Hanski (2016) は，キノコや哺乳類の糞といった，短期的で不規則に出現する資源を利用する近縁な2種の動物を想定し，繁殖干渉と資源の質の勾配との関係を調べた．その結果，短期的で不規則に出現する資源であっても，資源の質に空間的な勾配があれば繁殖干渉を介して緩やかな資源分割が生じることを示した．

一方，実際のデータから，繁殖干渉の頻度依存性を検証した研究もある．Hettyey and Pearman (2003) はトノサマガエル属 *Rana* の2種のオス個体数の割合とそのときの同種どうしの抱接の割合を調べた．その結果，同種オスの割合が減少すると同種どうしの抱接の割合がより急激に下がった．彼らは2種のオスの割合 r とその結果生じる同種どうしの包接の割合 a の間には $a = 1 - e^{cr}$ (c は定数) の関係が成り立つとした．Hochkirch et al. (2007) はヒシバッタ属 *Tetrix* の2種を用いて繁殖干渉によるメスの繁殖成功度の低下を調べた．そうしたところ，異種の密度が一定のとき，自種密度 x とメスの繁殖成功度 y の関係は，線形モデルよりも原点を通るミカエリス–メンテンの反応速度式 ($y = ax/(1 + bx)$) のあてはまりがよかった．つまりいずれの研究にも共通するのは，

8) 以前はバイオタイプQとBとされていたが，近年は別種扱いとなっている．第6章で詳述する．

繁殖干渉は密度に対して非線形で，自種の割合が低い時にメスの繁殖成功度がより急激に低下することである．これは繁殖干渉の正の頻度依存性にほかならない．しかし前述のように，この頻度依存性が密度依存性とどのような関係にあるのか，あるいは対象とする生物に応じてどのくらい異なるのか，まだ不明な点も多い．

2.4.2　繁殖干渉と形質置換

もしある 2 種間に繁殖干渉が継続的に生じ続けるならば，いずれかの種あるいは両方の種に繁殖干渉を軽減するような進化が生じることが予想される．そのような進化は，形質置換として観察されるだろう．形質置換とは，2 種の形質が異所的な地域では同様であるのに，同所的な地域では分化が生じる現象のことである．形質置換には繁殖形質の置換と生態形質の置換の二つがある．繁殖形質の置換は，コストのかかる種間交配を避けるような進化を経た結果といわれてきた（Pfennig and Pfennig, 2009）．そのため，より広い定義をもつ繁殖干渉が繁殖形質の置換を起こすことも同様の仮説として捉えられている（Pfennig and Pfennig, 2009）．1980 年代にアメリカのフロリダ地方にヒトスジシマカ *Aedes albopictus* が侵入し，在来のネッタイシマカ *A. aegypti* と競合している．両種が 20 年以上にわたって同所的に生息する地域では，ネッタイシマカのメスはヒトスジシマカのオスとの交尾を避ける（Bargielowski et al., 2013）．またヨーロッパに生息するシロエリヒタキ *Ficedula albicollis* とそれに近縁なマダラヒタキ *F. hypoleuca* のオスはいずれも異所的に生息する地域では羽が黒いが，同所的に生息する場所ではシロエリヒタキのオスのみ羽が茶色い（Vallin et al., 2012）．これらはいずれも繁殖干渉によって生じた繁殖形質の置換と考えられる．

一方，生態形質の置換は，種間の資源競争を緩和するような進化が生じた結果と考えられてきた．代表的な例に，ガラパゴスフィンチの嘴の分化（Grant and Grant, 2011）がある．しかし近年，生態形質の置換も，繁殖干渉を避けた結果として生じうるといわれている．Konuma and Chiba（2007）は形質置換や同所的種分化で使われる数理モデルを拡張し，繁殖干渉によって生態形質の分化が生じるか検討した．その結果，資源競争がまったく生じなくても，生態形質の置換が生じうることを示した（小沼・千葉，2012）．この予測を支持するような研究も出てきている．Okuzaki et al. (2010) は同所的なオオオサムシ亜属 *Ohomopterus* は体サイズが分化しており，その原因が繁殖干渉であることを指摘している．Noriyuki et al. (2011, 2012) はナミテントウ *Harmonia axyridis* とそれに近縁なクリサキテントウ *H. yedoensis* を調べた結果，普通種のナミテントウに比べて，稀少種のクリサキテントウは繁殖干渉に弱い一方，クリサキテントウの幼虫は体型を発達させ，マツに生息するアブラムシを捕食しやすいことを明らかにした（第6章で詳述する）．このように，繁殖干渉は繁殖形質の置換および生態形質の置換の両方を引き起こす原因として考えられるようになってきた．

同所的に生息する2種に繁殖形質の置換が生じた場合，両種の種認識はより厳密になるように進化していると考えられてきた．なぜなら，繁殖干渉を避けるためには種認識が厳密である必要があると考えられるからである．はたして本当にそうだろうか．1.5.5小節で紹介したように，Takakura et al. (2015) は，この疑問に取り組むために，オスの種認識とメスの種認識の両方を組み込んだ個体ベースモデル Individual Based Model を構築した．調べた結果，メスは繁殖干渉を避けられる個体が有利なので，種認識は厳密になるけれども，このときオスの種認識は厳密にならなかった．なぜなら，オスは種認識を厳密にするほど，異種メスとの交尾を減らすことができるが，このとき同時に同種メスとの交尾成功も減ってしまうからである（本間ほか，2012）．つまり，繁殖形質の置換が生じて，種間の性的相互作用がほとんどなくなっても，それはメスの種認識が厳密になったからであって，オスの種認識が厳密になったからではない．したがって繁殖形質の置換が生じても，繁殖干渉はなくならない可能性が高い．この予測を裏付ける結果がある．ショウジョウバエの近縁な2種 *D. mojavensis* と *D. arizonae* を調べると，2種が同所的に生息する地域では異所的に生息する地域に比べて *D. arizonae* のメスが異種オスからの求愛を拒否するが，このとき *D. arizonae* のオスは同所的な地域でも異所的な地域でも種認識は変わらなかった（Wasserman and Koepfer, 1977；Yoshimura and Starmer, 1997）．また，上記のシロエリヒタキとマダラヒタキが同所的に生息する場所でよく調べると，異種オスと異なった茶色い羽根をもつシロエリヒタキのオスのほうが，異種オスと同じ黒い羽根をもつオスよりもむしろ種間交尾をしやすかった（Vallin et al., 2012）．

繁殖干渉による形質置換が生じるためには，2種の相互作用が継続して生じる必要がある．当然ながらいずれか一方の種がすぐに絶滅してしまえば形質置換は生じない．繁殖干渉は2種の共存を非常に強く妨げる効果があるから，形質置換はそれほど多く生じないとも考えられる．それでは，繁殖干渉によって形質置換が生じるにはどのようなケースがありうるだろうか．一つは，側所的に生息する2種の分布境界周辺である．このような場所ではそれぞれの種の分布域から継続的に個体の流入が続くため，2種の相互作用が継続する．ニホンカワトンボ *Mnais costalis* とアサヒナカワトンボ *M. pruinosa* は日本全体でみれば側所的分布をしているが，分布境界では同所的に生息する（Okuyama et al., 2013）．同所的に生息する場所では両種の翅の色の種内多型が消失し，種間の差異が大きくなる（Tsubaki and Okuyama, 2015）．アトラスオオカブト *Chalcosoma atlas* とコーカサスオオカブト *C. caucasus* は東南アジアに広く分布するカブトムシで，アトラスオオカブトは低地，コーカサスオオカブトは高地に分布する（Kawano, 2002）．同所的に生息する中間の高さではコーカサスオオカブトの体サイズがより大きく，アトラスオオカブトがより小さい（Kawano, 2002）．形質置換が生じるもう一つのケースは，群島のような地域である（Yamaguchi and Iwasa, 2015）．2種が二つ以上の島にそれぞれ分かれて生息し，異種の生息する島への移動が低頻度で生じるときには，2種の相互作用が継続する．ガラパゴスフィンチはこの例にあたるかもしれない．ただしこの場合，種間相互作用がほとんど観察されない可能性があり，繁殖干渉による形質置換なのかどうか検証するのは難しいかもしれない．

2.5　繁殖干渉が生物群集に与える影響

2.5.1　生物群集の研究対象

ここまで主に近縁な2種間の相互作用とその動態について扱ってきたが，最後により大きな種間関係を扱う．生態学の目指すゴールが生態系全体を理解することであるとすれば，繁殖干渉が生態系全体にどのような影響を与えているのかを検討する必要がある．まず群集の最小単位である3種の系について検討する．その後に，繁殖干渉が生物群集の種組成にどの程度影響しているのか検討する．

一口に生物群集といっても実に多様である．2種，3種の種間関係を調べる研究（Utida, 1953）から，数千種を扱う研究（Tokeshi, 1998）もある．種数だけでなく空間的な広がりも多様である．石垣のコケの中から見つかる微生物群集（Roger, 2008）もあれば，50 ha の指定調査区をもつバロコロラド島の植物群集（Volkov et al., 2005；Comita et al., 2010），あるいは75,000 km^2 の熱帯林から集めた植食性昆虫群集（Lewinsohn et al., 2005）もある．さらには，極地の底生プランクトン群集（Thatje et al., 2005）や深海の熱水噴出孔の生物群集（Nakajima et al., 2015），はたまたアリの巣内の昆虫群集（丸山ほか，2013）などの特異な群集もある．

しかし，群集生態学は生物群集の多様さや複雑さを賛美するための学問分野ではない．多様な生物群集にみられる一般的なパターンを見つけ出す学問分野である．著名な群集生態学者であるロバート・マッカーサー Robert H. MacArthur は，彼の死と同年に出版された『Geographical Ecology（MacArthur, 1972；監訳：巌・大崎，1982)』の序論を以下のように書き出している．「科学の研究は単に事実を集積してゆくことではなく，繰り返し現れるパターンを探し求めることである．（中略）多くの人達は，自然が複雑であることを理由にパターンを求めることをしない．この本は科学的研究を志向する人達に向けて書かれたものである．科学的研究は往々理解されているように感性を損うものでもないし，人間性を奪い去るものでもない．また，自然から美を失わせる訳でもない．科学的方法のルールは正しい観察と的確な論理ということだけである．」

とはいえ実際に野外の生物群集を目の前にすると，あまりの多様さと複雑さに目がくらみ，足がすくむ．2 種の種間関係を取り出して調べるだけでも大変なのに，目の前の生物群集すべてを調べ上げることなど果たして可能なのだろうかと思う．目を移せば，さらに空間スケールの異なる生物群集がそこかしこに点在する．多くの人は，野外の生物群集とはじめて相対面したとき，このような多様な群集に共通してみられる一般的なパターンなど存在するのだろうかと感じるだろう．

群集生態学を科学的にとらえようとするとき，キャスティング型とアバンダンス型の大きく二つの方法が採用されてきた．ただしこれらの名づけは私的な通称であって一般的に通用しているものではない．キャスティング型の研究は，群集を構成する個々の種間関係を一つずつ明らかにしていくものである．一方，アバンダンス型では，生物群集の種間関係をほとんど無視し，群集内にみられる生物種の種数とそれぞれの種の個体数を扱う．この二つの方法はいずれも一長一短があり，大きな隔たりがある．順に説明していこう．

キャスティング型では，群集を構成する生物間の直接的，間接的相互作用を重視する．たとえば内海らによる一連の研究（Utsumi, 2013 など）ではヤナギ *Salix* spp. を利用する昆虫群集の種間関係を一つずつ明らかにした．まずコウモリガ *Endoclita excrescens* の幼虫がヤナギの枝を摂食することや，セグロシャチホコ *Clostera anastomosis* が葉を摂食することによって，ヤナギはその被害を補償するために若葉を再成長させる（Utsumi and Ohgushi, 2007）．それらの若葉は春ではなく初夏に遅れて成長し，窒素分が豊富なため，ヤナギルリハムシ *Plagiodera versicolora* が増加する（Utsumi and Ohgushi, 2008）．興味深いことに，ヤナギルリハムシ成虫はヤナギの若葉への選好性が地域個体群によって異なっており，この選好性はヤナギの再成長が起きやすい場所ほど強かった（Utsumi et al., 2009）．さらに同所的な昆虫群集がヤナギの再成長を引き起こしやすい場合にヤナギルリハムシの若葉への選好性が強いこともわかった（Utsumi et al., 2013）．ヤナギルリハムシがヤナギを摂食してもヤナギの葉の再成長は生じないことから，ヤナギルリハムシのヤナギ若葉への選好性の進化は，同所的な植食性昆虫群集によって生じているといえる（Utsumi et al., 2013）．このようにキャスティング型では，真っ暗な舞台にスポットライトを当て，その光面を少しずつ広げていくと登場人物が一人ずつ見えてくるように，生物群集を明らかにしていく．キャスティング型の長所は，それぞれの種間関係を確かめながら群集を詳細に理解できることである．しかし，この方法には，大きく二つの短所がある．一つは，調査する群集を大きくするとともに調査するべき生物種や環境条件，そしてそれらの相互作用が指数関数的に増加していくため，労力もそれにともなって増大してしまうことである．たとえばこの方法で100種からなる生物群集を，それを取り巻く環境条件とともにすべて調べあげることはほぼ不可能であろう．もう一つの短所は，扱う群集ごとに得られる結果が異なってしまうことである．その理由は，結果の解釈を種ごとのプロフィールに求めるからである．コケの中の生物群集でみられた結果が，熱帯の植食性昆虫群集やバロコロラド島の植物群集にもみられるだろうか．筆者は，生態系を理解するために生物の種間関係を調べることは不可欠であるけれども，すべての種間関係を明らかにする必要はないと考える．Varley（1947）はヤグルマギク *Cenraurea nemoralis*（現 *C. nigra*）を利用するヤグルマギクノミバエ *Urophora jaceana* とその捕食寄生種を調べた．その結果，みつかった19種のうち，このノミバエの個体数調節に重要と結論されたのはカタビロコバチ科の *Eurytoma curta* ただ1種であった．

アバンダンス型では群集を構成する種数とそれぞれの種の個体数に注目する．しばしば種-個体数分布とよばれるものである（Tokeshi, 1998）．一般的に，生物群集の種組成は，少数の優占種と多数の稀少種から構成されることが知られている．たとえば佐藤（2008）は奈良県大台ケ原で食糞性コガネムシ類を採集したところ，12種2,229個体を得た．そのうちトゲクロツヤマグソコガネ *Aphodius speratratus*，イガクロツヤマグソコガネ *A. igai*，クロオビマグソコガネ *A. unifasciatus* の3種で総個体数の83.3 % を占め，残る9種は全体の16.7 % にすぎなかった．佐々木ほか（2009）は北海道の士別市と留萌市で二酸化炭素をベイトとしたトラップでアブ科昆虫を採集した結果，士別で10種467個体，留萌で 13 種 956 個体を得た．いずれのサイトでもニッポンシロフアブ *Tabanus nipponicus* が優占種で，士別で 279 個体（59.7 %），留萌で 310 個体（32.4 %）を占めた．アバンダンス型のアプローチでは，このような優占種と稀少種のバランスがなぜ，どのように決まるのかを研究する．そのためこの方法には多くの群集にみられるパターンを比較できる長所がある一方，群集内部の種間関係はほとんど扱えない短所がある．たとえば群集からある種を取り除いた時に他種にどのような影響が生じるか予測することは難しい．あるいは群集内の絶滅しやすい種を見つけることも難しいだろう．

このようにキャスティング型とアバンダンス型の研究アプローチには，その理念だけでなく長所・短所に大きな隔たりがある．アバンダンス型のほうが多くの群集に共通してみられるパターンを見つけ出しやすいといえる．ハベルの中立理論（Hubbell, 2001）はその一つの到達点といってよいだろう．しかし生物間相互作用のほとんどを無視し，種–個体数分布のパターンを一般化することで本当に生態系を理解したといえるだろうか．筆者を含めて，フィールドに分け入って調査を続ける生態学者の多くが，その味気無さに不満を感じるに違いない．一方で，キャスティング型のアプローチを続けていけば，生態系の全貌が理解できる日がくるだろうか．フィールド研究者ほど，それが終わりのない旅であることを思い知っているだろう．

近年急速に発展してきたネットワーク型の研究アプローチはこの隔たりを多少は埋めるかもしれない（Bascompte and Jordano, 2013）．ネットワークとは複数のノード（点）とそれらを結ぶリンク（線）で構成された集まりである．群集生態学では普通，ノードを一つの種，リンクを 2 種の種間相互作用として扱う．たとえばある地域の植物種の花とそれを訪れる昆虫種を記録していくと，植物種と昆虫種のネットワークができあがる．こうしてできた群集ネットワークには共通してみられるいくつかの構造が知られている．代表的なものの一つが入れ子構造である（Watts and Strogatz, 1998 ; Bascompte et al., 2003）．入れ子構造とは，優占種（リンクの多いノード）がリンクする種のいずれかが稀少種（リンクの少ないノード）ともリンクしている状態をいう．訪花昆虫ネットワークでいえば，稀少な昆虫種は優占的な昆虫種が訪れる花のいくつかを訪れており，あまり昆虫が訪花しない花には優占的な昆虫種が訪れやすく稀少な昆虫種はあまり訪れない（Bascompte et al., 2003）．花とそれを訪れる訪花昆虫との特殊な対応関係（たとえばAnderson and Johnson, 2008）が注目されがちだけれども，一般にはそのような関係は全体のなかでごくわずかにすぎないことがわかってきた（Bascompte et al., 2003）．入れ子構造の他にもモジュラー構造などのいくつかのネットワーク指標（Jordano et al., 2003）が提案されており，群集に共通してみられるパターンが調べられている．

つまりネットワーク型のアプローチは種間相互作用を残したまま，群集にみられる一般的なパターンを調べることができる．ネットワーク型における，それぞれの種間相互作用を明示し，それによるネットワーク全体への影響を調べられる特徴はキャスティング型に近い．たとえば観察されたネットワークのリンクを仮想的に失わせることで，他種への影響を予測することができる．一方，ネットワーク内のリンクの数や分布を調べる手法はアバンダンス型の特徴に近い．たとえば訪花昆虫ネットワークでは訪花する昆虫種数だけでなく訪花頻度も植物種間で大きくばらついている．多くの昆虫種による訪花が少数の植物種に集中して観察される一方，わずかな昆虫しか訪花しない植物種も多い．

しかしネットワーク型も万能ではなく，調査，解析に必要なコストが比較的大きい短所もある．多くの生物種で構成される群集ネットワークにみられる種間相互作用を一つずつ確認していくことは想像以上に骨が折れる．さらに得られたネットワークのデータ解析にも技術が必要となる．しかし次世代シーケンサー等の新しい技術の登場と発展により，種間相互作用を見つけ出すことは比較的容易になりつつある．さらにコンピューターの能力向上とインターネットの普及によりネットワーク解析も比較的容易になり，現在も解析手法が発展しつつある．このようにネットワーク型のアプローチは，群集生態学をより実りあるものにできると期待されている．

2.5.2　繁殖干渉と生物群集

それでは，繁殖干渉が生物群集に与える影響を検討する．まずキャスティング型の比較的小さな群集について検討し，次にアバンダンス型の群集について検討する．

キャスティング型では，群集の最小単位である3種の系を検討する．まず繁殖干渉が生じている捕食者2種とそれらの被食者1種を想定する．Kuno（1992）や Kishi and Nakazawa（2013）の数理モデルはロトカ–ヴォルテラの競争方程式を基にしているため，被食者の量を明示しなかったが，被食者の量を明示した数理モデルも構築できるだろう．たとえば繁殖干渉がない場合，被食者種，捕食者種1，捕食者種2の密度をそれぞれ R，P_1，P_2 とすると，以下のような単純な競争モデルを考えることができる（Tilman, 1987）．

$$\frac{dR}{dt}=R(r-hR-f_1P_1-f_2P_2)$$

$$\frac{dP_1}{dt}=f_1v_1RP_1-d_1P_1$$

$$\frac{dP_2}{dt}=f_2v_2RP_2-d_2P_2$$

これらの式で前提としているのは，資源を明示した消費型の資源競争である．ここで，r は被食者種の内的自然増加率，h は被食者種の混み合い度，f_1，f_2 はそれぞれ捕食者種1，2から受ける捕食の効果の係数である．v_1，v_2 はそれぞれ捕食者への転換効率を表す係数，d_1，d_2 は捕食者種1，2の死亡率である．この数理モデルでは，捕食者2種のパラメータ値が異なっている場合，被食者に対する平衡条件が異なるため，3種の安定共存は不可能である．いま適当な値（$r=1, h=0.005, f_1=f_2=0.05, v_1=0.6, v_2=0.5, d_1=d_2=0.8, R(0)=20, P_1(0)=P_2(0)=1$）を入れてシミュレートすると捕食者種2が絶滅する（図2.8a）．

この式に次のようにして繁殖干渉を導入する．

$$\frac{dR}{dt}=R(r-hR-f_1P_1-f_2P_2)$$

$$\frac{dP_1}{dt}=\frac{P_1}{P_1+a_1P_2}f_1v_1RP_1-d_1P_1$$

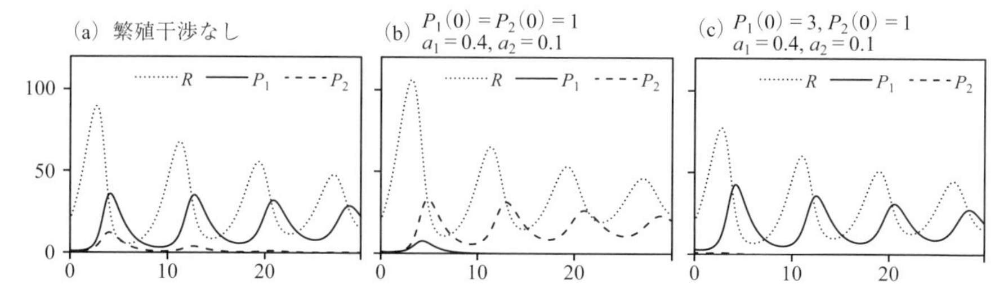

図 2.8　繁殖干渉が生じる捕食者2種と被食者1種のモデルシミュレーションの1例. (a) 繁殖干渉がない場合, (b) 捕食者種2から捕食者種1により強い繁殖干渉が生じる場合, (c) 捕食者種1の初期値を増やした場合.

$$\frac{dP_2}{dt} = \frac{P_2}{P_2 + a_2 P_1} f_2 v_2 R P_2 - d_2 P_2$$

ここで a_1, a_2 は繁殖干渉の係数である. ここで上と同様の値を入れ, さらに捕食者種2から捕食者種1により強い繁殖干渉がかかるようにパラメータ値 ($a_1 = 0.4$, $a_2 = 0.1$) を入れると, 今度は捕食者種1が絶滅する (図 2.8b). そこで捕食者種1の初期値を増やして ($P_1(0) = 3$, $P_2(0) = 1$) シミュレーションを行うと, 今度は捕食者種2が絶滅する (図 2.8c). つまり, 非対称な資源競争とそれに逆向きに非対称な繁殖干渉は, 資源競争を相殺する効果があり, 生き残る種を入れ替えることもある. この結論は Kishi and Nakazawa (2013) と本質的には同一である. 資源競争と繁殖干渉のアンバランスが同じ向きであった場合には, 繁殖干渉は資源競争による絶滅を促進する.

次に捕食者1種, 被食者2種の系で被食者種間に繁殖干渉が生じている場合を想定する. 捕食者, 被食者1, 被食者2の密度をそれぞれ P, R_1, R_2 とすると, 数理モデルは以下のように書ける.

$$\frac{dR_1}{dt} = R_1(b_1 - d_1 - h_1 R_1 - f_1 P)$$

$$\frac{dR_2}{dt} = R_2(b_2 - d_2 - h_2 R_2 - f_2 P)$$

$$\frac{dP}{dt} = f_1 v_1 R_1 P + f_2 v_2 R_2 P - d_3 P$$

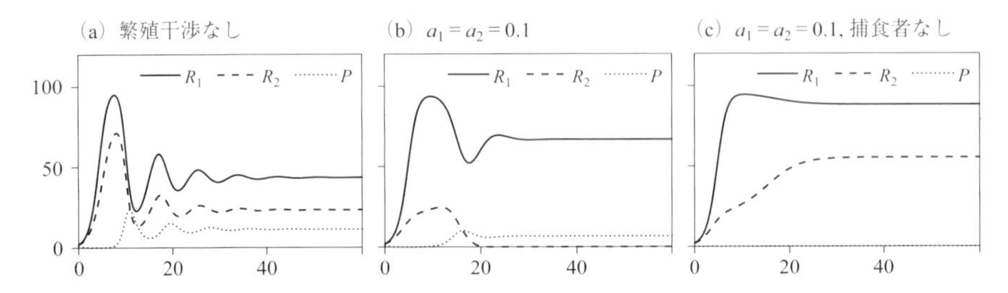

図 2.9　繁殖干渉が生じる被食者 2 種とそれらの捕食者 1 種のモデルシミュレーションの 1 例．(a) 繁殖干渉がない場合，(b) 繁殖干渉が生じる場合，(c) 捕食者がいない場合．

b_i（$i=1$ or 2）は出生率，d_i（$i=1$ or 2 or 3）は死亡率である．いま適当な値を代入して（$b_1=2$, $b_2=1.8$, $d_1=d_2=d_3=1$, $h_1=h_2=0.01$, $f_1=f_2=0.05$, $v_1=v_2=0.3$, $R_1(0)=R_2(0)=2$, $P(0)=1$）シミュレートすると，3 種の共存がみられる（図 2.9a）．このモデルに被食者種間の繁殖干渉を考慮すると，以下のようなものになる．

$$\frac{dR_1}{dt} = R_1\left(\left(\frac{R_1}{R_1 + a_1 R_2}\right)b_1 - d_1 - h_1 R_1 - f_1 P\right)$$

$$\frac{dR_2}{dt} = R_2\left(\left(\frac{R_2}{R_2 + a_2 R_1}\right)b_2 - d_2 - h_2 R_2 - f_2 P\right)$$

$$\frac{dP}{dt} = f_1 v_1 R_1 P + f_2 v_2 R_2 P - d_3 P$$

先ほどと同様のパラメータ値を入れ，さらに繁殖干渉の係数 $a_1=a_2=0.1$ とすると，もはや被食者種は共存できなくなり，被食者種 2 が絶滅する（図 2.9b）．しかしこのとき，捕食者を考慮しなければ両種は共存する（図 2.9c）．すなわち，見かけの競争が生じている場合にも，繁殖干渉はその競争と相乗的に種の絶滅を促進すると予測できる．

しかし，実際には被食者種間に繁殖干渉が生じていても 3 種が長く共存した結果がある．有名な内田の実験である（Utida, 1953）．アズキゾウムシとヨツモンマメゾウムシをシャーレに導入するとヨツモンマメゾウムシが常に勝ち残るが，2 種を導入したシャーレに寄生蜂ゾウムシコガネコバチを追加すると，マメゾウムシ 2 種が共存した．さらに Ishii and Shimada (2010) も実験の結果，ゾウムシコガネコバチを導入するとマメゾウムシ 2 種の共存が長く維持されることを報告している．これらの結果はどのように解釈すればよいだろうか．

これには二つの可能性が考えられる．一つは，繁殖干渉が弱かった可能性である．第5章で詳細を述べるが，Utida (1953) と Ishii and Shimada (2010) で使われたアズキゾウムシの系統は，ヨツモンマメゾウムシに与える繁殖干渉が弱かった可能性が高い．そのため，3種の長期共存が可能になった可能性がある．もう一つの可能性は，2種の密度が低下するとともに繁殖干渉が弱まったことである．すでに述べたように，繁殖干渉による負の効果は頻度に依存すると同時に，密度にも依存する可能性が高い．マメゾウムシの繁殖干渉が遭遇頻度に依存するのだとすれば，密度が低下するとともに，メスが被る繁殖干渉のコストも低下するはずである．実際，Utida (1953) も Ishii and Shimada (2010) もゾウムシコガネコバチを導入するとマメゾウムシの密度が2種とも大きく低下することを報告している．

繁殖干渉の頻度依存性が密度の高いときほどより強く働くならば，先ほどの繁殖干渉の係数 a_1 にたとえば $R_1R_2/(s+R_1R_2)$ を乗じることで解決できるだろう．ここで s は密度に応じて繁殖干渉の頻度依存性を変える係数である．

ここまで，簡単な数理モデルを用いて3種のうち2種に繁殖干渉が生じる場合の動態を調べてきた．ここではいくつかのパラメータ値を用いてシミュレートすることに止め，モデルの詳細な解析は行っていない．そのため頑健な予測は難しいものの，一定の傾向はみられた．つまり，ある2種間にそれらのエサ種や捕食者種を通じた見かけの競争が生じている場合でも，繁殖干渉とともに働くと一方の種の絶滅を促進する．また，繁殖干渉の強さが低密度のときに弱まる場合には，共存しやすくなる．もし実際の生物を用いて検証する場合には，その生物にあったモデルを構築し，当てはめる必要があるだろう．今後の研究に期待する．

それでは最後にアバンダンス型の生物群集に関する研究について検討する．アバンダンス型で扱うのは主に生物群集の種-個体数分布であるため，繁殖干渉が生物群集の種-個体数分布にどのような影響を与えるか検討する．繁殖干渉は同属近縁種を排除しやすいから，もしある地域の生物群集内に繁殖干渉が生じているならば，その生物群集の属あたり種数は繁殖干渉が働いていない群集に比べて小さくなるはずである．この仮説について，Elton（1946）は興味深い分析を行っている．彼はまず，既存研究から主に節足動物の生物群集のデータを集めた．種レベルまで記録された 49 の生物群集の事例について属あたり種数の平均値を求めたところ，1.38 であった．しかもそれらすべての群集で属あたり種数は 2 未満であった．一方，イギリスの昆虫目録に掲載されている 31 の目あるいは亜目について，同様に属あたり種数の平均値を求めたところ，4.23 であった．つまり，野外のある限られた場所で採集した生物群集は，より大きなスケールの生物群集に比べて属あたり種数が小さい．この結果は一見繁殖干渉の存在を支持する結果に見える．しかし Elton が主張するように，この結果は種間の資源競争によって生じたものかもしれず，この結果が種間の資源競争の結果なのか，繁殖干渉の結果なのか，判別することは困難である．それでもこれまで見てきたように，繁殖干渉に比べて種間の資源競争が種の排除を引き起こす効果は小さいことが期待されるから，Elton の示した結果は繁殖干渉の効果によるものと考えられる．

つまり繁殖干渉は種の多様性の観点からみると，小さいスケールでは多様性を低め，より大きなスケールでは多様性を高める効果があると考えられる．種の多様性は一般的に，空間の階層に応じて α 多様性，β 多様性，γ 多様性の三つに区別されている．α 多様性はある一つの環境における種の多様性を指す．β 多様性は複数の環境間における種の多様性の違い（多様性）を指す．γ 多様性は，複数の環境を含めた，ある地域全体の種の多様性を指す．したがって，繁殖干渉は α 多様性を低め，β 多様性を高める効果があると言い換えることができる．

II

繁殖干渉の実態

第3章
繁殖干渉と外来種問題
——タンポポを例に——

繁殖干渉が種間——特に近縁種間——の分布に大きな影響を与えてきたことは第I部の理論からも明らかだが，実際の生物間で繁殖干渉の実態を調べるにはどうしたらいいのだろう．この章では，繁殖干渉の実態を植物で調べた例として，タンポポの外来種問題に関する研究を紹介する．最初に，繁殖干渉を研究するためになぜ外来種問題に注目したのかを説明し，次に，植物では繁殖干渉をどのように実証できるのか，その一般的な方法について触れる．その際，ごく簡単にだが，植物における繁殖干渉研究の現状も紹介しよう．そして，日本のタンポポを用いた筆者らの一連の研究について，具体的な作業の方法，その際の注意点，得られた結果やその解釈を紹介する．

3.1　外来種はなぜ「強い」のか？

それぞれの種の増殖率などにもよるが，2種の生物間に繁殖干渉があると多くの場合，両者の分布はすみやかに排他的になる．したがって，古くから自生している植物同士で強い繁殖干渉が働いている様子を見るのは難しいだろう．では，野外で起こる繁殖干渉を実際に検証するにはどうしたらいいのか．そこで筆者らが注目したのは外来種だった．繁殖干渉の実証に外来種を使うというアイディアは共同研究者の西田隆義が提案し，具体的な研究計画や実施は高倉を中心に進められた．

外来種の侵入・定着がもたらす問題には，他の生物を食べてしまうとか，新たな感染症を媒介するとかさまざまなものがあるが，近縁の在来種を駆逐してしまうという現象も深刻な問題として取り上げられている．これは，ある外来種が増えることで，それに近い在来種の生物がその場から減ってしまうという現象である．たとえばアルゼンチンでは，ヨーロッパ産マルハナバチの一種 *Bombus ruderatus* の増加に伴う在来種 *B. dahlbomii* の減少が知られている（Madjidian et al., 2008）．カナダでは，クワの一種であるレッドマルベリー *Morus rubra* が中国原産のマグワ *M. alba* に駆逐されている（Burgess et al., 2008）．日本でも，外来タンポポが増えた地域で在来のタンポポが減った例（Ogawa and Mototani, 1985）や，国内外来魚モツゴ *Pseudorasbora parva* の侵入によるシナイモツゴ *P. pumila pumila* やウシモツゴ *P. pugnax* の減少（細谷，1979）などが知られている．

外来種による在来近縁種の駆逐がなぜ起こるのかについては，今まで一貫した説明がなかった．外来種の定着を可能にする要因としては，気象などの環境条件と生物自体の生息・生育に適した条件の一致，および，資源をめぐる種間競争と在来天敵の影響が指摘されている（五箇・村中，2015）．しかし，これらの要因だけで外来種による在来近縁種の駆逐は説明できない．まず，在来近縁種はその場で長く世代を繰り返し自然選択を受けてきたのだから，外来種より現地の環境に適応している可能性が高い．また，資源をめぐる種間競争だけで競争的排除が成り立ちにくいことは第 2 章の説明するとおりである．在来近縁種に天敵がいるとしたら，たとえ外来種に原産地の天敵が随伴していなくても在来種の天敵がすみやかに適応するだろうし，その場合，在来種の方が外来種より天敵からの防除を進化させている可能性が高い．外来種が在来種に直接及ぼす影響として交雑もよく取り上げられ，その具体的な問題点として（在来種の遺伝的固有性の喪失以外に），雑種強勢による侵略的バイオタイプの出現，逆に外交弱勢による適応度の低下が挙げられる（西田智子，2014）．しかし，個別の例がこのどちらかで説明できることはあるだろうが（後者は繁殖干渉の一つといえよう），両者を合わせて「だから外来種は強い」というのは統一的説明とは言わない．外来種は無性生殖するものが多い傾向も指摘される（Hao et al., 2011；Rambuda and Johnson, 2004）が，これも「外来種が強い」説明にはならない．無性生殖は侵入初期には個体数の増加にとって有利かもしれないが，無性生殖が普遍的に有利であるなら，在来種でも無性生殖種が多いはずである．

これらの要因で説明する試みと違い，繁殖干渉なら外来種が在来近縁種を駆逐する現象を統一的に説明できる．外来種と近縁な在来種は繁殖方法や生殖器官の形態が似ていることが多いはずで，両者が同じ場所で同じ時期に繁殖する場合，間違って交配する可能性も高い．その際に相手種との交配で悪い影響を受けるとすれば，受けた側は次世代に残す健康な子孫が減ってしまう．子孫の減った次世代では相手種の悪影響を受ける頻度が増し，さらにその次の世代の健全な子孫が減り，加速度的に個体数が減って分布地を追われてしまうだろう．

もちろん，侵入してきた外来種と元からいた在来種のどちらが繁殖干渉をより強く起こすかはわからない．ただ，在来種から外来種への繁殖干渉がその逆方向の繁殖干渉と同じかそれ以上強ければ，侵入してくる側がふつうは少数であるから，外来種が定着して数を増やすことは難しく，そもそも在来種を駆逐する問題は見られないだろう．植物の外来種に倍数体を含め無性生殖が多いことは，在来種の花粉を受け取っても自らの繁殖には影響がなく，在来種の繁殖干渉を免れて増殖できる点から考えても理屈に合う．また，外来植物が侵入する場所は撹乱地が多いが，撹乱地では在来種が取り除かれたり傷つけられたりして個体数を大きく減らしている場合も多いだろう．そこに侵入することで外来種の頻度が高くなり，外来種から在来種への繁殖干渉の効果が強まる可能性も考えられる．

以上のような推察から筆者らは，外来種が在来の近縁種を駆逐する現象に繁殖干渉が関わっているのではないか，もっと率直に言うと，外来種からの繁殖干渉が在来の近縁種を駆逐する主因ではないかという仮説を立て，これを植物で検証することにした．そして，もし現在この駆逐が進行中であるのなら，外来種と在来種の植物を調べることで繁殖干渉を「目撃」できるだろうと考えたのである．

なお，植物では近隣の植物と送粉者を奪い合うことがある．外来種と在来種の間で実際に送粉者をめぐる競争が起こっている例は知られており（たとえば Brown et al.（2002）のミソハギ属 *Lythrum* や Kandori et al.（2009）のタンポポ属），この競争を在来種駆逐の原因から除外することはできない[1]．送粉者をめぐる競争も繁殖成功度を下げるという点では繁殖干渉と似ているが，これは送粉者という資源をめぐる種間競争であって多くの場合密度依存を伴う．一方，第2章でも解説されているとおり，繁殖干渉は頻度依存型であることが個体群動態に大きな影響をもたらす（高倉ほか（2010）も参照のこと）．また，送粉者をめぐる競争は送粉者が同種の花粉を運ばないことの悪影響に注目しており，同種の花粉を同種の雌しべに運んでくれるなら他種の花粉が混じることを厭わない．しかし繁殖干渉は，送粉者が他種の花粉を運んでくること自体の悪影響に注目する．この二つの悪影響の違いは改めて議論・評価すべきところであるが，とりあえずここでは両者を区別するにとどめ，送粉者をめぐる競争はこの本では扱わない．後述のタンポポの研究紹介では，送粉者をめぐる競争と繁殖干渉のどちらが重要な要因であるのか区別できることも説明する．

3.2　植物における繁殖干渉の研究

ここで一旦，外来種のことは脇において，植物における繁殖干渉研究の現状，そして，繁殖干渉を確認するにはどのような調査・実験をしたらいいのかを説明しよう[2]．

植物の繁殖における他種との相互作用の研究は，これまで「competition for pollination」，「interspecific pollen transfer」などのキーワードとともに発表されてきた．これらのキーワードは送粉から受精までの間に他種と関わる現象なら何にでも使われてきたきらいがあり，これらの言葉で論文を検索すると，他種

1）ただし，上記2例の植物はどちらも繁殖干渉があることも実証されている．
2）なお，植物における繁殖干渉研究の歴史（特に初期の理論）については第2章および第7章に紹介があるので，そちらを参照してほしい．

と送粉者を取り合うこと（competition for pollinator service）から，訪花者が自分の花粉を同種の花ではなく他種の花の上などで落としてしまうこと（pollen loss）や，自分の雌しべに他種の花粉がついてしまうこと（heterospecific pollen deposition）までさまざまな現象がリストに上がってくる．つまり，密度依存が主と考えられる送粉者をめぐる（資源）競争や，オスのパフォーマンスが低下する現象まで含んでしまうため，繁殖干渉をこれらの言葉で言い換えることはできない．繁殖干渉にきわめて近いニュアンスである「reproductive exclusion」という言葉が使われた研究もあるが，筆者が調べた限りでは，これは同種内の倍数性の異なる個体との相互作用に使われているだけで，reproductive interference より狭い条件でのみ使われているようだ（たとえば Baack, 2004；Elías et al., 2011）．最初に挙げた二つの言葉をキーワードとする論文の中には，同所で他種と送粉者を共有していると結実が減るかどうかを調べただけのものも見られる（たとえば Sun et al., 2013）．この相関を調べただけでは，結実の減少が送粉者をめぐる競争によって起こっているのか，それとも送粉者によって他種の花粉を付けられたことで結実が減少しているのかわからないはずだ．それなのにこのような論文がしばしば見られるということは，植物における他種との相互作用の研究において，送粉者をめぐる競争がいかに重要視されているかを物語っている．また，こうした論文の多くは，属や科も異なる種の相互作用を扱っている[3]．この事実は，同所に分布して送粉者を共有する近縁種は稀であることの裏返しかもしれない[4]．最近になって reproductive interference をキーワードとする論文が増えてきているものの，内容は繁殖干渉の研究だがキーワードはまだ上記の別用語を使っている論文も散見する．用語の整理，および，送粉者をめぐる競争と繁殖干渉の重要度の比較などが今後必要になるだろう．

植物における繁殖干渉の有無はどのように研究すればいいのだろうか．ここ

3）たとえば，competition for pollination というキーワードで検出できた約 60 編の論文のうち，同属種の相互作用を主として扱っているのは 20 編弱であった．

4）なお，同属の植物で送粉者をめぐる競争もあり，かつ，他種の花粉が柱頭に付くと結実率が下がることを明らかにしている研究として Brown et al.（2002）のような例もあるが，彼女らの研究対象（ミソハギ属の 2 種）は片方が在来種で片方が外来種である．

からは種間の繁殖干渉の検証方法を簡単に説明する．たとえば，植物種 A と B があり，A が B から繁殖干渉を受けているのかどうかを明らかにしたいとする．その場合，以下に述べる三つの項目を確かめることが望ましい．なお，現在も両者が混在していて相互作用が見られる状況であれば(1)から(3)すべての調査が行えるが，繁殖干渉の結果，A と B はすでに排他的に分布していたり相互作用を起こさないような生活史に落ち着いているかもしれない．その場合(1)の確認には意味がない．もし，現在は相互作用が見られないが，B から A へ過去に繁殖干渉があったかもしれないことを確認したいなら，(3)の実験を試みるべきであろう．

(1) A の周辺に B が多く存在すると，A の健全な子孫が減るのか？

B から A への繁殖干渉がある場合，A は多くの B に囲まれるほど健全な子孫が減るはずである．だから A と B が混在している場所で A に対する B の頻度が低い時と高い時を比べ，高い時ほど A の健全な子孫の数が減っているかどうかを検証する（図 3.1）．たとえば，A の個体をいくつかの場所でランダムに選び，各個体から一定の範囲内にある A と B を数える．そして，選んだ A の個体それぞれの繁殖成功度（たとえば，A の持つ胚珠のうち種子を無事に作った割合など）を調べる．A に対する B の頻度が高いほど A の繁殖成功度が低下していれば，A は B から繁殖干渉を受けている可能性が高い．一方，B の頻度と A の繁殖成功度に相関がなければ，A は B から繁殖干渉を受けていないと考えられるだろう．ただし，たとえば A は B と頻繁に雑種を作ってしまい，その雑種の適応度が低いということもありうる．その場合，A の結実の割合を調べるだけでは繁殖成功度が低下しているように見えないかもしれない．A の繁殖成功度がどのような段階で低下しているのか，注意して調査を行う必要がある．

なお，筆者らが知りたいのは繁殖をめぐる相互作用なので，B の頻度を調べるために数えるべき A と B は同時期に咲いている個体である．繁殖期ではない個体は勘定に入れない．また，繁殖干渉に関わるのは両種の花であろうから，本来なら A と B で咲いている花を数えて頻度を求めることが望ましい．ただ，

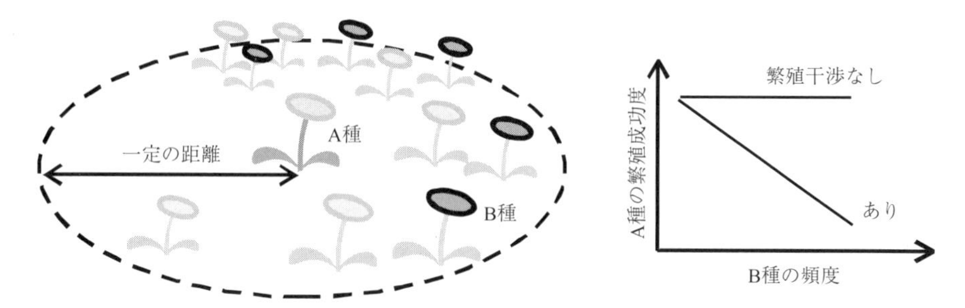

図 3.1　植物における繁殖干渉の野外調査の概念図．種BからAへの繁殖干渉を調べるとき，一定の範囲内に生育するAとBを数え，AB合わせた全体のうちに占めるBの割合（すなわちBの頻度）と，中央においたA種の個体の繁殖成功度との相関を求める．

個体を数えるのに比べて花を数えるのは時間や手間がかかるだろう．後述するタンポポの研究例のように，個体を数えるのでも花を数えるのでも結果に大差がないようであれば，頻度を求めるのに個体数を使用しても構わないだろう．

(2) 両種の間に花粉のやり取りがあるのか？

植物の繁殖干渉は花粉を介して起こるので，種間で花粉が運ばれているか確認することは重要である．また，前述の(1)の調査を行う際には一定範囲内のAとBを数える必要があるが，設定する範囲は花粉のやり取りが頻繁に行われる距離によって決めるべきであり，その距離を調べることが必要となる．ただし，送粉距離がわからない場合も，後述するように範囲を変えて調査を試せばいいので，(1)を調べる際に送粉者や送粉距離を知っていることが必須とまで思わなくてよい．

具体的にどのように調べるかは植物によって異なると思うが，とりあえず，現場に一定時間滞在して送粉者を確認・観察することが大事であろう．動物媒の場合は可能であれば送粉者の行き交う距離を直接測定することも有効だろうが，測定が不可能だったり風媒などの場合は，後述するように，花に蛍光粉末を振りかけてしばらく置き，後から周囲の花を回収して粉末を付けた花粉がどこまで運ばれたかを調べる方法もあるだろう[5]．いずれにせよ，知りたいのは高い頻度で花粉が運ばれる距離であり，最長どこまで運ばれるかではないことに注意すべきである．

(3) B の花粉が A に付くと，同種の花粉が付いても健全な子孫が減るのか？

(1)の調査から A と B の間に繁殖干渉が起こっている可能性が示された場合，B の花粉が A に悪影響を与えているのかどうかを直接調べることができれば繁殖干渉のより確実な検証となる．また，繁殖干渉が強すぎて分布がすでに排他的になっている場合や，今後両種の分布が二次的に接したとき繁殖干渉を起こす可能性があるのかどうかを予測したい場合は，授粉実験をするとよい．

実験は，両種の花粉を人工授粉する方法でもよいだろうし，送粉者の媒介を期待できるなら，両種の株を同居させ，送粉者に両種間を行き来させる方法でも実施できるだろう[6]．その結果，同種授粉のみのときに比べ両種混合の授粉で A の繁殖成功度が低下していれば，B から A への繁殖干渉が起こっていると言える（図 3.2）．どちらにせよ肝心なのは，対照区で同種の花粉を受粉させる傍ら，処理区では同種の花粉と相手種の花粉の両方を受粉させることである．雑種を作る実験では処理区で同種の花粉を受粉させたりしないだろうが，繁殖干渉の研究で一番知りたいのは雑種を作るかどうかではない．知りたいのは，同種が存在していても相手種がいることで健全な子孫が減っていくのかどうかなのだ．したがって処理区では，たとえば A の雌しべに A の花粉を付けた直後に B の花粉を付けるとか，A と B の花粉を混ぜて同時に付けるとか，送粉者に自由に送粉させるなら，A の雌しべ親以外の個体の花も共存する状態で B の花を用意することなどが必要となる．

さらに人工授粉を行う場合は，同種授粉の花粉量に注意する必要がある．人工授粉では雌しべ親が受粉する花粉量を揃えようと，対照区における A の花粉量と処理区における A と B 合わせた総花粉量を同一にしてしまいがちだ．しかし，これでは処理区で同種の花粉量が少なくなるため，処理区の結実率が低下したとき，その原因が花粉不足のために起こったのか相手種花粉が存在し

5）この方法の方が，送粉者の訪花距離測定より，花粉の運ばれる距離を直接的に測れるメリットもある．

6）風媒などの場合は，自然状態と同程度の媒介が期待できる状態にすればよい．

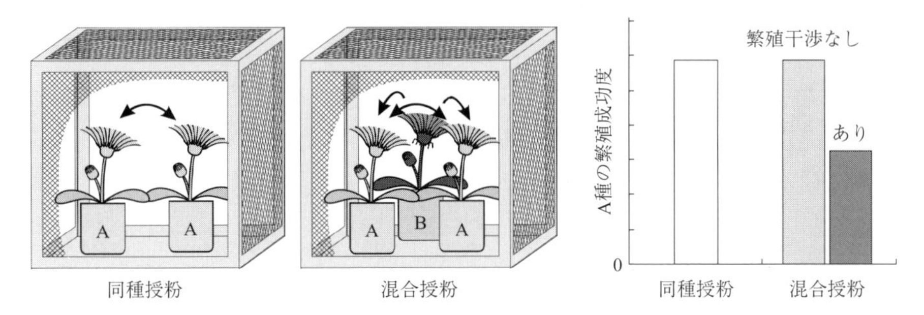

図 3.2　植物における繁殖干渉の人工授粉実験の概念図．種 B から A への繁殖干渉を調べるとき，対照区として A の花に同種 A の別個体の花粉を授粉し（同種授粉），処理区では A の花に同種 A の別個体の花粉および B 種の花粉を授粉する（混合授粉）．そして，同種授粉に比べて混合授粉で繁殖成功度が低下していないかどうかを調べる．

たため起こったのかを区別できない．したがって，対照区で受粉させる A の花粉量を 1 としたら，処理区では A の花粉量 1 を確保した上で B を追加で受粉させ，両区で A の花粉量が同等になるよう工夫すべきである．

以上の三つ全てを調査することは不可能な場合でも，とりあえず(1)を調べれば，自然状態で繁殖干渉が起こっているのかどうかに目処をつけることができる．とくに外来種による在来種駆逐が現在も起こっているようであれば，(1)を調べて現時点での繁殖干渉の有無を確認することが先決であろう．このとき花粉の移動距離がわからない場合は，たとえば半径 2 m，5 m，10 m など複数の距離を設定し，その範囲内で両種の頻度と健全な子孫のできる率を調べれば，繁殖干渉が起こっている可能性，また，起こっているとしたらどの程度の範囲に及ぶのかを類推することができる．

(3)は直接的な検証方法であり，(1)より説得力が高いように見えるかもしれない．ただ，人工授粉実験は自然状態下での送粉・受粉とは異なる結果を生む場合もある．たとえば，人が花をいじることで自然状態にはないダメージが花に及び，そのことが結果に影響する恐れがある．また，人工授粉と送粉者による授粉では，送粉の効率が異なっているかもしれない．したがって，(3)は(1)も調査した上で行うことが望ましいし，それが無理な場合は人工授粉時に無処理の区を設けておき，対照区や処理区と結果が大きく異ならないか確認できることが望ましい．

3.3　タンポポ

3.1 節で記したように，筆者らは繁殖干渉を確認するため外来種が在来の近縁種を駆逐している現象に注目した．そして，研究対象としてタンポポを取り上げた．

タンポポはキク科タンポポ属の多年生草本植物である．日本にはカンサイタンポポ *Taraxacum japonicum*，トウカイタンポポ *T. longeappendiculatum*，カントウタンポポ *T. platycarpum* と呼ばれる 2 倍体の在来種や，シロバナタンポポ *T. albidum*，エゾタンポポ *T. venustum* と呼ばれる倍数体在来種などが分布している．多くの種は日当たりの良い比較的開けた場所に生育し，春に花を咲かせる．いわゆる「タンポポの花」と呼ばれるものは，実際は小さな花がたくさん集まってできた花序である（頭花と呼ばれることもある）．個々の花（小花）は，花弁と雄しべが筒のように雌しべを囲んでいる．雌しべは各花に 1 本あり，子房の中には 1 つ胚珠が入っている．綿毛のついた，いわゆる「タンポポのタネ」は瘦果と呼ばれる果実であり，中に一つの種子が入っている．瘦果の柄の先の冠毛が開き，風に運ばれて散布される．

2 倍体の在来種は有性生殖を行い，自家不和合性で種子を作るのに他者の花粉を必要とする．倍数体の種は無融合生殖を行い，花粉を使わずに種子を作る（Richards, 1973）．無融合生殖とは無性生殖の一つで，配偶子の融合（受精）を伴わずに種子繁殖を行うことである（森田，1997）．

日本にはセイヨウタンポポ *T. officinale* やアカミタンポポ *T. laevigatum* と呼ばれる外来種も入り込んでいる．このうちセイヨウタンポポはヨーロッパ原産の外来種で，1900 年代初期には北海道などに繁茂し，1930 年代には各地で見られるようになったらしい（森田，1980）．セイヨウタンポポには 2 倍体と 3 倍数体があるが，日本に定着したのは 3 倍体である（保谷，2010）．日本の在来種

図 3.3　トウカイタンポポ (a) とセイヨウタンポポ（雑種を含む）(b) の花序．トウカイタンポポなど在来2倍体のタンポポの花序は，基部の総苞片が上を向いている．セイヨウタンポポの花序は総苞片が下方向に反曲するが，雑種ではあまり反曲しないこともある．

では花序の基部を包んでいる総苞片が花期に上を向いている（図3.3a）のに対し，外来種の多くは総苞片の外側の列が下方向に反曲している（図3.3b，雑種についてはコラム1参照）．

日本では，在来種が減少し外来種に駆逐されていると指摘されてきた．たとえば近畿地方について1970年代と2005年に行われた分布調査（堀田，1977；タンポポ調査・近畿2005実行委員会，2006）を比べると，多くの地域で外来種の比率が増加していることがわかる．

駆逐の原因は何なのか．駆逐ではなく在来タンポポの生育に適した場所が減ったのだという指摘（小川，2001）や，外来のタンポポは休眠しない，季節を問わず咲いて種子生産を行う，夏にも発芽できるなどの特性を持っており，撹乱地では在来種より有利であるために都市で増えた（森田，1980）という指摘もある．しかし，こうした指摘だけでは，自然環境に大きな変化がない場所でも在来種が減って外来種が増えていることを説明できない．一方，最近は在来2倍体と外来3倍体のタンポポの間に雑種が形成されることに注目が集まっている（芝池・森田，2002）．そして森田（1980）の指摘とは逆に，外来のタンポポが雑種となることで在来の遺伝子を取り込み，夏に休眠できるなど日本の環境により適応するようになった可能性が指摘されている（保谷，2010）．しか

コラム1

分類学的な問題にどう対応するか？

筆者らの研究ではタンポポにある分類学的な問題には立ち入らない．タンポポを研究していると言うと，多くの人から「私の住んでいる地域の在来タンポポは何という種でしょうか？」という質問を受ける．また，カンサイタンポポとトウカイタンポポについて発表を行うと，「両種は同じ種に分類すべきではないのか」という意見の挙がることがある．こういうとき，筆者らは「わかりません」としか答えようがない．2倍体の在来タンポポの形態には個体変異が見られ，形態には地理的勾配があることが知られている（森田，1978）．カンサイタンポポ，トウカイタンポポ，カントウタンポポを一つの種と見なすべきだという見解もある（芹沢，1995）．筆者らは，研究対象が同種であれば全ての個体群で同じ性質を持つとも思わないし，別種であれば違う性質を持っていて当然だとも思わない．あくまで研究する地域での駆逐の現状と繁殖干渉との相関を調べることに徹していて，その在来種を何と呼ぶかということに大きな関心は持っていない．この立ち位置は結果的には良かった．というのも，各地で筆者らの研究を紹介すると，「自分たちも調査したいが，対象とする在来種が何に分類されるのかわからないので先に進めない」と言われることが多いからだ．自然交配していない別の2種を混同してデータを取ったら問題だが，そのような間違いさえしなければ，その種をカンサイタンポポと呼ぶかニホンタンポポと呼ぶかは外来種からの繁殖干渉とは関係ない．地元の自然を知るという意味で在来種の名前は大いに気になると思うが，きわめて難しいタンポポの分類はとりあえず脇に置いて研究を進めることも大事だ．

筆者らの研究では研究対象の外来種を「セイヨウタンポポ」と呼んだり「外来タンポポ」（英語では putative alien species とか単に alien）と呼んだりしてきたが，そこには3倍体のセイヨウタンポポだけでなくセイヨウタンポポと在来タンポポの雑種も含まれていることを断っておく．3倍体セイヨウタンポポは日本の2倍体在来タンポポと雑種を作る（保谷，2010）．純粋な（3倍体）セイヨウタンポポとその雑種は，総苞片の外側の反曲具合や花粉量によってある程度の区別はできるようだ（芝池，2005）．しかし，正確な同定には分子マーカーでの解析が不可欠だとする報告もある（芝池・森田，2002）．これでは，野外調査時に自分達が相手にしている外来タンポポを純種と雑種に区別することはほぼ不可能であろう．保谷（2010）によると，彼が調べた限り，野外で見られる雑種性タンポポは無融合生殖を行っているらしい．したがって，筆者らからすれば雑種も純種も区別なく，在来種に一方的に繁殖干渉を起こす可能性のあるタンポポと見なすことができる．ただし，野外の4倍体雑種は花粉を生産しないので（保谷，2010），調査ではまず現地の外来タンポポの花に触って花粉を生産していることを確認してからデータを取っている．日本にはアカミタンポポという外来種も生育することが知られている．セイヨウタンポポとの相違点は瘦果が赤いことなので，できるだけ野外調査の折には瘦果の色を確認するようにしている．ただ，今のところセイヨウタンポポの純種と雑種とアカミタンポポを混同していたとしても，それによってつじつまの合わない結果が出てきたという感触はない．それぞれ在来種への繁殖干渉が異なるのかどうかは興味のあるところだが，とりあえず，今までセイヨウタンポポとか外来タンポポと筆者らが呼んできたものにはここで説明したような状況がある．本書では便宜上「外来タンポポ」と呼ぶことにする．

し，この指摘では雑種がどの地域にも存在するのに在来種の駆逐状況が地域で大きく異なること（木村・小川，2016）を説明できない．結局，ここで挙げた外来種の特徴や雑種化は在来・外来タンポポの分布状況を一元的に説明する要因には成り得ないし，個々の要因が在来種を駆逐する結果に繋がるのかどうかを検証した研究もない．

筆者らは上記の要因を否定するため研究を行った訳ではないが，過去の研究とは違い，外来タンポポからの繁殖干渉が在来種を駆逐する主因であるという明確な仮説を立て，実証と理論の両方から検証することで繁殖干渉の重要性を示したいと考えた．

3.4　タンポポの研究例

本節では筆者らの研究をやや詳しく説明することで，どのような流れでどんな研究を行い，その際にどのような問題や発見に出会ったのかを具体的に紹介しよう．

3.4.1　在来種は外来種から繁殖干渉を受けているのか？(1)——野外での観察調査

筆者らは最初に，在来・外来タンポポ間で実際に繁殖干渉を検出できるのか，野外でデータを採集した．Takakura et al. (2009) の前半の研究であり，3.2 節の(1)にあたる検証である．

研究対象は近畿地方のカンサイタンポポを選んだ．その理由は，筆者らの職場や住居に近かったこともあるが，なによりも，在来種が外来種に置きかわっていることが客観的に示されていたからだ（堀田，1977；タンポポ調査・近畿 2005 実行委員会，2006）．観察調査は大阪 2ヶ所滋賀 2ヶ所で行った（このうち大阪の 1ヶ所では時期や年を変えて合計 2 回調査した）．調査方法を簡単に記すと次のようになる．まず，1ヶ所につきカンサイタンポポを 30 個体ほど任意に選び，これをサンプル個体とする．次に，各サンプル個体を中心にして半径 2 m の円を設定し，円内にあるカンサイタンポポ（中心に定めた個体を除く）と外来タンポポの株数を数える．そして，サンプル個体の果実を持ち帰り結実率を調べ，各円内の外来タンポポの割合と結実率の相関を求める．では次に，実際に調査を行った際の具体的な作業・問題点・注意点を挙げよう．

まず，サンプル個体を選ぶのに苦労した．筆者らが知りたいのは，周りを囲む外来タンポポが増えるとカンサイタンポポの結実率が落ちるのかどうかである．だから，任意に選ぶとはいえ，周りの外来タンポポの頻度にばらつきがあってくれることが望ましい．しかし現実には，カンサイタンポポと外来タンポポが同じ円内に適度に混ざっているような場所は少なかった．カンサイタンポポの周りはほとんどカンサイタンポポであり，外来タンポポが多い場所には逆にカンサイタンポポがほとんどない．後から考えてみれば，繁殖干渉が強ければ両種の分布はすぐに排他的になるので，外来タンポポが侵入・定着して数十年以上経った地域ではすでに勝負がついていておかしくないのだった．繁殖干渉を現在進行形で観察したいと始めた外来種・在来種の調査も，よほど早く行わない限り強い相互作用を見ることはできないのだ．そんな理由から，「1ヶ所につき大体 30 あれば十分か」と思い選び始めたサンプル個体は，場所によっては10くらいしか選べなかった.

次に半径2mの円を設定した[7]. 円の設置は, 紐で作っておいた円を現場に置いてもよいし, 慣れてくれば, サンプル個体から2mの距離にある幾つかの植物を目印にするだけで範囲を決められる. 両種の数から頻度を求めるための円なので, 数センチのずれを気にする必要はないし, 円の境界上のタンポポを勘定に入れるか否かということなどは調査で一貫していればよいと思う.

円内の両種の数え方については, タンポポの場合は数えるのが花でも株でも結果にさほど差がないことを予備調査において確認していたので, 手間の少ない株（花や実をつけている株）を数えた. 果実の回収は, 株を数えた時から約2週間後に実施したこともあったが, 数えるのと果実の回収を同時に行った場所もある. その際は, 回収する果実と同程度熟した果実を持つ株を数えた.

こうして, 各円内について数えた両種の株の合計を「タンポポ総数」とし, 総数のうち外来タンポポの株が占める割合を「外来タンポポ頻度」として求めた.

次に, 円の中心として選んだカンサイタンポポのサンプル個体から果序（1頭花分の果実の集合）を一つ採集した. 採集にあたっては, 市販のお茶パック（1回分のお茶の葉を入れられる不織布でできた袋）を用い, 1袋に1果序を入れ, 個体番号を書いて紙封筒に入れて（ビニール袋は蒸れるので）持ち帰った. なお, この方法を説明すると,「各個体から1果序だけを採集するのでよいのか？個体内でのばらつきを考えると, 複数の果序を調べるべきではないのか？」という質問を受けることがある. しかし, 筆者らが知りたいのは各サンプル個体の結実にばらつきがあるかどうかではない. ばらつきがあろうがなかろうが, 周りを外来タンポポに囲まれていることで結実に影響が出るのかどうかを知りたいのである. 1サンプル個体から複数の果序を調べるために調べられるサンプル個体の数が減るのなら, 各サンプル個体からは1果序しか調べない代わりに, 外来タンポポ頻度のばらつきが大きくなるようできるだけ多くのサンプル個体を調べるほうが, 理にかなっているだろう.

7）この距離については後述の Takakura et al. (2011) の研究紹介で詳しく説明する.

持ち帰った果序は一つずつ平らな皿に広げ，健全な果実と不全な果実に分けてそれぞれを数えた．タンポポの痩果は，健全に発達したときは茶色く固くて厚みのあるものになる．不全な果実「しいな」は薄っぺらか線のように細くて柔らかい．いずれにせよ冠毛が残るので果実を見逃がすことはなく，健全な果実としいなを数えれば，総果実数に対して健全な果実が占める割合を結実率[8]として求めることができる．

最終的に，上記のように定義した外来タンポポ頻度およびタンポポ総数それぞれとサンプル個体の結実率との相関を調べた．統計解析には一般化線形混合モデル[9] GLMM（Wolfinger and O'Connell, 1993）を用いた．誤差構造は二項分布でリンク関数はロジット，応答変数は果実の健全性（健全な果実か，しいなか）であり，説明変数は外来タンポポ頻度およびタンポポ総数である．そして，各サンプル個体および調査地をランダム効果に組み込んだ．オープンソースの統計解析ソフトである R version 2.4.0（R Core Team, 2007）を用いた．

ここで説明変数を二つ用いたのには理由がある．もし，外来タンポポがカンサイタンポポに繁殖干渉を起こしているのであれば，二つの説明変数のうち外来タンポポ頻度が結実率に対して負の効果を持つだろう．ただ，タンポポ同士の間に栄養や水もしくは送粉者をめぐる資源競争がある場合も，外来タンポポの数が増えればカンサイタンポポの結実率が悪くなり得る．しかしそのような場合は，もう一つの説明変数であるタンポポ総数も負の効果を持つはずだ．円内のタンポポ総数が多いということは密度が高いということであり，密度が高ければ資源競争も厳しくなるからだ．したがって，結実率に対してタンポポ総

8）結実率 seed set とは種子になることに成功した割合を指し，通常は，健全な種子数を全胚珠数で割った数値で示す．ここでは成功した果実数を花数で割っており，正確には「結果率 fruit set」と呼ぶべきだが，タンポポは 1 果実に 1 種子しか入っていないので結果は結実率と変わらないため，より一般的に用いられる「結実率」の用語を用いた．

9）この解析方法は繁殖干渉の検証を含めた生態学研究でしばしば使われる．解析対象となる変数が，各胚珠の生死といった 0/1 データや，果実あたり種子数などのカウントデータであり，さらに個々のデータをグループ化する調査地や個体などの要素も含むためである．0/1 データの場合，誤差は正規分布ではなく二項分布に従うと考えるのが一般的である．調査地や個体などのグループ化要素は，ランダム効果として解析に組み込まれる．

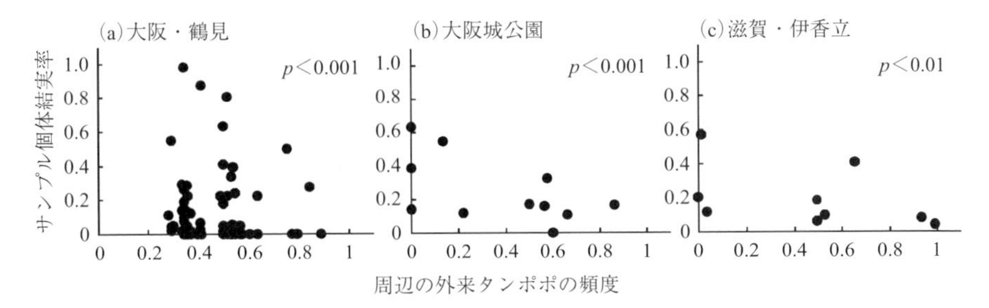

図 3.4　大阪（a，b）と滋賀（c）における野外調査結果（結果の一部）．いずれも，サンプル個体から半径 2 m 以内の外来タンポポの頻度が高くなると，サンプル個体であるカンサイタンポポの結実率が有意に低くなった（Wald 検定）．Takakura et al. (2009) を改変．

数が負の効果を持つかどうかを確かめれば，繁殖干渉が重要なのかそれとも資源競争も効いているのかを明らかにできる．

この観察調査の結果，いずれの調査地・調査日においても，外来タンポポ頻度が増えるとサンプル個体の結実率は低下する傾向が見られた（図 3.4）．一方，タンポポ総数と結実率の間には有意な負の相関はなかった．この結果から，周囲に外来タンポポが増えるほどカンサイタンポポの繁殖に悪影響があること，しかし，それは資源競争のせいではないと考えられることが明らかになった．

3.4.2　在来種は外来種から繁殖干渉を受けているのか？(2)
――野外での外来種摘み取り実験

Takakura et al. (2009) の研究では実験も行った．カンサイタンポポと外来タンポポが生育する場所で，一時期だけ外来タンポポの花を除去したのだ．そうすることで，外来タンポポの花の有無がカンサイタンポポの結実に影響を与えるのかを確かめた．

野外調査にも使用した大阪の 1ヶ所を実験場所に用い，タンポポ両種の開花期間のうち前期・中期・後期にあたる日（4 月 5，14，23 日）を調査日として設定した．このうち前期と後期の調査日は両種とも咲くに任せた．しかし中期については，外来タンポポの蕾を事前に，また花序を 4 月 14 日当日に全て除去

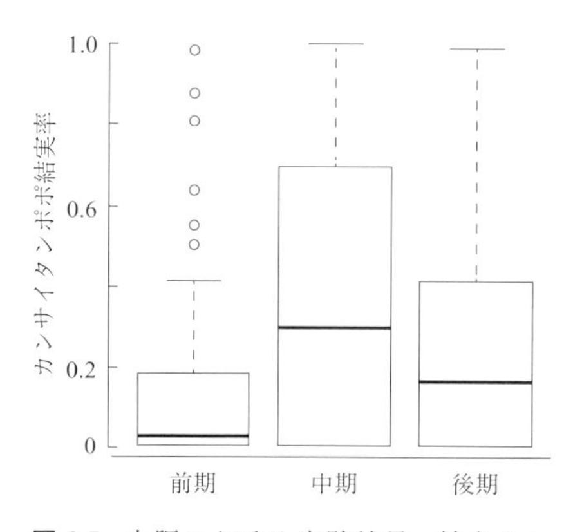

図 3.5　大阪における実験結果．外来タンポポの花を除去しなかった前期と後期に比べ，外来タンポポの花を除去した中期ではカンサイタンポポの結実率が高くなった．箱の下・中（太線）・上の線は，それぞれ第 1 四分位点，中央値，第 3 四分位点．破線のひげは，最大値もしくは箱幅の 1.5 倍の値まで伸ばしてある．○は外れ値．Takakura et al.（2009）を改変．

した．それぞれの日の 2 週間後，調査日に咲いていたカンサイタンポポの果序を回収し結実率を求めた．この実験では外来タンポポの花を除く処理しかしていないので，各期間で結果に違いが出たとき，その要因として栄養や水などをめぐる資源競争を考慮する必要がない．もし外来タンポポの花がカンサイタンポポに悪影響を与えるのであれば，カンサイタンポポの花序のうち，前期と後期に咲いたものより中期に咲いたもので結実率が良くなると予測できる．結果の統計解析には GLMM を用い，二つの解析を行った．一つの解析は尤度比検定で，固定効果として調査日を入れたモデルと入れないモデルを設定し，二つのモデルを比べることで調査日の効果を調べた．もう一つの解析は Wald 検定で，三つの調査日のうち二つずつの結果を比べ，得られた三つの解析結果をホルム補正（Holm, 1979）を施して比較した．

この実験の結果，三つの期間で咲いたカンサイタンポポの結実率はそれぞれ異なり，とくに中期に咲いた花序で結実率が高かった（図 3.5）．興味深いのは，外来タンポポの花を除去しなかった二つの調査日では前期より後期の結実率の方が高かったことだ．三つの調査日に咲いていた花を数えたところ，外来タンポポ全体の花の数は後期の方が多かったのだが，そのおよそ半数は花粉をつけない花で，花粉を持つ外来タンポポの花は前期の方が多かった．この結果からも，外来タンポポで花粉を持つ花がカンサイタンポポの結実率に影響を与えている可能性はきわめて高いと言えよう．

3.4.3 外来種の繁殖干渉は花粉によるものなのか？ ——人工授粉と外来種花粉の確認

Matsumoto et al. (2010) は，大阪のカンサイタンポポに人工授粉実験を施すことで外来タンポポの花粉の悪影響を直接検証した（この論文に筆者は著者としては関わっていない）．人工授粉のやり方についてはトウカイタンポポを用いた研究の紹介時に詳しく説明するが，ここで強調しておきたいのは，上記の方法論でも注意したように，処理区ではカンサイタンポポの花粉を授粉したあと外来タンポポの花粉を追加で授粉していることだ．その結果，対照区の結実率は約68.0％であったのに対し，処理区では44.7％にしかならなかった（図3.6）．

なお，この研究では人工授粉実験に加え，周囲に外来タンポポが増えると在来タンポポの雌しべに外来タンポポの花粉が増えるのかどうかを，遺伝子マーカーを用いて確認している．具体的な方法は以下のとおりである．

まずTakakura et al. (2009) の野外調査方法と同様に，大阪の2ヶ所で任意に選んだそれぞれ12個体のカンサイタンポポ（サンプル個体）について，半径2m以内にある外来タンポポの頻度（この場合は花序数を用いている）を求めた．このとき，各サンプル個体から三つの花（小花）を抜き出してそれぞれ紙に包んで持ち帰っておく．その2週間後，サンプル個体の（花を抜いたのとは別の）果序を一つ持ち帰り結実率を調べた．

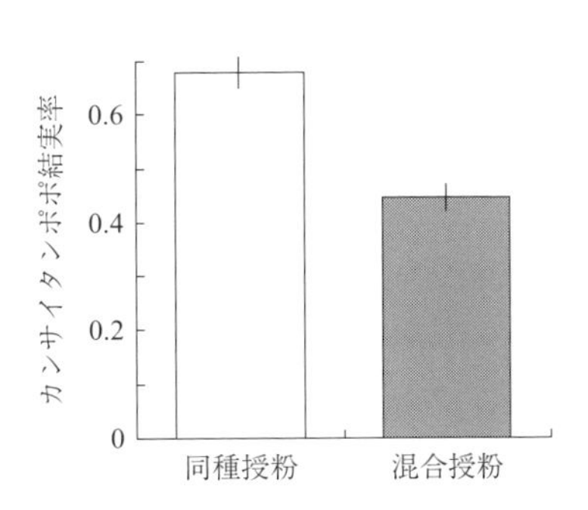

図3.6 大阪における人工授粉実験結果．同種授粉のみを施したときに比べて，外来タンポポを追加して混合授粉を施したとき，カンサイタンポポの結実率は大きく減少した（Wald検定，$p<0.001$）．エラーバーは95％信頼区間．Matsumoto et al. (2010) を改変．

持ち帰った花については，それぞれの雌しべに付いていた花粉20個ずつからDNAを抽出し，八つのマイクロサテライトマーカーおよび一つの葉緑体遺伝子座について，種特異的な対立遺伝子を持っているか，もしくは同じ遺伝子座に二つ以上の対立遺伝子を持っているかどうかを調べた[10]．そして，外来タンポポの頻度とサンプル個体の雌しべに付いた外来の花粉の割合との相関，また，外来の花粉の割合と結実率の相関を解析した．

その結果，カンサイタンポポに比べて外来タンポポの相対頻度が高いほど，サンプル個体の雌しべに付いた外来の花粉の割合が増えた（GLMM を用いた Wald 検定：鶴見緑地では係数＝6.410，$p<0.0001$；大阪城公園では係数＝4.602，$p<0.0001$）．また，雌しべに付いた外来タンポポの花粉の割合が高いほど結実率が低いという結果を得た（鶴見緑地では係数＝−10.575, $p=0.04$；大阪城公園では係数＝−4.572，$p=0.03$）．Matsumoto et al. (2010) の研究は，外来タンポポの花粉がカンサイタンポポの結実を阻害していることを直接・間接的に証明したもので，Takakura et al. (2009) の研究と合わせると，近畿のカンサイタンポポに対して外来タンポポから花粉を介した繁殖干渉が起こっていることに疑問の余地はなくなったといえよう．

3.4.4　在来種に及ぶ繁殖干渉の距離は？ ――結実率に影響を及ぼす距離および花粉の飛翔距離の調査

繁殖干渉の実証として，対象とする種間での花粉のやり取りの確認が必要であることはすでに述べた．カンサイタンポポに外来タンポポの花粉が届いていることは Matsumoto et al. (2010) の研究でも実証済みである．では，どのくらい離れた場所にある外来タンポポの花粉が届いているのだろうか．言い換えれば，外来タンポポからの繁殖干渉が及ぶ範囲はどの程度なのか．この範囲は干渉を起こす種の頻度を測るために知っておきたい情報で，それを調べたのが Takakura et al. (2011) の研究である．行ったのは二つの調査で，まず，複数の範囲を設定した上で外来タンポポ頻度を求め，それと中心のカンサイタンポポの結実率との相関を調べた．また，外来タンポポの花序に蛍光粉末[11]を振りか

10）外来タンポポは 3 または 4 倍体だがカンサイタンポポは 2 倍体なので，後者の花粉が同じ遺伝子座に二つ以上の対立遺伝子を持つことはない．

11）きわめて微細な粉末で，紫外線を照射することで特定の蛍光を放つ．予め花序に振りかけておくことで，花粉に“標識”を付けることができる．

け，送粉者に花粉とともに運ばせるに任せたあと，周囲の花序などを回収して蛍光粉末がどの距離まで運ばれたのかを調べた（蛍光粉末を使用した理由は後述する）．

初めに行った調査は Takakura et al.（2009）の研究と一部重なっている．大阪にて任意に決めたカンサイタンポポ個体をサンプル個体とし，その個体を中心にした円を設定して，円内にあるタンポポを数えることで外来タンポポ頻度を求めた．2週間後，サンプル個体から果序を回収してその結実率を調べた．Takakura et al.（2009）と違うのは，円の距離を半径1 m，2 m，5 m（2007年の調査では2 mと5 m）と複数設定したことである．まずは任意の距離を定め，それぞれの距離内で外来タンポポ頻度とサンプル個体の結実率との相関を求めることで，どの距離のデータが強い相関を持つのかを調べたのである．

その結果，半径2 mおよび5 mにおいて，外来タンポポの頻度が高いほどカンサイタンポポの結実率が有意に低くなっていた．

この研究ではさらに蛍光粉末を用い，その粉末をつけた蛍光花粉の移動距離を直接測った．最近は，花粉が運ばれる距離を調べる研究に遺伝子マーカーを使うことが多くなっている．雌しべに付いた花粉や実生と，周囲の個体のDNAを調べ，花粉親を特定する方法である．これには，送粉に人為的処理をせずに花粉の由来を調べられるという利点がある．しかし，この方法は今回の研究では使えなかった．外来タンポポの多くはクローンであるため同じ塩基配列を持っており，雌しべに付いた花粉のDNAを調べても，どの外来タンポポ個体から来た花粉なのか特定できないからである．蛍光粉末を使用する調査の欠点は，蛍光花粉が他の花粉と全く同じように運ばれる保証のないところである[12]．しかし，遺伝子マーカーの利用が盛んになる以前は，多くの送粉研究で蛍光粉末が使用されていた．こうした過去の蛍光粉末による研究と遺伝子マーカーを用いた研究で大きな齟齬が指摘された例は（少なくとも筆者らは）把握していない．以上の理由から，今回の研究では遺伝子マーカーより蛍光粉末を使用するほうが研究の目的に適っていると考えた．

12）たとえば，蛍光の色によって送粉者の好みが異なる恐れがある．

調査では3色（黄・赤・白）の粉末を10 mgずつ用意し，朝9時，それぞれを別の外来タンポポの頭花の上に茶こしでふるいながら振りかけた．そして午後3時，外来タンポポの周囲半径15 m内に生えているカンサイタンポポを任意に15個体ほど選び，粉末をかけた外来タンポポからその個体までの距離を測るとともに，それぞれの個体から20個の花（小花）を回収した．回収した花を蛍光顕微鏡下で観察し，柱頭上に蛍光花粉があるかどうかを確認した．また，外来タンポポから50 cm離れたところに生えていたさまざまな植物20個体の葉（5 mm四方の葉片）を回収し，蛍光花粉が付いていないかどうかを調べた．花粉が訪花昆虫ではなく風によって運ばれるのであれば，花だけではなく葉にも蛍光花粉が付着するはずだからだ．

花粉の運ばれた距離を評価するためには PD_{50} と名付けた指数を求めた．PD_{50} は，蛍光粉末をかけた外来タンポポから，調べた花のうち半数が蛍光花粉を受け取っていたというカンサイタンポポ個体までの距離である．外来タンポポから離れるほど，その外来タンポポから受粉する期待確率は低下していくと考えられることから，その低下の様子を逆S字型のロジスティック曲線にあてはめ，その確率が50 %にまで低下する距離を PD_{50} とした．このような指数を求めるのは，花粉はどんな遠くにでもごく低い確率で運ばれる可能性があるためである．そのため，最長送粉距離を求めることに意味は無い．50 %など中庸の送粉確率が期待される距離を推定するのが現実的な方法である．

この調査は大阪と滋賀で行ったが，PD_{50} は大阪では1.57 m，滋賀では5.31 mとなった（図3.7）．一方，蛍光花粉を付けた葉は大阪では60枚中2枚のみ，滋賀では0枚だった．このことから，外来タンポポからの花粉は風で散るのではなく訪花昆虫によって花へ運ばれたこと，その多くが1.5 mから5 mくらい離れた花まで運ばれたことがわかった[13]．すなわち，外来タンポポからカンサイタンポポへの花粉を介した繁殖干渉は，多くの場合1.5–5 mの範囲内で強く作用していたと言えよう．

13）大阪と滋賀での距離の違いは，おそらくタンポポの密度や送粉者の構成などによると考えられる．

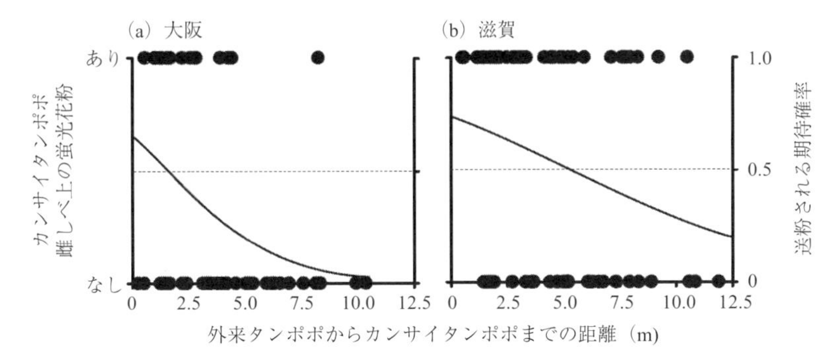

図 3.7　大阪 (a) および滋賀 (b) において，訪花昆虫による外来タンポポ花粉の運搬距離を測った実験．花序に蛍光粉末を振りかけた外来タンポポから周囲のカンサイタンポポまでの距離と，そのカンサイタンポポから採取した花に蛍光花粉が確認されたかどうかをまとめたグラフ．破線は，採取した花に蛍光花粉の存在する期待値が 50 % となる線．Takakura et al. (2011) を改変．

3.4.5 繁殖干渉は在来種を駆逐できるのか？
——個体群動態のシミュレーションを用いた予測

上記の一連の研究で，近畿のカンサイタンポポが外来タンポポから繁殖干渉を受けていることはほぼ確実となった．では，その効果は本当にカンサイタンポポの駆逐につながるのだろうか．この疑問にシミュレーションを用いて取り組んだのが高倉ほか (2012) の研究である．

この研究では，仮想上の格子状平面にカンサイタンポポと外来タンポポの個体を配置し，外来タンポポからカンサイタンポポへの繁殖干渉があるという設定とないという設定で世代を繰り返すと，カンサイタンポポの個体数がどう増減するのかをシミュレートした．詳細は論文を参照してもらうとして，下記に主な作業を説明しよう．

この研究でまず行ったのは，カンサイタンポポと外来タンポポの生活史の調査だった．シミュレーションの設定をできるだけ自然なものにするためには，配置された個体が翌年も生き残るのか，また，花を咲かすのかということについて，妥当なパラメータを使用したい．そこで高倉は大阪で 3 年間にわたり，両種の個体を一つ一つ地図に落として追跡調査を行った．その結果，各種 300

以上の個体について3年分の死亡率（前年いた個体が今年は死亡していた割合）や開花率（生き残っていた個体で開花した個体の割合）を得た．この結果で興味深かったのは，外来タンポポの死亡率がカンサイタンポポの死亡率の倍近い値だったことである．なお，結果には年による変動があったため，3年分のうちどの年のパラメータを使うかはシミュレーション内で毎年ランダムに決定した．

パラメータとしてはこれらの計測値そして繁殖干渉の効果に関する数値のほかに，開花個体がその年に残す子孫の数（新規加入率）と，実った痩果の散布距離が必要となる．新規加入率は実測が難しいため（小さな実生を探すことなどが難しいため）予備シミュレーションを行い，上記の野外データのパラメータを設定した上で個体群密度が安定した状況を保つような値を定めた．痩果の散布距離については，現実的な範囲でどのような値を仮定しても結果には影響がなかったことを確かめた上で，送粉距離と同程度の値を設定した．

繁殖干渉の効果は，繁殖干渉を受けると新規加入率が影響を受けるという考えのもとに算出した．なお，繁殖干渉がある場合カンサイタンポポの新規加入率は影響を受けるが，外来タンポポは無融合生殖するので繁殖干渉を受けないため新規加入率に影響はない．カンサイタンポポが受ける影響の算出にはTakakura et al.（2009）のデータを用いた[14]．

これらをパラメータに組み込みシミュレーション・モデルを構築した．100×100の二次元格子モデルとし，カンサイタンポポと外来タンポポそれぞれ500個体（開花個体450と非開花個体50）をランダムに配置した．一つのセルを占めることができるのは種を問わず1個体のみとし，花を咲かせた個体の痩果は隣接する八つのセルへのランダムウォークを繰り返して分散，分散先のセルが空いていれば非開花個体として定着，空いていなければ死亡することにした．そして，繁殖干渉がある場合とない場合でシミュレーションを100回繰り返した．それぞれのシミュレーションでは，100年後にカンサイタンポポが絶滅し

14）ただし，Takakura et al.（2009）の解析は半径2mの範囲で測定されたデータをもとにしており，一方，シミュレーションの格子に長さの単位はない．そこで，前者の実測値から求めた半径2m以内のタンポポ個体数の期待値（140個体）に等しくなるようなシミュレーションの格子上の距離に換算した．

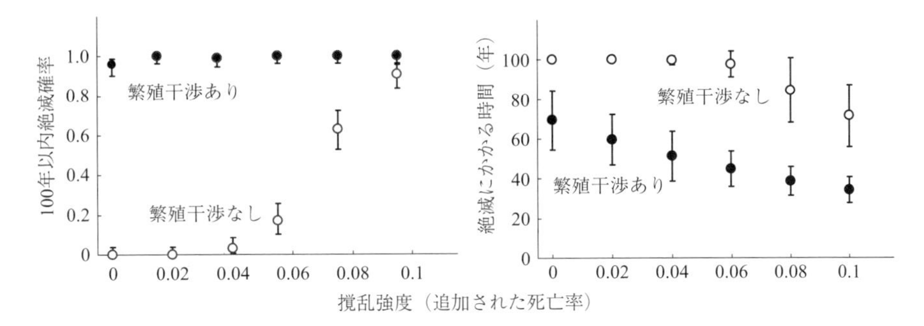

図 3.8　シミュレーションにおいて，100 年後にカンサイタンポポが格子空間内から絶滅する確率（左）と，絶滅までにかかる年数（右）．外来タンポポから繁殖干渉がある場合（●），撹乱がなくても高い確率で絶滅が起こり，撹乱強度（死亡率の追加）の増加に従って絶滅までにかかる年数も短くなった．繁殖干渉がない場合（○），撹乱が強くないかぎり絶滅は起きず，撹乱が強くても絶滅までに長い期間を要した．高倉ほか（2012）を改変．

ているかどうか，絶滅していたら絶滅までにかかった時間を調べ，カンサイタンポポの絶滅率と存続時間を求めた．

この研究ではさらに，撹乱が入ると結果がどのように変わるかも調べるため，開花期と翌年の開花期の間に死亡率が追加されるという仮定でシミュレーションを行った．これは，人為的な撹乱が多い土地には在来タンポポより外来タンポポの方が適しているという言及（森田，1980 など）があるからである．撹乱地の土壌条件を再現できる訳ではないが，少なくとも撹乱によって両種の個体が死にやすい状況であるとき，繁殖干渉があると，もしくは繁殖干渉がなくても，カンサイタンポポの絶滅が起こるのかどうかを調べた．

以上の結果は図 3.8 のようになった．繁殖干渉があると仮定したシミュレーションでは，100 試行中 95 試行でカンサイタンポポが 100 年以内に絶滅し，その平均存続時間は約 70 年だった．一方，繁殖干渉がないと仮定したシミュレーションではカンサイタンポポは絶滅しなかった．撹乱を仮定した場合は，繁殖干渉の効果がより大きく現れる結果となった．たとえば，撹乱があることで本来生き残っていた個体の 10 % がさらに死亡したと仮定したところ，繁殖干渉がある場合はカンサイタンポポ個体群の絶滅が 35 年以内に起こるようになった．一方，繁殖干渉がない場合，撹乱が強ければ絶滅することが多くなるが，ふつうは繁殖干渉がある場合に比べて絶滅が起きにくく，絶滅までにかかる時間も長くなった．

この研究から，繁殖干渉が確かにタンポポの個体群動態に大きな影響を与えうることが示された．今回の研究ではとくに，繁殖干渉の有無だけでなく撹乱の効果もシミュレーションに組み込むことで，在来タンポポ駆逐の要因への理解が深まったと考える．

実は，この研究ではもう一つ別のシミュレーションも行っている．繁殖干渉がある場合に外来タンポポの駆除（開花前または開花後に株ごと駆除，もしくは花のみ駆除）を行うと，カンサイタンポポの絶滅を遅らせることができるかどうかを検討したのだ．その結果は，外来タンポポ花を取り除くだけでも株の駆除に匹敵する効果があるというものだった．この結果は，繁殖干渉の仕組みとその重要性を理解することで，在来タンポポの保全を効率的に行える可能性を示している．

3.4.6 駆逐されていないタンポポは繁殖干渉を受けないのか？——外来種と混在する在来種での繁殖干渉の検証

以上のように，カンサイタンポポが外来タンポポに駆逐されている現状と繁殖干渉の関係に注目する一方，名古屋に勤務しながら研究の一端に関わってきた筆者は違和感を持っていた．東海地方にいると，在来タンポポが外来タンポポに駆逐されているようには見えないのだ．造成地などはともかく，ほかの場所では在来種を頻繁に見かける．そこで，東海地方でも外来タンポポからの繁殖干渉が認められるのかを検証するため，Takakura et al. (2009) の野外調査および Matsumoto et al. (2010) の人工授粉実験をトウカイタンポポで試した (Nishida et al., 2012)．

この研究では岐阜と愛知で野外調査を行った．各調査地で 20–30 個体のトウカイタンポポを任意に選んでサンプル個体とし，その個体から半径 2 m の円内に生育する在来・外来タンポポの個体を数えた．サンプル個体からは Takakura et al. (2009) とは異なり 1–3 個の果序を持ち帰り，健全な痩果としいなを数えて結実率を求めた．

次に人工授粉実験を行った．Matsumoto et al. (2010) が行ったのと基本的に同じ作業である．上では説明しなかったのでここで方法を紹介しよう．

まず18個体のトウカイタンポポを任意に選び，株全体にネットを張って訪花昆虫を遮った．園芸用品で棒と輪がセットになった針金を使い，タンポポの株の上にやや背の高い円柱状の外枠を作り，そこにストッキングタイプの水切りネットをかぶせた．ネットは下に糸を通して巾着状にしたり2枚のネットをつなぎ合わせたりして，花序が完全に昆虫の訪花から遮断されるよう工夫した．そして，各個体の花序のうち二つを任意に選び，片方を同種授粉区，もう片方を混合授粉区に指定した．花粉親の花序を（同系交配を避けるために）100 m 以上離れた場所から採取してきて耳かきの梵天（羽毛部分）を使って花粉を集め，雌しべ親のネットを外して花序の先端に梵天で優しく触って授粉した．同種授粉区の花序にはトウカイタンポポの花粉を授粉し，混合授粉区の花序にはトウカイタンポポの花粉を授粉したあと，その直後に外来タンポポの花粉を授粉した．授粉する量は，だいたい一つの雌しべ親の花序に各種の花粉1花序分とした．混合授粉区では同種授粉区と同量のトウカイタンポポを授粉し，その後さらに1花序分の外来タンポポを授粉している（授粉量については3.2節も参照のこと）．授粉後はまたネットをかけ虫の訪花を防いだ．2週間後に果序を回収し，結実率を求めた．

野外調査の結果，周囲に外来タンポポの頻度が増えてもトウカイタンポポの結実率が低下することはほとんどなかった[15]（図3.9a）．人工授粉実験の結果も，同種授粉と混合授粉で結実率が落ちることはほとんどなかった[16]（図3.9b）．

この研究から，同じ在来タンポポでも種によって繁殖干渉の受け方が大きく異なることが明らかとなった．また，駆逐の実態と繁殖干渉の強さには整合性があった．すなわち，外来タンポポによる駆逐が見られる近畿地方のカンサイ

15）愛知での結果はかろうじて有意であったが，カンサイタンポポでの結果に比べてその低下はずっと緩やかであった．

16）論文では，これらの結果の解析にモデル選択を使用している（詳しくは Nishida et al. (2012) を参照のこと）．

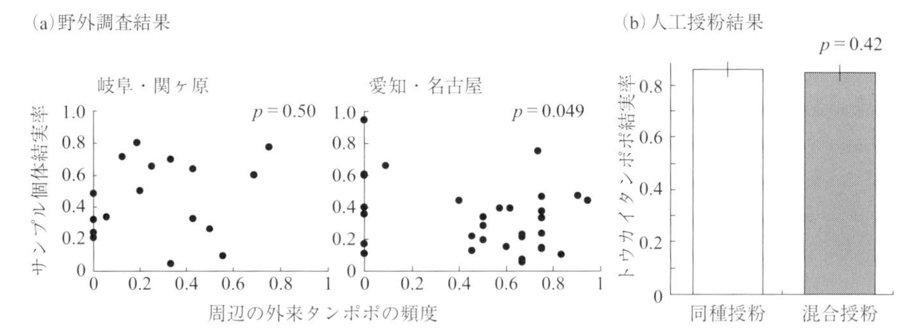

図 3.9　トウカイタンポポにおける野外調査 (a) と人工授粉実験 (b). 周辺の外来タンポポの頻度が増加しても, トウカイタンポポの結実率は関ヶ原では低下せず, 名古屋では緩やかにしか低下しなかった. (a)(b)いずれも Wald 検定を行っている. (b) のエラーバーは 95 % 信頼区間. Nishida et al. (2012) を改変.

タンポポは外来タンポポから強い繁殖干渉を受け, 駆逐がほとんど見られない東海地方のトウカイタンポポは繁殖干渉をほとんど受けていなかった. 近畿地方と東海地方で都市化の状況に大きな違いは観察されず, また本来クローン繁殖する外来タンポポの性質に違いがあるとは考えにくい. このことからも, 外来タンポポによる在来タンポポの駆逐には外来タンポポからの繁殖干渉が関わっていると考えられる.

3.4.7　タンポポにおける繁殖干渉の具体的な仕組みは？ ——在来種雌しべ内での, 外来種の花粉管行動

繁殖干渉の重要性が徐々に周囲に認められるにつれ, 「具体的なメカニズムは何なのか？」という質問を受けることが多くなった. タンポポの研究においても, 具体的にどんな干渉があってカンサイタンポポの結実率が下がるのか尋ねられることが増えた. そのようなときに, トウカイタンポポは外来タンポポからあまり繁殖干渉を受けないことがわかった. そこで, カンサイタンポポとトウカイタンポポの比較をしてみれば, 外来タンポポからの繁殖干渉の仕組みがわかるかもしれないと思いついた. これが Nishida et al. (2014) の研究である.

この研究では在来タンポポの雌しべ内での花粉管行動に注目した．植物が近縁種から繁殖干渉を受けるとすると，二つの段階での干渉が考えられる．まず，相手種の花粉を間違って受けることで悪影響を受けるような，雌しべ内で起こる干渉．次に，相手種と雑種を形成してしまい，健全な純種の子孫の代わりに不健全か稔性が低い子孫を作ってしまうという，結実後に結果の出る干渉である．Matsumoto et al. (2010) によると，近畿のカンサイタンポポでは外来種の花粉が付くと結実率が下がる．雑種の種子すらできずに終わる花が多くなるということだから，外来タンポポの花粉が付くことでカンサイタンポポの雌しべに不具合が起きているはずである．そこで，カンサイタンポポとトウカイタンポポ両種に人工授粉を施し，雌しべ内で花粉管がどのような行動をするのかを観察することにした．

タバコ属の雌しべでは異種の花粉を受粉させると，花粉管が途中で膨張したり逆走したりすることが知られている (Kuboyama et al., 1994)．タンポポの雌しべ内でも花粉管の異常行動が見られるのではないかと期待したのだが，予備調査で外来タンポポの花粉を授粉してもそのような行動は見られなかった．それより困ったのは，タンポポの雌しべ内では花粉管行動を最初から最後までたどれないことだった．

花粉管行動はふつう，受粉させた花を 70 % エタノールなどで固定し，そのあと雌しべを軟化させ，染色してから蛍光顕微鏡で観察する．そうすると，花粉管を一本の光る線として見ることができる．今まで調べた植物では，柱頭についた花粉から光る一筋の線が流れ出て，線をたどれば花粉管の筋道を胚珠まで追うことができた．

ところが，タンポポの花粉管は途中で消えてしまうのだ．柱頭では花粉から花粉管が出たところは見える．しかし，柱頭から花柱に行く部分は見えなくなる．花柱の中を通って行くところは見えるようになる．しかし，花柱から子房に行く部分はまた見えなくなる．そして，子房の下部を走っているところは見えるのだが，胚珠に入る直前でまた見えなくなる．共同研究者の金岡雅浩氏がさまざまな方法で工夫したにもかかわらず，タンポポの花粉管を最初から最後までたどることはできなかった．そのため，たとえば雌しべに外来タンポポの花粉と在来タンポポの花粉を同時に授粉させ，その花粉管行動をたどって比較観察をするような実験はできない．途中から，どの花粉管がどちらの花粉由来なのかわからなくなるからだ．

そこで実験では，カンサイタンポポとトウカイタンポポそれぞれの花を用意し，ある花の雌しべには在来の同種の花粉のみを授粉し，ある花の雌しべには外来種の花粉のみを授粉し，そしてまた別の花の雌しべには在来・外来両種の花粉を授粉するという 3 種類の人工授粉を行った．そして，それぞれの雌しべでの花粉管行動を観察する．カンサイタンポポは外来種からの繁殖干渉に弱くトウカイタンポポは強いのだから，外来種の花粉のみ，もしくは外来種と在来種の花粉を混合授粉したときに，カンサイタンポポの雌しべだけで異常が見られるはずである．

また，タンポポの人工授粉にはもう一つ問題があった．雌しべ親（自個体）の花粉が雌しべに付くのを防ぎにくいのである．タンポポの花（小花）では雄しべの上部（葯と呼ばれる花粉の入った部分）が互いにくっついて筒を作り，その中に雌しべがある．葯は内側が開き，花粉は雌しべの側面に放たれる．そして筒の中から雌しべが伸びてくる際，花粉は雌しべに押し出されて花の上に現れる．このような構造・咲き方のため，雌しべから自個体の花粉を取り除くのはきわめて難しい．花が咲くと雌しべの先端が二つに分かれ，分かれた内側の側面が柱頭として花粉を受け入れるようになる．咲いた当初なら自個体の花粉は柱頭の裏側に付くだけなので，虫などが花に触ることを防いでやれば，自個体の花粉を受粉することもない．しかし，タンポポの花序は夕方に閉じて翌朝開く．そのため花序内の雌しべは夕方には他の花と接触してしまう．花序が閉じるとき，自個体の花粉が柱頭に付いてもおかしくない．

ふつうタンポポは自家不和合性であり，自個体の花粉では結実しない．しかし，結実しないからといって自個体の花粉管が雌しべに入らないかどうかはわからない．また，Morita et al.（1990）によると，3 倍体の外来タンポポの花粉を日本の 2 倍体在来タンポポの雌しべに授粉したところ，結実した果実のほとんどが在来タンポポ自個体の花粉が父親として機能した，すなわち自家受精したものだった．つまり，外来タンポポの花粉をつけた場合はとくに，雌しべ内を通る花粉管が自個体のものである可能性が高くなると考えられる.

というわけで，これまでやってきたような授粉方法では，タンポポの花序に外来タンポポの花粉だけを受粉させても，雌しべ内で観察される花粉管が外来タンポポのものかどうかはわからない．そこで筆者らは二つの方法で人工授粉を試みた．一つは（訪花昆虫を防ぐため）袋掛けはしたものの，それ以上花序に細工することなく行った人工授粉．もう一つは花序から花を外して培地に置くことで，花序の開閉に左右されず意図せぬ花粉は完全に排除して行った人工授粉である．前者は，雌しべ内の花粉管の種は特定できなくても，とにかく在来種間の雌しべで花粉管行動に違いがあるかどうかを調べるため，在来 2 種両方を使用した．後者は，外来タンポポの花粉管が在来の雌しべ内で伸長できるのかを確認するため，繁殖干渉に弱いカンサイタンポポのみを用いた．後者の実験の方が厳密なので，これを在来 2 種両方に施して比較できたらよかったのだが，花をきわめて人工的な環境に置くため，処置の影響が大きすぎる恐れがあった．そのため上記のような実験デザインにした．どちらの方法でも，在来同種の花粉のみ，外来タンポポの花粉のみ，在来・外来混合の花粉という 3 種類の人工授粉を行った．

前者の人工授粉では，在来 2 種の個体をそれぞれ 15 ずつ用意し，花序が開く前に個体全体にネットを掛けておいた．授粉直前にはネットを外し，雌しべ親の柱頭に一つも花粉がないことをルーペで確認した．そして，上記 3 種類の人工授粉をそれぞれ 5 個体の花序の，それぞれ 5–15 本の花に行った（授粉した花の花弁にはマジックで印をつけておいた）．本来は，一つの個体にそれぞれ三つの花序を確保して 3 種類の人工授粉を同時に行うことが望ましい．しかし，筆者らが用意した在来タンポポは株が小さかったため，各個体に 1 花序，つまり 1 種類の人工授粉しかできなかった．人工授粉では，結実率を調査したときの方法とは異なり，花粉親の花（小花）を一つずつピンセットでつまみ上げ，その花の先端をそっと雌しべ親の柱頭に触れさせて花粉を付けた．人工授粉を行った後は花序に袋（お茶パック）をかけて虫の訪花を防いだ．そして授粉後およそ 75 時間してから，花序をピンセットでほぐしながら印のついた花を探し，胚珠を傷つけないよう花床部分からえぐるようにして花序から取り出し，

FAA（ホルマリン：氷酢酸：50％エタノール＝5：5：90）の入った小瓶に入れて固定した.

後者の人工授粉は培地を使用し下記のように行った．まず，プラスチックシャーレに Nitsch 培地を改変したもの（Higashiyama and Inatsugi, 2006）を作った．培地が固まったら，カミソリで 1 筋か 2 筋の切れ目を入れておく．次に，雌しべ親の花をピンセットで花序から採取する．このときは胚珠を傷つけないよう，花床部分からえぐるようにして取り出す．取り出した花の花床部分を培地上の切れ目に挟みこみ，一つずつ培地に直立するような形で並べる．1 培地に約 10 本の花を並べた．ここまで準備できたら，すみやかに花粉親の花序を持ってきてピンセットで花粉親の花をつまみ上げ，培地の花の雌しべに授粉した．乾燥や風を防ぐため，授粉が終わったらシャーレごとプラスチックの箱にいれてフタをかぶせ，15℃に設定したインキュベーターの中に置いた．インキュベーターは窓があるタイプで，野外よりは暗いが，日中は陽が入り夜は暗い環境になるよう心がけた．人工授粉から 75 時間以上過ぎた後，それぞれの花を FAA で固定した．固定した花は水酸化ナトリウム水溶液で軟化させ，0.1％アニリンブルーで染色し，蛍光顕微鏡で観察した．前者の人工授粉の一部，また後者の人工授粉の全ては，当時大学院生だった橋本桂佑氏が行い，固定後の処理や花粉管の観察は，金岡雅浩氏と橋本氏が行った.

その結果，前者の人工授粉実験からは以下のようなことがわかった（図 3.10）．まず，カンサイタンポポの雌しべでもトウカイタンポポの雌しべでも，同種もしくは混合の花粉を受粉させたときの花粉管行動は変わらなかった．このとき驚いたのは，どの授粉処理の場合でも花柱や子房には限られた数の花粉管しか伸長しなかったことだ．柱頭についた花粉はその多くが花粉管を伸ばす．しかし，その先は前述のとおり花粉管が見えなくなり，次に花柱を通る姿が見えるときには花粉管が 2，3 本程度に減っている．この数は，柱頭に付いた花粉の数の多少にかかわらず同じであった．そのあと子房の上部でまた花粉管が見えなくなり，次に子房において確認できた花粉管はせいぜい 1，2 本であった.

一方，外来タンポポの花粉を受粉させた時は種によって違いが見られた．カ

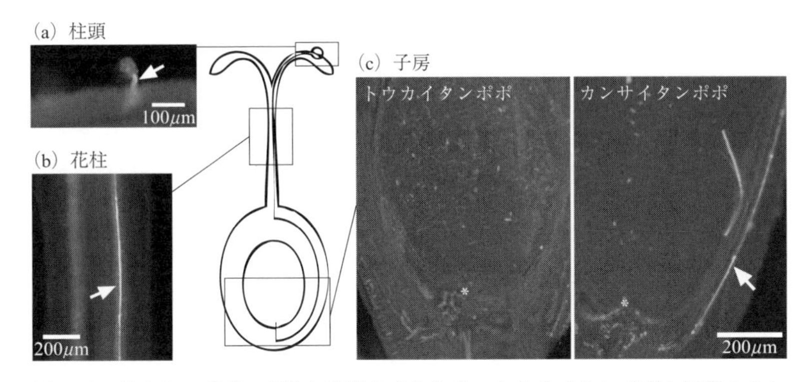

図 3.10　外来タンポポの花粉を受粉させたとき，トウカイタンポポと近畿のカンサイタンポポの雌しべ内で観察された花粉管行動（a，b はカンサイタンポポの写真）．(a) 雌しべの柱頭に付いた花粉は多くが花粉管を伸長していた．(b) 花柱を通る花粉管は 2，3 本に減った（写真では 1 本のみ）．(c) トウカイタンポポの子房では花粉管がほとんど伸長していなかったが，近畿のカンサイタンポポの子房ではより高頻度で花粉管が伸長していた．＊は胚珠の位置を示す．

ンサイタンポポの雌しべでは，同種や混合授粉同様，1，2 本の花粉管が花柱そして子房へと伸長していった．しかし，トウカイタンポポの雌しべでは花柱内を伸長する花粉管が減り，子房内まで伸長する花粉管は稀であった（図 3.11）．

培地を使ったカンサイタンポポに対する人工授粉実験では，どの花粉（同種・外来タンポポ・混合）を受粉させたときも，低頻度ではあるが同程度の割合で花粉管の伸長が見られた．

この結果から次のように推測できる．在来タンポポの雌しべでは，花柱の入り口および子房の入り口付近で伸長する花粉管が制限されるようだ．その際，トウカイタンポポの雌しべでは外来タンポポの花粉管の伸長が止まる．そのため胚珠は外来タンポポとの受精を免れ，同種他個体と受精できる．一方，カンサイタンポポの雌しべでは外来タンポポの花粉を受粉しても花粉管の伸長は止まらない．花粉管は子房へと入っていき，おそらく多くは受精や胚発生がうまくいかずに終わる．こうなった雌しべは新たな花粉管を受け入れることはできず，同種他個体との受精が妨げられることだろう．他種の花粉管を受け入れてしまうことで同種との受精の機会を失うという現象は広義の交雑 hybridization

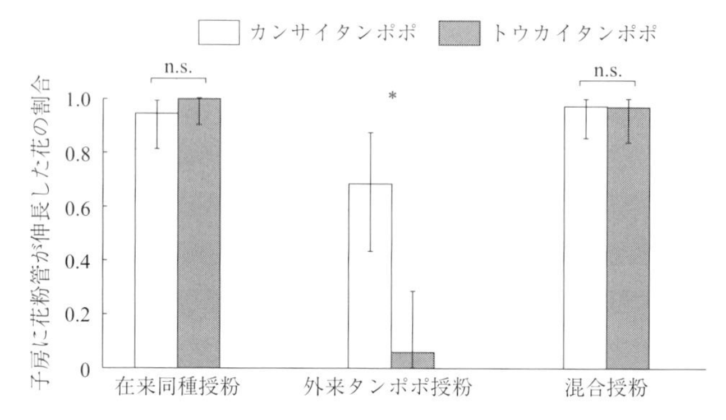

図 3.11　カンサイタンポポとトウカイタンポポに人工授粉を施し，子房内の花粉管行動を観察した結果．在来の花粉のみを授粉した場合と在来・外来の花粉を混合授粉した場合は，両種の多くの雌しべで花粉管の伸長が確認された．一方，外来タンポポの花粉のみを授粉した場合，カンサイタンポポでは比較的多くの雌しべで花粉管の伸長が確認されたが，トウカイタンポポでは少数の雌しべでしか花粉管が観察されなかった（Wald 検定，＊：$p<0.05$，n.s.：有意差なし）．エラーバーは 95％ 信頼区間．Nishida et al.（2014）を改変．

（子孫を残すか否かにかかわらず，他種との交配を指す）に含まれ（Levin et al., 1996），「ovules' usurpation」（Morales and Traveset, 2008）や「interspecific ovule discounting」（Burgess et al., 2008）などの呼び名で知られている．交雑の結果生まれた雑種株については多数の研究があるが，近縁種間の分布を決める要因として，交雑による胚珠の浪費に注目した研究はまだ少ないように思う（例外がマグワ属を研究した Burgess et al., 2008）．それでも，近縁種の花粉管の方が自種の花粉管より速く胚に到達する例（Harder et al., 1993）など興味深い現象も報告されており，繁殖干渉の至近メカニズムに絡む花粉管行動の研究は，今後の進展が期待される．

以上の一連の研究によって，日本の 2 倍体在来タンポポの中に外来タンポポから繁殖干渉を受けているものがいること，その仕組みとして，外来タンポポの花粉を在来の雌しべが受け入れてしまう（そして結実に失敗する）過程が考えられること，またシミュレーションの結果から，強い繁殖干渉を受けることで在来タンポポが外来タンポポから駆逐され得ることがわかった．外来種が近縁の植物を駆逐する問題に，顕微鏡レベルから個体群動態まで一貫した説明を与えた研究はこれが初めてである．

その後もタンポポを使った繁殖干渉の研究は続いている．たとえば，西田ほか（2015）は伊豆のタンポポについて調査し，在来と外来タンポポが排他的に分布していること，また，現地の在来タンポポは外来タンポポからの繁殖干渉には概ね強いが，大量に外来タンポポに囲まれると結実率が下がることを確認している．さらに，カンサイタンポポの中には外来タンポポによって駆逐されていない地域があることがわかってきており（小川，2011），そのような地域のカンサイタンポポは，外来タンポポからの繁殖干渉をあまり受けていないことが明らかになりつつある（Nishida et al., 2017）．

3.5　タンポポを通して見えてきたこと

最後に若干重複になるが，繁殖干渉の実証研究を行うことで特に気づいたことをまとめておきたい．

3.5.1　外来種問題に潜む生物学の普遍性

筆者らは，繁殖干渉を現在進行形で見るために外来種に注目した．前述したとおり，きわめて強い生物間相互作用は決着も早く，その過程を自然状態で観察するのは難しい．一方，最近入り込んだ外来種と前から存在していた近縁在来種を対象にすれば，相互作用を実際に観察し，その仕組みや影響の強さを明らかにできるかもしれない．筆者らにとってタンポポの研究は「外来種の研究」という枠組みではなく，あくまで生物学における普遍的法則を外来種から検証するものだった．

しかし，野生生物を研究する多くの人にとって，筆者らの研究は自分とは関係のない事柄に見えるようだ．園芸種や外来種は人の活動によって現在の場所にいるのだから，それらの研究が野生生物で見られる現象を明らかにするとは考えにくいのだろう．ただ，外来種も生物であることには変わりなく，その特殊性を把握した上で利用すれば，野生生物を含めた生物の普遍的法則を検証するきわめて面白い材料となる．とくに，筆者らの研究対象のうち繁殖干渉を受ける側は自生の植物であり，それらの個体群動態や分布は，繁殖干渉を起こす側が外来種であろうと在来種であろうと（プロセス自体に撹乱のような人為的作用が加わることを除けば）自然状態で見られる実態と変わらないだろう．その意味でも，外来種問題は外来種だけの問題と考えず，そこに見られる現象に普遍的な法則性を考えることが重要だろう．なお，野生種どうしの繁殖干渉についても報告が出はじめている．たとえば，キツリフネ *Impatiens noli-tangere* とツリフネソウ *I. textori* はどちらも野生種で稀に同所でも見られるが，徳田ら（Tokuda et al., 2015）は 2 種の間に繁殖干渉を認めている．この 2 種が繁殖干渉を起こしながらも同所に共存できる理由は不明だが，徳田らは閉鎖花の関与を示唆している．

一方，外来種問題の解決を目指して始めたわけではないが，繁殖干渉の重要性を明らかにすることで筆者らは外来種問題の軽減に貢献できると考えている．外来種による在来種の駆逐が主に繁殖干渉によって起こっているのであれば，在来種の保全には外来種からの繁殖干渉を防ぐところに重点を置けばいい．たとえば，外来種の花を取り除くだけでも在来種の減少を食い止められるかもしれない．これは外来種の株全体を掘り取るよりずっと簡単で，労力や時間を節約できるだろう．

3.5.2　外来種でさえ決着している？――繁殖干渉の影響の強さ

繁殖干渉を現在進行形で見るのは，実際にはタンポポにおいてさえ難しかった．まず，在来の 2 倍体タンポポと外来タンポポが入り混じって咲いているところがなかなか見つからない．同じ地域に分布はしているが，狭い範囲に両者が同程度混じっているようなことは稀で，たいていどちらかの種に偏って生えている．一方，東海地方のように，混在している場所を見つけて勇んで調査を行うと，繁殖干渉はほとんど検出されない．

過去のタンポポ研究者の見解では，在来種は外来種によって駆逐されたのではなく，前者と後者が生える場所をすみ分けていたところ，前者の生育場所が潰れたために前者のみ減ったというものであった．外見上そう見ても仕方がないと，調査した今は思う．外来・在来タンポポの相互作用はすみやかに決着がつくため，両者が共にいて「争って」見えるような状態は長く続かないだろう．タンポポは多年草なので，在来の生育するところに外来が入り込んでも，すでにあった在来の株にすぐに異常は見られない．しかし実際には子孫が減っており，親株の寿命が来る頃には在来の個体数が一挙に減る．そうすると，そこは外来が多くを占める場所に急速に変わる．とくに，土地の掘削や新しい土砂の搬入などが起こると，在来の株が減って外来の比率を高めてしまう．もちろん，撹乱の多い場所は繁殖干渉以外の理由でも外来タンポポが多くなっておかしくない．在来タンポポは花をつけるのに1年以上の成長期間が必要だが，外来タンポポの中には発芽した年に花を付け子孫を残すものがあり，撹乱地でも世代をくり返しやすいだろう．しかし，近畿地方では撹乱されていない土地でも，2倍体在来タンポポの代わりに外来タンポポが生えている場所があちこちに見られ，小川（2016a）による西日本のタンポポ調査のまとめからは，都会以外でも外来タンポポの優占する地域が多いことを見て取れる．さらに小川（2016b）の報告では，カンサイタンポポとセイヨウタンポポは，後者で駐車場・造成地に生える割合が若干増えるものの，多くはほぼ同じ生育環境にあった．こうした結果を両者のすみ分けで説明することはできない．繁殖干渉の影響を考慮に入れてこそつじつまが合う．

花粉管行動を調べた結果，近畿のカンサイタンポポは雌しべが外来タンポポの花粉を間違って受け入れてしまい，それによって結実率が低下している可能性が明らかになった．外来タンポポの花粉を受け入れる性質が遺伝するものなら，外来タンポポに囲まれたカンサイタンポポではこの性質を持つ個体は淘汰されるだろう．すると，一時期カンサイタンポポの個体数は激減するかもしれないが，そこで残った個体は外来タンポポの花粉を受け付けない，外来タンポポの繁殖干渉を受けにくい個体で占められるようになるだろう．このときカンサイタンポポが個体群を存続できる程度残れば，その後は外来タンポポから駆逐されずに済むかもしれない．実際，近畿のカンサイタンポポは繁殖干渉の峠を越えつつあるかもしれないことが，最近のタンポポ調査の結果から推察される．木村（2016）によると，大阪で 1975 年から続けられているタンポポの分布調査では，外来種の比率が 2005 年をピークに頭打ちとなり，その後は徐々に低下しているという．これが繁殖干渉に弱いカンサイタンポポが淘汰されたゆえの現象なのかどうかは，現在の個体を使った繁殖干渉の調査を行うことで明らかになると考えられ，今後の研究課題の一つである．

3.5.3　繁殖干渉研究における解析およびシミュレーションの重要性

在来タンポポが外来タンポポからの繁殖干渉を受けているのかどうかを野外で調査するとき，重要な判断材料となるのが効果の頻度依存性である．一方，資源競争は密度依存の性質を持つ．今回の野外調査では半径 2 m 以内の在来・外来タンポポの個体を数えたが，全タンポポ中の外来の個体数は外来の頻度，在来・外来の総数はタンポポの密度とみなすことができる．これらと在来の結実率との相関を調べれば，繁殖干渉と資源競争のどちらが在来の結実に影響を与えているのかを明らかにできる．このように，一つの調査で得たデータから繁殖干渉と資源競争を分けて考察するためにも，適切な解析方法は重要な役割を果たしている．

さらに，外来タンポポからの繁殖干渉が検証できたからといって，それによって在来タンポポが駆逐されてきたと断言することはできない．一方，今までに外来・在来タンポポで成長条件などが異なることを明らかにした研究はあったが（たとえば Hoya et al., 2004），それが在来種の個体群動態や分布状況にどのような影響を与えうるのかは不明だった．このようなとき，個体群動態を取り入れたシミュレーションは重要な役割を果たしてくれる．シミュレーションは，設定が現実よりずっと単純化されていることや，用いるパラメータによって結果が変わりうることなど，現実を的確に反映できていない恐れも大きいであろう．しかし，結果に大きな影響を与えるパラメータがごく少数で，しかも結果が頑健であれば，シミュレーションの結果は信頼できる可能性が高い．さらに，自分達の見つけた性質がその生物の個体群動態にどのような意味を持つのかを考えるうえで，シミュレーションは具体的な指標を示してくれる．また，シミュレーションを行うためにその生物の生活史を振り返ることで，自分たちがさらに調べなければならない項目を明らかにしてくれる．シミュレーションは手軽にできるものではないかもしれないが，繁殖干渉の重要性を考える上で試す価値のある研究方法であろう．

3.5.4 繁殖干渉の及ぶ空間スケールと分布の情報

筆者らの調査からわかったのは，タンポポにおいて繁殖干渉の及ぶ距離というのはたかだか 1.5–5 m 程度だということである．より遠くまで花粉が運ばれることもあるだろうがその頻度は稀であり，近くの花との方が高い頻度で花粉をやり取りする．したがって，たとえば在来タンポポの個体群と外来タンポポの個体群が道路などの空白地帯で 10 m ほど隔てられており，かつその間を訪花昆虫があまり行き来しないのであれば，たとえその在来が外来からの繁殖干渉に弱い場合でも，在来への悪影響はあまり見られないであろう．

繁殖干渉が近縁種間の排他的分布を招くと筆者らは考えているが，この時の「分布」という言葉がどの程度の広がりを意味するのかには気をつけなければならない．というのも，図鑑などで使う「分布」の概念は繁殖干渉で考える「分布」よりずっと広いことが多いからだ．たとえば，2 種の近縁な植物が同じ地域に分布していると聞いて訪ねてみると，実際は別々のパッチに生育しており，混在していることは稀である．「同じところに分布しているから繁殖干渉は関係ない」と思われがちであるが，こういう場合は過去に繁殖干渉があった可能性を疑うべきであろう．

なお植物の場合，花粉の他に種子による分散があり，その距離によっては相手方の分布地へ入り込むことがあるだろう．たとえば，上記のように在来と外来タンポポの個体群間に 10 m の隔たりがあったとしても，外来の痩果が風にのって在来個体群内に次々入り込み成長すれば，その在来個体群は外来からの繁殖干渉を受け始めることになる．植物の繁殖干渉と分布の関係に花粉の移動距離と種子の分散距離がどのような影響を与えるのかは興味深い．送粉方法の違いや種子分散方法の違いによって近縁種の分布パターンがどのように違うかを調査することが，この疑問を解く第一歩になるかもしれない．

以上，繁殖干渉の実証のためにタンポポに注目したが，タンポポ一つとってみてもその実証には多方面からのアプローチと多数のデータが必要だった．一方，繁殖干渉という枠組みからタンポポを捉えることで多様な現象に説明がついていく過程は，生物観のパラダイムシフトを経験するという研究者冥利に尽きる日々だった．タンポポの研究が進む間にも，他の外来種——たとえば，オナモミ属（Takakura and Fujii, 2010），センダン属（Yoshizaki et al., unpub.），ニワゼキショウ属（Takahashi et al., 2015）——で次々繁殖干渉が検出されている．また，少しずつだが野生種どうしの繁殖干渉についても報告が出はじめている．たとえば上述した Tokuda et al.（2015）は，繁殖干渉をツリフネソウ属で実証した研究であるし，Eaton et al.（2012）は，野生のシオガマギク属 *Pedicularis* において近縁種どうしが共存しないこと，および，送粉者を共有しないよう形質置換が見られる状況に，繁殖干渉が関わる可能性を示している．今後は筆者らだけでなく多くの人に，身近な植物に起こっている現象を繁殖干渉という枠から眺め直すことで，新しい生物観を体得してほしいと願っている．

第4章

個体群レベルでの繁殖干渉

——イヌノフグリ類を例に——

第1章でも紹介したように，繁殖干渉が生態学的に重要である理由は，種間での配偶とそれによる繁殖成功度の低下という個体レベル・行動レベルでの現象と同時に，一方の種の個体群サイズの縮小あるいは絶滅という個体群レベルの現象をもたらすことにある．繁殖干渉におけるこの二つの局面を区別し，それぞれ component reproductive interference（CRI）と demographic reproductive interference（DRI）と呼んで区別することを Kyogoku（2015）は提案した．近年になって繁殖干渉の生態学的重要性がある程度広く理解されるようになり，検証例も徐々に増えていってはいるものの，一部の例外を除けば検証された繁殖干渉のほとんどは CRI までの検証にとどまっている．繁殖干渉の重要性を指摘した Kuno（1992）のモデルは，CRI の度合いが弱い場合に2種が共存しうること，すなわち DRI に至らないケースがありうることも同様に予測している．CRI が観察される生物種間において，本当に DRI がもたらされるかどうかについては，別に検証が必要であろう．

しかし，DRI の実証的な検証は一般的には困難であり，野外において直接的に検証することはさらに困難であることは第1章で述べたとおりである．この章では，イヌノフグリ類を対象として，外来種による繁殖干渉を CRI と DRI の両段階について検証を試みた研究について紹介する．また，その研究の中で，繁殖干渉が個体群サイズ以外の生態的特性に影響を及ぼしたと考えられる興味深い現象も見出されたことから，それについても併せて紹介し，外来種影響を評価する上での繁殖干渉とその評価法の重要性について議論したい．

4.1　イヌノフグリとオオイヌノフグリ

イヌノフグリ *Veronica polita* subsp. *lilacina* はゴマノハグサ科（最近の分類体系 APG III においてはオオバコ科）の越年草で，春に淡いピンク色の花をつける（図 4.1a）．イヌノフグリという和名はその果実の形態に由来しており，二つの球体が合体したような果実をイヌの陰嚢に見立てたものである．日本の植物学の父と言われる牧野富太郎は，イヌノフグリについてもいくつか記述を残しており，「原野に生ずる草」（牧野，1907）や「畑や道ばたにはえる二年草」（牧野，1961）と記している．しかし，現在において本種は環境省レッドデータブック（環境省自然環境局野生生物課，2012）で絶滅危惧 II 類とされているなど，稀少種として知られている．牧野が活躍した明治・大正時代から現在にいたる約 1 世紀の間に，イヌノフグリはありふれた雑草から稀少な植物に変わってしまったことがうかがわれる．さらに書くと，イヌノフグリの生態についても大きな変化があったかもしれないことを，一連の文献は示唆している．牧野はイヌノフグリについて「畑や道ばたにはえる二年草」（牧野，1961）と表現している．牧野がイヌノフグリについて記した他の文献にも石垣やそれに類する崖などの環境について言及した箇所はなく，本種が地面に生える普通な雑草であることを暗に示している．しかし，イヌノフグリの生活様式を記載した近年の文献は，この植物がしばしば石垣の石の隙間に生えることを報告し

図 4.1　イヌノフグリ（a）とオオイヌノフグリ（b）．

ている（山住，1989；三浦ほか，2003）．

一方で，同属の外来種オオイヌノフグリ *V. persica* は普通な雑草である．本来の分布域はヨーロッパであるものの，19 世紀半ばに日本に渡来したと考えられている．現在ではきわめて普通であり，野の花にある程度関心がある方であれば知らないはずはないほど，ありふれた雑草である．そのため本種が外来種であることを知らない人もしばしばいるようだ．俳句は日本の伝統的な文芸であるが，その季語の「いぬのふぐり」あるいは「犬のふぐり」はこのオオイヌノフグリを指す（水原，1975）ほどであるから，本種を在来の野草だと考えるのも無理はない．オオイヌノフグリの花はコバルト色をしており，イヌノフグリよりも一回りか二回り大きいもののその形態は酷似しており（図 4.1b），開花期も 3–5 月とほぼ同じである．

このようにイヌノフグリ類における 2 種の近縁な雑草は，少なくとも現在では在来種が外来種に置き換えられたように見える関係にある．しかし，イヌノフグリ類では外来種が在来種に取って代わったとの捉え方はほとんどされていなかった．研究者もこの 2 種の相互作用について特に注目しておらず，具体的な報告はなかった．しかし，このことは両種の間に繁殖干渉があったと仮定することでむしろうまく説明できると筆者は考えた．繁殖干渉はその影響が強ければ強いほど，繁殖干渉が生じる状況（同所的な分布）を消し去ってしまう．野外で偶然に見かけることができるような相互作用ではないのだから，報告がないのは当然だ．イヌノフグリとオオイヌノフグリの間に相互作用があるかもしれないという研究がそれまでになかったことは，逆説的ではあるがむしろこの 2 種の間に繁殖干渉があるかもしれないことを示唆していると考えた．

4.2　個体レベルでの繁殖干渉の検証

イヌノフグリ類での繁殖干渉の研究開始直後，まずは個体レベルでの繁殖干渉，すなわち CRI の検証を目標とした．しかし，前述のようにオオイヌノフグリはどこにでもあるものの，イヌノフグリは既に稀少種になっていたので，野外で2種の相互作用を観察することはできなかった．そこで，イヌノフグリが現在でも自生している地域で種子を採集し，ポット植えのイヌノフグリを育てるところから着手した．

その当時，イヌノフグリの自生地について全く心当たりがなかったので，広島県におけるイヌノフグリの自生地をよくご存知であるという広島大学の関太郎名誉教授を紹介していただき，イヌノフグリを観察・採集することにした．関氏に案内していただいた自生地は川の護岸で，江戸時代に築かれた石垣であった．この石垣の隙間に生育していたイヌノフグリから種子を採取し，ポットで育成した個体をCRIの検証に用いた．

4.2.1　人工授粉実験

最初に行ったのは，人工授粉実験である．開花したイヌノフグリの柱頭に，同種他個体の花粉を付けたものを対照とし，同種他個体の花粉を付けその後でオオイヌノフグリの花粉を付着させたものを混合花粉処理とした．ただし，混合授粉と呼んでいるものの，実際には2種の花粉を順に柱頭に付着させるので，そのタイミングにはわずかとはいえ時間差がある．この実験では同種花粉を付着させた直後に異種花粉を付着させた．この順序での人工授粉の場合，花粉管の発芽や伸長に種間差がなければ，後から付着する異種花粉の影響は小さくなり，結果的に繁殖干渉の大きさは過小評価されてしまうかもしれない．しかし，それでも繁殖成功度の低下が観測されるのだとしたら，その2種間には確かにCRIが存在すると結論づけて問題ないだろうと考えた．

繁殖干渉の性質について数理的・理論的な考察を行う場合には，たとえばKuno (1992) がそうであったように，双方向の影響を考えることが多い．そこで，イヌノフグリがオオイヌノフグリから受ける繁殖干渉だけでなく，その逆の影響，すなわちオオイヌノフグリがイヌノフグリから受ける繁殖干渉の大きさを評価することも試みた．具体的には，2種を入れ替えて上述の人工授粉実験を行うだけである．いずれの実験でも，成熟した果実が裂開して種子がこぼれてしまう直前に，果実の中に含まれていた種子を数えた．種子数を応答変数，果実・個体をランダム効果とし，ポアソン分布を仮定した一般化線形混合モデル GLMM を用いて，処理の種子数への効果を解析した．GLMM については，前章で少し詳しく解説されているので，参照してほしい．

結果は予想通りであった（図 4.2）．イヌノフグリでは混合花粉処理によって果実あたりの種子数が有意に減少した．対照では果実あたり約 10 個の種子ができていたが，混合花粉処理によってできた果実内にはその約 60 % の種子しか含まれていなかった．一方で，オオイヌノフグリでは，混合花粉処理によって果実あたり種子数はわずかに（平均で約 1 個）減少したものの，その差は統計的には有意でなかった．この結果は，イヌノフグリの繁殖成功度はオオイヌノフグリからの種間送粉によって低下してしまうこと，その逆の影響はほとんどないことを示している．言い換えると，イヌノフグリとオオイヌノフグリの間の繁殖干渉はほとんど一方的で，ほぼイヌノフグリだけが悪影響を受けるということである．

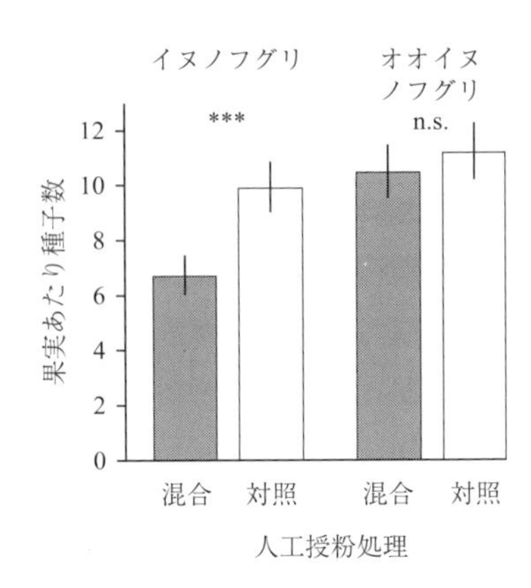

図 4.2　イヌノフグリおよびオオイヌノフグリに対する人工授粉実験で得られた果実あたり種子数（平均±95 % 信頼区間）．各シンボルは検定結果を示す（Wald 検定，***：$p<0.001$, n. s.：$p>0.05$）．Takakura (2013) を改変．

4.2.2　在来種の移植実験

前小節で紹介したように，人工授粉実験ではオオイヌノフグリからイヌノフグリへの CRI が存在することが示された．しかし，この結果は種間送粉が生じた場合に悪影響が生じることを示しているものの，野外で種間送粉が実際に起きるかどうかはわからない．これを明らかにするためには，より自然に近い条件下での 2 種間の相互作用を観察する必要がある．しかし，上述のようにイヌノフグリは既に稀少種となっており，野外でオオイヌノフグリと同所的に生

コラム2

ポット植えの個体をなぜ利用するのか？

移植実験でイヌノフグリを直接地面に移植するのではなく，ポット植えの個体を置いた理由について説明しておきたい．

一つ目の理由は，できるだけ自然植生への人為的なインパクトを小さくするためである．持ち込むのが外来種ではなく在来種であっても，その地域に固有な遺伝的組成を撹乱しないよう，不用意な持ち込みはすべきでないとの考えが近年主流になってきている（環境省，2015）．そこで，ポットを持ち込む時点でついていた果実は予めハサミで切除し，ポットを持ち出す期間も1週間と短期間にとどめた．これにより，ポット植え個体から種子がこぼれ落ちることは完全に防ぐことができた．

二つ目の理由は，よい対照実験とするためである．この実験に用いるためのポット植え個体は全て，大阪市内にあった当時の筆者の勤務先（大阪市立環境科学研究所）で育成した．そのうちの半数をそこから約1.5 km離れた公園に1週間だけ置き，それ以外の期間はその他のポット，つまり対照と同じ環境で育てた．この操作により対照個体と移植個体の違いは，開花していた1週間に置かれていた場所だけに限定することができた．

近縁種間における拮抗的な相互作用として従来から主に考えられていたのは，資源をめぐる競争である．植物では土中の栄養塩類や水分，光をめぐる競争があるとしばしば考えられてきた．あるいは植物に関しては他感作用（アレロパシー）も拮抗的な相互作用のメカニズムとしてしばしば取り上げられてきた．他感作用とは，たとえば根から分泌された化合物が他種の生育を阻害する現象のことである．しかし，ポット植えの個体を一時的に移動させるだけの方法であれば，これらのメカニズムが作用する余地はほとんど排除することができる．このような実験が可能であるのは小型草本植物ならではの利点であろう．

育していることはほとんどない．そのため自然条件で2種の相互作用を観察することはほぼ不可能である．そこで，移植実験を計画した．移植と言っても，実際にはポット植えの個体を移動させただけである．ポット植えのイヌノフグリを，オオイヌノフグリが多く生育する草地に置き，繁殖成功度，すなわち種子数が低下するかどうかを観察した．

イヌノフグリ類にとって重要な送粉者は何かということについて定量的な評価はなされていないが，近畿地方では主にヒラタアブ類など双翅目昆虫が多く訪花しているようだ．それらの訪花性昆虫がイヌノフグリとオオイヌノフグリの間での種間送粉を行っていれば，人工授粉実験と同様に，オオイヌノフグリの多い公園に置かれたポットでは果実あたり種子数の減少が見られると予想していた．しかし，実験の結果はその予想と若干異なっていた．1 週間公園に置かれたイヌノフグリでは，人工授粉実験で見られたような果実あたり種子数の 3–4 割の減少にとどまらず，一つも種子を含まない果実がいくつもできたのである．前述のようにイヌノフグリの果実は二つの球形が合着したような形状をしているが，公園に置かれたイヌノフグリはこの膨らみが全く無く，萼だけになった不完全な果実が多数見られた．そこで，この実験では果実あたり種子数ではなく，1 週間の間に咲いた花のうち果実になったものの割合（結果率）を，公園においた株と対照の株の間で比較した．違いは明らかで，対照の 17 株がつけた花は 86 %（120/139）が果実になったのに対し，公園に置かれた 14 株がつけた花は 49 %（52/106）しか果実にならなかった（図 4.3）．残念なことに，計数前に一部の果実が裂開してしまったために種子数については評価できなかったが，それでも訪花性昆虫による種間送粉が実際に起きており，その効率（イヌノフグリにとっては悪影響の大きさ）は人工授粉より遥かに大きいことが示された．

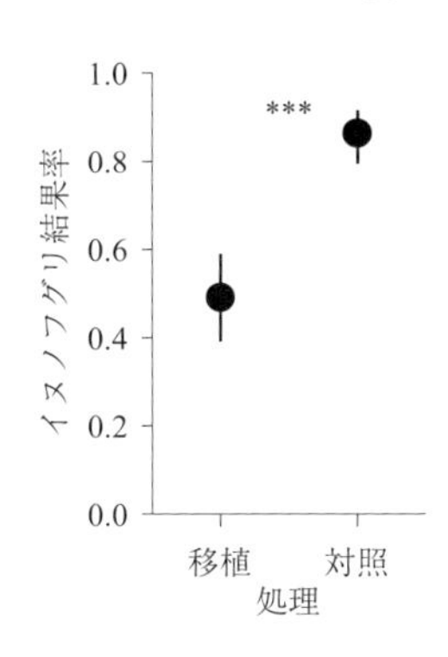

図 4.3　花期の間だけオオイヌノフグリパッチの中に移植したポットおよび対照のイヌノフグリにおける結果率 ± 95 % 信頼区間．シンボルは検定結果を示す（Wald 検定，***：$p < 0.001$）．Takakura (2013) を改変．

この実験はポット植えのイヌノフグリを一時的にオオイヌノフグリが多い環境に置いて影響を見たものである．そのため観測された影響は，栄養塩類や水分，光をめぐる競争や他感作用によるものではない．可能な限り種間送粉の影響だけを評価した結果であると考えられ，イヌノフグリがオオイヌノフグリから受けている繁殖干渉の強さを物語っている．

4.2.3　外来種侵入過程の観察

外来種の侵入の影響を調べるための最も直接的な方法は，外来種を人為的に導入してその影響を見ることであるが，このような実験は近年では容認され難い．しかし，外来種が今まさに侵入している瞬間に立ち会うことができた場合は，人為的に導入することなく侵入時の影響を直接的に観測することができる．そのような場面に出くわすことはきわめて幸運なことであるが，筆者はその幸運にまみえることができた．

2012年春，後述する島嶼調査の一環として，筆者は愛媛県の新居大島で調査を行っていた．この島にはすでにオオイヌノフグリが侵入・定着していたが，その調査の当時には，まだ全域への侵入には至っておらず，島のところどころでイヌノフグリだけが生育するパッチを見ることができた．その中で，あるイヌノフグリのパッチの中に1株だけオオイヌノフグリが生育しているのを見つけた．そのイヌノフグリのパッチは斜面の途中に位置していたが，その斜面を登り切ったところにはミカン園があり，ミカン園には下草として多数のオオイヌノフグリが生育していた．イヌノフグリパッチの中のオオイヌノフグリは，おそらくこのミカン園から（重力か風か，それとも除草作業かにより）飛ばされた種子に由来するものであろうと想像された．

このパッチ内に生育していたイヌノフグリのうち果実をつけていたすべての個体（24株）について，オオイヌノフグリからの距離を測定し，さらに内部の種子を数えることができる程度に成熟した果実を採取した．果実は実験室に持ち帰り，まずは外部形態から正常に膨らんだ果実とそれ以外の果実に分類した．前小節の移植実験で見られたような，膨らまない異常な形態の果実が多かったためである．そののちに実体顕微鏡下で解剖し，内部の種子数を計数した．そして，オオイヌノフグリからの距離と結果率（正常な形態の果実ができる率）および果実あたり種子数の関係を，誤差構造を二項分布（結果率）またはポアソン分布（果実あたり種子数）とし，イヌノフグリ個体をランダム効果としたGLMMにより解析した．

その結果，パッチに飛び込んだオオイヌノフグリがイヌノフグリの繁殖成功度を下げていることは明らかだった（図4.4）．オオイヌノフグリから十分（半径>1 m）離れていれば，結果率は99％（102/103）で果実あたり種子数の平均は14.1個であったが，オオイヌノフグリの近傍（半径<1 m）では，結果率は21％（10/47），果実あたり種子数の平均は1.26個であった．もちろん，結果率についても果実あたり種子数についても，オオイヌノフグリからの距離の効果は統計的に有意であった．

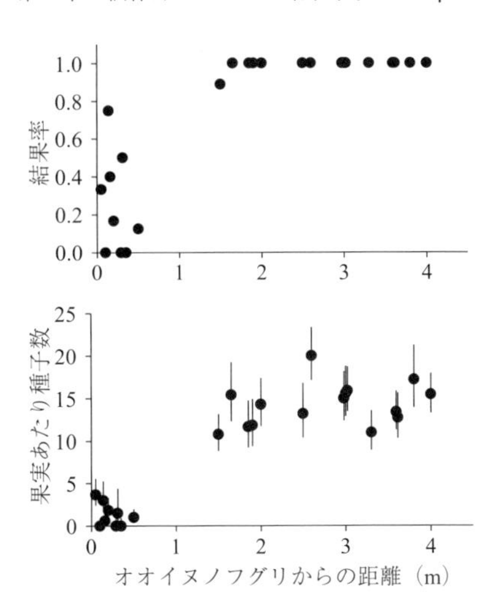

図 4.4　イヌノフグリのパッチに侵入したオオイヌノフグリからの距離とイヌノフグリの結果率（上）および果実あたり種子数（下，平均 ± 95％ 信頼区間）．Takakura（2013）を改変．

このたった一株のオオイヌノフグリの飛び込みは，イヌノフグリとオオイヌノフグリの間の繁殖干渉についてきわめて重要な幾つかの傾向を示している．まず，侵入したオオイヌノフグリがごく少数であった場合でも，イヌノフグリの繁殖成功度にはきわめて大きな影響があるということである．おそらくヒラタアブなどの送粉昆虫が訪花していると考えているが，その送粉効率はきわめて高く，またオオイヌノフグリからイヌノフグリへの種間送粉が生じた場合のCRIはきわめて大きいことがわかる．その一方で，イヌノフグリ類における送粉範囲はかなり限定的で，オオイヌノフグリが同所的に生育していても1–2 m離れればイヌノフグリの繁殖成功度への影響はほとんど無いようだ．

なお，近傍に生育するイヌノフグリの繁殖成功度を軒並みほぼゼロにしたオオイヌノフグリであるが，実はそのオオイヌノフグリ自身も正常な果実を全く付けず，種子を生産していなかった．このオオイヌノフグリが種子を全く生産できなかったのは，そのパッチにあった同種が一株だけだったからではない．オオイヌノフグリもイヌノフグリも花が散る時に抜け落ちる花弁に押されて自身の葯が柱頭に付着し，自家受粉が起こるような仕組みになっている．このような仕組みによる受粉は自動同花受粉と呼ばれる．イヌノフグリ類はこのような自動同花受粉の仕組みを持っているために，他個体の花粉が付着しないように袋掛けをした場合でも，他家受粉を行った場合と変わらない繁殖成功度（種子生産）を実現することができることが確かめられている．つまり，イヌノフグリのパッチに飛び込んだオオイヌノフグリにとって，周囲に同種が存在しないことは繁殖成功度を低下させる原因にはならないのである．しかし，実際にオオイヌノフグリの種子生産が著しく阻害されたことは，イヌノフグリとの種間送粉によりオオイヌノフグリもCRIを被ったことを示している．人工授粉実験でイヌノフグリの花粉をオオイヌノフグリにつけた場合には，統計的に有意ではなかったものの，対照（同種花粉による受粉処理）に比較して種子数はわずかに減少した（図4.2）．イヌノフグリのパッチにたった一株だけで侵入した場合には，周囲には圧倒的にイヌノフグリが多いために，わずかなCRIの影響が蓄積し，結果的にオオイヌノフグリの繁殖成功度を大きく低下させたのだと考えている．

このようにオオイヌノフグリからイヌノフグリへのCRIが存在することが，複数の実験および観察から示された．また，そのCRIはほぼ一方的なものであり，イヌノフグリの方がより大きな悪影響を受けていると考えられたが，同時にオオイヌノフグリもわずかながら反撃を受けることも示唆された．このわずかな反撃が次節で述べるDRIの検出を可能にしたとも考えられる．この点については後に議論したい．

4.3　個体群レベルでの繁殖干渉の検証——島嶼での調査

4.3.1　個体群レベルでの検証の必要性と難しさ

既に述べたように，イヌノフグリは現在の日本では稀少種となっており，一方でオオイヌノフグリはきわめて普通な雑草として広く分布している．そして，オオイヌノフグリがイヌノフグリに対して個体レベルでの繁殖干渉（CRI）を及ぼしていることが，4.2節の実験および観察から示された．これらの事実の全ては，外来種オオイヌノフグリが在来種イヌノフグリに対して繁殖干渉を及ぼし，それによって在来種を駆逐したというストーリーに合致する．しかし，個々の証拠が特定の筋書きと矛盾しないからといって，その筋書きが証明されたことにはならないことに私たちは注意しなければならない．きわめて単純化すれば，二つの現象AとBが証明されたからといって，Aの原因がBであることが証明されたことにはならない．イヌノフグリが稀少であるという事実と，イヌノフグリがオオイヌノフグリから繁殖干渉を受ける（CRI）という事実が確かであっても，イヌノフグリが繁殖干渉によってオオイヌノフグリに取って代わられた（DRI）ことの証明にはならないのである．

生態学的な現象，特に個体群や群集，あるいは生態系など，個体よりも上位レベルでの現象については，その因果関係を明らかにすることはしばしば困難である．その最大の理由は，操作実験による検証が一般的に不可能であるか，あるいは現実的でないために，対照や反復を設けることができないためである．対照や反復を用いずに客観的かつ批判的な証明を行うことはかなり難しい．次章で紹介されるマメゾウムシ類のように，小さな容器の中で一つの個体群を数世代にわたって維持し観察し続けることができ，しかもそれを複数の個体群についてできるのであれば，個体群あるいは群集のレベルの現象でも対照と反復を伴った検証を行うことは可能である．しかし，この実験個体群を用いた検証はあらゆる分類群で可能なわけではなく，また実験個体群やそれを取り巻く状況が野生の個体群と大きく異なってしまっては，検証できたとしてもその説得力には疑問が残ることになる．

4.3.2　島嶼地域での検証

そこで筆者らが注目したのは，瀬戸内海など日本近海の島嶼環境である．瀬戸内海には有人島だけで150を超す島が存在しており，反復の数としては申し分ない．それだけ多くの島が存在すれば，なかにはオオイヌノフグリがまだ侵入していない島も存在しているかもしれなかった．そのような島があれば，比較のための対照として考えることができるだろう．また，瀬戸内海はごく小さな内海であるので，島々の気候条件に大きな違いはなく，瀬戸内海沿岸に位置する大阪や広島などの都市部とも気候条件が似ており，このことも比較には好都合である．ただし，瀬戸内海の島嶼におけるイヌノフグリ研究を考えついた当時，島嶼地域のイヌノフグリについて事前の情報はほとんど無かった．稀少種になっているとはいえイヌノフグリはやはり雑草であり，離島で植生調査をする研究者もイヌノフグリに注目した調査などは行わなかったためである．倉敷市立自然史博物館の狩山俊悟氏に文献や標本の情報を探していただいたが，十分なデータがないことがわかったため，とにかく自分で離島に行ってみるしかないと考えた．

イヌノフグリの調査を目的として筆者が初めて瀬戸内海の島に行ったのは，2009 年の春であった．広島県尾道市と愛媛県今治市とを結ぶ西瀬戸自動車道（通称しまなみ海道）は，比較的大きな六つの島（向島，因島，生口島，大三島，伯方島，大島）を経由しており，更にそれらの島から架橋された島や定期船でアクセス可能な島が多数ある．本土と橋で結ばれている島では本州本土と同様にイヌノフグリはほとんど見つけることができなかったが，定期船で渡った弓削島において多数のイヌノフグリを見つけることができた．しかも，ほとんどの個体は道端や空き地，畑などの地面に生育しており，近年の本州本土のように石垣環境に生育する個体はわずかしか見ることはなかった．ただし，弓削島全体にイヌノフグリが豊富に分布しているというわけではなく，定期船が着岸する弓削港に近い島の中心部ではむしろオオイヌノフグリが多かった．この時の一連の調査で多くのイヌノフグリ個体を見ることができたのはこの弓削島くらいであったが，予想通りに一部の離島ではオオイヌノフグリの侵入・定着はまだ完了していないことや，オオイヌノフグリが定着した場所ではイヌノフグリが消え去ってしまっていることを確かめることができた．これらの発見に勇気づけられて，筆者は島嶼地域におけるイヌノフグリ類の分布と生育状況の調査を本格的に開始することとした．

実際の調査は次のように行った．イヌノフグリ類はいわゆる雑草であるから，森林や草原など自然植生が豊かな場所にはかえって少ない．典型的な生育環境は人家や耕作地の周辺の路地や空き地などである．そのために，イヌノフグリ類の潜在的な生育地として，調査対象は島の中でも人家や畑の多い集落とその周辺に限った．集落の中の路地をくまなく歩き，イヌノフグリ類（タチイヌノフグリ *V. arvensis*，フラサバソウ *V. hederifolia* の外来 2 種も対象とした）の生育地を見つけ，それぞれの場所でどの種が生育していたかを記録した．また，生育環境についても記録した．この調査から，イヌノフグリ類が生育可能な環境のうち，それぞれの種がどれだけの頻度で生育しているのかを評価することを目指した．この調査は 2009 年春から 2013 年の 5 シーズンにわたって，瀬戸内海の島嶼に玄界灘の馬島・藍島，三河湾の佐久島・日間賀島・篠島を合わせて全部で 64 の島で調査を行った．また，比較のために本州本土地域の広島市・奈良市・京都市においてもイヌノフグリの生育環境を調査した．島嶼環境におけるイヌノフグリの頻度とその他の種の頻度との関係は，順位相関分析によって解析を行った．また，イヌノフグリの生育環境は石垣とそれ以外に分類し，石垣に生育する個体の割合が島嶼地域と本州本土地域とで異なるかを調べるため，要因として地域（島嶼か本州本土か），ランダム変数として調査地を組み込み，二項分布を仮定した一般化線形混合モデル GLMM を用いて分析を行った．

調査の結果として明らかになったことの一つは，各島内におけるイヌノフグリとオオイヌノフグリの頻度には明らかな負の相関があるということである（図 4.5）．つまり，オオイヌノフグリが侵入し，優占するようになった島では，イヌノフグリは少なくなっているか，あるいは局所絶滅していた．この傾向は統計的にも有意であった（順位相関分析，$p<0.001$）．他の 2 種の外来イヌノフグリ類とイヌノフグリの頻度の間には，このような関係は見られなかった．また，この調査のもう一つの重要な結果は，島嶼地域のイヌノフグリは石垣以外，つまり地面に生育しており，本州本土地域では対照的に大半の個体が石垣に生育していた（図 4.6）．この違いも，統計的に有意だった（GLMM を用いた尤度比検定，$p<0.001$）．つまり，オオイヌノフグリが侵入した島においてイヌノフグリは駆逐されていたのである．重要なことは，オオイヌノフグリによるこの駆逐が，まだオオイヌノフグリが侵入していない，あるいは侵入していてもま

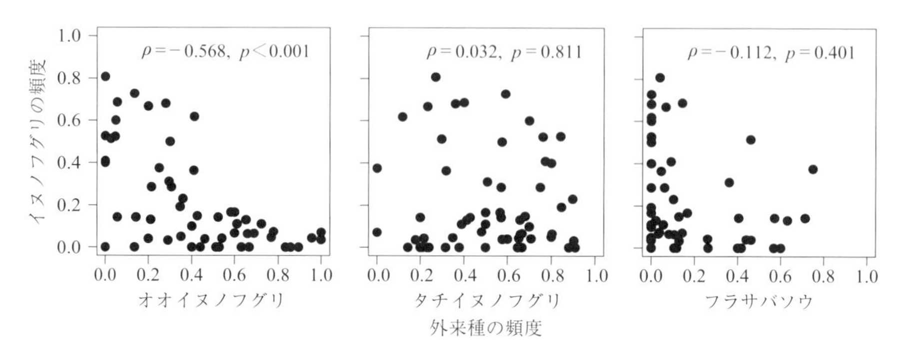

図 4.5　各島の外来イヌノフグリ類 3 種（オオイヌノフグリ，タチイヌノフグリ，フラサバソウ）の頻度とイヌノフグリの頻度との関係．各パネルのパラメータはスピアマンの順位相関分析の結果を示す（ρ：順位相関係数，p：p 値）．Takakura and Fujii (2015) を改変．

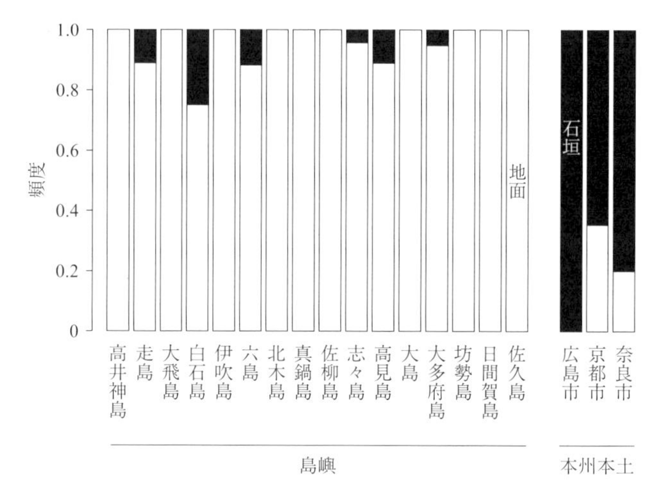

図 4.6　各島および本州本土の 3 地域におけるイヌノフグリの生育環境．石垣環境および地面に生育していた個体の割合を，それぞれ塗りつぶしと白抜きで表した．島嶼は経度に従って並べた．Takakura and Fujii (2015) を改変．

だそれほど勢力を拡大していない島においては生じていないこと，そしてそれらが何度も繰り返し観察されたことである．つまり，個体群レベルでのオオイヌノフグリによるイヌノフグリの駆逐が，対照と反復を伴って観察された．また，オオイヌノフグリが侵入していない島のイヌノフグリは，一般的な雑草と同じく地面に生えるという意味でも普通な雑草であった．この生育環境の変化については，4.4節で詳しく議論する．

4.3.3 外来種の侵入を決める要因は何か？

多数の離島を対照および反復として用いたこの調査の結果から，イヌノフグリが稀少になったのはオオイヌノフグリの侵入のせいであることが示された．ただし，ここで注意が必要なのは，この調査は完全に実験者（つまり筆者ら）の統制下にある環境で行われた実験ではないということである．条件を完全に統制したうえで，それぞれの反復を各処理に対してランダムに（あるいはその他の要因を平均化するように）割りつけるのが自然科学における理想的な実験の方法である．しかし，オオイヌノフグリの侵入を筆者らがランダムに割り振ったわけではない．もし仮にオオイヌノフグリの侵入が気候条件など他の要因によって決まっており，その要因が同時にイヌノフグリを衰退させたという可能性は考慮しなくていいのだろうか．その可能性を検証するためには，オオイヌノフグリの侵入がどのような要因で生じているのかを理解する必要がある．

オオイヌノフグリの侵入は過去に生じた現象であり，時間を遡って過去の現象の要因を明らかにすることは一般的には不可能である．しかし，幸運なことに，日本の離島に関しては過去の社会経済的な記録が詳細に残されている．離島の振興，特に航路の維持を目的として施行された離島振興法に基づいて，物品や人間の移動，および離島内の人口や土地利用，その他の経済状況等について年度ごとの記録がまとめられ，離島統計年報として発行されているからである．最初期の1973年に刊行された昭和47年版離島統計年報の記録，および地理情報や定期船航路の情報などを用い，オオイヌノフグリの侵入・定着を促進した要因の分析を試みた．この分析で考慮した要因は，乗降者数，寄港した船の隻数およびトン数，持ち込まれた貨物のトン数，島の面積および土地利用（耕地面積），緯度および経度，最も近い本土の陸地までの直線距離，航路順である．緯度，経度および本土までの直線距離は地理的な要因の代表値として用いた．それに対して航路順は，定期船の航路における本土（本州，四国，または九州）からの順序であり，緯度や経度，あるいは直線距離といった単純な地理的情報ではなく，近隣の島々について本土地域との人や物の流れという観点での相対的な位置づけを示す変数として分析に組み込んだ．説明変数は予め標準化し，変数間で係数を相対的に評価できるようにした．さらに，各航路はランダム変数として分析に組み込み，航路ごとの人や物の流れ，経済規模などの違いによる影響を打ち消した．応答変数は各島内におけるオオイヌノフグリの頻度とした．説明変数が多く結果の解釈が難しいことから，赤池の情報量規準が最小となるようモデル選択を行った．

分析の結果は，直感的に理解しやすいものだった．オオイヌノフグリの頻度を説明するのは，寄港した船のトン数および隻数，経度であり，とりわけ船のトン数が最大の要因であった．つまり，オオイヌノフグリの侵入は，より大きな船が寄稿する島に高い頻度で生じたということである．大きな船とはつまり自動車を運ぶことができるフェリーのことであり，自動車の上陸がオオイヌノフグリの侵入に寄与していることを示唆していた．なお，他の外来イヌノフグリ類についても同様の分析を行ったが，どの要因が有意な効果を持っているかは種によって異なっていた．タチイヌノフグリの頻度を最もよく説明したのは，耕地面積であった．フラサバソウの頻度は，持ち込まれた貨物量によって最もよく説明された．外来生物の侵入が人為活動に大きく依存していることは当然の前提として考えられがちであるが，実際のところそのことを客観的あるいは定量的に示した研究はほとんどない．また，その前提における人間活動が具体的に何を指すのか，たとえば人間・貨物・自動車の移動のいずれが最も大きな貢献をしているのか，農地の造成の効果はどうなのかについては，ほとんど議論がない．本研究は，それらを具体的・定量的な議論の俎上に載せたという点で，珍しい例だといえるだろう．

ともかく，この分析結果は，オオイヌノフグリの侵入可能性は，環境条件というよりは，人間の経済活動によって決まっていることを強く示唆している．島の面積や農作地の造成など，生物学的な意味を持ちそうな要因によって決まったわけではないことから，オオイヌノフグリの非意図的な侵入は，結果的にではあるが，処理と対象にランダムに割りつけた操作実験と同様の設定であるとみなしても概ね問題はないだろうと考えられた．つまり，オオイヌノフグリが侵入することによってイヌノフグリが駆逐された（一部の島では現在駆逐されつつある）ことが何度も繰り返し生じたこと（反復），そしてオオイヌノフグリの侵入がなければイヌノフグリの衰退が生じなかったこと（対照）が，擬似的な操作実験とみなしうるこの島嶼調査によって示されたと言えるだろう．

4.3.4　島嶼調査で明らかになったこと

対照と反復を伴ったこの島嶼調査の結果は，オオイヌノフグリによる繁殖干渉がイヌノフグリの駆逐を引き起こしたという仮説をきわめて強く支持する．本研究は，野外で生じたDRIを検証したおそらく最初の実証研究であるだけでなく，外来種の影響を客観的・定量的に評価した数少ない研究の一つでもある．外来種の影響は，在来生物相や生態系に対する重大な脅威の一つとして一般的には認識されている．しかし，その影響の客観的・定量的な評価が，対照や反復を伴った検証の手順を踏んだ上で行われているわけでは必ずしもない．その理由の一つとして，ある外来種の問題が認識された時には，既に国内のほとんどの場所にその外来種が侵入・定着しており，対照を設定することが現実的に困難になっているということが挙げられるだろう．オオイヌノフグリのように明治時代に日本に侵入した外来種も少なくない．それらの外来種でもその影響が懸念されるようになったのは1980年前後であり，それまでに分布拡大のための時間は十分にあった．また，生態系に対する外来種の影響の大きさを評価するための指標として，侵略性や侵入の程度などが用いられることがある．しかし，分布拡大の速度が高い外来種ほど，高い侵略性を示し，侵入の程度も結果的に大きくなりやすく，一方で対照とみなすことができる未侵入の環境は失われやすい．つまり，生態系への影響がより強く懸念される外来種ほど，その影響を対照や反復を伴って科学的に検証することは困難なのである．

この困難さは，実際にその外来種の影響が大きい場合はさらに増幅される．外来種が強い排他的な作用を持っていれば，在来種と共存する状況がほとんどなくなり，そのために 2 種の相互作用を直接観察することは困難になる．イヌノフグリとオオイヌノフグリの間に排他的な相互作用が存在する可能性をほとんど誰も指摘してこなかったのは，野外，特に離島でない本土地域では既に相互作用が見られなくなっていたからだろう．生物間相互作用ではない一般的な現象に関しては，その影響が大きな現象ほど検出するのは容易である．たとえば，ピン 1 本が落ちた音を聞き取ることよりも，ビルが倒壊した音を聞き取ることのほうがずっと容易である．しかし，外来種の影響など生物間相互作用に関しては，このような傾向はしばしば当てはまらない．外来種の影響は強ければ強いほど，実際の相互作用を野外で観察することは困難になり，対照データを取る機会さえ失われてしまう．本研究は，外来種の侵入・定着が在来種個体群の衰退をもたらしていることを示した．外来種影響の研究についてそれほど関心を持っていない読者の中には，そのような影響は当然これまでにしっかりと検証・評価されているはずだと思っている方もいるに違いない．しかし，対照と反復を伴うような形で検証された例は，実はほとんど無いのが現状である．

4.3.5　オオイヌノフグリの分布拡大速度

イヌノフグリ類における外来種の影響を対照と反復を伴って検証できたことは，実はかなり幸運なことであった．もちろん，互いの独立性が高い（それゆえに対照や反復とみなすことができる）島嶼環境を調査地とする研究デザインを採用したことによって，客観的・定量的な検証が可能になったことは間違いない．しかし，その研究デザインを用いたとしても，実際にはすべての外来種についてその影響を検証できるわけではない．イヌノフグリにおいてこのような検証が結果的に可能であったのは，一部の離島においてはオオイヌノフグリの侵入と定着がまだ完了していなかったという幸運に恵まれたことが決定的に重要であった．イヌノフグリの調査をしながらその他の外来雑草についても定量的に，あるいは定性的に侵入と定着の状況を調査したが，そのなかでオオイヌノフグリの島嶼環境への侵入速度はかなり遅かったことが明らかになった．オオイヌノフグリと同属の外来種タチイヌノフグリは，同じく明治時代に日本に侵入したとされているが，オオイヌノフグリよりも多くの島に侵入し，侵入先での頻度も高い傾向があった．また，ナデシコ科の雑草オランダミミナグサ *Cerastium glomeratum* もほとんど全ての島に侵入しており，頻度も高かった．もし，オオイヌノフグリの侵入もこれらの種ほど速かったとしたら，島嶼環境での調査という研究アプローチは意味をなさなかったはずである．予備調査を行ったうえで研究を始めたとはいえ，研究対象のオオイヌノフグリでこのように侵入の速度が遅かったことは幸運なことであった．

オオイヌノフグリの侵入がタチイヌノフグリやオランダミミナグサに比較して遅かったのは，単なる偶然だろうか．実はその理由も繁殖干渉であるかもしれない．タチイヌノフグリもオランダミミナグサも自動同花受粉の傾向が強いことが知られており，この点ではオオイヌノフグリも同様である．しかし，オオイヌノフグリはイヌノフグリに対して繁殖干渉を及ぼす一方で，イヌノフグリからの繁殖干渉も受けている可能性がある．人工授粉実験でオオイヌノフグリの柱頭にイヌノフグリの花粉も付けた場合，統計的に有意ではないものの，オオイヌノフグリの種子数は対照よりもわずかに少なくなっていた．さらに，4.2.3 小節で述べたように，イヌノフグリのパッチの中に1株だけ侵入したオオイヌノフグリは全く種子をつけなかった．このことは，ほぼ一方的に繁殖干渉を及ぼすオオイヌノフグリであっても，極端に少数派である場合には侵入・定着が難しいことを示唆している．おそらく，イヌノフグリとオオイヌノフグリとの間の繁殖干渉は，オオイヌノフグリからイヌノフグリに向かう悪影響が圧倒的ではあるものの，ごくわずかにイヌノフグリからオオイヌノフグリに対する悪影響があるのだろう．両種の頻度が中間程度であればこのわずかな悪影響は無視しても構わない程度であるが，極端にオオイヌノフグリの頻度が小さい場合（パッチ内に1個体だけ侵入したような場合）には，そのわずかな悪影響が顕在化するのではないかと考えられる．そのため，オオイヌノフグリの分布拡大は，ごく少数の個体の飛び込みによるよりも，自種のパッチを拡大するような方法でなければ難しいのかもしれない．数理モデルによる解析（重定，1992）は，少数個体による飛び石的な分布拡大の発生パターンが，分布拡大を大きく加速することを示している．オオイヌノフグリは，イヌノフグリからわずかに受ける繁殖干渉のためにこの飛び石的分布拡大を実現しにくく，結果として分布拡大が遅くなった可能性がある．

4.4　イヌノフグリの生態の変化

4.4.1　石垣環境への転換

ここでイヌノフグリに生じた生育環境の変化に話題を移す．既に紹介したように，現在ではイヌノフグリは石垣環境に多く生育することが知られている（山住，1989；三浦ほか，2003）ものの，牧野日本植物図鑑におけるイヌノフグリについての説明は「畑や道ばたにはえる二年草」となっている（牧野，1961）．この図鑑の初版が刊行された 1940 年当時，著者の牧野富太郎は既に 78 歳であったことから，この説明はそれよりも前の時代のイヌノフグリの様子を描写したものであろう．いずれにせよ，イヌノフグリの生育環境は地面から石垣環境へと大きく変化したと考えられる．崖の岩の隙間などに好んで生育する植物はいくつか知られており，それらを総称する言葉として岩隙植物という語もしばしば用いられる．以降でもこの語を用いることにする．

現在見られるイヌノフグリが岩隙植物である一方で，牧野日本植物図鑑など古い文献ではそのことに一切触れられていない[1]ことの矛盾については，筆者が知るかぎりこれまでに誰も問題にしてこなかった．おそらくは，1 世紀前後という（進化的な意味で）短い期間内に生活様式が大きく変わるわけがないと考え，生活様式が変化したという仮説を無意識のうちに却下してきたのではないか．それよりも，牧野富太郎の観察が必ずしも十分ではなかったが，現代の研究者の観察が蓄積されていったために（新たな現象が生じたのではなく）新たな知見が得られたのだと考えたのだろう．しかし，この仮説にはやや難があるのではないかと思われる．イヌノフグリが「畑や道ばた」（牧野，1961）などの

1）ただし，ごく最近の版（牧野，2017）では「石垣のすき間」の記述が追加された．

地表環境と同じく石垣の隙間などの岩隙環境も利用できたとしても，イヌノフグリが利用可能な生育地の絶対量としては地表環境のほうが圧倒的に多い．両環境で等しく生育できたとしても，その主要な生育環境は地面であるはずである．イヌノフグリに関して問題にすべきは，牧野が石垣環境に生育するイヌノフグリを見逃していたかどうかではなく，牧野が見た地面に生えるイヌノフグリが現在見られないのはなぜかが問題なのである．

しかし，この問題についても現在の本土地域だけを見ていては答えを得ることはできない．理想的には過去にさかのぼってイヌノフグリの生育環境について調査を行うことができればよいが，言うまでもなくそれは不可能である．せめて過去に採集された標本や文献記録から過去の生育環境を知ることができれば良いのだが，イヌノフグリについてはそれも難しかった．現在でこそ稀少種としても認識されているものの，イヌノフグリはもともと雑草である．多くの分類群で言えることだが，研究者や愛好家の関心は一般に稀少種に向きがちなので，しばしば優占種に関する記録は個体数の多さや分布域の広さに不釣り合いなほど少ない．さらには，この1世紀の間に日本の各地，特に大きな博物館がある東京や大阪などの大都市は空襲を経験しており，それ以前の標本や記録が失われていることが多い．大阪市立自然史博物館は，規模と歴史の両面で西日本における代表的な自然史系博物館である．当時この博物館の学芸員だった志賀隆氏に標本を調べていただいたところ，やはり戦前の標本はほとんど残されていなかった．このように，過去に本州本土に生育していたイヌノフグリの生活様式を明らかにすることにはさまざまな困難があり，実現しなかった．

この問題についても，島嶼調査は答えを与えてくれた．既に説明した通り，オオイヌノフグリが侵入していない離島には現在でも多くのイヌノフグリが生育しており，それらはほとんどが地面に生育していた（図4.6）．離島においては，草取りの後で畑の脇に積み上げられていた雑草の山が，ほとんどイヌノフグリで構成されていたことも珍しくなかった．また，離島の中には深刻な過疎化を経験しているところも珍しくなく，家屋を取り壊した跡に生じた空き地が目立つ集落も多い．イヌノフグリはそのような空き地で優占する雑草の一つでもあった．一方で，本州本土地域とは異なり，石垣に生育している個体は少なかった．ここで断っておかねばならないのは，離島で石垣上からイヌノフグリがあまり見つからなかったのは，離島に石垣環境が少なかったからではない．というのも，瀬戸内海の島嶼地域およびその周辺の本土地域には，小豆島，高松市旧庵治町（以上，香川県），北木島，岡山市万成（岡山県），伊予大島（愛媛県）など有名な石材の産地が多く，瀬戸内海の島嶼において石材は身近な建設資材であった．また，多くの島では平地が限られているために，斜面に石垣を積むことにより居住や農業に適した平地を造成する必要があった．女木島（香川県）では，平地は比較的多いものの強い海風を避けるために，集落をオーテと呼ばれる高さ 3–4 m の石垣で囲っている．このように瀬戸内海の島嶼地域は，石垣環境の豊かさではむしろ本州本土地域にまさっている．にもかかわらず，それらの島々でもイヌノフグリは，道ばたや畑，空き地などに生育する普通な雑草だったのである．また，既に述べたように，イヌノフグリが多く残っていた島は，オオイヌノフグリの侵入がないか，または侵入から間もないと考えられる島である．つまり，オオイヌノフグリの侵入によってイヌノフグリは稀少種になっただけでなく，岩隙植物化したことが，島嶼調査の結果から示唆された．

4.4.2　なぜイヌノフグリは石垣にのぼったのか？

オオイヌノフグリが繁殖干渉によってイヌノフグリを排除したことは，人工授粉実験や移植実験，野外観察，島嶼調査などから明らかであるが，本州本土のイヌノフグリが生育環境を石垣に変えたのはなぜだろう．生物の形質が生じた理由を問う枠組みを整理したものとして，“ティンバーゲンの四つのなぜ”がある．生物の機能や形質について四つの異なった視点から説明できることを述べるもので，動物行動学者ニコラス・ティンバーゲンにちなんでそう呼ばれている．その四つの視点とは，適応的な機能，系統進化，至近メカニズム，個体発生である．イヌノフグリの岩隙植物化をめぐる四つのなぜについて，これまでわかっていることを以下に述べる．

なぜ１：適応的な機能

四つのなぜの一つ目，適応的な機能とは，その形質がどのような適応度上のメリットをもたらすのかという視点での答えである．ここでは，イヌノフグリは岩隙植物化することでどのような適応度上のメリットを得たのか，あるいは岩隙植物化しなければどのようなデメリットを被ったのかという問いに対する答えである．この答えは，これまでに説明した人工授粉実験，移植実験，野外観察，島嶼調査などによってほぼ示されている．オオイヌノフグリ侵入後の本州本土地域では，岩隙植物化せずに地面にとどまり続けた場合には，繁殖干渉によって繁殖成功度が低下してしまうというデメリットを被るからである．島嶼地域および本州本土地域においてイヌノフグリ類の頻度や生育環境を調査してきたが，オオイヌノフグリが石垣上に生育することはほとんどなかった．つまり，イヌノフグリにとって石垣環境はオオイヌノフグリを免れることができる安全地帯なのである．オオイヌノフグリからの繁殖干渉はイヌノフグリの果実あたり種子数をほぼゼロにしてしまうほど強力であるが，4.2.3 小節で紹介したように，その有効範囲はせいぜい半径 1 m 程度と大きくはない．オオイヌノフグリが生育できない石垣環境に逃げ込めば，その繁殖干渉の影響はほぼ受けないだろう．広島県尾道市での定性的な観察（高倉，未発表）によれば，石垣上の平地にオオイヌノフグリが生育しており，その下方の石垣の隙間に多数イヌノフグリが生育している場所では，イヌノフグリの種子形成が阻害されていたのはオオイヌノフグリが生育している石垣上縁から約 20 cm までの範囲であった．このことは，それほど大きくない石垣であっても，その辺縁以外ではオオイヌノフグリからの繁殖干渉をほとんど受けないことを示唆している．

オオイヌノフグリの侵入は，繁殖干渉を通じてイヌノフグリの個体群を壊滅的な状況に追い込んだ．しかし，一部のイヌノフグリ個体は石垣へと生育場所を移し，岩隙植物として生きていくことで，オオイヌノフグリからの繁殖干渉を避けることができたのだろう．牧野富太郎によるイヌノフグリの記載と現在のイヌノフグリの生態がかけ離れていることも，これで説明できると考えている．

なぜ2：系統進化

二つ目のなぜである系統進化とは，その形質が進化的な歴史の中でいつどのように生じたのかという問いである．イヌノフグリの岩隙植物化については，この系統進化にはただ単に進化的な歴史を明らかにするという以上の意味がある．というのも，これまでこの章で展開してきた議論は，現在石垣に生育しているイヌノフグリは，かつて地面に生育していたイヌノフグリともとは同じ種だったということを前提としている．しかし，もし仮に，イヌノフグリときわめて近縁な別の種が侵入していたと考えてみよう．ここでは，このイヌノフグリの近縁種をニセイヌノフグリ（以下ニセイヌ）と呼ぶことにする．このニセイヌは，イヌノフグリと形態上はきわめてよく似ており区別できないが，もともと岩隙植物であるという点だけで異なるとする．また，ニセイヌの分布拡大と相前後して，他の要因（たとえばオオイヌノフグリによる繁殖干渉）によってイヌノフグリが駆逐されてしまったとする．この場合，イヌノフグリは結果的にニセイヌによって置き換えられるが，形態的にこの2種の区別はつかないので，地面に生えていたイヌノフグリが岩隙植物化したように見えるだろう．万一このようなことがあったとすれば，これまでの解釈は成立しなくなってしまう．地面に生えているイヌノフグリと石垣に生えているイヌノフグリが，本当に同じイヌノフグリであるかどうかを確かめておく必要がある．

そこで，各地のイヌノフグリ集団の系統関係を調べることにした．系統樹を描いた場合に，地面に生える集団と石垣に生える集団の二つに枝が分かれてしまうようだと，石垣の集団はニセイヌである可能性が高い．当初，葉緑体DNAのイントロン領域の配列を分析の対象とすることを予定していた．葉緑体は核とは別にゲノムを持っており，一つの細胞中に一つしかない核よりも多数ある葉緑体のほうがゲノム情報を得やすい．また，その中でもイントロン領域はタンパク質をコードしていないので，比較的変異が生じやすく近縁な集団間の遺伝的変異を解析するのにも適しているとされているためである．しかし，複数の集団について一万塩基以上を比較したが，十分な変異を見つけることができなかった．このことは，各地のイヌノフグリ集団は分化の程度が小さく，より解像度の高い解析方法でなければ集団間の関係を調べることはできないということを意味する．

このような場合に用いられる分析方法の一つとして，SSR（simple sequence repeat）解析がある．SSR はマイクロサテライトとも呼ばれ，短い単純な塩基配列（たとえば AC，GAA など）が何回も繰り返し現れる領域のことである．繰り返し数に変異が生じやすいことから，この領域の解析は系統的により近い生物集団あるいは個体の関係を調べる場合にしばしば行われる．しかし，この SSR の解析にはいくつかのハードルがある．最大のハードルは，分析に用いるプライマー（どの領域を増幅するのか特定するために反応液に加える短い DNA 鎖）を生物種（群）ごとに設計する必要があるということである．近年ではこのプライマーの設計方法もさまざまな簡便法が開発され（Lian et al., 2006），かつてに比べれば必要な時間や費用はかなり小さくなったと言われている．また，近縁種で開発されたプライマーがあれば，それを流用できることもある．しかし，簡便な方法であっても開発までにはそれなりの時間と費用を要する．また，探した限りではイヌノフグリの近縁種で開発されたプライマーは存在していないようだった．さらに書くと，仮にプライマーがすでに存在していたり安価に開発できたりしても，それは分析の下準備にすぎない．実際の分析にも高価な機器を必要とするので，筆者の研究環境に適した方法とはいえなかった．

そこで筆者が採用したのが ISSR（inter-SSR）-PCR 解析という方法[2]である．この方法は SSR 領域に結合するプライマーを用いて，二つの SSR 間の領域を増幅し，解析の対象とする．SSR は短い単純な配列の繰り返しなので，プライマーの種類は 100 個程度と限られている．それらを順に試していき，集団間の変異を検出することができるものを選んでいけばいい．そのため，どのプライマーが適当かを決定するまでに多少の手間はかかるものの，それさえわかってしまえばその後の分析に時間や費用はそれほどかからない．このような利点から，途上国の研究者が利用することが多い手法である．

イヌノフグリの 10 集団についてこの ISSR-PCR 解析を行ったところ，集団

2）ISSR-PCR 解析の方法やそのデータの解析方法については，繁殖干渉とは直接関係しないので，ここでは詳細についての説明は控えることとする．興味を持った方は Sarwat（2012）など他の文献を参照してほしい．

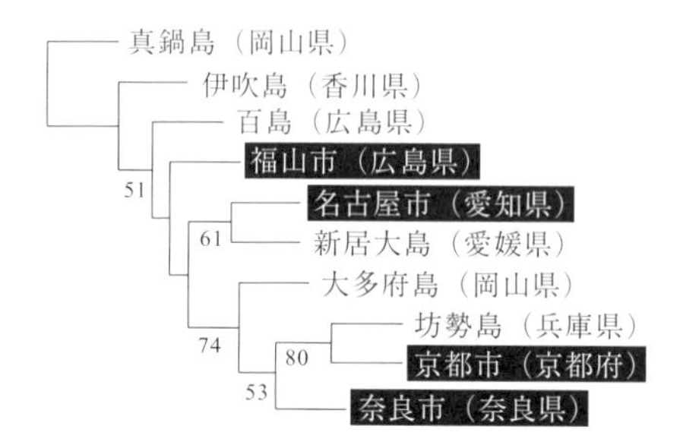

図 4.7　ISSR-PCR 解析の結果に基づいて，近隣接合法で作成したイヌノフグリ各集団の系統関係．黒地に白抜きで示したのが本州本土地域で石垣に生育していた集団，それ以外が島嶼地域で地面に生育していた集団．系統樹に添えた数字はブートストラップ値（%）で，その枝の信頼性が比較的高いことを示す．50 以上の値のみを記した．Takakura and Fujii（2015）をもとに作成．

間および個体間の変異が多数見つかった．そしてそのデータを元に作成した集団間の系統樹が図 4.7 である．葉緑体 DNA よりははるかに多い変異が見つかったとはいえ，やはり変異の数は少なく系統樹の信頼性はそれほど高くないものの，一定の傾向を見出すことができた．それは，地面に生育する島のイヌノフグリ集団と，石垣に生育する本土のイヌノフグリ集団は別の系統に属するわけではないということである．そうではなく，たとえば瀬戸内海東部の集団は，島の集団も本土の集団も一緒になってクラスター（系統樹上の枝がまとまったもの）を形成していた．このことは，イヌノフグリに形態はそっくりだが石垣に生えるというニセイヌが本土に侵入したわけではなく，石垣に生育していた一部の個体がそれぞれの地域において生き残った結果として現在のイヌノフグリの生活様式が成立したことを示唆している．

なぜ 3 & 4：至近メカニズムと個体発生

イヌノフグリの岩隙植物化の適応的な機能として，石垣上にはオオイヌノフグリが存在しておらず，そのために繁殖干渉を免れることができるからだと説明した．動物であれば，特定の環境が好適であるならばそこに自力で移動すればよいが，移動能力を持たない植物の場合はどうすればよいのだろう．これを説明するのが三つ目のなぜ，至近メカニズムである．また，それが個体の発生（成長）過程でどのように生じているのかを説明するのが，最後のなぜ，個体発生である．

これまでの研究から，イヌノフグリの種子がアリ類によって散布されていることは知られていた（三浦ほか，2003）．実は岩隙植物の中にはアリに種子を散布してもらっているものが珍しくない（Nakanishi, 1994 ; Láníková and Lososová, 2009 ; Soriano et al., 2012）．岩隙植物は，切り立った崖（石垣は人工的な岩の崖）の隙間に生育する．このような環境に生育する植物にとって，水分や栄養塩類が乏しいことはもちろん，種子散布が非常に難しいということは大きな問題である．種子の散布に関して特別な仕掛けを持たず，植物体から種子（あるいは種子を含んだ果実）が重力に従って落下するだけの種子散布様式のことを重力散布という．この重力散布は植物の種子散布方法としては最も基本的なものであるが，もし岩隙植物がこの方法を採用すれば結果は絶望的なものになる．種子は重力に従って崖から落ち，その下の平地へと落下してしまう．もっと運が悪い場合には川などに落ちることもあるだろう．いずれにしても，岩隙植物の種子にとっては，岩隙植物であることを諦めなければならない最悪の結果である．重力散布よりはより巧妙な方法として風散布という選択肢もあるが，それでも種子が崖の下に落ちずに岩の隙間に運ばれることはほとんど期待できない．岩隙植物が世代をまたいで岩隙植物であり続けるためには，それを実現するための至近メカニズムが必要である．

岩隙植物の中には，自ら能動的に岩隙に種子を差し入れるという至近メカニズムにより，確実な種子散布を行っているものもあるが，そのような例はむしろ例外的である．そのような例，ツタバウンラン *Cymbalaria muralis* はイヌノフグリと同じくゴマノハグサ科（APG III でも同じくオオバコ科）の草本で，ヨーロッパ原産である．日本にも外来植物として侵入・定着しており，街角でも石垣上などに繁茂している姿を見ることができる．この植物は岩隙植物として特殊化した種子散布様式を持っている（Hart, 1990 ; Junghans and Fischer, 2008）．ツタバウンランの花は大きさ 1 cm にも満たないほど小さいが，淡紫色と黄色のコントラストのためによく目立つ．黄色の部分は送粉昆虫に蜜のありかを示す蜜標として機能していると考えられ，自動同花受粉もするがハチ類など昆虫によっても送授粉されているようだ．虫媒花の多くがそうであるように，ツタバウンランでも送粉者にアピールするように花は花柄で持ち上げられ，茎や葉よりも上方や外側に出ている（そのために人間に対してもよく目立つ）．しかし，結実すると花柄は反転しさらに伸長して，果実を岩隙の奥へと差し入れる．やがて成熟した果実は岩隙の奥で種子散布を行う．岩隙植物としてきわめて合理的な行動形質（植物であっても，ここではこの語がふさわしい）であるといえるだろう．しかし，最初に述べたようにこれほど特殊化した種子散布様式はむしろ例外である．

イヌノフグリの種子散布は，アリ類に大きく依存している．アリ散布種子の多くには（イヌノフグリ種子にも）エライオソームと呼ばれる肉質の組織が付属しており，アリ類はこれを目当てに種子を巣に運ぶと考えられている．アリ類は種子を巣に持ち帰ったあとで，エライオソームを摂食し，残った種子本体を巣の近くに廃棄する．石垣の隙間にアリ類が営巣していることは珍しくなく，その巣穴近くに運ばれるというアリ散布は岩隙植物にとって合理的に思える．しかし，この一般的なアリ散布の方法も，そのままでは岩隙植物にとって有効に作用しない．というのも，実は（オオイヌノフグリ侵入以前の）イヌノフグリを含め多くのアリ散布植物の種子散布は，部分的には重力散布であるからである．種子は一旦果実から重力散布され，アリ類はそれを地面から拾い上げて自らの巣に運ぶ．地面に生育する植物の場合は，一旦重力散布をしても種子は株元に落ちるだけで，大きな問題にはならない．しかし，岩隙植物にとってこれは大問題である．一旦重力散布された種子は崖や石垣の下に転がり落ちてしまう．そこでアリ類に取り上げてもらっても，再び崖や石垣の上に運び上げてもらうことは期待できない．岩隙植物にとって，種子のアリ散布は純然たるアリ散布である必要があり，重力散布の過程を含んではならないのである．つまり，岩隙植物におけるアリ散布では，種子は植物上から一度も取り落とされることなく，直接アリ類に取り上げてもらう必要がある．

オオイヌノフグリが侵入していない島で地面に生育しているイヌノフグリを観察したところ，これらのイヌノフグリも種子をアリ類に散布してもらっているが，種子を植物体から直接取り上げてもらうようにはなっていなかった．花は，先に紹介したツタバウンランのように，花柄によって持ち上げられ葉よりも上に上方を向いて咲くものの，花が散ると果実の成熟とともに花柄は下を向く．果実の裂開にともなって種子は地面に落下し，それをアリ類が拾い上げて

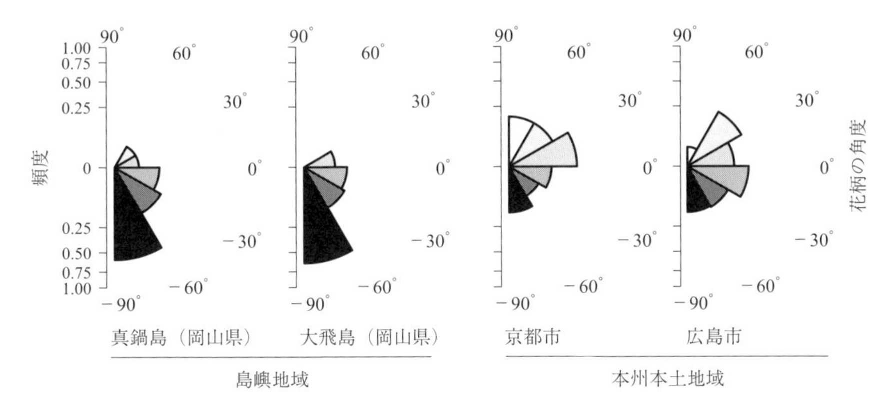

図 4.8　島嶼地域で地面に生育するイヌノフグリと本州本土地域で石垣環境に生育するイヌノフグリにおける花柄の角度．島嶼地域と本州本土地域で角度の分布に有意な差があった（ホルム補正を行ったコルモゴロフ・スミルノフ検定，$p<0.001$）．Takakura and Fujii（2015）を改変．

運んでいた．島のイヌノフグリの種子散布は，このようにアリ散布ながらもその一部に重力散布の過程を含んでいるために，このままでは岩隙植物にはなれない．それでは，本州本土地域で石垣に生育しているイヌノフグリは，どのように種子散布をしているのだろう．

石垣上で岩隙植物として世代を重ねるためには，重力散布の過程をスキップして直接アリ類に種子を取り上げてもらえばいい．そのための最も簡単な対策は，花が咲いた後も花柄が上に向いたままの状態を保てば良いのではないかと考えた．そこで，その仮説を検証するために，本州本土地域の代表として京都市と広島市，および島嶼地域の代表として真鍋島と大飛島（いずれも岡山県）を調査地に選び，それぞれ石垣と地面に生育しているイヌノフグリの花柄の向きを測定した．野外で生育している植物の形態，しかも角度を測定することは容易ではないので，以下のような簡便な方法で行った．まず，デジタルカメラに3次元水準器を取り付けておく．そしてそのカメラで花柄を真上からあるいは真横から撮影した．この時カメラの向きに傾きが生じないように，水準器を確認しながら撮影を行った．真上あるいは真横のどちら側から撮影するかは，撮影の容易な方を選んだ．たとえば地面に生えているイヌノフグリの花柄を真横から撮影するのは困難であるので，その場合は真上から撮影を行った．そして，撮影された画像から花柄の向きを30度刻みで記録した．

結果は予想通りで，島嶼地域で地面に生育するイヌノフグリの果実はほとんどが真下を向いていたが，本州本土地域の石垣に生育するイヌノフグリは上向きないしは横向きのものが多いという違いがあった（図4.8）．やはり，岩隙植物として生活するようになったイヌノフグリでは，種子をアリ類に直接取り上げてもらえるよう，花柄の向きの転換が生じなくなったようだ．つまり，岩隙植物化の至近メカニズム（三つ目のなぜ）は種子の重力散布を排除するために果実が下を向かないということによること，そしてその変化は果実結実時に花柄が下方へ屈曲するという個体発生におけるプロセス（四つ目のなぜ）を省略することで生じていると考えられた．

以上が，イヌノフグリの岩隙植物化における四つのなぜについて，筆者らが現在考えている答えである．研究者が生物の形質について調べる場合，四つのなぜのうち特定の一つのなぜに特に注目することが多い．イヌノフグリのような野生生物であれば，その傾向はなおさら強い．野生生物の形質について，このように四つのなぜの答えが出そろうことは珍しいのではないかと思われる．

4.5　共生生物との関係

4.5.1　種子散布を行うアリ類

これまでイヌノフグリの種子散布を行うアリ類については，単にアリ類とのみ表記してきたが，具体的にはどのような種が種子散布に関与しているのだろうか．これについても島嶼地域および本州本土地域で調査を行った．その結果を一言で述べるならば，種子散布アリ相は島では単純で，本州ではより複雑ということである．

種子散布を行っているアリ種は，イヌノフグリの種子を運んでいることが直接的に観察された種だけでなく，イヌノフグリの株元に巣の出入り口があったアリ種も加えた．後者のアリ種をなぜ種子散布者と考えたかという理由は，以下のとおりである．イヌノフグリは一年草（越年草）であるから，種子散布が行われたのは前年の同時期で，およそ1年前のことである．一方で，アリ類のコロニー（巣）は数年間持続するのが普通だから，そこにイヌノフグリ種子を運んできたのは，そのコロニーの持ち主であると考えられる．そのため，種子を運ぶ場面を観察できなかったとしても，イヌノフグリの株元にアリ類の巣穴があれば，そのアリ種がイヌノフグリの種子を（前年に）散布した可能性がきわめて高い．

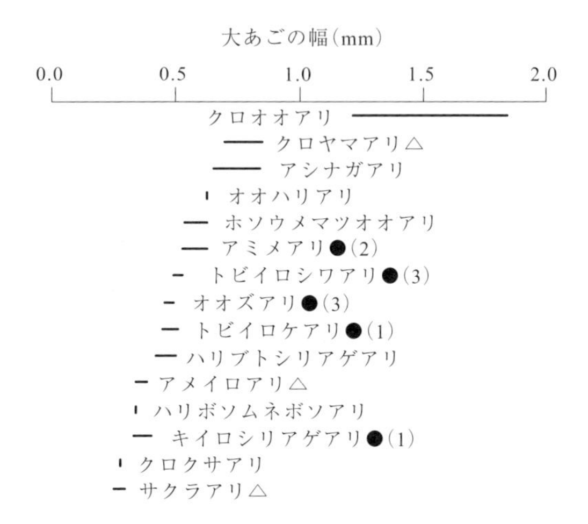

図 4.9　本州本土地域（京都市，奈良市）で石垣環境に生育するイヌノフグリの生育地のアリ相とその大顎の幅．黒丸（●）を付したアリ種は種子散布に関与していた．カッコ内の数字は種子散布を確認した例数．三角（△）を付したアリ種は，イヌノフグリの株上を徘徊していたが，種子散布は観察されなかった種を示す．

このようにして推定されたイヌノフグリの種子散布アリ相は，島嶼では極端に貧弱だった．ほとんど全ての種子がトビイロシワアリ *Tetramorium tsushimae* とオオズアリ *Pheidole noda* の2種によって分散されていたのである．オオズアリは種子食性の強い種であることが知られている．イヌノフグリと同じく種子散布をアリ類に頼っているコニシキソウ *Chamaesyce maculata* について行われた研究（Ohnishi et al., 2013）では，オオズアリはエライオソームだけではなく種子本体までも食べてしまうことが明らかにされている．どんな手を使っているのかは明らかではないが，イヌノフグリはそのような種子食性の強いオオズアリをうまく手懐けて種子散布に利用しているのかもしれない．一方で本州本土地域の石垣環境に生育するイヌノフグリでは，より多様なアリ類によって種子が散布されていた．イヌノフグリの生育地で見かけられたアリ類はきわめて多様であったが，その中でも大あごの幅がほぼ一定の範囲のアリ種が種子散布を担っていた（図 4.9）．石垣環境でイヌノフグリの種子散布を行うアリ類の多様性が高い理由は，ただ単に島嶼環境に比べてアリ類の多様性が高いことを反映しているのかもしれないし，岩隙植物としてのイヌノフグリにとっては種子散布に命運がかかっているために，種子散布の効率化が図られる上でより多くのアリにアピールするようになったためかもしれない．今のところ，この二つの仮説のどちらが正しいのか検証する手立てはないが，石垣環境に生育するイヌノフグリではアリ類を呼び寄せるためのより積極的な手段，しかも身を切るような手段をとっているかもしれないと筆者は考えている．

4.5.2　アブラムシ＝寄せ餌仮説

その手段についての仮説を，ここでは仮にアブラムシ＝寄せ餌仮説と呼ぶことにする．この仮説についてその背景から解説しよう．アミメアリ *Pristomyrmex punctatus* やシリアゲアリ属 *Crematogaster* spp. は，島嶼環境ではイヌノフグリの種子散布にはほとんど関与していなかったが，本州本土地域では主要な散布者である（図 4.9 には示していないが，テラニシシリアゲアリ *C. teranishii* も種子散布に関与していることを観察している）．これらのアリ類はアブラムシに随伴することも多い．アブラムシは植物の汁を吸うが，植物の汁は昆虫のエサとしては糖分過多のため，アブラムシは余分な糖を甘露として尾端から排出する．アリ類はこの甘露を舐めるためにアブラムシに随伴し，時には天敵からアブラムシを保護したりもする．アリ類に果実の中から直接種子を運びだしてもらわなければならない岩隙植物としては，まずはアリ類を植物体の上に呼び寄せなければならない．甘露を分泌するアブラムシは，イヌノフグリにとっては自らの体液を吸汁する招かれざる客であることに間違いはないが，その一方で種子散布にとって不可欠なアリ類を呼び寄せるための“寄せ餌”として機能しているのかもしれない．

この仮説を支持するデータも存在する．石垣環境のイヌノフグリと地面に生育するイヌノフグリとの間でアブラムシの寄生率を比較したところ，石垣環境でアブラムシ寄生率が高くなる傾向があった（図 4.10）．ただし，この結果を元にアブラムシ＝寄せ餌仮説を肯定するのは早計であると，筆者自身は考えている．石垣環境は植物にとってストレスの多い環境である．水分も栄養塩類も乏しいし，日中は日光の直射に曝され高温に耐えなければならない．持てるエネルギーや栄養をそのようなストレスに耐えることに割き，結果的に耐虫性を犠牲にしたために，アブラムシに寄生されやすくなっただけなのかもしれない．そのためアブラムシの寄生率が高くなってはいるが，それは種子散布とは直接関係がないという説明もありうるからである．この仮説の確からしさを評価するためには，一つ一つデータを積み重ね，因果関係を検証していく必要がある．しかし，イヌノフグリがアリ類に種子散布，ひいては岩隙植物であり続けることによりオオイヌノフグリからの繁殖干渉を避けることを頼っている現状では，かなり有望な仮説であると考えている．

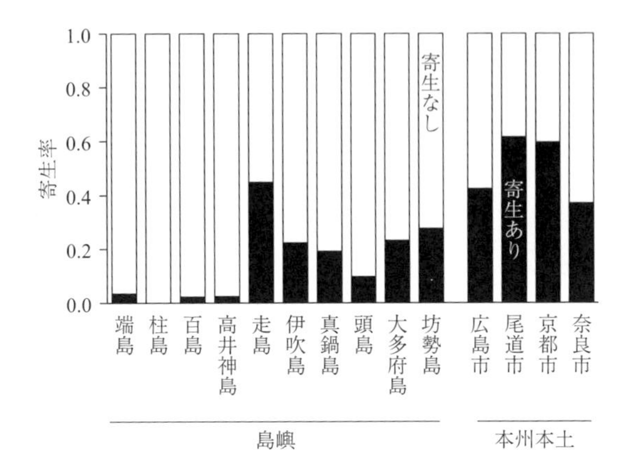

図 4.10　各島および本州本土の 4 地域におけるイヌノフグリに対するアブラムシの寄生率．アブラムシが寄生していた個体と寄生していなかった個体の割合を，それぞれ塗りつぶしと白抜きで表した．島嶼は経度に従って並べた．

4.6　未解明の課題

イヌノフグリ類における繁殖干渉は，個体レベルでの現象（CRI）だけでなく個体群レベルでの現象（DRI）についても野外で検証された数少ない例の一つである．また，繁殖干渉が引き金になって，種子散布者との関係，ひいては生育環境の変化が生じたことなどについても明らかになっており，個体レベルでの繁殖干渉が生態現象に対して多面的な影響を及ぼすことを示すモデルケースであるといえる．

しかし，このように多面的な理解が進んだイヌノフグリ類における繁殖干渉ではあるが，未だに十分理解できていない面も多い．まず，送粉者相が明らかでない．イヌノフグリに対してオオイヌノフグリの花粉を人工的に授粉した場合よりも，野外で送粉者に自由に送粉させた場合のほうが，イヌノフグリの種子数の減少が顕著であることは複数の実験・観察で明らかになっているが，その種間送粉を担っているのが誰なのかについてはこれまで調査してこなかった．イヌノフグリ類の花は皿状に大きく開いており，どのような口吻を持った送粉昆虫でも有効に受粉を担うことができそうに見える．もしかすると，岩隙植物化したイヌノフグリでは送粉者への依存を減らす（それによってオオイヌノフグリからの繁殖干渉も減らす）ことが有利になるために，花の大きさや花蜜分泌の量などが減少している可能性もある．その場合は送粉者相も異なっているかもしれない．

個体レベルでの繁殖干渉（CRI）のより細かなメカニズムについても不明である．タンポポ類における繁殖干渉では，柱頭による他種の花粉の受け入れが胚珠の死亡をもたらすことが示されている（第3章）．イヌノフグリにおけるCRIでも種子数の減少という形で影響が現れることから，イヌノフグリの柱頭がオオイヌノフグリ花粉を他種のものであることを認識できず受け入れてしまい，それが胚珠の死亡につながっている可能性が考えられる．一つの柱頭が一つの胚珠のみに接続するタンポポ類とは異なり，イヌノフグリでは一つの柱頭が多数の胚珠に接続しそれに応じて多数の花粉管を受け入れると考えられるため観察はやや難しくなると考えられるものの，そのような現象が花粉管で生じているのかどうか花粉管観察によって確かめる必要がある．

次に，他の *Veronica* 属の外来種とイヌノフグリの関係についてもほとんどわかっていない．本研究では島嶼地域での調査により，タチイヌノフグリやフラサバソウの頻度とイヌノフグリの頻度の関係に明確な関係がないことを示した（図4.5）．このことは，CRIの不在を示唆するが，これについてはこれまでのところ検証されていない．CRIの強さと頻度の関係について明らかにされれば，外来種影響とそのメカニズムとしての繁殖干渉の影響をより積極的に支持する証拠となるだろう．

繁殖干渉とは直接関係はないが，種子散布者であるアリ類との関係については明らかになっていないことばかりであり，今後の研究が待たれるテーマである．島嶼地域での主要な種子散布者の一つであるオオズアリは，既に述べたように種子食性の強いことが知られている種である．イヌノフグリ種子はオオズアリによる捕食を免れているのか，それとも他のアリ散布植物と同様にほとんどの種子はオオズアリに捕食されているのかどうか（散布されているのは食べ残されたものなのかどうか），調べる必要がある．もし，捕食をうまく免れているのであれば，どのようなメカニズムによるのかなどについても興味は尽きない．これらの検証のためには，人工コロニーでオオズアリおよび対照としてのトビイロシワアリなどを維持し，それらにイヌノフグリやその他植物の種子を与えて，その運命を観察するなどの方法が有効だろう．

また，石垣に生育するイヌノフグリでは果実が成熟しても花柄が下向きに屈曲しないことが観察されたが，これはどのようなメカニズムによるものなのかについても調べる必要がある．たとえば，石垣上で生育している個体から種子を採り，それを地面に播いて育てた場合にどうなるのか確かめるなどの方法がある．イヌノフグリの種子は自然条件では秋ごろに休眠から覚めて発芽すると考えられるが，春に採取した種子をそのまま播種してもほとんど発芽しない（高倉，未発表）．休眠解除をうまく行うことが効率的な実験のために必要となるだろう．

アブラムシ＝寄せ餌仮説については，検証はまさにこれからである．石垣上で生育するイヌノフグリは本当にアブラムシに寄生されやすいのかについては，より厳密な調査が必要だろう．そして本当に種子散布者であるアリ類に対する寄せ餌としてアブラムシが機能しているのかについても，更に検証を進める必要がある．既にアブラムシに寄生されたイヌノフグリから除去したり，寄生されていないイヌノフグリにアブラムシを接種したりする操作実験によって，種子の持ち出し頻度への影響を検証することが可能だろう．

イヌノフグリ類をめぐる繁殖干渉とそれがもたらした生態的形質・生物間相互作用の変化については，繁殖干渉の実証研究の中ではかなり多面的に理解が進んでいる方だと筆者自身は考えている．それでも，上に挙げたようにこれから検証すべき課題はまだまだ山積している．オオイヌノフグリの分布拡大速度を抑制したと示唆されるイヌノフグリからオオイヌノフグリに対する対抗的な（ただしかなり弱い）繁殖干渉についても，その量的な評価はなされていない．イヌノフグリ類をめぐる繁殖干渉について本当の意味での包括的理解に至るまでには，まだまだ多くの研究が必要だろう．

4.7　イヌノフグリを通して見えてきたこと

この章では，在来種イヌノフグリと外来種オオイヌノフグリの間の繁殖干渉と，それに付随して起きたと考えられるイヌノフグリの生態の変化について紹介してきた．最後にこれらの結果を振り返って，外来種影響に対する私たちの見方・考え方の偏りについて考察し，この章のまとめとしたい．

オオイヌノフグリが外来種であること，そして現在ではきわめて普通な雑草になっていることは，以前から多くの研究者や愛好家に広く知られていた事実である．また，多少なりとも植物に関心を持っている人は，在来種のイヌノフグリに野外でほとんど出会えなくなっていることも気付いていたはずである．しかし，オオイヌノフグリがイヌノフグリを駆逐したという見方はほとんどなされていなかった．タンポポ類における在来種と外来種の置き換わりが，具体的な証左もないままに「タンポポ戦争」として問題にされたこと（林ほか，1983）と比べると，あまりにも温度差が大きいと言わざるをえない．タンポポ類では少なくなったとはいえ在来種が本州本土地域の各所にまだ残っているのに外来種の影響が取り沙汰された一方で，イヌノフグリ類では在来種の姿がほとんど見られなくなっているにもかかわらず外来種の影響が見過ごされたのはなぜだろうか．イヌノフグリ類では在来種が既にいなくなっていたために，在来種—外来種間の相互作用は生じえず，そのために相互作用を観察することも不可能だった．つまり，イヌノフグリとオオイヌノフグリの間に相互作用を思い起こさせにくい状況であったことが原因なのかもしれない．一方で，タンポポ類では在来種と外来種が同所的に存在する場面を目にすることが少ないながらも可能であったために，両者の関係が関心を呼びえた．つまり，イヌノフグリ類では在来種の排除の程度が大きかったために，かえって在来種が排除されたことが気付かれにくい状況になったのではないだろうか．

影響が大きいほど見逃されやすいというこの傾向は，外来種影響評価のパラドックスとでも呼ぶべき一見意外な性質である．外来種による在来種への影響が強ければ強いほど，両者が共存する状況，言い換えると両者が相互作用を及ぼしうる状況は少なくなるだろう．そのために，かえって両者の相互作用が目に止まりにくくなり，その検証も困難になる．繁殖干渉のように2種間の排除を強力に駆動する相互作用ほど，この傾向は強くなる．対照と反復という科学的な検証法によらない，直感的な外来種影響評価がいかにあてにならないか，イヌノフグリの研究例は物語っている．

また，イヌノフグリは地面に生える普通な雑草であったが，現在では稀少種になっている．このことはいくつかの意味で衝撃的である．一つ目の衝撃は，繁殖干渉による在来種の駆逐が実際に生じ，その速度がきわめて大きいことである．既に紹介したとおり，オオイヌノフグリからの繁殖干渉は完全な一方通行ではなく，イヌノフグリからの反撃もあるため，その分布拡大の過程は他の外来雑草に比べて比較的緩やかであったと考えられる．それでも，わずか1世紀ほどの間に繁殖干渉は，雑草を稀少植物に変えてしまった．このことは，理論研究（Kuno, 1992）から示唆されていたことではあるものの，繁殖干渉はもう一方の種を排除するに十分であることを示している．これまで，繁殖干渉は外来種が在来種を駆逐するメカニズムとしてほとんど考慮されてこなかった．たとえば，外来種管理を目的とした日本の法律である外来生物法では，在来生物等への影響が特に大きな外来種を特定外来種に指定して，飼養や放逐などを禁止しているが，繁殖干渉を及ぼすことを理由に特定外来種に指定されている種は，本章を執筆している時点では一つもない．そもそも，繁殖干渉が外来種影響のメカニズムとして全く考慮されていないのが現状である（環境省，2016）．

外来種影響を評価あるいは予測する上で，繁殖干渉は考慮にいれるべき重要な要素であろう．

イヌノフグリの急速な衰退あるいは岩隙植物化によって浮き彫りにされた，もう一つの衝撃的な事実とは，ごくごく身近な雑草について生じた変化が完全に忘れ去られていたことである．イヌノフグリについては，20 世紀初頭の文献では稀少だとされていないが（牧野，1907），それから半世紀も経たないうちに稀少であると記載した文献が見つかる（佐々木，1953）．イヌノフグリの衰退はそれほど急速に進んだと考えられる．また，それと平行して岩隙植物化も進んだのだろう．身近な生物に生じた急速な衰退と生態の変化についてこれまで誰も気づかなかったことは，繁殖干渉の影響の大きさを示すとともに，私たちの観察眼や記憶力がいかに心もとないものであるかを物語っているのではないだろうか．

この章で紹介した一連の研究は，外来種による繁殖干渉が在来種を衰退に追いやったこと，そしてその中で生活様式の変化をもたらしたことを，客観的に，つまり対照と反復を伴う形で示すことを目的に企図されたものである．その目的は概ね達成されたと考えているが，それと同時に，これまで私たちが漠然と抱いていた外来種影響に関する考えがいかにあやふやなものであるか思い知らされた．たとえば，分布拡大の速度はオオイヌノフグリよりもタチイヌノフグリの方が大きく，既に日本のどこにでも生育している．しかし，実際はイヌノフグリに対する影響はほとんどないようだ．分布域が広く個体数が多い外来種は，その影響が懸念されがちであるが，何に対するどのような影響なのか明確にしないまま議論されることもしばしばである．それらを明確にした上で，対照と反復を伴った方法により，影響の大きさを評価することが必要ではないだろうか．それによって，外来種影響についての議論は初めて科学の俎上にのるのではないかと思う．

第5章

「種間競争」再考

——マメゾウムシを例に——

本章では，マメゾウムシという小さな昆虫の2種間に生じる繁殖干渉について説明する．主に扱う2種のマメゾウムシはアズキゾウムシ *Callosobruchus chinensis* とヨツモンマメゾウムシ *C. maculatus* といい，いずれもアズキ等の重要な貯穀害虫である．筆者も一度，部屋の戸棚に開封したアズキを入れたままにしてしまい，アズキゾウムシを発生させてしまったことがある．ある日戸棚を開けると無数のアズキゾウムシが一斉に飛び出してきてびっくりした．このことは裏を返せば，非常に飼いやすい昆虫ともいえる．実際，筆者もこの昆虫の研究を始めてから，その扱いやすさには感心した．この昆虫に着目して研究を始めた先人たちは慧眼だったと思う．先人たちというのは，内田俊郎，石倉俊次，石井象二郎らであって，それぞれ日本の昆虫生態学，害虫学，昆虫生理学の基盤を築いた方々である．彼らが1930年代に研究を始めて以来，マメゾウムシは現在まで長らく研究材料として使われてきた．当然，研究内容は時代にあわせて変化している．たとえば近年ではマメゾウムシはショウジョウバエ *Drosophila* spp. と並んで進化生物学の典型的な材料となっている（たとえば Kawecki et al., 2012）．そして繁殖干渉の研究の材料にもなり，現在この2種のマメゾウムシは，繁殖干渉の研究が最も進んだ昆虫といってよい．

本章ではまず，マメゾウムシの基礎的な話題や生活史等について述べる．次に，2種の繁殖干渉について，資源競争と比べながら説明する．最後にショウジョウバエやコクヌストモドキについても検討する.

5.1　マメゾウムシ

5.1.1　分類と食性

マメゾウムシは，ハムシ科 Crysomelidae，マメゾウムシ亜科 Bruchinae に属する昆虫の総称である．マメゾウムシと聞くと，その名前から口吻（鼻）の長い甲虫であるゾウムシ（象虫）をイメージされることが多く，ゾウムシ科 Curculionidae と思われることがある．マメゾウムシという名称自体，最初にゾウムシ科と思われたためにマメゾウムシと名付けられたとする説もある．英語では bean weevil という名前もあり，weevil はまさにゾウムシのことである．しかし，実際にはマメゾウムシはゾウムシとはむしろ遠縁で，ハムシの仲間である．以前はハムシ科と異なるマメゾウムシ科 Bruchidae として独立していたが，近年の系統学的な研究の結果，ハムシ科の中に入れ，マメゾウムシ亜科とすることが多い（e.g., Tuda, 2007 ; Kergoat et al., 2011）．ハムシ科は世界に約 4 万種，日本に 650 種以上が知られている大きな分類群であるけれども，そのなかでマメゾウムシ亜科は比較的小さい分類群で，世界に約 1300 種，日本国内に約 30 種が発見されている．

ハムシ科の大半の種は，ハムシ＝「葉虫」という名前のとおり植物の葉を摂食するが，マメゾウムシ亜科の多くの種はマメ科植物 Fabaceae の種子を摂食して成長する．マメゾウムシ亜科のメス成虫は利用するマメ科植物の種子やそれを覆っているサヤに卵を産み付ける．孵化した幼虫はマメの内部に食い入り，内部を摂食して成長する．その後，マメの内部で蛹化し，羽化後にマメから脱出する．たとえば日本で最大のマメゾウムシであるサイカチマメゾウムシ *Bruchidius dorsalis* のメス成虫は日本の暖温帯では 8 月頃，サイカチ *Gleditsia japonica* のサヤに産卵する（Kurota and Shimada, 2001）．孵化した幼虫は種子の内部に食い入り[1]，成長・蛹化した後，9 月上旬から 11 月上旬頃に羽化する．

早めに羽化した個体はすぐに産卵するため，年に2化から3化する（Kurota and Shimada, 2001）．

マメゾウムシには，食用豆を食い荒らすために害虫となっている種とそうでない種がいる．当然ながら，害虫とされているマメゾウムシは人間が食用とするマメを利用する種であって，人間の利益と競合するために害虫となった．日本では明確に害虫とされているマメゾウムシはエンドウマメゾウムシ *Bruchus pisorum*，ソラマメゾウムシ *B. rufimanus*，インゲンマメゾウムシ *Acanthoscelides obtectus* と，すでに挙げたアズキゾウムシ，ヨツモンマメゾウムシの5種である．これらのうち，エンドウマメゾウムシ，ソラマメゾウムシ，アズキゾウムシの3種は国内の野外への定着が確認されているが，インゲンマメゾウムシとヨツモンマメゾウムシはさだかでない．いずれの種も，利用するマメとともに世界中に分布が広がっており，本来の自然分布域がどこだったのかもはや判然としない．

一方，食用でない豆を利用するマメゾウムシ種も多い．マメ科植物は人間に毒性のあるものも多く，世界に確認されている約18,000種のなかで食用とされているのは約30種にすぎない（湯浅，2008）．マメゾウムシの多くの種も，そうした食用にならないマメを利用し，人目に触れずひっそりと暮らしている．たとえば上に挙げたサイカチマメゾウムシに加えて，ヤマハギ *Lespedeza bicolor* を利用するサムライマメゾウムシ *B. japonicus* やクララ *Sophora flavescens* を利用するシャープマメゾウムシ *Kytorhinus sharpianus* などが挙げられる．他に，寄主のイタチハギ *Amorpha fruitcosa* とともに近年日本に侵入・定着したイタチハギマメゾウムシ *Acanthoscelides pallidipennis* といった外来種もいる．イタチハギは食用にはならないけれども，道路等の法面緑化に使われているため，各地に広がっている（Sadakiyo and Ishihara, 2012）．

害虫となっている5種のうち，エンドウマメゾウムシ，ソラマメゾウムシの2種は青い未熟豆にのみ産卵し，幼虫は未熟豆を摂食して成長する．したがっ

1）余談だが，サイカチの種皮は非常に硬く，そのままでは水分を吸わず何年も発芽しない．しかしサイカチマメゾウムシの幼虫が食い入ることで穴が開き，そのときにまとまった雨が降ると幼虫は死亡するが，種子が発芽する（Takakura, 2002）．

てこれらの 2 種は収穫後の完熟豆では増殖できない．収穫前に野外で食入した個体が収穫時にマメとともに混入し，収穫後に倉庫で羽化することがあるが，羽化した成虫は周囲に大量の完熟豆があっても利用できない．これら 2 種はいずれも外来侵入種で，エンドウマメゾウムシは明治期に，ソラマメゾウムシは大正期に日本に侵入し，その後日本全国で被害が報告された（梅谷，1987）．

そして，残りのアズキゾウムシ，ヨツモンマメゾウムシ，インゲンマメゾウムシの 3 種はむしろ完熟豆に産卵し幼虫も順調に成長する．これらの種は貯穀倉庫等で発生すると完熟豆だけで世代が完結するため数世代のうちに個体数が爆発的に増え，被害が特に大きい．アズキゾウムシは国内の野外でも普通にみられ，栽培アズキだけでなく野生種であるヤブツルアズキ *Vigna angularis* var. *nipponensis* やノアズキ *Dunbaria villosa* も利用することがわかっている（Shinoda et al., 1992）．アズキゾウムシは古い時代に日本に侵入した帰化種であるといわれている（梅谷，1987；Tuda et al., 2006）．ヨツモンマメゾウムシは野外で採集されたことはほとんどないけれども，国内の貯穀倉庫では頻繁に採集されている（永易・松下，1981）．インゲンマメゾウムシも貯穀倉庫で発見されることが多く，これまでに沖縄と北海道に侵入したことがあるものの，野外に定着しているかさだかでない（岩崎ほか，2012）．

5.1.2　防疫資料の分析

完熟豆を利用できるマメゾウムシは，人に運ばれるマメとともに長距離を移動し，世界中に広がっているものが多い．梅谷（1987）は 1978 年に日本の主要な港と空港で輸入植物から発見された外来マメゾウムシが 11 種いたことを報告している．そこで筆者も同様の資料，農林水産省植物防疫所が発表している輸出入植物検査統計資料を用いて，近年に輸入植物から発見された外来マメゾウムシを数えた．2000 年から 2015 年の 16 年間について調べた結果，発見された外来マメゾウムシ種数は 15 種であった（表 5.1）．1978 年と比較すると，重複する種は 7 種であった．1978 年にはアズキゾウムシ，エンドウマメゾウムシ，ソラマメゾウムシ，サイカチマメゾウムシも記録されていたが，近年は

表 5.1 2000–2015 の 16 年間に日本の植物防疫所から報告されたマメゾウムシ．輸入国数のカッコ内の数字 1 は香港を示す．種名の*は 1978 年に報告された種．

種名	学名	発見年数/16	輸入国数	品目
イクビマメゾウムシ属の 1 種	*Spermophagus* sp.	4	2	ソバ属，ハゴロモルコウソウ
ヒラマメゾウムシ	*Bruchus lentis*	1	1	ライムギ
ネムノキマメゾウムシ	*Bruchidius terrenus*	1	2	ネムノキ
タケイマメゾウムシ属の 1 種	*Bruchidius* sp.	1	1	ハブソウ
ヨツモンマメゾウムシ*	*Callosobruchus maculatus*	16	19	アズキ，ササゲ，ダイズ，インゲン，ハス属，コーヒーノキ属
アカイロマメゾウムシ*	*Callosobruchus analis*	8	4	ヒヨコマメ，ダイズ，フジマメ属，レンズ属
ローデシアマメゾウムシ*	*Callosobruchus rhodesianus*	1	1	ヤエナリ
セコブマメゾウムシ属の 1 種	*Callosobruchus* sp.	9	8	インゲン，ササゲ，ヤエナリ，ヒヨコマメ属
インゲンマメゾウムシ*	*Acanthoscelides obtectus*	14	16	インゲン，アズキ，ソラマメ属，アジサイ属
イタチハギマメゾウムシ*	*Acanthoscelides pallidipennis*	5	1	イタチハギ，クロバナエンジュ，ハギ属
ミツバマメゾウムシ属の 1 種	*Acanthoscelides* sp.	4	3	イタチハギ，クロバナエンジュ属，ハギ属
Lithraeus elegans	*Lithraeus elegans*	1	1	コショウボク
ブラジルマメゾウムシ*	*Zabrotes subfasciatus*	7	4	インゲン，アズキ，ライマメ，ポプリ，オクラ，ケナフ
ブラジルマメゾウムシ属の 1 種	*Zabrotes* sp.	1	1	コブミカン
モモブトジマメゾウムシ*	*Caryedon serratus*	13	7 (1)	タマリンド，ラッカセイ，カワラケツメイシ，ワサビノキ

記録されていなかった．ただし，これらの種については報告する基準が変化した可能性がある．近年最もよく発見されたのはヨツモンマメゾウムシで，毎年発見されていた．輸入元もタイ，インド，ボツワナ，ブルキナファソなど 19 か国にのぼった．次いで多かったのがインゲンマメゾウムシで，16 年間のうち 14 年間記録されており，輸入元も 16 か国にのぼった．これらに次いでモモブトジマメゾウムシ，セコブマメゾウムシ属の 1 種と続いた．しかし 1978 年の記録ではインゲンマメゾウムシやモモブトジマメゾウムシの発見件数は少な

く，またセコブマメゾウムシの1種は記録がない．代わりに近年発見の少なかったブラジルマメゾウムシが1978年には多く発見されていた．これらのことから，侵入するマメゾウムシの種構成も年代とともに変化するものと考えられる．各国の輸出品に対する検疫制度の変化や，輸入品の内容や量の変化等が原因として考えられる．

植物防疫所で報告される多くの種が日本の野外に定着していない．1978年に日本に定着しておらず，近年日本に定着が確認された外来マメゾウムシはイタチハギマメゾウムシのみである．植物防疫所は外来種の日本への侵入を防ぐために検疫を行っているのだから，当然の結果といえるかもしれない．しかし国内の貯穀倉庫でヨツモンマメゾウムシやインゲンマメゾウムシがこれまでにも多く発生していることから（永易・松下，1981），侵入が阻止されているというよりは野外に定着できない理由があると考えるほうが自然である．

まず考えられるのは利用できる植物が野外にないことである．しかし，アズキゾウムシはヤブツルアズキやノアズキを利用しており，ヨツモンマメゾウムシがそれらを利用できないとは考えにくい．次に考えられるのが低温や高温による死亡など，日本国内の物理環境条件が外来マメゾウムシ類に適さないことである．しかし物理環境条件に対する反応は野外に定着しているアズキゾウムシとその他の外来マメゾウムシ類は似通っていることから，それが決定的な条件とは考えにくい（三宅，1950；内田，1971）．次に考えられるのは，生物間相互作用である．つまり寄生蜂などの捕食者種や競争種の存在によって野外への侵入が妨げられていることである．しかしこの仮説はほとんど検証例がない．理由の一つは，日本国内での野外実験がほぼ不可能なことが挙げられる．いずれにしろ，何度も繰り返し侵入しており，環境条件もおそらく適合しているにもかかわらず日本国内に定着しない種が多くいる．これはハベルの中立理論（Hubbell, 2001）に反する事例であるにもかかわらず，それがなぜなのか，これまであまり議論されてこなかった．後に説明する繁殖干渉はその答えの一つになりうると考えているが，それだけで説明できるのかもまたわかっていない．

もう一つ，表5.1からわかるのは，いくつかの種が本来の寄主ではない植物からみつかっていることである．たとえばヨツモンマメゾウムシが通常の寄主であるアズキやササゲからみつかるのは当然だけれども，ダイズやインゲンは本来の寄主ではないし，インゲンでは幼虫が育たないことがわかっている（梅谷，1987）．ハス属，コーヒーノキ属にいたっては単なる偶然かもしれない．つまり，多くのマメゾウムシが通常の寄主ではない種子等に紛れ込んで移動している．そしておそらく，それらのマメゾウムシの少なくとも一部は通常の寄主でない植物に産卵するだろう．実際，アズキゾウムシやヨツモンマメゾウムシにインゲンを与えると，問題なく産卵する．適当な曲率を持ってさえいればガラス玉にさえ産卵する（梅谷，1987）．しかし孵化した幼虫はすべて死亡する．このような現象は生態学的な視点からこれまであまり議論されてこなかったけれども，筆者にはそれほど些末な問題とは思われない．むしろ植食性昆虫の寄主選択を考えるために重要な示唆を与えているようにみえる．この現象は，マメゾウムシのメス成虫が産卵基質を選ぶとき，幼虫のパフォーマンスを基準としていないことを示している．したがって植食性昆虫が寄主植物を利用するかどうか決める基準は，幼虫にとって質がよいからではないかもしれない．幼虫にとって質が悪い資源に産卵することは，メス成虫にとっては「産まないよりマシ」な選択であろうが，このような試行が続けば，いずれ資源への適応が生じるかもしれない．このことは植食性昆虫の広食化を促進するだろう．これまで植食性昆虫の狭食化は多く議論されてきた一方，広食性の進化はあまり議論されていない．検討する価値のある問題を提起しているように見える．とはいえ，ここに挙げたマメゾウムシ自体，特殊な人工的環境で生き残ってきたものだから，野外で生きていた時の生活史形質を反映していない可能性もある．

5.2　アズキゾウムシとヨツモンマメゾウムシ

5.2.1　2 種の違いと相互作用

アズキゾウムシ（以下アズキゾウ）とヨツモンマメゾウムシ（以下ヨツモン）はともにセコブマメゾウムシ属 *Callosobruchus* に属しているマメゾウムシであ

アズキゾウムシ　♂

アズキゾウムシ　♀

ヨツモンマメゾウムシ　♂

ヨツモンマメゾウムシ　♀

図 5.1　アズキゾウムシとヨツモンマメゾウムシのオスとメス.

る．アズキゾウの自然分布域は東南アジアで，ヨツモンのそれはアフリカと言われている（Tuda et al., 2006）．2 種の体長は 2–5 mm で，ヨツモンのほうがやや大きい．体型はアズキゾウのほうがヨツモンに比べて丸い（図 5.1）．

アズキゾウの鞘翅は赤褐色である一方，ヨツモンは黄土色である．アズキゾウの前胸側縁は直線状かややくぼむ一方，ヨツモンではやや張り出し，背面へはほとんど隆起しない（林ほか，1984）．アズキゾウの性別は触覚で見分ける．オスの触覚はくし状で，メスはのこぎり状である．ヨツモンの性別は鞘翅の模様で見分ける．オスの鞘翅には斑紋がなく，単色である一方，メスの鞘翅には二つの黒い斑紋がある．したがって 2 種の種と性別は目視で容易に判別できる．

2 種は 30 ℃で飼った場合，卵から成虫に成長するまで約 3 週間かかる．羽化したメス成虫をオス成虫と交尾させ，アズキを与えておくとやがてメス成虫はアズキの表面に産卵しはじめる．アズキの表面を歩き回り，周辺に卵がないことを確認するとアズキの表面に腹端を押しつけ，産卵する．メス成虫は水やエサがなくても 60–80 個産卵し，1 週間程度で死亡する．卵は約 3 日後に孵化し，幼虫はそこからアズキ内部に潜入する．このとき外から幼虫は見えないが，幼虫が孵化すると空になった卵の殻にかじりかすが溜まり白くなるので，孵化したことを確認できる．幼虫はそのままアズキ内部で生育し，3 齢を経て蛹化する．羽化した成虫はしばらくすると，蛹化する前に丸くかじっておいたハッチを開けて脱出する．アズキゾウとヨツモンでは，アズキゾウの世代時間のほうがわずかに短い．休眠することなく連続して繁殖できるので，1 年間に 15

世代以上を得られる．温度の低下とともに発育期間は延長し，25℃恒温下では卵から成虫まで約1ヵ月かかる．系統を維持するときにはこの温度がよく使われるようだ．

メス成虫に水やエサを与えると寿命が伸び，産卵数も増加することが知られている（梅谷，1968，1987）．交尾をさせたアズキゾウのメス成虫は，25℃で水やエサを与えないとき，寿命は平均約10日，産卵数は平均約87卵である．しかし水とショ糖の両方を与えると寿命は約27日に大幅に伸び，産卵数は10%程度増加した．そこで今度は水とショ糖に加えて酵母粉末も与えたところ寿命は57日となり，産卵数はエサなしの時に比べ3倍に増加した．しかし交尾をさせたヨツモンのメスに水とショ糖，酵母粉末を与えたところ，寿命は45日と大幅に伸びた一方，産卵数は139卵とそれほど増加しなかった．すなわち，アズキゾウの既交尾メスに水とショ糖と酵母を与えると寿命が伸び，さらに産卵数も大幅に増加する一方，ヨツモンの既交尾メスでは寿命は伸びるが産卵数はそれほど増加しない．アズキゾウとヨツモンのこのような違いを生む原因ははっきりとわかっていない．しかし摂食によるアズキゾウの産卵数の増加については，アズキゾウが野外でキク科の花粉や花蜜を食べていることとの関係性が指摘されている（梅谷，1981；篠田・吉田，1985）．

この2種は，それぞれ種内の性的対立についてもよく調べられている．たとえばヨツモンのオスの交尾器にはトゲがあり，それが交尾のたびにメスの交尾器を傷つけ，メスの寿命を縮める（Crudgington and Siva-Jothy, 2000）．アズキゾウの交尾器の先端にも同様にトゲ状の鱗片があり，メスが多回交尾する系統ではその鱗片が大きく，さらに数も多いことがわかっている（Sakurai et al., 2012）．そしてメスが多回交尾する系統では1回交尾する系統に比べて寿命が短いようにみえるが（Yanagi and Miyatake, 2003），これが物理的な傷によるものか，精子とともに輸送される射精物質によるものか（Yamane and Miyatake, 2010a），詳しいことはわかっていない（Rönn et al., 2008）．いずれにしろ，アズキゾウでは一回交尾のものが多い（Harano and Miyatake, 2005）．特に以下で登場するjC系統はほとんどのメスが1回交尾である．一方ヨツモンのメスは多回交尾する．

交尾によるコストだけでなく利益も知られている．ヨツモンではエサのない環境で再交尾するとメスの寿命が延長することや（Fox, 1993；Edvardsson, 2007），産卵数が増加することが報告されている（Fox, 1993）．アズキゾウではエサのある環境で再交尾するとメスの寿命が延長し産卵数も増加する（Harano et al., 2006）．ただしこれらの効果はそれぞれの種の系統間で異なっている（Rönn et al., 2006）．

一つの容器の中で蠢く高密度のアズキゾウ成虫を見ていると，多くのメスが容器の天井に逆さに張りついているのがわかる．そこへオスがやってきて求愛するのだが，メスが後脚で軽く蹴っただけでオスは真っ逆さまに下に落ちてしまう．オスは飽かずいつまでもこれを繰り返す．オスは天井に逆さになったまま求愛するのは物理的に難しいらしい．筆者は，メスが天井に逆さに張り付いている理由は，オスからのハラスメントを弱めるためではないかと考えている．内田（1998）はヨツモンの飛ぶ型[2]のメスは羽化後に数日間の産卵前期間があり，その期間中，容器の天井に逆さに張りついていることを記している．おそらくこの行動も同様の効果をもつと考えられる．

5.2.2 実験室での飼育法

アズキゾウとヨツモンの飼い方は研究室や飼育者によってさまざまだが，いずれの方法でも簡単に飼育できる．京都大学農学部昆虫生態学研究室では2007年当時，直径15 cmほどの丸形タッパーで飼育されていた．タッパーのフタには換気のために直径5 cmほどの穴が開いており，メッシュ布が張られていた．このタッパーにはアズキが約2 cmの深さまで入っていた．筆者がときおりタッパーをのぞくと常におびただしい数の成虫がひしめきあっていた．アズキの交換はまずタッパー内のアズキ及び成虫をすべてふるいに開け，使い古しのアズキと，成虫を分ける．次に使い古しのアズキは捨て，タッパーに新しいアズキを投入し，ふるった成虫をともに入れて終了である．交換の頻度は

2）ヨツモンには飛ぶ型と飛ばない型がおり，これらは遺伝的に決まっている．飛ばない型のメスは産卵前期間がなく，羽化後すぐに交尾，産卵できる．

コラム3

飼育や取り扱いでどこに気をつけるか？

飼育にあたって気をつけるべきことは，表面に油がコーティングされていないアズキを使うことと，ダニが発生したらなるべく早く対応することである．市販のアズキは表面がつるつるして輝いていることが多い．これは人為的にアズキの表面に少量の食用油をコーティングしているからである．マメゾウムシはいくつかの脂肪族高級炭化水素を産卵忌避物質として認識するため，これらの物質をマメの表面に塗布すると産卵しない（瀬戸山・嶋田，2007）．そこで業者はマメゾウムシによる加害を防ぐためにこれらの物質を含む食用油をアズキの表面にコーティングしている．スーパーマーケットなどでよく見る，表面に光沢のあるアズキがそれで，これを使用するとマメゾウムシはほとんど産卵しない．飼育にあたっては表面が自然なざらつきをもつアズキを使うようにしたい．

飼育にあたって気をつけるべきもう一つの点はダニの発生である．ダニが発生するとその飼育個体群から根絶することは非常に難しいため，その飼育個体群（飼育ケース）ごと廃棄することが望ましい．ダニを放置して恒温室内に蔓延してしまうと，貴重な系統も全滅してしまうこともあるので，早めに対処する必要がある．また，ダニの糞や死骸は，実験者のアレルギーの原因になることがある．

一方，温度や湿度はあまり気にする必要はない．筆者の知る限り，恒温機や恒温室の故障によってマメゾウムシが死に絶えたことはない．マメゾウムシはかなりの低温や高温でも短時間なら死に絶えることはないようである．

実験に使うマメゾウムシを移動するために，従来は吸虫管を使うことが多かった．マメゾウムシは小さいため無理に指やピンセットでつまむと傷つくことがあるからである．しかし従来の吸虫管（図5.2a）でマメゾウムシを吸うと，糞やマメのカスなどを一緒に吸い込んでしまうことが多く，アレルギー性喘息を発症することがある．

特に花粉症や鼻炎，気管支炎を発症したことのある人は，無造作に吸虫管を使うことは避けたほうがよい．微小昆虫を扱う研究者の間で，吸虫管のこのような弊害はよく知られており，対策もいくつか講じられている．筆者は，九州大学の丸山宗利准教授が紹介されている方法に倣い，スクーター用の燃料フィルタを吸い口とサンプル管の間に挟むことで微小なゴミの吸い込みを防いでいる（図5.2b）．近年は息を吹き出すことで吸引力を得る吹き出し式の吸虫管や，手動の吸虫ガンといったものも登場している．電動ハンディクリーナーの吸込み口部分を改造した電動の吸虫管を自作されている方も多い．マメゾウムシを実験に使うときにはこれらの改良型吸虫管を積極的に取り入れたい．

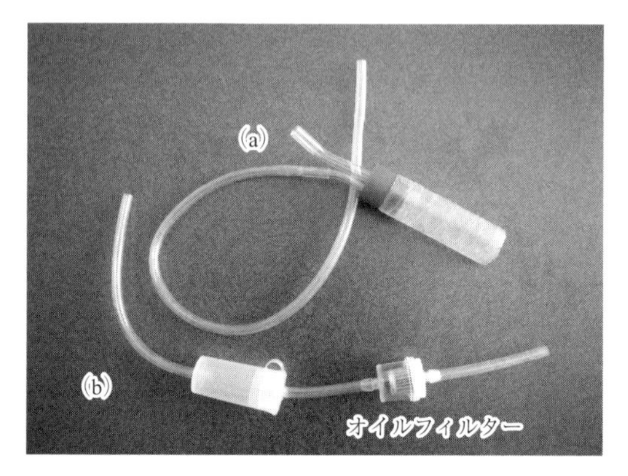

図 5.2 通常の吸虫管（a）とオイルフィルター付き吸虫管（b）．

およそ1ヵ月に一度であったが，不定期であった．粗放的な飼い方であったが，だからこそ飼い方に注目するきっかけになったと考えている．

一方，他の大学では定期的に世話が行われている．東京大学の嶋田正和教授の研究室では，120 mm の腰高シャーレや 90 mm シャーレを用いて飼育されている．これらのシャーレに 3 層ほど（70–90 g）のアズキを入れ，そこへ 4 週間経過したシャーレから取り出した 200–250 個体の成虫を放つ．これを毎週行う．このような飼い方は jC 系統のみとのことである（嶋田，私信）．筑波大学の徳永幸彦教授の研究室では長方形の角形シャーレを使って累代飼育が行われている．発泡スチロールでシャーレ内部を二つに区切り，一方にアズキを入れたところに成虫を放つ．次世代成虫が羽化したらもう一方の区画にアズキを入れ，産卵させる．1 週間後に古いアズキを捨て，これを繰り返す（徳永，私信）．これらのいずれの方法でも問題なく飼い続けることができる．ただし，それぞれの飼い方に応じて，マメゾウムシの形質は異なってくるようだ．累代飼育その

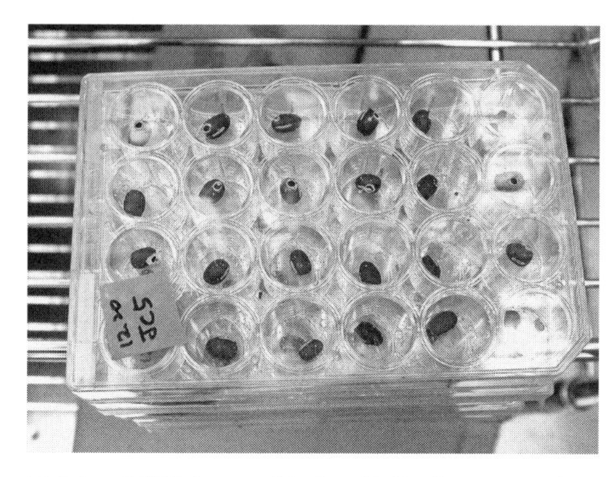

図 5.3　産卵済みのアズキを 1 粒ずつ各ウェルに入れた 24 ウェルプレート．

ものがマメゾウムシの人為選抜になるからである．筆者はこれこそが種間競争の結末を変える要因だと考えている．詳細は後述する．

マメゾウムシの行動を観察するとき，羽化して間もない未交尾個体が必要なことがある．そこで齢期の斉一な未交尾個体を用意する方法を説明する．まず飼育ストックからメスを数十個体取り出し，十分な量のアズキとともにタッパーに入れておく．数時間たつとアズキ表面に産卵されるので，それらのアズキを 1 粒ずつ細胞実験等に使う 24 ウェルプレートの各ウェルに入れ，ふたをして恒温室に入れておけばよい（図 5.3）．

これを毎日巡回し，羽化・脱出した個体を回収すれば，齢期の斉一な新鮮な未交尾個体を用意できる．

5.3　マメゾウムシの種間競争に関するこれまでの研究

それではここからアズキゾウとヨツモンの種間競争について解説する．種間競争に関する研究の歴史や理論的枠組みについては第 2 章に解説したので参照してほしい．ここで内容の混乱を避けるため，種間競争の定義について整理しておきたい．種間競争の定義は，複雑な歴史的背景が絡むため研究者の間でも統一されていない．大きく二つの定義にわけられると思う．一つは，共通の資源をめぐって争った結果，一方の種の増殖率が低下するものを指す．これは種間の資源競争であり，狭義の種間競争である．もう一つは同じ資源を共有する 2 種間に生じる敵対的な相互作用で，一方の種の増殖率を減らすものを指す．

よく似ているが，こちらは 2 種間に生じる敵対的な相互作用は資源競争以外のものでもすべて種間競争に含めるという帰納的な立場で，広義の種間競争である．この定義では，繁殖干渉さえも種間競争の相互作用の一つとなる．実際，繁殖干渉はメスという資源をめぐる競争という主張もある（Yoshimura and Clark, 1994）．しかし異種メス（オス）はオス（メス）の繁殖成功度に貢献しないから，筆者は，繁殖干渉は種間競争に含めない．つまり狭義の種間競争の定義を採用する．

アズキゾウとヨツモンの競争に関するこれまでの研究では，繁殖干渉が考慮されていなかったこともあり，暗黙のうちに資源競争を念頭に置いていた．つまり「広義の種間競争＝狭義の種間競争」と考えられていた．議論の継続性を保つために，本章でも従来の立場をある程度は踏襲するものの，混乱を避けるために適宜「狭義の／広義の（種間競争）」という言葉を補う．

さて，（狭義の）種間競争は種内の資源競争の拡張版といってよい．実際，マメゾウムシ 2 種を用いて実験を行った内田俊郎は初めにそれぞれの種内競争を入念に調べている（Utida, 1941；内田・掛見，1959）．内田はまず，アズキゾウの成虫の密度が増加するとともにメス 1 個体あたり産卵数および孵化卵数が減少することを見つけた（Utida, 1941）．これが密度効果であって，この効果が野外の生物の「増えれば減る，減れば増える」といった増減振動を引き起こすのだと考えた．しかし累代飼育してみるとアズキゾウでは密度の規則的な振動はみられなかった一方，ヨツモンでは密度の規則的な振動が現れた（Utida, 1967）．内田は，この違いを生む原因を各発育ステージに分解して調べた．アズキゾウでは卵期の密度依存的な死亡率が高いために成虫密度に表れにくかった一方，ヨツモンでは幼虫期の密度依存的な死亡率が高いために成虫密度に表れやすかった（Utida, 1967）．彼がこの研究を発表したのは種間競争の実験（Utida, 1953）のかなり後である．したがって彼は 2 種の種間競争の実験結果についても，卵や幼虫の密度依存的な死亡が主要なメカニズムであると考えており，そのため成虫期の相互作用が 2 種の競争の結末を決定づけているとは考えていなかったと推測できる．

内田が種間競争をこのようにとらえたのも無理はない．第 2 章で解説したよ

表 5.2　アズキゾウとヨツモンの 2 種の競争実験の研究例.

研究者	年	アズキゾウ *C. chinensis*	ヨツモン *C. maculatus*
Utida, S.	1953		○
Yoshida, T.（吉田）	1957	○	
Fujii, K.	1965	条件依存的	
Yoshida, T.	1966	○	
Fujii, K.	1967	条件依存的	
Bellows, T. S. & Hassell, M. P.	1984	○	
Utida, S.（内田）	1998	○	
Ishii, Y. & Shimada, M.	2008		○

うに，ダーウィンはまさに種間競争をそのようにとらえたからである．ダーウィンは種内の資源競争が最も強く，種間の資源競争はより弱いと予想した．しかし種内の資源競争が常に種間の資源競争よりも強いならば，種はすべて共存してしまう．そこでダーウィンは，個体数の多さなどの理由で適応が早く進んだ種が，適応の遅い種を駆逐すると考えた．時代は下って，内田がマメゾウムシの実験をしたころにはガウゼの競争排除則が生態学を統べる理論として定着していた．競争排除則では，同じニッチを占める 2 種は共存できない，と謳っている．そのような時代だったから，競争する 2 種が共存できないのは当然であった．だからこそ，マメゾウムシ 2 種に寄生蜂ゾウムシコガネコバチ *Anisopteromalus calandrae* を追加導入することで 3 種の共存を実現した内田の研究が高い評価を得たのである（Utida, 1953）．

マメゾウムシの種間競争の実験は内田の後も，いくつかの研究例が提出されてきた（表 5.2）．いずれの実験でも一方の種がもう一方の種を絶滅させたが，どちらの種が勝つか，確定していない．その原因は，実験する温度や湿度などの環境条件に応じて競争の優劣が変化するからであると考えられてきた．Fujii（1965）は飼育容器の換気がないときヨツモンが勝ち，換気があるときアズキゾウが勝つことを報告した．また Fujii（1967）は 30 ℃ではアズキゾウが勝つが，32 ℃にするとヨツモンが勝つことを報告している．このように実験条件が変わると，発育速度や生存率等が変化することによって，競争の結末が変わるといわれてきた．

2種の競争の最も主要なメカニズムは，2種の幼虫のマメの中での競争であるといわれてきた（吉田，1957；Ishii and Shimada, 2008）．資源をめぐる競争にはコンテスト型（干渉型）とスクランブル型（共倒れ型）の2種類あるといわれている．コンテスト型は競争相手との闘争などの干渉行動を通じて資源を独占して利用するものであり，一方スクランブル型は競争相手に直接干渉せず，資源の消費を通じて競争するものである．ヨツモンの幼虫は相対的にコンテスト型で，アズキゾウの幼虫とマメの内部で出会うと噛み殺してしまうという（Takano et al., 2001）．一方，アズキゾウの幼虫は相対的にスクランブル型で，マメの内部で同居した他個体を噛み殺すことはない．このようなマメの中での幼虫間競争が種間競争の結末を決めるといわれてきた．この説明はヨツモンがアズキゾウを排除しやすいことを予測させる．しかし実際に累代飼育による種間競争の実験を行うと，多くの場合アズキゾウがヨツモンを排除する．このギャップについては，温度や湿度などの環境条件によってマメのなかでの競争の優劣が変化することが要因といわれてきた．他にも，密度に対して非線形の競争が働くことや成虫間の競争（Bellows and Hassell, 1984）などが部分的に提案されてきたものの，解決に至っていなかった．

中でも注目すべきは内田の実験結果である．彼が1953年に発表した実験結果（Utida, 1953）ではヨツモンがアズキゾウを排除した．しかし後年になって研究室（京都大学農学部昆虫生態学研究室）の他の学生らが実験するとアズキゾウが勝つという．研究室内で変な噂も立つようになったため，内田とその実験助手が再度実験を行ったところ，驚いたことに今度はアズキゾウが勝った（内田，1998）．内田はこの結果について Park らの結論と同じく，「どちらの種が絶滅するかは，その時に与えられた環境条件によって定められ，境界となる環境条件の下での競争結果は不確定（内田，1998）」であると考えたようだ．しかし内田が行ったいずれの実験でも繰り返し同じ結果になったのだから，競争を単純な確率論だと結論するのは難しいだろう．内田は「法則は簡潔であればあるほど貴い」と考え，理論とその実証を強固に，そして美しく説明した人だったから，彼も内心ではこの相反する結果にすっきりしないものを感じていたのではないだろうか．

5.4 マメゾウムシの繁殖干渉の実験

このように，マメゾウムシの（広義の）種間競争はいずれの種が勝つのかはっきりせず，また条件によっても勝つ種が変わるため，複雑でよくわからないものとなっていた．そこで筆者は，マメゾウムシの種間競争の実験の中でも繁殖干渉が生じているのではないかとにらみ，いくつかの実験を行うことにした．果たして繁殖干渉はこの混乱を整理できるだろうか．

5.4.1 一連の実験とその結果

2種のマメゾウムシのオスとメスを一緒にシャーレに入れると，オスが同種メスに求愛すると同時に，異種メスにも頻繁に求愛する．アズキゾウのオスはヨツモンのメスに求愛するし（図5.4a），ヨツモンのオスはアズキゾウのメスに求愛する（図5.4b）．

そこで，2種のオスが同種と異種のいずれのメスをより好むか調べることにした．小さなシャーレの中にいずれかの種のオス1個体と同種メス，異種メス1個体ずつを入れ，30分間観察した．求愛行動の回数を数えた結果，いずれの種のオスも同種メスと異種メスに対する求愛行動の数には違いがなかった（図5.5a，b）．つまり2種のオスは同種メスと異種メスをほとんど区別することな

(a) アズキゾウ♂→ヨツモン♀

(b) ヨツモン♂→アズキゾウ♀

図5.4 (a) ヨツモンのメスに求愛するアズキゾウのオス，(b) アズキゾウのメスに求愛するヨツモンのオス．

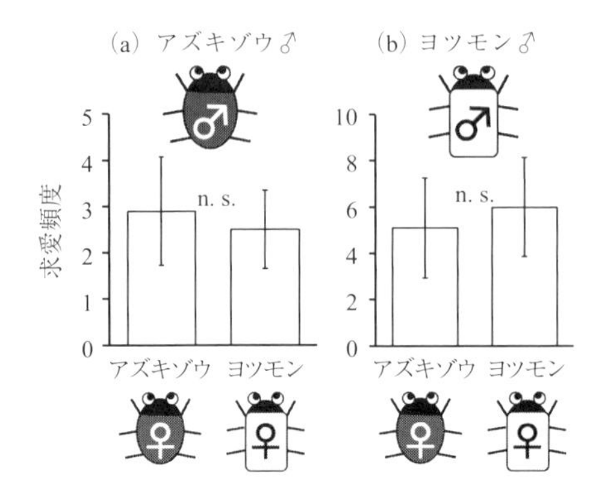

図 5.5　(a) アズキゾウのオスによる同種メス，異種メスへの求愛頻度，(b) ヨツモンのオスによる同種メス，異種メスへの求愛頻度．いずれも差はない．

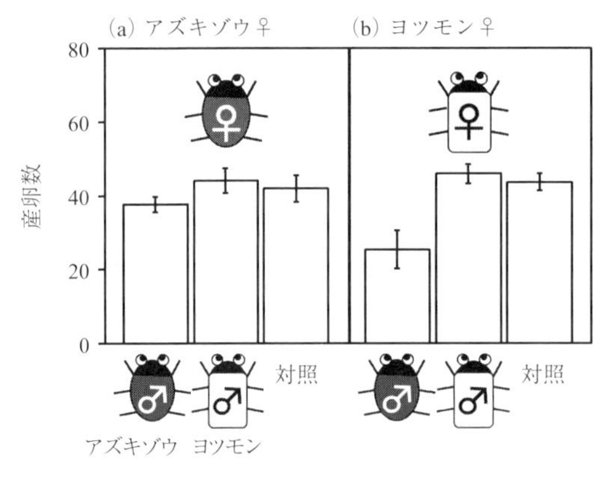

図 5.6　同種オス，異種オスと同居したときの (a) アズキゾウのメスの産卵数，(b) ヨツモンのメスの産卵数．

く求愛することがわかった．

次にこのようなみさかいのないオスからの求愛を受けるメスのコストを調べた．アズキゾウあるいはヨツモンの既交尾のメス 1 個体を，同種オスあるいは異種オス 1 個体とともに 10 粒のアズキを入れた小シャーレに入れ，3 日後の産卵数を調べた．すると，アズキゾウのオスとヨツモンのメスを組み合わせた時に，ヨツモンのメスの産卵数が著しく減少した（図 5.6b）．

一方，ヨツモンのオスとアズキゾウのメスを組み合わせたときにはアズキゾウのメスの産卵数は減少しなかった（図 5.6a）．つまり 2 種のマメゾウムシの繁殖干渉は，アズキゾウからヨツモンに強くかかる一方，ヨツモンからアズキゾウへはほとんどない．

繁殖干渉には頻度依存性があるといわれているので，マメゾウムシでも繁殖干渉の頻度依存性がみられるか調べることにした．いずれかの種の既交尾メス 1 個体に対して異種オス 0，1，2，あるいは 3 個体をアズキ 10 粒とともに小シャーレに入れ，3 日後の産卵数を数えた．その結果，いずれの種のメスでも，

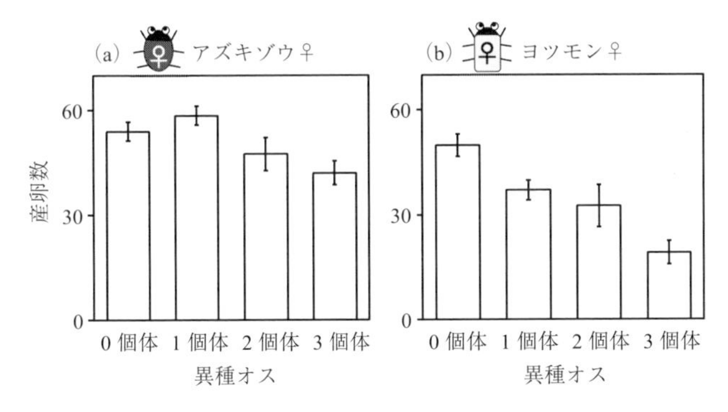

図 5.7 異種オス 0, 1, 2, 3 個体と同居したときの (a) アズキゾウのメスの産卵数, および (b) ヨツモンのメスの産卵数.

同居する異種オスの個体数が増えるとともに産卵数が減少した（図 5.7a, b）. しかもその減少率はヨツモンのメスで大きかった（図 5.7b）. この結果は予想通りで, 繁殖干渉が頻度依存性をもつことに矛盾しない. しかし実はこの実験では異種オスを増やす操作により, 密度と頻度の両方を変えてしまっているため, 正確には頻度依存性のみを検出できていない. 頻度依存性と密度依存性を分けて検証するには, 密度と頻度の両方を変えて実験する必要がある（Kishi, 2015）. それでもこの結果では, 異種オスが増えるとともにメスの産卵数が減少しているから, 繁殖干渉の強さが異種オスの割合に応じて増大することが予想できる.

これらの結果は2種が同居した場合, 最終的にアズキゾウがヨツモンを排除しやすいことを予測する. アズキゾウが増えるとヨツモンにかかる繁殖干渉はより強まり, ヨツモンの個体群増殖率はより減少するからである. そして, 繁殖干渉によって絶滅する種が決まるならば, 2種の初期頻度に応じて結末が変わるはずである. すなわち, ヨツモンが多いときにはアズキゾウから受ける繁殖干渉がより小さくなるため, ヨツモンがアズキゾウを排除しうる. 密度依存効果が生じる資源競争では, 種間の競争より種内の競争が強い限り, 2種の初期頻度に応じて競争の結末が覆ることはない（第2章参照）. そして, この2種の種間の競争が種内の競争よりも強いことを直接的に示す実験データは報告されていない.

マメゾウムシの繁殖干渉による予測は,（狭義の）種間競争による予測と異なる. 上記のように, マメの中での幼虫どうしの競争はヨツモンのほうが強いといわれている. しかしこの競争は環境条件によって変化するともいわれているため, 筆者もこの2種の幼虫のマメの中での競争を検証することにした. まずアズキゾウの既交尾メスにアズキに自由に産卵させる. その後アズキを取り出し, アズキ1粒に1卵のみ残して他の卵をカッターナイフで削り取る. 今度はヨツモンの既交尾メスにこのアズキを与えて自由に産卵させる. アズキを取り出し, アズキ1粒に2卵（アズキゾウ1卵, ヨツモン1卵）のみ残して他の卵をカッターナイフで削り取る. 産卵する順序を逆転した実験も行い, 両種のメスが1卵ずつ生んだアズキを用意した. このアズキを一粒ずつ24ウェルプレートに入れ, 恒温条件でどちらの成虫が羽化してくるか観察した. その結果, 産卵順序に関係なく, ヨツモンのほうが多く羽化してきた. 同様の実験をリョクトウというアズキより小さいマメでも行ったが, 同様にヨツモンがより多く羽化した. つまり, マメのなかでの幼虫どうしの競争はヨツモンのほうが強いことを確認できた.

それでは, この2種をともに飼育すると, どちらの種が勝つだろうか. そこで2種の競争実験を行うことにした. 実験は気温30℃, 湿度75%の恒温室内で行った. 累代飼育による競争実験は四つ割れシャーレを使って行った. このシャーレには十文字の仕切りが入っているが, 上部には隙間があり, マメゾウムシ成虫は自由に行き来できる. 最初に一つの区画に5gのアズキと2種の成虫を導入する. 1週間後, その隣の区画に5gのアズキと2種の成虫を導入する. 2週間後, その隣の区画に5gのアズキと2種の成虫を導入する. 3週間後, 最後の1区画に5gのアズキを入れるが, 成虫は導入しない. 初日に導入した成虫の次世代が羽化してくるからである. 4週間後, 最初に入れた古いアズキを取り出し, 新しいアズキ5gを入れる. その後, 毎週, 最も古いアズキを新しいアズキに1区画ずつ入れ替えた. この作業のとき, 成虫をジエチルエーテルで軽く麻酔し, 生きている個体と死んだ個体を数えた. いずれかの種が4週以上みられなくなったときに絶滅したと判断して実験を終了した. この

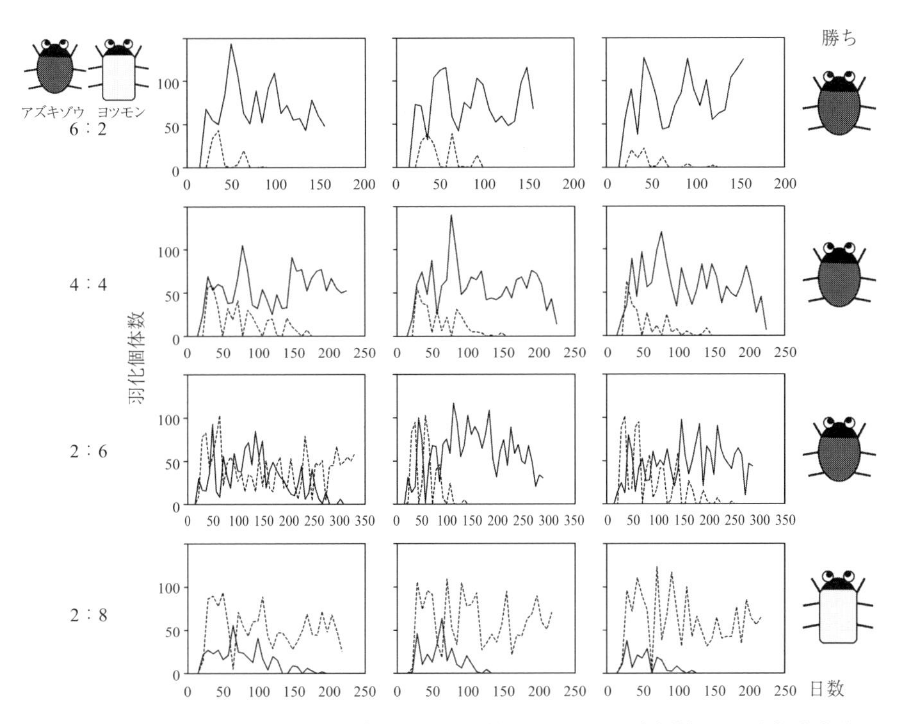

図 5.8　初期頻度を変えて行ったアズキゾウ（実線）とヨツモン（破線）の累代飼育実験の結果．1 週間ごとの羽化個体数の推移を示す．

実験方法は Ishii and Shimada (2008) に準じている．特徴は成虫の世代が常に重なっていることである．繁殖干渉は成虫どうしの相互作用によって生じるから，成虫間の相互作用が常に生じるようにした．アズキゾウとヨツモンはわずかだが発育期間が異なるので，世代が重ならない実験手法（Utida, 1953；吉田，1957）では，次第にヨツモンとアズキゾウの出現期間にずれが生じ，それが拡大する可能性がある．すると世代に応じて繁殖干渉の強さが変化するため，実験結果の解釈が難しくなってしまう．

競争実験は，初期導入個体数を変えて行った．最初の 3 週間に導入するアズキゾウとヨツモンの成虫ペア数を，6：2，4：4，2：6，2：8 とした．たとえば 4：4 の処理区では，アズキゾウ 4 ペアとヨツモン 4 ペアを毎週 3 回導入した．各処理区で繰り返しを三つずつ行った．コントロールとして，アズキゾウのみ8ペア，ヨツモンのみ8ペアを3回導入した実験も行った．

競争実験の結果，アズキゾウが勝ちやすいことがわかった（図5.8）．しかし結果は初期導入個体数に応じて変化した．6：2，4：4の処理区ではアズキゾウが常に勝ち残った．2：6の処理区では結果が分かれ，二つでアズキゾウが勝ち，一つでヨツモンが勝ち残った．そして2：8の処理区ではヨツモンが勝ち残った．

この結果は，繁殖干渉による予測に合致する．2種の繁殖干渉は非対称で，アズキゾウのオスがヨツモンのメスの産卵数を一方的に減らす．競争実験の結果，アズキゾウが勝ちやすく，しかも結末が初期導入個体数に応じて異なった．一方，実験結果は資源競争による予測に合致しない．幼虫間の資源競争ではヨツモンが強かったから，ヨツモンが勝つはずであった．しかも競争実験の結末は初期導入個体数に応じて変化しないはずであった．したがってこの2種の（広義の）種間競争の結末は，種間の資源競争ではなく，繁殖干渉が決定づけているといってよい（Kishi et al., 2009）．

5.4.2　実験結果の意義

上に述べてきた一連の実験結果は，従来のマメゾウムシの（広義の）種間競争の概念を大きく変える．これまで種間競争の結末は，資源をめぐる競争によって決まるといわれてきた．しかし実験の結果，2種のマメゾウムシの（広義の）種間競争の結末は資源をめぐる競争ではなく，成虫種間の性的な相互作用である繁殖干渉によって決まってしまうことがわかった．さらに実験結果に基づいた予測と競争実験の結果が一致したことから，繁殖干渉を調べることでマメゾウムシの（広義の）種間競争の結末を予測できる可能性が高い．マメゾウムシは種間競争の概念の礎を築いた典型的な実験動物であったから，この結果がもつ意義は大きい．

より正確にいえば，マメゾウムシの（広義の）種間競争の結末は，繁殖干渉だけでなく資源をめぐる競争との両方によって決まる（Kishi and Nakazawa, 2013）．それでも（広義の）種間競争の結末に及ぼす影響は繁殖干渉のほうが大きくなりやすい．理論的な詳細は第2章に述べたのでここでは簡単に説明する．近縁な2種が二次的に出会った場合，繁殖干渉と資源競争の両方がしばしば生じる．このとき，繁殖干渉は相手種に対して正の頻度依存性をもつ一方，資源競争は相手種に対して密度依存性（相手種の密度に依存した負の効果）をもつ．正の頻度依存性をもつ種間相互作用が働くとき，少数派の個体群増殖率が多数派のそれよりも小さくなる．一方，密度依存性をもつ種間相互作用では，自種密度が低くなるほど個体群増殖率が大きくなる．したがって資源競争よりも繁殖干渉の方が種の絶滅を強く促進するため，繁殖干渉の方が種の絶滅を決定づけやすい．マメゾウムシの実験から得られた結果はこの理論的な予測を支持する．

最近，このマメゾウムシ2種の競争実験の動態を解析した結果からも，繁殖干渉と資源競争の両方が働いていることが示唆された（Kawatasu and Kishi, 2018）．この研究ではアズキゾウが勝ちやすかった Kishi et al.（2009）の動態と，ヨツモンが勝ちやすかった Ishii and Shimada（2008）の動態を非線形時系列解析法の一つである Empirical Dynamic Modelling（EDM）を用いて解析した．2種の動態の中から資源競争と繁殖干渉の種間の因果関係とその効果の強さを別々に推定するために，相互作用が生じてから効果が現れるまでの時間に着目した．種間の資源競争は幼虫期に生じ，相手種の将来の羽化（成虫）個体数を減らす効果として現れる．動態のデータは1週間ごとの羽化個体数として記録されているから，幼虫期の資源競争の効果は1世代後，つまり4週間後の羽化個体数が減る効果として現れるはずである．一方，繁殖干渉は成虫期に生じ，相手種のメスの産卵数と寿命を減らす効果として現れる．したがって産卵数の減少は資源競争と同様に1世代の時間間隔をおいて現れ，寿命の短縮は生じるとすぐに個体数の減少として現れる．この効果の現れ方の時間的な違いに着目して解析すると，Kishi et al.（2009）の動態でも Ishii and Shimada（2008）の動態でも，アズキゾウの羽化個体数は1世代前のヨツモンの羽化個体数による負の影響がみられた．つまり両方の実験でヨツモンからアズキゾウへの幼虫期の資源競争の存在が示唆された．一方，Kishi et al.（2009）の動態ではヨツモンの羽化個体数は同じ週のアズキゾウの羽化個体数による影響がみられた一方，Ishii and

Shimada (2008) の動態ではそのような効果はみられなかった．つまりアズキゾウからヨツモンへの繁殖干渉は Kishi et al. (2009) でのみ示唆された．これらの結果から，マメゾウムシ2種の競争実験ではいずれの実験でもヨツモンからアズキゾウへの幼虫期の資源競争が生じている一方，繁殖干渉は実験に応じて異なっており，アズキゾウの勝ちやすさもそれに応じて決まっている可能性が高い．このように，2種の動態データのみを用いて，他種の動態に影響を与える要因の因果関係とその効果の大きさを推定できた．

それではマメゾウムシから得られた結果はどのくらい普遍的だろうか．マメゾウムシと同様に種間競争の概念の基盤となったコクヌストモドキやショウジョウバエではどうだろうか．これらの詳細については後述するが，どちらも繁殖干渉が競争実験の結末に強く作用したことを示唆する結果が複数ある．ただしコクヌストモドキについては種間捕食の影響も大きいため，繁殖干渉だけが競争実験の結末を決定するとはいえない．それでも，繁殖干渉の影響力は無視できないほど大きい．野外における実例も増えてきている．これについては次章以降に任せるが，それらの結果とマメゾウムシでみられた結果はほとんど矛盾なく説明できる．

最後に付け加えておくと，資源競争のみでも種の絶滅は生じうる．ここまで，繁殖干渉が種の絶滅を導くことばかり強調してきたため，資源競争は種の絶滅を起こさないと読者は思われたかもしれない．上述のように，資源競争では多くの場合，密度が低くなるほど個体群増殖率は大きくなるため，絶滅を起こしにくい．しかし資源競争は線形な密度依存性をもつものばかりではない (Murray, 1982)．非線形な競争や，種間の強い密度依存性をもつ競争が生じれば，種の絶滅は生じうる．Crombie (1945) はコナナガシンクイ *Rhizopertha dominica* とバクガ *Sitotroga cerealella* をケース内で飼育し種間競争を観察した．2種の初期導入個体数を変えても常にバクガが200日程度で絶滅した．極端な場合にはコナナガシンクイ6500卵，バクガ100卵で開始しているが，それでもバクガが絶滅するまでに200日程度かかっている．反対に，コナナガシンクイ250卵，バクガ2500卵で開始してもやはりバクガが200日程度で絶滅する．バクガのみで飼育すると絶滅は起きないから，バクガの絶滅はコナナガシンクイによって生じているといえ，さらに初期導入個体数によって競争の結末は変化しない．これは繁殖干渉でなく資源競争による種の絶滅（競争排除）といえる．Crombie（1945）はコナナガシンクイとバクガの幼虫を顕微鏡で観察した結果，2種の幼虫が小麦の粒をめぐって殺し合いの闘争が起きることを発見した．そして，この闘争ではバクガの幼虫のほうがやや劣勢のため，バクガが絶滅すると結論した．したがってこの2種の種間競争では，種間に強い密度依存効果が生じたと考えられる．しかし近縁でない2種の貯穀害虫を同居させた場合，共存のほうが起きやすい．たとえばコナナガシンクイとノコギリヒラタムシ *Oryzaephilus surinamensis* では長期の共存がみられた（Crombie, 1945）．またコナナガシンクイとコクゾウムシ *Sitophilus zeamais* でも長期間の共存が報告されている（Yoshida, 1966）．筆者は，資源競争は多くの場合，共存を生じやすいが，ときどき種の絶滅を導く場合もあると考えている．しかし，資源競争によって種の絶滅が生じる条件を統一的に説明できるのか，いまだ判然としない．

5.4.3 繁殖干渉のメカニズム

繁殖干渉は多くの生物に普遍的にみられるけれども，そのメカニズムは実に多様だ．繁殖干渉が多様なのは，ひとえに生物の配偶様式が多様だからである．繁殖干渉は生物の繁殖プロセスで生じる種間の性的相互作用だから，生物の配偶様式が多様であれば，繁殖干渉もそれに合わせて当然多様になる．したがって繁殖干渉のメカニズムは興味を引きやすい一方，個別の話になりやすいため，一般的なルールを探すのは難しい．このことを踏まえた上で，マメゾウムシの繁殖干渉メカニズムについて検討する．

マメゾウムシの2種のオスは同種・異種どちらのメスにもみさかいなく求愛する．とはいえ，2種の求愛行動は少し異なる．アズキゾウのオスはメスを見つけるとメスの背後にまわりこみ，長い交尾器を突き出してメスの交尾器に挿入しようと試みる．アズキゾウのオスの交尾器は非常に長く，体長の2/3に達する．そのためオスとメスの間にはわずかに隙間ができる．一方，ヨツモンのオスはメスを見つけるとメスの背後にしがみつき，その後短い交尾器を出し，メスの腹端部に押しつけ，交尾を試みる．そのためオスはメスに密着した状態になる．

このような求愛行動に対するメスの反応も異なっている．アズキゾウのメスをみていると，ヨツモンのオスが後ろにしがみついていてもおかまいなく歩き回り，産卵まで行う．一方，ヨツモンのメスをみていると，アズキゾウのオスが背後から交尾器を伸ばし，挿入しようとすると，盛んに逃げ回る．このような2種のメスの交尾拒否行動の違いは，交尾回数の違いに関係するのかもしれない．アズキゾウのメスはほとんどが1回交尾であるから，アズキゾウの既交尾メスにとってヨツモンのオスがやってきても交尾が成立しないのでそれほどコストにならないかもしれない．一方，ヨツモンのメスは多回交尾をすることが知られており（Miyatake and Matsumura, 2004），同種オスと交尾すると交尾器が傷つくことが知られている（Crudgington and Siva-Jothy, 2000）．そのため既交尾のメスは同種オスとの交尾を避けようとし，交尾しても後脚で蹴って交尾時間を短くしようとする．おそらくアズキゾウのオスによる求愛行動でも同様の交尾拒否行動が誘発されていると考えられる．

ヨツモンのメスの産卵数を減少させるメカニズムをより詳細にみると，直接的なものと間接的なものの二つが考えられる．直接的なものは，種間交尾による交尾器の損傷である．Kyogoku and Nishida (2013) は，アズキゾウのオスとヨツモンのメスが複数回交尾すると，ヨツモンのメスの産卵数が減少することを示した．ヨツモンのメスを産卵前にアズキゾウのオスと同居させておくことでも産卵数の減少が確認されたことから，交尾器が損傷することによって産卵数が減少したことが示唆された．アズキゾウの交尾器の先端には鱗のようなトゲがついており，このトゲの数が増加するとともにヨツモンのメスの産卵数が減少する（Kyogoku and Sota, 2015a）．この産卵数の減少は，アズキゾウのオスの射精物質による影響ではないといわれているが（Kyogoku and Sota, 2015b），アズキゾウのオスの射精物質によってヨツモンのメスの再交尾率は低下する（Yamane and Miyatake, 2010b）という報告もあり，検討の余地が残る．一方，間接的なものは，行動的な産卵数の減少である．既交尾のヨツモンのメスはまず産卵のためにマメの表面を歩き回り，周りに卵がないことを確認する．そしてその場でしばらく静止したあとにマメの表面にゆっくりと卵を産み付ける．アズキゾウのオスによる求愛行動はこの一連の産卵行動を妨害する．アズキゾウのオスの求愛行動から逃げ出したメスは，産卵行動を一からやり直すことになる．このような行動的な妨害によっても産卵数が減少する．さらには，ヨツモンのメスはアズキゾウのオスがいるとき，アズキゾウのオスのいる場所を避ける行動や（Fujii, 1970），アズキの隙間に隠れる行動（Kishi and Tsubaki, 2014）がみられる．このような行動によってもヨツモンの産卵数は減少するだろう．このように，ヨツモンのメスの産卵数の減少には直接的な交尾器の損傷と間接的な回避行動の両方が働いていると考えられる．

5.4.4 マメゾウムシの種間競争の整理

今回の結果から，これまでに行われた 2 種の（広義の）種間競争のうち，アズキゾウが勝った実験については説明ができそうだ．吉田（1957），Yoshida（1966）や Bellows and Hassell（1984）の実験結果である．実はこれらの結果の中にすでに繁殖干渉が働いたことを示唆するデータがある．吉田（1957）は，2 種のマメゾウムシの導入日をずらして競争実験を行った．2 種を 8 ペアずつ同時に導入するとアズキゾウが勝ち残るが，導入する日をずらしていき，ヨツモン 8 ペアを導入してから 28 日後にアズキゾウ 8 ペアを導入するとアズキゾウはその後増加せずに絶滅した．この結果は，ヨツモンがすでに十分に増えた後ではアズキゾウは増えられないことを示している．つまり 2 種の頻度に応じて競争の結末が変化している．Bellows and Hassell（1984）は幼虫間の競争と成虫間の競争を分けて解析した．すると，幼虫間の競争は密度依存的である一方，成虫間の競争は頻度依存的だった．Yoshida（1966）は一連の実験のなかで，より直接的なデータを示している．2 種を同居させたときとさせないときの生存時間を比べた結果，同居させたときのヨツモンのメスの生存時間が同居させないときと比べて著しく減少していた．さらにヨツモンのメスはアズキゾウのオスと同居すると産卵数が大きく減少した．これらの結果は，過去の競争実験でもアズキゾウのオスからヨツモンのメスに繁殖干渉が生じており，それが競争実験の結末にも大きく影響していたことを強く示唆する.

それではヨツモンが勝ち残った実験結果はどう説明すればよいだろうか. Utida (1953) と Ishii and Shimada (2008) の実験結果である. これまで述べてきたように, (広義の) 種間競争の結末が繁殖干渉と資源競争の二つのバランスで決まるのならば, ヨツモンが勝つには二つの可能性が考えられる. 一つは, アズキゾウによる繁殖干渉が弱い可能性であり, もう一つはヨツモンの資源競争が強い可能性である. 理論モデルによれば, 資源競争よりも繁殖干渉のほうが種間競争の結末を強く決定づけるから, この場合にはヨツモンへの繁殖干渉が弱かった可能性が高い. 内田は最初の実験 (Utida, 1953) と後の実験 (内田, 1998) で競争実験の結末が逆転したことを報告している. このことは, 同じアズキゾウの系統でも比較的短期間に繁殖干渉が変化したことを示唆する.

実際, 繁殖干渉の強さは系統間で異なるらしい. Fujii (1969) はアズキゾウ 4 系統, ヨツモン 4 系統を用いてこれらの 15 の組み合わせについて室内で種間競争実験を行った. その結果, 競争の結末はアズキゾウの系統に応じて異なった一方, ヨツモンの系統に応じてはあまり変わらなかった. したがって, アズキゾウからヨツモンへの繁殖干渉の強さが系統間で異なり, その系統間の差異が競争の結末の差異につながったと考えられる.

さらに, アズキゾウの同じ系統でも飼い主に応じて繁殖干渉の強さが異なる証拠がある. Ishii and Shimada (2008) によれば, 実験に使用したアズキゾウの系統は jC であるという. 筆者が実験に使用した系統と同じものだ. つまり, 同じ系統でも種間競争の結末が異なったことになる. そこでこの論文を執筆した東京大学の石井弓美子氏にお願いしてアズキゾウを分譲して頂いた. 到着したアズキから羽化してきたアズキゾウをみて筆者は驚いた. 羽化してきたアズキゾウがとてもおとなしいのである. アズキの表面にとまったまま, ほとんど動かない. 同じ恒温室においてある筆者の jC 系統の飼育容器では多くの個体が忙しく歩き回っていた. 繁殖干渉の強さに違いがあるのではないかと考え, 実験を行った. 石井氏から頂いた jC 系統は jC-S と名付けた. ちょうどこのとき野外から採集して 3 世代以内のアズキゾウがいたので, これを野外系統 wild として同時に実験を行った.

実験した結果，同じアズキゾウの系統でも繁殖干渉の強さが異なっていた（図 5.9，Kishi, 2015）．

jC-S のオスによるヨツモンのメスへの繁殖干渉は，jC のオスによる繁殖干渉よりも弱かった．jC-S のオスと同居したときのヨツモンのメスの産卵数はオスが同居しない対照区とあまり変わらなかった．一方，jC のオスによる繁殖干渉は強く，野外系統と有意な差がなかった．むしろ野外系統のそれよりも強いほどであった．jC-S は jC から分岐した系統だから，分岐後に jC-S あるいは jC の繁殖干渉が変化したと考えられる．jC-S と jC が分岐した年代は諸説あってはっきりしないけれども，それほど古くないらしい．長くても 20 年程度だという．

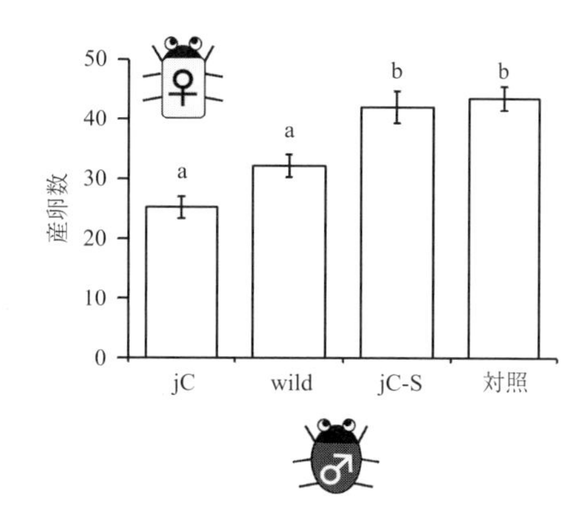

図 5.9　アズキゾウのオス（京大系統 jC，野外系統 wild，東大石井氏の jC 系統 jC-S，対照）と同居させたときのヨツモンのメスの 3 日間の産卵数．異なるアルファベット間に有意差（Tukey 検定，$p<0.05$）がある．

しかも種間競争実験を行うと，jC はヨツモンに勝つけれども jC-S はヨツモンに負けてしまう（図 5.10）．

この結果は，アズキゾウの同じ系統でも繁殖干渉の強さが異なっており，その強さに応じて種間競争の結末が変わってしまうことを示している．このことは，繁殖干渉の強さが変わりやすいものであることを示している．

筆者は，繁殖干渉の強さが変化した原因は，アズキゾウの累代飼育の方法の違いではないかと考えている．石井氏にアズキゾウの飼育方法を伺ったところ，100 g 程度のアズキにかなり低密度のアズキゾウを放ち，産卵させていたという．これは筆者の飼い方に比べて低密度である．この飼育方法では産卵前，産卵中のオスとメスの相互作用は相対的に少ない．このような環境下で選抜されることで性的対立が弱まるのかもしれない．もし性的対立と繁殖干渉の強さに相関があれば，このような仮説がありうる．

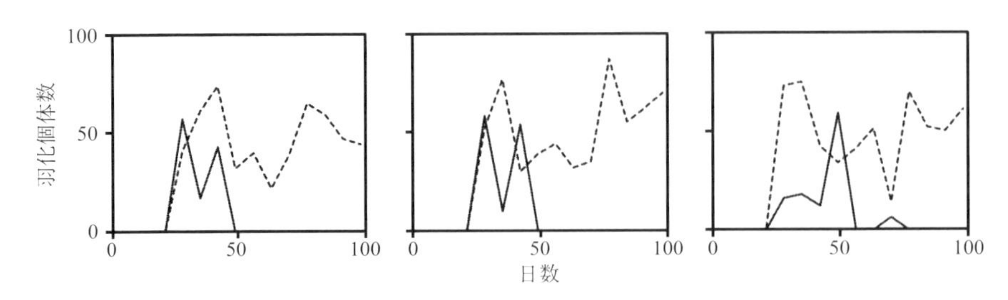

図 5.10　アズキゾウ jC-S 系統（実線）とヨツモン（破線）の種間競争．三つの繰り返しを示す．

アズキゾウの飼い方を変えると何世代くらいで繁殖干渉の強さが変わるのだろうか．明確な証拠はないが，示唆的な証拠がある．筆者はマメゾウムシを使って繁殖干渉を研究してみようと思い立ち，2007 年に京都大学昆虫生態学研究室の西田隆義助教（当時）からアズキゾウ jC を譲り受けた．筆者はこのアズキゾウを増やして実験に使うことにした．一回交尾したメスを得るために，マイクロチューブに処女メスとオスを一緒に入れて観察したが，交尾がなかなか起こらない．アズキゾウの交尾実験を行った論文（e.g., Harano and Miyatake, 2005）を読むと，オスとメスをマイクロチューブに入れると交尾がすぐに始まると書いてある．最初はなにかの間違いかと思って，マイクロチューブに入れたペアをいくつも用意して交尾を観察しようとしたが，それでもなかなか交尾が起きなかった．そこで，交尾までどのくらい時間がかかるのか，調べてみることにした．交尾未経験のオス 1 個体とメス 1 個体，およびアズキ 10 粒を小さなシャーレに入れ，6 時間おきに観察して産卵が始まっているか記録した．その結果 24 時間が過ぎても産卵していたメスは半分にも満たなかった（図 5.11，黒丸）．

48 時間たっても 100 % に達せず，すべてのメスが産卵するには 54 時間以上必要だった．この実験では交尾が起きた時間は明確にわからないけれども，交尾したメスはすぐに産卵をはじめるので，産卵を開始する直前に交尾が生じたと考えられる．つまり，マイクロチューブに入れてから交尾するまで 2 日かかるメスがいたのである．一方，jC-S についても同様に調べたところ，12 時間後には 95 % のメスが産卵を開始していた（図 5.11，黒菱）．

そして交尾・産卵開始の遅いjCを累代飼育し，10世代後に同様にシャーレにペアを入れて観察してみると，24時間後にはすべてのメスが産卵を開始していた（図5.11，白丸）．つまり，メスの交尾前期間は10世代以内に急速に短縮することがわかった．

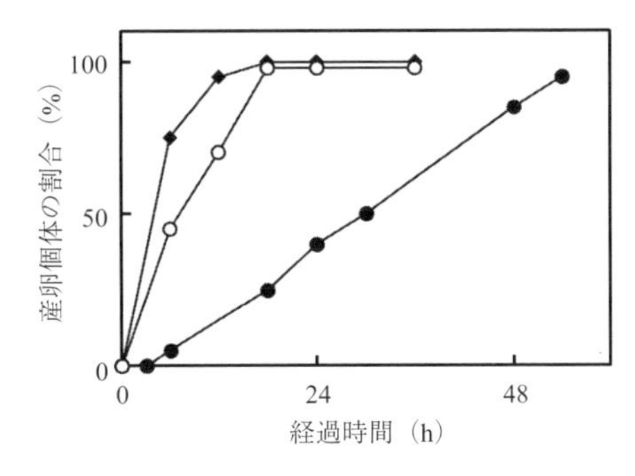

図5.11　オスと同居するアズキゾウのメスが一定時間後に産卵していた割合．jC系統のメス（●），jC系統の10世代後のメス（○），jC-S系統のメス（◆）．

この急速な進化は，アズキゾウの累代飼育方法の変化によって生じたと考えている．筆者が譲り受ける前の飼育方法は，容器のアズキをすべて捨て，その後に成虫と新しいアズキをともに投入する方法であった．しかもアズキの交換頻度は30℃で1ヵ月に一度程度で，アズキゾウの成長期間よりもかなり長い．この方法では，早くに交尾したメスは使い古しのアズキに産卵するしかない．しかしそれらのアズキはすべて捨てられてしまうから，早くに交尾して産卵するメスほど次世代の子の数が少なくなる．したがってできるだけ交尾を遅くし，更新されたアズキにより多く産卵するメスが有利になる．このような選択圧がかかった結果，筆者が譲り受けた当時のアズキゾウは交尾が起きにくかったものと推測できる．

アズキゾウを譲り受けた後，筆者は筑波大学と同様の飼育方法に一部改めた．一つの容器に産卵済みのアズキと新しいアズキの両方を入れておくようにした．この方法ではすぐに交尾するメスがより早く新しいアズキに産卵できるため有利になる．そのためそのようなメスが選抜され，メスの交尾前期間が短縮したものと考えられる．

これらのことから，累代飼育の方法が変化すると，それに伴ってアズキゾウの性的対立も数世代のうちに進化することがわかる．性的対立の強さと繁殖干渉の強さに相関があれば，繁殖干渉も数世代のうちに変化すると思われる．Kuno et al.（1995）は，jC系統と野外系統の再生産曲線が大きく異なることを報告している．興味深いことに，このときの再生産曲線は内田が調べたjC系統のものとも異なっている．Kuno et al.（1995）の jC 系統は内田から引き継いだ系統のはずだから，やはり同じ系統でも形質が変化することがわかる．同様の現象は Yoshida（1966）も指摘している．

以上のことから，アズキゾウは同じ系統でさえ飼い方の違いで繁殖干渉の強さが急速に変化すると結論できる．しかも繁殖干渉が変化することで競争実験の結末も逆転する．この結論は，内田の相反する結果を合理的に説明する．内田の最初の実験ではヨツモンが勝ち残り，次の実験ではアズキゾウが勝ち残った．もしこの二つの実験の間にアズキゾウの飼い方が変わっていれば，筆者の結論は支持される．いまとなっては知る術がないが，内田は最初の実験からしばらく後に技官に累代飼育を任せ，このときにより簡便な飼育方法に変えたといわれている（西田隆義，私信）．

マメゾウムシの一連の実験結果から得られた結論は，野外の（広義の）種間競争でもその結末が複雑になりうることを示唆する．すなわち地域個体群に応じて繁殖干渉の関係が異なり，それに応じて（広義の）種間競争の勝敗が変わる可能性がある．この仮説を動物で検証した例はいまのところないけれども，地域個体群に応じて性的対立が異なる種はいくつか見つかっている．たとえばサッポロフキバッタ *Podisma sapporensis* は北海道内の地域個体群ごとに性的対立の程度が異なっている（Sugano and Akimoto, 2011）．このような種の生息地に近縁な異種が侵入した場合，異種が侵入できる場所と，できない場所の両方が出現しうる．この場合，2 種の生息場所はモザイク状になる（e.g., Connor et al., 2013）．さらには，時間的に（広義の）種間競争の勝敗が変化することも考えられる．すなわち，あるとき在来種の生息地に近縁異種が侵入できなくても，のちになって侵入できる場合である．これらの問題は外来種の侵入可能性の予測をより難しくする．繁殖干渉という概念の導入によって（広義の）種間競争はようやく検証可能になったけれども，その一方で，繁殖干渉はその変わりやすさのために（広義の）種間競争の結末の予測を難しいままにしてしまったようにみえる．

最後に，環境条件に応じて競争実験の結末が変化した研究について検討する．Fujii（1965）は排気口のある容器ではアズキゾウが勝ち，ない容器ではヨツモンが勝つことを報告した．湿度が高い条件ではアズキゾウの発育期間が延長するためと考察されている．また Fujii (1967) は 32 ℃，湿度 64 % のときヨツモンが勝つことを報告した．こちらは，高温条件ではアズキゾウの発育が遅延することや産卵数が減少するためと考察されている．これらの実験結果を繁殖干渉の視点からみると，高温，高湿度条件でアズキゾウからヨツモンへの繁殖干渉が弱まったことが考えられる．実際，32 ℃ではアズキゾウの平衡密度は 30 ℃のときの半分になったという（Fujii, 1967）．しかし現在までのところ，環境条件に応じてマメゾウムシの繁殖干渉が変化することを示す強力な証拠はない．加えて，環境条件に応じた資源競争の変化と，繁殖干渉の変化を明確に区別することは実はかなり難しい．それにもかかわらず，環境条件と繁殖干渉の関係は野外の近縁種間にみられる生息場所の分割を検討するために非常に重要であって，今後の研究が必要となっている．

5.5　マメゾウムシの資源分割の実験

近縁な 2 種間に繁殖干渉と資源競争が同時に生じており，さらに複数の資源が利用できる環境では，資源分割が生じうる（Nishida et al., 2015）．資源分割とは，それぞれの種が異なる資源を利用する状態である．そこでマメゾウムシ 2 種に異なる 2 タイプの資源を与え，資源分割が生じるかどうか調べることにした．実験の結果，ヨツモンがアズキゾウによる繁殖干渉を避けた結果として資源分割が生じることがわかった（Kishi and Tsubaki, 2014）．以下ではその実験について述べる．

5.5.1　繁殖干渉＋資源競争の効果

近縁種間の資源分割は野外に多くみられる．生物にとっての資源は，空間的な資源，栄養的な資源，時間的な資源の大きく三つに分けられる．そのため利用する資源に応じて，それぞれ生息場所分割（すみ分け），エサ資源の分割（食い分け），時間的すみ分け，と呼ばれる．第2章で紹介したように，オサムシ属 *Carabus* やコブヤハズカミキリ属 *Mesechthistatus* にみられる側所的分布は生息場所分割である．ミスジチョウ属 *Neptis* にみられる食草分割はエサ資源の分割である．生息場所分割やエサ資源の分割に比べて少ないが時間的すみ分けについてもいくつかの例が知られている（Schoener, 1974）．

従来，資源分割は種間の資源競争のみによって説明されてきた．すなわちそれぞれの種がパフォーマンスのよい資源を利用しているという概念である．しかし調べてみると相対的に質の悪い資源を利用している種がしばしばいることがわかってきた．これらの結果について，捕食者や寄生者の効果を考慮することで一部説明できるようになったものの，それでもトレードオフがみつからないことや種の移行帯がごく狭い事実は，説明できていない．繁殖干渉はこれらの問題を解決する（詳しくは第2章を参照）．

5.5.2　資源分割の実験

マメゾウムシ2種に異なる2タイプの資源を与えたとき，繁殖干渉と資源競争の組み合わせによって資源分割が生じるか検証することにした．アズキゾウとヨツモンの2種を用い，資源は，通常のアズキと半球状に割ったアズキの2タイプを用意した．半球状のアズキは，1粒を子葉に沿って二つに割ることで作成した．この半アズキは，通常の丸アズキに比べてヨツモンへの繁殖干渉を強めることを狙いとしている．種間競争の実験をしているとき，ヨツモンのメスがアズキの粒と粒の間隙に潜り込んでいるところをしばしば見かけた．これはヨツモンのメスが繁殖干渉を避けるための行動と考えた．そうであれば，アズキの間隙が無くなればヨツモンはアズキゾウから被る繁殖干渉を避けられなくなるはずである．そこで半アズキの丸い面を上にして並べることによってアズキの間隙を無くした．丸アズキと半アズキは元々同じものなので，栄養的な質は同等である．予想する資源競争と繁殖干渉の関係は図のようなものである（図5.12）．つまり，アズキゾウが半アズキで勝ち残り，ヨツモンが丸アズキで勝ち残ると予想される．

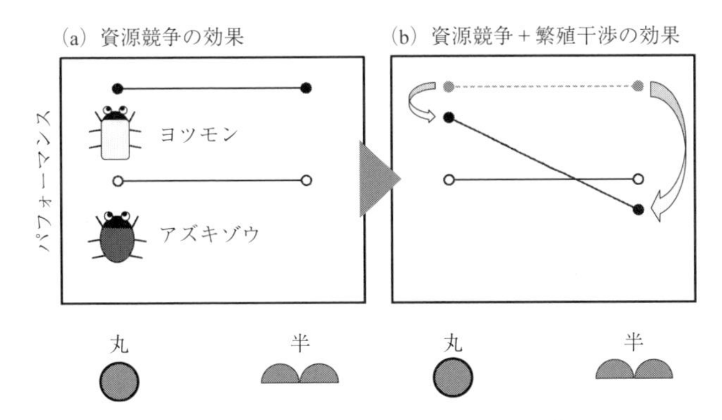

図 5.12　アズキゾウとヨツモンが丸アズキと半アズキを利用した結果生じる資源分割の予想図．ヨツモンはアズキゾウに比べていずれのマメでも資源競争に強いが (a)，アズキゾウから被る繁殖干渉は半アズキでより大きくなるために半アズキではアズキゾウよりも全体のパフォーマンスは低くなる (b)．ただし，説明のための概念図であることに注意．

仮説を検証するために，シャーレの中に丸アズキと半アズキを入れ，さらに2種のオスとメスをさまざまに組み合わせて導入し，産卵数を調べた．具体的には，内部が二つに区切られたシャーレを用い，一方に5gの丸アズキを固めて入れ，もう一方に5gの半アズキの丸い面を上にして並べた．丸アズキはバラバラにならないように小さな紙テープで周囲を囲んだ．シャーレ内の二つの区画はつながっており，成虫が自由に往来できる．そこへ2種のオスとメスをさまざまに組み合わせて導入した（表5.3）．

3日間自由に産卵させ，産卵数を記録した．アズキ表面に産みつけられた卵はアズキゾウのものか，ヨツモンのものか目視では区別できないので，2種のメスを導入した場合には合計の産卵数を記録した．その後，アズキをタイプ別にそれぞれプラスチックカップに入れ，次世代成虫が羽化した後に個体数を数えた．各処理区について繰り返しを6ずつ行った．実験はすべて30℃，湿度70%で行った．

2種のオスとメスがそれぞれの資源タイプへの産卵数にどのような影響を与えるか調べるために一般化線形混合モデル[3]を用いた計算を行った．計算では，丸アズキへの産卵数と半アズキへの産卵数は同一シャーレ内でトレードオフの

表 5.3　アズキゾウとヨツモンのオスとメスをさまざまに組み合わせた処理区．

		処理区							
		1	2	3	4	5	6	7	8
アズキゾウ *C. chinensis*	オス	5	5	0	0	5	0	0	0
	メス	5	5	5	0	0	5	5	0
ヨツモン *C. maculatus*	オス	5	0	5	5	0	0	0	0
	メス	5	0	0	5	5	5	0	5

関係にあると考えられることから，いずれか一方への産卵数だけを採用した．その結果，1 要因，2 要因の交互作用に加えて，3 要因の交互作用が三つ選択された．アズキゾウのメス×アズキゾウのオス×資源タイプ（丸 or 半），ヨツモンのメス×アズキゾウのオス×資源タイプ，そしてアズキゾウのメス×ヨツモンのオス×資源タイプである．3 要因の交互作用は通常は解釈が非常に難しいけれども，この場合に限り解釈が可能である．なぜならオスは産卵しないので産卵数への影響は常にメスを通じて現れるからである．したがってこれら三つの交互作用のうち後ろの二つは，メスは異種オスと同居すると資源タイプへの産卵選好性を変化させることを示している．残る一つは，アズキゾウのメスが同種オスと同居したときにも資源タイプへの産卵選好性を変化させることを示す．予測値から，アズキゾウのオスがいるとき，ヨツモンのメスもアズキゾウのメスも，丸アズキへの産卵を増やすけれども，アズキゾウのメスはヨツモンのオスがいるときには半アズキへの産卵を増やす．したがって 2 種のオスとメスが同居すると，アズキゾウのメスの産卵選好性の変化は打ち消しあうので，ヨツモンのメスが丸アズキにより多く産卵する変化が残る．これはアズキゾウのオスからの繁殖干渉の効果と考えられる．

それでは，そのような行動的な変化によって資源分割が起きるのだろうか．丸アズキと半アズキから羽化してきた成虫個体数を比較した結果，2 種のオスとメスをすべて導入した処理区 1 では，丸アズキからはヨツモンがより多く羽化し，半アズキからはアズキゾウがより多く羽化した（図 5.13）．つまりシャーレの中で資源分割が生じた．2 種のメスのみに産卵させた処理区 6 では，半アズキではほぼ同数の次世代成虫が羽化し，資源分割は生じなかったから（図 5.13），資源分割はオスと同居することで実現するといえる．

3）第 3 章を参照のこと．

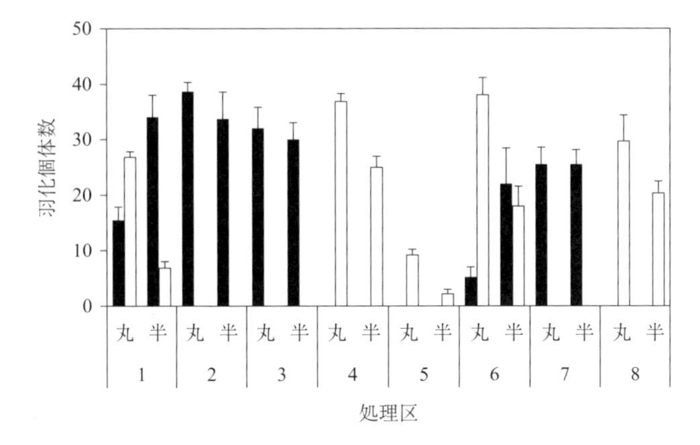

図 5.13 それぞれの処理区の丸アズキ（丸）と半アズキ（半）から羽化したアズキゾウ（■）とヨツモン（□）の次世代個体数．横軸の数字 1–8 は表 5.3 の処理区と同じ．

実験の結果，マメゾウムシ 2 種のオスとメスに 2 タイプの資源を与えることでシャーレの中で資源分割が生じ，しかもそれは異種オスによる繁殖干渉によって達成されることがわかった．ヨツモンのメスはアズキゾウのオスがいるとき全体に大きく産卵数が減少するから，丸アズキへの産卵数も減少する．アズキゾウのメスはヨツモンのオスがいるとき資源への産卵選好性が変化するが，それでも丸アズキにかなり産卵する．したがって 2 種のオスとメスを導入した処理区では丸アズキへの産卵数は 2 種が同等か，あるいはアズキゾウの方がやや多い．それでも丸アズキからより多くのヨツモンが羽化してきたのは，ヨツモンの方が幼虫間の資源競争に強いからである．つまり，この実験結果でみられた資源分割は繁殖干渉によるメスの行動変化と幼虫間の資源競争の組み合わせによって生じたといえる．

ヨツモンのメスが産卵する時，アズキゾウのメスよりもアズキの層の中に深く潜ることはすでに知られている．渡辺（1984）はヨツモンのメスのほうがアズキゾウのメスよりも扁平な体型をしており，そのためにより小さいマメでも深層まで潜行して産卵することを報告している．さらにアズキゾウのメスは体サイズにかかわらずマメの層の表層にのみ産卵する一方，ヨツモンのメスは小さい個体ほどマメの層の深い場所に潜行して産卵する（渡辺, 1985）. このような行動が進化した要因は二つ考えられる. 一つは寄生蜂による寄生回避である. マメゾウムシには数種の幼虫寄生蜂が知られている（e.g., Shimada, 1999）. 寄生蜂がマメの層に深く潜行できなければ, 深い場所ほど寄生率が低下すると考えられる. もう一つは同種オスによる性的ハラスメントの回避である. いずれにしろ, ヨツモンのメスの潜行行動は, すでに獲得していた行動が繁殖干渉に対して前適応的に発揮されたものと考えられる.

ヨツモンのメスの潜行行動は, 種間競争の実験においてアズキの層が厚いほどヨツモンが絶滅するまでの時間が延長するか, あるいは絶滅することなくアズキゾウと共存することを予測させる. Yoshida（1966）はアズキを厚く入れた実験容器に, アズキゾウとヨツモンの 2 種の個体数をさまざまに組み合わせて入れ, 次世代の成虫数を記録した. その結果, 2 種が低密度のときにはアズキゾウの相対頻度にかかわらずヨツモンが次世代で増加することを報告している. ヨツモンのメスがアズキに深く潜ることができる場合には, 繁殖干渉が弱まり, 産卵数が増加すると推測できる. Fujii（1970）はマメゾウムシが自由に出入りできる穴をあけた容器にアズキを入れ, それとともにアズキゾウとヨツモンの成虫をより大きな飼育容器に入れ, アズキの入った穴あき容器の中と外の成虫の分布の変化を観察した. その結果, ヨツモンのメスはアズキゾウと同居すると, 産卵場所である穴あき容器を避けた. その後, 穴あき容器内のアズキゾウが減少するにしたがってヨツモンのメスが穴あき容器内に増加した. この実験結果は, ヨツモンのメスがアズキに潜行せずに繁殖干渉を行動的に避けた結果として解釈できる. 繁殖干渉を可塑的に弱めたり避けたりするこのような行動はあまり研究されていないが, タバココナジラミ *Bemisia tabaci* に似た例がある. この種の侵入タイプ B のメスは在来タイプ Q のオスがいるとき, 交尾率を上げ, その結果, 半数倍数体の母親は娘を多く生産できる（Crowder et al., 2011）. 一方在来タイプ Q のメスは侵入タイプ B のオスがいるときにも行動を変化させず交尾を受け入れないので娘を多く生むことができない. 結果として, 侵入タイプ B は在来タイプ Q の生息地に侵入し, 在来タイプ Q を駆逐している. タバココナジラミのタイプ間における繁殖干渉については, 次の第 6 章でもう少し詳しく紹介しているので，参照されたい．

5.5.3 資源利用能力だけでは資源分割は決まらない

マメゾウムシを用いた室内実験の結果，メスが繁殖干渉を避けた結果として資源分割が成立した．この結果は，ある生物種が野外で利用している資源が，その種の資源利用能力だけで決まっていないことを意味する．むしろ資源利用能力が高くても繁殖干渉に弱い種は質の悪い資源を利用すると予測される．次章で説明されるナミテントウ *Harmonia axyridis* とクリサキテントウ *H. yedoensis* の研究はその好例である（Noriyuki et al., 2012）．ナミテントウはよくみられる普通種で，草地等に生息する多くのアブラムシを摂食している．一方ナミテントウに非常によく似たクリサキテントウはマツ林に局所的に生息し，マツ林に生息する敏捷なアブラムシのみを摂食する[4)]．しかしクリサキテントウの幼虫にナミテントウが食べているアブラムシを与えてもよく食べ，よく育つ（佐々治，1986；Noriyuki and Osawa, 2012）．資源利用能力からみればクリサキテントウはナミテントウよりも多くのアブラムシを利用できる．しかしこの 2 種の繁殖干渉は非対称で，クリサキテントウはナミテントウから一方的に繁殖干渉を被る（岡田ほか，1978；Noriyuki et al., 2012）．そのためクリサキテントウは局所的で限られたエサを資源としていると考えられる．植食性昆虫にも資源利用能力と実際に利用する資源の質が合致していない例が多く知られている（Thompson, 1988；Mayhew, 2001；Awmack and Leather, 2002）．これらの事例について繁殖干渉の視点から再検証する必要があるだろう．

ある生物種の利用する資源が繁殖干渉によって決まる場合，資源への適応は資源分割が生じた後に進むかもしれない．今回の実験ではヨツモンの産卵選好性は繁殖干渉によって可塑的に変化した．しかしこのような繁殖干渉を数世代にわたって受け続ける場合，産卵選好性が遺伝的に変化することが考えられる．

4）クリサキテントウの幼虫は脚や頭部が発達しており，敏捷なアブラムシでも捕まえることができる（Noriyuki et al., 2011）．

Wasserman and Futuyma（1981）はヨツモンのメスのマメへの産卵選好性を11世代選抜したところ，産卵選好性が変化した．一方，同じ期間に幼虫の資源利用能力を選抜したけれども，ほとんど変化しなかった．つまり少なくともヨツモンでは，産卵選好性の進化は容易に生じる一方，資源利用能力の進化はより長い時間がかかる．ある生物種が，近縁異種による繁殖干渉によって質の悪い資源を利用するようになった場合にも同様に，その資源への産卵選好性が先に進化し，その後長い時間をかけてゆっくりと資源利用能力の進化が進むことが考えられる．繁殖干渉を避けるような行動が先に進化しやすいならば，形態的な形質置換がみつかりにくいこともうなずける．さらにこの仮説は，生物がなぜこれほど多様化し，そしてそれらがなぜこれほど多様な環境に進出したのかという壮大な疑問に答える一助になると筆者は考えている．

5.6　他の系における種間競争

種間競争の室内実験に用いられてきた生物はマメゾウムシ以外にも，ショウジョウバエ *Drosophila* やコクヌストモドキ *Tribolium* がいる．最後に，これらの生物について，これまでに報告されている多くの研究を繁殖干渉の視点から再検討する．結論からいえば，ショウジョウバエやコクヌストモドキの（広義の）種間競争にも繁殖干渉が働いていることが強く示唆される．

繁殖干渉は正の頻度依存性を持つから，もし繁殖干渉がはたらいているならば競争実験の結末は2種の初期個体数に依存して変化する．マメゾウムシの競争実験の結果では，アズキゾウとヨツモンを同数導入した時にはアズキゾウが勝ち残ったけれども，ヨツモンを多く導入した場合にはヨツモンが勝ち残った．同様の現象が，もしショウジョウバエやコクヌストモドキでもみられるならば，繁殖干渉の影響が疑われる．

5.6.1 ショウジョウバエ

ショウジョウバエ属 *Drosophila* は日本に 250 種以上，世界に 3000 種以上が知られる大きな属である（堀田・岡田，1989）．Morgan (1910) がキイロショウジョウバエ *D. melanogaster* を実験に使うようになって以来，世界中で数多の研究が行われてきた．ショウジョウバエを用いた種間競争の研究も多い．種の組み合わせもさまざまあるけれども（e.g., Wallace, 1974），最も多いのはキイロショウジョウバエ（以下，キイロ）とオナジショウジョウバエ *D. simulans*（以下，オナジ）の組み合わせである．これら 2 種は世界的に分布し，いずれも人家に近い場所で比較的簡単に見つけることができる．エサと水のある気温 25 ℃の環境では，メス 1 個体が 1 日に約 50 卵を産み，2 カ月生きる間に 2000 卵以上を産むことができる（堀田・岡田，1989）．幼虫から成虫になるまでに気温 25 ℃で約 10 日かかる．

ショウジョウバエの種間競争は従来，成虫間および幼虫間の資源競争といわれてきた（Moore, 1952；Miller, 1964；Tantawy and Soliman, 1967；Budnik and Brncic, 1974）．キイロとオナジの幼虫間の競争では，オナジの幼虫発育期間の方が短いため有利であるといわれている（Moore, 1952；Barker and Podger, 1970；Barker, 1971）．一方，成虫間の競争では，キイロの方が有利といわれている．2 種のメスを同居させるとキイロのメスが培地の隅により多く産み，オナジのメスが培地の中心により多く産む（Barker, 1971）．培地の隅は乾きにくいので幼虫の死亡率が低い．競争の強度は，気温や培地のエタノール濃度等により変化するけれども（Moore, 1952），メス 1 個体あたりの産卵数はオナジのほうが多い．これらのことから 2 種の種間競争はオナジの方が有利なはずだといわれている（Moore, 1952；Barker and Podger, 1970）．しかし実際に 2 種を用いて競争実験を行うとキイロが勝ち残りやすい（Moore, 1952；Barker, 1963, 1971；Aiken and Gibo, 1979；Hedrick, 1972）．

このことから，オナジがキイロから非対称な繁殖干渉を受けていることを推測させる．論文を検討した結果，繁殖干渉を示す証拠がいくつかみつかった．これら 2 種の競争実験の結末は初期個体数に依存するだけでなく，世代間の個体数の変化について頻度依存性が報告されている（Narise, 1965；Barker and Podger, 1970；Moth and Barker, 1981）．この頻度依存性は非対称で常にキイロの頻度が次世代で増加する（Narise, 1965）．さらに，キイロの相対頻度が増加するにしたがってオナジのメスは産卵数と寿命が減少するという報告がある（Moth, 1974；Moth and Barker, 1977）．一方，オナジの相対頻度が増加してもキイロのメスの産卵数と寿命は減少しない．このようなキイロからオナジへの一方的な繁殖干渉を生み出すのはオスの種認識に関係するかもしれない．オナジのオスは同種メスに多く求愛する一方，キイロのオスはメスの種に関係なく求愛する（Wood and Ringo, 1980；Kawanishi and Watanabe, 1981）．しかもオナジのオスは一度キイロのメスに求愛すると次回キイロのメスと出会ったときの求愛時間を短縮する（Dukas, 2004）．一方，2 種のメスはいずれも 2 種のオスからの求愛を区別せずに受け入れる（Manning, 1959）．しかし種間交尾の結果，オナジのメスの交尾器が傷つくことがわかっている（Kamimura and Mitsumoto, 2011；Kamimura, 2012）．繁殖干渉による変化（進化）もいくつか報告がある（Moore, 1952；Eoff, 1975；Wasserman and Koepfer, 1977；Aiken and Gibo, 1979；Markow, 1981；Izquierdo et al., 1992）．たとえば Aiken and Gibo（1979）は 2 種を共存させて累代飼育した結果，オナジのメスの産卵数が増加したことを報告している．しかしこの結果を生み出したプロセスやメカニズムは明らかでない．ショウジョウバエの種間交尾のメカニズムについては近年明らかになりつつあるけれども（Kamimura and Mitsumoto, 2012），種間交尾に至らない間接的な繁殖干渉とそれによる動態への影響はまだ不明な部分が多い．

5.6.2　コクヌストモドキ

ショウジョウバエに並んで，コクヌストモドキ属 *Tribolium* spp. も代表的な実験生物である．種間競争の実験はほぼすべてコクヌストモドキ *T. castaneum*（以下，コクヌスト）とヒラタコクヌストモドキ *T. confusum*（以下，ヒラタ）の 2 種を用いて行われている．特に Park らによる種間競争の一連の実験は，生態学における種間競争の概念の基盤を作ったといわれている（Begon et al.,

2006；Cain et al., 2008）．両種とも世界的な貯穀害虫で小麦粉やトウモロコシ粉を摂食する．野外では樹皮下に生息する（吉田，1958）．気温25℃，湿度70％の環境では交尾したメスは1日に約5卵産み，約1年生きる．個体あたり生涯産卵数は約500卵である（Park, 1934）．孵化した幼虫が小麦粉を食べて成虫になるには約50日かかる．メスは多回交尾する（Fedina and Lewis, 2008）．種間交尾はしばしば生じるけれども雑種はこれまでに確認されていない（Serrano et al., 2000；Fedina and Lewis, 2008）．

コクヌストモドキ2種の（広義の）種間競争はギルド内捕食が主な原因と考えられてきた（Neyman et al., 1956；Park et al., 1965；Crenshaw, 1966）．成虫と幼虫は同種および異種の卵や蛹を捕食する．Park らが報告しているデータを再検討すると（Park et al., 1965, 1970, 1974），コクヌストは同種より異種を捕食する一方，ヒラタは同種異種に関係なく捕食する．この非対称な種間捕食は，コクヌストがヒラタとの種間競争に勝ち残ることを予測させる．そして実際，種間競争の実験を行うと，多くの場合にコクヌストがヒラタを駆逐する（Park et al., 1964；Inouye and Lerner, 1965；Dawson, 1966；Goodnight and Craig, 1996）．この競争の動態は気温，湿度などの環境条件に応じて変化する（Sokoloff and Lerner, 1967）．このような結果をみると，繁殖干渉がなくても競争実験の結果を説明できそうに見える．

しかし2種の競争実験の結末は初期値依存になっており，上記のような種間捕食の関係だけでは説明できない．累代飼育による種間競争の実験を行うと，コクヌストの初期個体数が多い時にはコクヌストが勝ち，ヒラタの初期個体数が多い時にはヒラタが勝つ（Neyman et al., 1956；Leslie et al., 1968；Dawson, 1970, 1977；Mertz et al., 1976）．この問題は Park 自身も気づいており，種間捕食だけでは2種の種間競争を説明できないことを認めている（Park et al., 1964；Edmunds et al., 2003）．

もし2種に繁殖干渉が働いているなら，コクヌストがヒラタからより強い繁殖干渉を受けていることが予測される．実際，コクヌストのメスがヒラタのオスと同居すると産卵数が著しく減少する一方，ヒラタのメスはコクヌストのオスと同居しても産卵数は変化しない（Birch et al., 1951）．さらに，コクヌストのメスの産卵数はヒラタのオスの相対頻度が増加するとともに減少する（Birch et al., 1951）．Birch et al.（1951）はコクヌストのメスの産卵数の減少がヒラタのオスの捕食によるものでないことも確認している．これらの事実はヒラタからコクヌストへの非対称な繁殖干渉の存在を強く示唆する．この非対称な繁殖干渉はショウジョウバエのときと同様に，オスによるメスの種認識の差と関係するらしい．コクヌストのオスは2種のメスを提示されるとほとんどの場合同種のメスと交尾しようとする一方，ヒラタのオスは同種，異種に関係なくメスにマウントして交尾しようとする（Graur and Wool, 1985；Serrano et al., 2000）．この種認識の差は個体が放出するキノン等の揮発物質に由来するのかもしれない．ヒラタのオスとメスはコクヌストに比べてキノン類の揮発物質を多く放出する（Ghent, 1963, 1966）．ヒラタのオスはキノン類の臭いがあるときより活発に動き回るが，コクヌストのオスはキノン類の臭いを嫌う（Ghent, 1963, 1966）．

2種の初期導入割合に依存した競争実験の結果は，種間捕食と繁殖干渉の二つを考慮することによって合理的に説明できる．繁殖干渉は成虫種間でのみ生じる一方，種間捕食は幼虫種間でも生じる．そのため幼虫種間の捕食によって成虫になる前にコクヌストがヒラタを減らしてしまう．そのため，繁殖干渉があっても低密度下では種間捕食の効果のほうが大きく，コクヌストがヒラタを駆逐する．しかしヒラタが一旦増加した場合には，繁殖干渉によってコクヌストを駆逐するだろう．このような関係によって，いずれの種が勝ち残るか不確定になると考えられる（Neyman et al., 1956；Leslie et al., 1968；Dawson, 1970；Mertz et al., 1976）．

第6章
ニッチ分割と食性幅
——テントウムシを例に——

多くの生物がごく限られた種類の食べものや生息環境を利用するスペシャリストであるのに対し，系統的に近縁であってもニッチ幅の広いジェネラリストもいる．共通の祖先から派生した種類どうしで，なぜこうした違いが生まれたのだろうか．食性幅やニッチ分割の研究は，資源利用形質の多様性だけでなく，種の共存という群集レベルの現象を理解する上でも重要である．また，適応放散や生態的種分化といった進化生物学における主要なテーマにも深く関わっている．

そこで本章では，ニッチ分割と食性幅の決定における繁殖干渉の役割について解説する．まず，スペシャリストの進化に関する従来の仮説のうち，局所適応によるトレードオフや天敵の効果について解説する（6.1節）．これらは進化生態学における主流の概念だが，その妥当性には問題点が含まれており，近縁種間の共存や多様化を説明できる普遍的な仮説にはなっていない．同所的種分化は，繁殖干渉によるニッチ分割と共通点があるだけでなく，互いに背反となるプロセスを含んでいるため，6.2節にて詳しく比較する．その次に，繁殖干渉がニッチ分割を引き起こすことを示した理論研究について説明する（6.3節）．ここでは，ニッチ分割の生じやすい条件を特定するとともに，これまで別々に捉えられてきたニッチ分割と側所的分布の維持を同じ枠組みで理解することを目指す．続いては，捕食性テントウムシの食性幅についての実証研究を紹介する（6.4 節）．その後，繁殖干渉にもとづいた仮説によってより広範な現象が解明されることを期待して，その他の実証例を紹介し（6.5 節），産卵選好性などの進化について考察する（6.6 節）．

6.1　これまでの仮説

6.1.1　トレードオフ（共進化）

あるニッチへの適応が他のニッチに対する非適応を伴うなら，生物が利用できるニッチは限られてくるだろう．これは，「あちらが立てばこちらが立たず」というトレードオフの関係がスペシャリストの進化を促すことを意味している．たとえば，肉食性の哺乳類の歯牙や種子を食べる鳥類の嘴のように，特定のエサに対して形態的に特化する必要がある場合は，他のエサを食べる効率が低下してしまうかもしれない．生活史のすべての側面を最適化できる万能な生物（いわゆる「Darwinian demon」）は存在しないので，トレードオフは生物の食性や生活史を制限する要因として重要な概念である．

植食性昆虫の食草利用においてトレードオフをもたらしうるメカニズムとして提唱されたのが，昆虫と植物の敵対的な共進化である（Ehrlich and Raven, 1964）．植物は昆虫に食べられないように二次代謝産物を蓄え，化学的に自らの身を守る．それに対抗して，昆虫はうまく代謝できるように解毒作用を進化させる．そうするとさらに植物は新たな二次代謝産物を生産し，昆虫の適応から逃れようとする．この共進化プロセスはくり返されていき（軍拡競走），昆虫は化学的に対応している植物だけを食べるようになる．一方，共進化の歴史を共有していない植物に対しては特別な解毒作用を持っていないため，成虫はそのような植物に産卵するのを避けるようになるだろう．これが敵対的な共進化にもとづくスペシャリストの進化の説明である．

この仮説は実証研究を大いに刺激し，幼虫の解毒作用や成虫の産卵選好性についての実験が世界中で進んだ．ところが，その結果は必ずしも共進化仮説を支持するものばかりではなかった．たとえば，共進化仮説にもとづけば，幼虫は野外で利用している食草が最も成長に適しているのであり，それ以外の植物はうまく解毒できないと予測される．しかし，実験的にさまざまな植物を幼虫に与えてみると，問題なく成長したり，むしろ本来の食草よりも成長に適していることもある（e.g., Wiklund, 1975）．つまり，この場合はエサの適合性についてトレードオフがないといえる．

また，共進化仮説によると成虫が幼虫の成長に適した食草を選んで産卵することが予測される（preference-performance hypothesis；Jaenike, 1978a）．成虫の産卵行動が最適化され，幼虫が成長に適した植物を食べているとすれば，当たり前の予測である．この仮説は主に植食性昆虫と植物の関係を念頭にして提唱されたが，寄生虫と宿主（Poulin, 2011），捕食者とエサ（Gilbert, 1990），甲殻類と藻類（Poore and Steinberg, 1999）といった，親の産卵場所選択が子の成長を左右するさまざまな系に適用できる．ところが，成虫の選好性は幼虫の成長にとっての適合性を必ずしも反映していないことがわかってきた（Mayhew, 1997；Gripenberg et al., 2010）．たとえば，ムギスジハモグリバエ *Chromatomyia nigra* の幼虫にカモガヤ *Dactylis glomerata* やホソムギ *Lolium perenne* を含む複数のイネ科植物をそれぞれ与えると，どの種類を食べても順調に成長するが，成虫の産卵選好性には明確なランク付けが見られる（Scheirs et al, 2000）．ただし重要なのは，種によって一貫した傾向が見られないことである．近縁種間であっても，成虫の好みと幼虫の適合性が一致することもあれば，一致しないこともある（e.g., Roininen and Tahvanainen, 1989）．このような種間差はどのようにして生まれたのだろうか．これまで適応にもとづく要因だけでなく，発生的な制約や実験設定を含んださまざまな仮説が検討されてきたが（Thompson, 1988），種間差を説明する枠組みはこれまでになかった．

昆虫と植物の共進化は日本においても人気のある概念であり，昆虫学や化学生態学の中心的な研究テーマである．その一方で，共進化仮説の問題点について指摘した和文の解説は限られている（大崎，1996；鈴木ほか，2012）．とはいえ，世界的にみれば1980年頃にはその妥当性について大きな論争が生じており（Strong et al., 1984；Rausher, 1988；Jaenike, 1990），今後の研究はそれらの過程で議論された問題点をふまえるべきだろう．

一般的に，トレードオフを評価するための有効な手段は「相互移植実験 reciprocal transplant experiment」である．局所適応に伴って他のニッチへの適応が犠牲になっている場合，移植先で相対適応度は低下する．Hereford (2009) は植物を中心とした相互移植実験のデータを用いてメタ解析を行ったところ，移植先における相対適応度の低下がみられない事例も多く検出した．つまり，特定のニッチに特化するプロセスにおいてトレードオフの普遍性は低いと考えられる（Futuyma, 2008）．

6.1.2　天敵の効果

植食性昆虫の資源利用は，食草の質に関連した生理的な要因だけでは説明しにくくなってきた．それを受けて注目を集めたのが，天敵の効果が実現ニッチを狭めているというアイデアである（Jeffries and Lawton, 1984）．たとえ栄養的な質は低くても，その食草（生息環境）を利用することで天敵からのリスクが低下するならば，そのニッチが選択されるだろう．

たしかに天敵を組み入れることで一部の種における寄主特殊化を説明できそうである（e.g., Wiklund and Friberg, 2008）．しかし，ニッチ分割や適応放散において重要なのは，近縁種間におけるニッチの差を説明することである．その点において，(1)天敵は一般にそのエサ生物よりも広い範囲を移動できるため，エサの種類に応じて特異的な効果を与えにくいこと（Jermy, 1988），(2)近縁なエサ種どうしなら天敵に対する防衛能力が基本的に似通っていること（Keese, 1997），(3)上位捕食者には個体群動態を制御する主要な天敵がいないこと（鈴木ほか, 2012）から，天敵の効果では近縁種間のニッチ分割を普遍的に説明しにくいと思われる．

エサの質に加えて天敵のリスクを組み入れたとしても，複数のニッチで成長のしやすさが完全に等しくなるとは考えにくい．一方のニッチが他方のニッチよりわずかにでも成長に適している場合，どちらの種も成長に適したほうのニッチを選択したいはずである．したがって，もし何らかの制約を受けずに局所適応できるなら，複数の種類が同じ「ベストな」ニッチを選択することになるだろう．つまり，ニッチそのものの質だけでは近縁種間にみられるニッチの差を説明しにくい．近縁種間における排他的なニッチ利用を説明するには，近縁種間に生じる負の相互作用を仮定する必要があると考えられる．

6.1.3　資源競争

種間の排他的なニッチ利用をもたらす要因として考えられてきたのが，資源をめぐる消費型の種間競争である．しかし，環境中に資源は過剰にあるため競争は起こりにくいこと（Strong et al., 1984），均質な環境にも複数の種類が共存していること（Hutchinson, 1961）などから，資源競争の妥当性は歴史的に批判されてきた．資源競争の問題点については第2章でも解説されているので，ここでは詳述しない．

6.2　同所的種分化との共通点と相違点

繁殖干渉によるニッチ分割とは，繁殖干渉がメスの交尾や産卵を時空間的に制限し，それに付随して子の成長する資源が決まるというプロセスである（Colwell, 1986）．繁殖干渉がメスの産卵場所選択を左右するためには，繁殖が資源の周りで行われる必要がある（Colwell, 1986）．だからこそ，繁殖に影響を与える相互作用が資源利用の変化も伴うのである．

ここで，進化生態学において盛んに研究されてきた同所的種分化との比較が参考になる．繁殖干渉によるニッチ分割では，（異所的に）種分化した2種が二次的に接触した後の相互作用を想定している．それに対して生態的種分化のプロセスは，ある集団の中でそれぞれ異なる資源に適応した複数の分集団（ホストレース）が現れ，やがて地理的な隔離なしに種分化が完了することを想定している．一般的に，同所的種分化が実現するためには，同じホストレースに属する個体との繁殖（同類交配）が繰り返され，複数のホストレースが遺伝的・生態的に分化していく必要がある．そのため，繁殖干渉によるニッチ分割と同じように，同所的種分化も「繁殖が資源の周りで行われること」を前提としている．したがって，同所的種分化の研究で得られた多くの知見を繁殖干渉の研究へ応用することができるだろう．また，これらのプロセスはどちらも「系統的に近縁な種のニッチ分割」という同じパターンをもたらすことを予測している（Noriyuki, 2015）．そのため，これらのプロセスを区別するためには注意が必要である．

6.2.1　繁殖と成長する場所の一致

子の移動能力が限られている場合，生まれた子がうまく資源にアクセスできるように親は資源の周りで子を産む必要がある．また，行動生態学における配偶システムの理論では，「資源の分布がメスの分布を規定し，メスの分布がオスの分布を規定する」ことを予測している（Emlen and Oring, 1977）．これらの理論は，オスがメスに求愛する場所は一般的に資源の周りになりやすいことを意味している．これは，繁殖干渉によるニッチ分割と生態的種分化の前提条件に高い必然性をもたらしている．

繁殖と資源の空間的なリンクについて例を見てみよう．クロヒカゲ *Lethe diana* のオスは資源とは関係のない場所でテリトリーを形成しメスの飛来を待ち伏せするが，これはあくまでも副次的な繁殖機会であり，オスは主に食草の周囲を飛び回って，羽化してくるメスを探索している（Ide, 2004）．海洋生物は一見すると子の移動能力が高そうだが，サンゴを食べるチョウチョウウオの仲間では，幼魚が成長するのに必要な資源パッチをオスが繁殖のテリトリーとして利用している（Pratchett et al., 2008）．

同所的種分化のレビューでは，繁殖と成長の場所が一致していることが多くの生物から報告されている（Drès and Mallet, 2002；Matsubayashi et al., 2010）．したがって，繁殖干渉によるニッチ分割の前提条件も多くの生物で満たされているといえる．ただし，繁殖と成長の場所が一致し，近縁種間でニッチ分割が見られたとしても，同所的種分化の結果なのか，あるいは異所的種分化の後に生じた繁殖干渉によるものなのか判断しにくい．そこで，両者の理論的な背景を吟味した上で，これらのプロセスの起こりやすさを検討してみよう．

6.2.2　プロセスの比較

同所的種分化が達成されるためには，同類交配が続く必要がある．つまり，成長した個体は自分が生まれ育った資源を忠実に利用し，そこで同じホストレースの個体と交配する．ところが，野外における移動分散を考慮すると，ホストレース間の遺伝子流動 gene flow はなくなりにくいと考えられる．メタ群集理論における「集団効果 mass effect」と呼ばれる概念によれば，複数の種がそれぞれにとって好適な資源へ特化しているとしても，自分の陣地（ソース）から相手の陣地（シンク）への分散は完全になくなるわけではなく，したがって局所的な負の種間相互作用は継続される（Leibold et al., 2004）．たとえば，同所的種分化の研究で著名な，リンゴとサンザシでホストレースを形成するミバエ *Rhagoletis pomonella* の例を見てみよう．標識再捕獲法で野外における移動分散が調べられたところ，確かにほとんどの個体は自らの資源の周りに滞在していたが，それでも好適でないパッチで採取される個体もおり，遺伝子流動はなくなっていなかった（Feder et al., 1994）．後ほど詳しく見るように，このようなニッチ間の分散はニッチ分割している近縁種間で頻繁に生じているようである．そのため，同所的種分化を妨げる一因になっていると考えられる（ただし，遺伝子流動があったとしても同所的種分化が進行しうることも重要である．Nosil (2008)，Feder et al. (2012) などを参照）．この点において，繁殖干渉によるニッチ分割のプロセスであれば，頻繁なソース・シンク動態によって一方の種が絶滅しない限り，ニッチ間の移動分散が維持されていたとしても論理的な弱点はない．

遺伝的に分化しつつある集団において生殖前の隔離が強化されていくプロセス（reinforcement）も，集団間の交雑を避け，同所的種分化を完成させるために重要である．強化についても多くの理論が提示されてきたが，実際に野外で検出された例はそれほど多くない[1]．それでは，強化が起こらないとしたら，近縁な集団が出会ったときには何が起きているのだろうか．繁殖干渉の理論は，生殖前の隔離に貢献する行動が必ずしも適応的でないことを示している．他種への求愛という間違いがなぜなくならないかというと，種認識を厳しくしすぎると，他種に似た同種へ求愛する機会を失ってしまうからである（Pfennig, 1998）．特に，オスの場合は同性内での競争が激しく，間違って他種へ求愛したとしてもそのコストが少ないため，種認識を甘めに設定することが繁殖成功を最大化させる戦略となりえる（Takakura et al., 2015）．他種への求愛は一見すると不合理な行動であり，これまであまり進化生態学に浸透してこなかったが（Johnson et al., 2013），同所的種分化や強化のモデルにこうしたアイデアが取り入れられて更新されることが期待される．

強化が生じやすい条件を検討する上で，オーストラリアの熱帯林に生息するカエル *Litoria genimaculata* の事例が参考になる（Hoskin et al., 2005）．このカエルでは遺伝的に分化した二つの系統の集団がモザイク状に分布しているが，本研究で特筆すべき点は，強化の起きた個体群と起こらなかった個体群の両方が見つかったことである．生息地の面積が広く，他の系統と側所的に分布している個体群では，強化が検出されなかった．このような個体群では，ごく狭い分布境界域を除いて他系統との接触は限られるため，他系統に対応した形質が進化しにくいのだろう．対照的に，5 km^2 に満たない狭い範囲に生息し，その周りがすべて別系統の集団で取り囲まれている個体群では，強化の理論が予測するパターンがはっきりと検出された．この個体群ではメスがオスの鳴き声を選別し，他系統のオスではなく自分と同じ系統のオスを交尾相手として選んでいた．この個体群が置かれている状況では，周りから他系統のオスが頻繁に侵入し，系統間で相互作用する機会も多いはずである．したがって，自分の系統と他の系統を確実に見分ける行動が進化しやすいと考えられる．とはいえ，生息地の面積が狭く，かつ負の種間相互作用が継続しているので，確率的な環境変動などの効果を合わせると，長期的にこの個体群が存続されるとは考えにくい．

1）強化の実証例が Nature をはじめとした格の高い科学雑誌に掲載されてきたことは，裏を返せばそれだけ稀な現象だといえる．

つまり，強化が生じやすい状況だからこそ，その個体群は絶滅しやすいと考えられる．したがって，理論で期待されるような強化が実際に観察できるのは，特殊な状況に限られると思われる．

同所的種分化と繁殖干渉は，ニッチ分割を駆動する要因として互いに背反なプロセスであると考えられる．前者は同類交配や隔離強化を想定しているが，後者は種認識が厳しくなりすぎないことを前提としている．また，前者は地理的な障壁なしに遺伝的な分化が進むことを想定しているが，後者は主に異所的種分化後の二次的接触を想定している．つまり，ある系において同所的種分化が実証されれば，繁殖干渉によるニッチ分割は成り立たなくなるだろう．しかし，種分化の教科書やレビューでは，同所的種分化が想定されている系において同所的な分化が生じたと確認できる証拠は少ないと結論している（Drès and Mallet, 2002；Coyne and Orr, 2004）．したがって，これまで同所的種分化やホストレースの研究として捉えられてきた系においても，二次的接触後の繁殖干渉によってニッチ分割が達成された可能性がある．実際，前述のミバエでさえ，遺伝的な分化が異所的に生じたことを示す研究が報告されている（Feder et al., 2003）．生態的種分化が成り立たないときの代替仮説として，繁殖干渉によるニッチ分割は有力かもしれない．

6.3　繁殖干渉によるニッチ分割の理論

6.3.1　モデルの仮定

それでは，繁殖干渉によるニッチ分割の理論が仮定することとその予測について，Nishida et al.（2015）の個体ベースモデルをもとに具体的に検討していこう．二次元の格子空間（32×32 のセル）において，それぞれのセルには食草 a または食草 b だけが含まれており，格子空間にランダムに散らばっている．植食性昆虫 A 種と B 種はどちらの食草を食べても成長できるが，その適合性は種類によって異なっている（後述）．シミュレーションの初めに，空間の左右

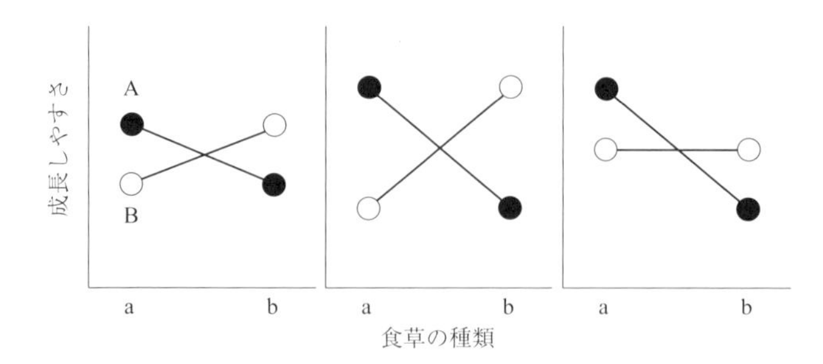

図 6.1　シミュレーションで仮定された，2 種の食草（a および b）に対する昆虫の適合性．黒丸と白丸はそれぞれ昆虫 A 種と昆虫 B 種を示す．（左）2 種の食草に対する適合性の差が小さいとき．（中）2 種の食草に対する適合性の差が大きいとき．（右）昆虫 B 種ではどちらの食草に対しても同じ適合性を示すとき．Nishida et al.（2015）をもとに作成．

両端からそれぞれの昆虫種が分布を拡大していき，ちょうど真ん中あたりで両種が出会い，種間相互作用を通じて両種の資源利用（空間分布）が決まる．つまり，異所的に種分化したあとの二次的な接触を仮定している．一つのセルの中には 2 種類の昆虫の両方が生息することもできるので，パラメータ次第で安定的に局所共存（2 種が同じセルを利用）することもあれば，排他的に分布することもある．

この個体ベースモデルにおいて，昆虫の一生は主に「交尾」「成長」「分散」のフェーズに分かれている．交尾フェーズで繁殖干渉が生じる可能性がある．成長フェーズでは，昆虫 A 種は食草 a で成長しやすく，昆虫 B 種は食草 b で成長しやすいと仮定されている（図 6.1）．また，このときロトカ-ヴォルテラの競争方程式にもとづいた資源競争が生じる．新たに羽化した成虫はある確率で隣接したセルに分散し，そこに生息している食草への選好性にもとづいてセルに定位するかどうか決める．この選好性は突然変異をもとに進化しうるパラメータである．

繁殖干渉のパラメータを具体的に見てみよう．分散後の交尾フェーズにおいて，同じセルの中に他種の個体がいると繁殖干渉が生じる可能性がある．その効果は，増殖率に $I=n_c/(n_c+in_h)$ がかけられることで指定されている（n_c は同種の個体数，n_h は他種の個体数）．i は繁殖干渉の強さを表すパラメータで，$0 \leq i \leq 1$ の値を取る．繁殖干渉の強さは，実際の系によってさまざまだろう．i が大きいときは，繁殖干渉が大きなコストになることを意味している．逆に，$i = 0$ の場合は完全に他種を区別して同種とのみ交尾することを意味している．すなわち，昆虫の増殖率は⑴同じセルにおける同種と他種の割合，および⑵他種のある個体と出会ったときの繁殖干渉の強さに影響される．たとえ他種の個体数が少なくても，他種個体あたりの繁殖干渉が強ければ，増殖率は大きく低下する．また，繁殖干渉が弱くても，他種の個体数が多ければ増殖率は大きく低下する．その他の詳細な仮定については，Nishida et al.（2015）を確認してほしい．

6.3.2　モデルの結果と解釈

さまざまなパラメータの組み合わせでこのシミュレーションを実行したところ，二次的に出会った2種の昆虫の空間分布は，主に「局所共存」「側所的分布」「ニッチ分割」の3パターンに分けられた．

⑴局所共存：2種の昆虫が同じセルの食草を利用する．どちらの種類の昆虫も2種類の食草を利用する．つまり，空間全域に2種の昆虫が分布していることになる．
⑵側所的分布：格子空間の中央付近にある分布境界を境に，2種がそれぞれ異なる地域に分布する．それぞれの地域内では，昆虫は2種類の食草を利用する．
⑶ニッチ分割：昆虫A種と昆虫B種がそれぞれ食草aと食草bを使い分ける．空間全域に2種の昆虫が分布する．

それでは，どのような条件がこれら三つの結末を導きやすいのか検討してみよう．まずは，繁殖干渉の強さである（図6.2）．繁殖干渉（および資源競争）がほとんどないとき，両種は局所共存できる．この状態から繁殖干渉が少しでも加わると，局所共存は妨げられ，まずはニッチ分割が引き起こされる．同じセルでは局所的に共存しにくいが，異なる資源を利用することで，同じ地域に安

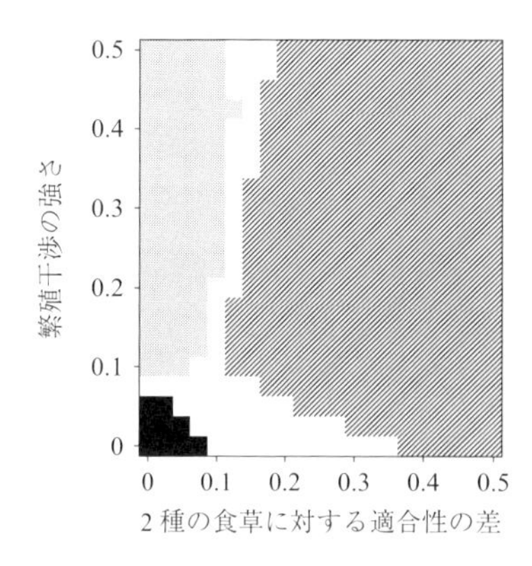

図 6.2　シミュレーションの結果. 横軸は 2 種の食草に対する適合性の差（図 6.1 参照），縦軸は繁殖干渉の強さ（*i*）を表す. 黒い部分は局所共存，灰色の部分は側所的分布，斜線の部分はニッチ分割を示す. 繁殖干渉が少しでもあると局所共存が妨げられることがわかる. また，食草の適合性の差が大きくなるとニッチ分割が生じやすくなる. Nishida et al. (2015) をもとに作成.

定して共存している状態だといえる. さらに繁殖干渉が強くなると，ニッチ分割でさえも地域的な共存にとって不十分となり，側所的分布が導かれる. 上述したメタ群集理論による集団効果の概念では，たとえニッチ分割が生じたとしてもセル間の分散によって種間相互作用はなくならない. このとき繁殖干渉の効果が強いと，隣り合うセルに分布する 2 種類の昆虫の共存は難しくなると考えられる. その代わり，分布境界において両種がせめぎ合っている状態（側所的分布）が形成される.

この理論によると，ニッチ分割の実証研究は比較的難しくなると予想される. なぜなら，これらの種間で生じる繁殖干渉は弱いからである. 強い繁殖干渉とは，種間の繁殖形質がとてもよく似ており，種間交尾などのコストの大きい相互作用が生じやすいことを意味している. これは，「交雑帯」と呼ばれるように，側所的分布をしている種間でよく見られるパターンなのかもしれない. その一方，弱い繁殖干渉とは，種間交尾に至らないような軽微なコストをもたらす相互作用を指す. このような場合，種間交尾や雑種の産生・遺伝子浸透といった目に見えてわかりやすい証拠が残りにくい. そのため，繁殖干渉によるコストを定量化するためには，行動観察などにもとづいて，産卵数や寿命の低下にもたらす他種の影響を評価する必要もあるだろう（e. g., Kishi et al., 2009）. これは，交雑や隔離強化についての従来の研究で採られてきたアプローチとは異なる. この辺の難しさが，側所的分布や地域的な種の置換に比べて，ニッチ分割の実証が遅れてきた一因なのかもしれない. ただしすぐ後で述べるが，食草への適合性といった他のパラメータ次第では，強い繁殖干渉であってもニッチ分割が維持されることもある. その場合，ニッチ分割の原因となる繁殖干渉を検出する上でのチャンスになるだろう.

そこで次に，食草に対する適合性について検討しよう．このシミュレーションでは，昆虫 A 種の成長が食草 a，昆虫 B 種の成長が食草 b においてそれぞれ適していると仮定している．その差が少ない場合は（図 6.1 左），環境の異質性が低い状態だといえる．このとき，ニッチ分割による共存は実現しにくく，側所的分布になりやすい（図 6.2）．一方，食草の適合性の差が種間で大きくなると（図 6.1 中央），それぞれの昆虫種は自分にとって好適な食草（相手にとって不適な食草）において個体群を維持しやすくなり，結果としてニッチ分割による地域的な共存が達成される．たとえ繁殖干渉が強くても，環境の異質性が高ければニッチ分割は維持されやすくなるのである．

この理論研究で重要なことは，局所共存・側所的分布・ニッチ分割という異なる空間スケールにおよぶパターンを，繁殖干渉や食草への適合性といったパラメータを軸として統一的に予測したことである．このフレームワークによって，繁殖形質の類似性や環境の異質性をもとに，相互作用する 2 種の空間分布を予測することもできるだろう．

また，このシミュレーションで用意された空間ではいかなる環境勾配（クライン）も存在していない．このことから，気温や標高といった勾配がなくても，種間相互作用のみで側所的分布が維持されることが予測される．したがって，現実世界において気温や地理的な障壁によって近縁種間の分布が分かれていたとしても，それは種間相互作用によってもたらされた可能性がある．非生物的な環境条件によって分布が規定されているか確認するためには，相互移植実験（6.1.1 小節）や生態ニッチモデルの適用（岩崎ほか，2014）が効果的である．

6.3.3　ジェネラリストとスペシャリストの共存

上記の解析では，食草 a は昆虫 A 種の成長に適していて，それと同じくらい食草 b は昆虫 B 種の成長に適していると仮定されていた．つまり，図 6.1 左および中央のように，それぞれの食草に対する適合性のグラフが対称であることが仮定されていた．しかし現実には，食草の質に加えて天敵の効果を組み入

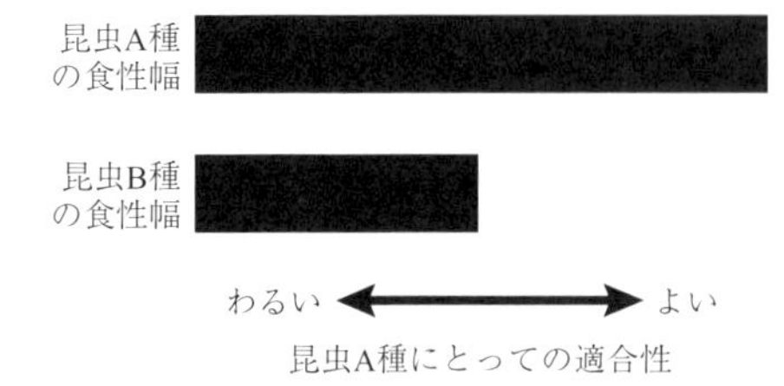

図 6.3　入れ子状の特殊化についての模式図．昆虫 A 種は質のよいエサとわるいエサの両方を利用するが，昆虫 B 種は A 種にとって質のわるいエサだけに特化する．つまり，ジェネラリストである A 種の利用する資源に，スペシャリストである B 種の利用する資源が含まれるという入れ子構造となる．食草の適合性に関する仮定（図 6.1 右）によってはこのようなパターンが現れる．

れたとしても，このようにはっきりとしたトレードオフの関係は生じにくいだろう（6.1.2 小節）．そこでこの対称性についての条件を緩め，昆虫 B 種ではどちらの食草に対しても同じ適合性をもつと仮定して（図 6.1 右）シミュレーションが実行された．

対称性についてのこの仮定を変えても，繁殖干渉があると局所共存が妨げられ，食草への適合性の差が大きいとニッチ分割が維持されやすいという基本的な傾向は変わらなかった．しかし，新たな仮定のもとでは，ジェネラリストとスペシャリストの共存が実現することもわかった．これは，2 種の昆虫の食性幅が等しい状態でニッチ分割が維持される状況とは少し異なっている．昆虫 A 種のほうは，自分にとってよいニッチ（食草 a）とわるいニッチ（食草 b）の両方を利用するジェネラリストである．対照的に，昆虫 B 種のほうは，昆虫 A 種が得意とする食草 a は避けて，昆虫 A 種にとって不適な食草 b だけに特化する．つまり，食草 b では両種が局所共存しているが，食草 a では昆虫 A 種が独占的に利用している（図 6.3）．この資源利用の状況を，本章では「入れ子状の特殊化」と呼ぶことにしよう．

入れ子状の特殊化は，スペシャリストの利用する資源がジェネラリストの利用する資源に含まれることを意味している．こうした入れ子構造は，送粉者と植物の共生ネットワークや食う者と食われる者の関係（食物網）といった，生態群集全体のネットワーク構造を記述する指標として注目されてきた（e.g., Bascompte et al., 2003；Kondoh et al., 2010）．一方，近縁種間のニッチ幅にも同じようなパターンが普遍的に生じるのかはよくわかっていない．最適採餌理論に従えば，それぞれの生物種はエサ選択についての閾値をもっていて，質の高い資源はどの生物にも利用されるが，質の低い資源はジェネラリストの生物だけに利用されることになる（MacArthur and Pianka, 1966）．このとき，ジェネラリストとスペシャリストの資源利用は質の高い資源で重複することになる．対照的に，繁殖干渉と空間構造を組み入れたシミュレーションでは，ジェネラリストとスペシャリストの資源利用は質の低い資源で重複することが予測されている（図6.3）．今後，ネットワークの構造に加えて資源の質を定量化できるようになれば，入れ子構造を生み出した要因についても示唆を与えることができるだろう．

入れ子状の特殊化は実際に観察されている．たとえば，稀少種のヤマキチョウ *Gonepteryx rhamni* はクロツバラ *Rhamnus davurica* のみを食草とするスペシャリストだが，その近縁種のスジボソヤマキチョウ *G. aspasia* は，クロツバラだけでなく，クロウメモドキ *R. japonica* やクロカンバ *R. costata* といった他のクロウメモドキ属の植物も利用する（白水，2006）．Nishida et al.（2015）のモデルに従えば，クロツバラはスジボソヤマキチョウの成長にとってどちらかというと不適であると予測される．また，北米に分布する捕食性のクサカゲロウの一種 *Chrysopa slossonae* はハンノキ類に寄生するアブラムシだけを食べるスペシャリストだが，その近縁種の *C. quadripunctata* はハンノキ類を含むさまざまな樹木を訪れるジェネラリストである．ハンノキのアブラムシは体表がワックスで覆われており，クサカゲロウの幼虫にとっては捕まえにくいエサとなっている（Milbrath et al., 1993）．

以上，Nishida et al.（2015）のシミュレーションの仮定と予測について検討した．もちろん，この研究で考慮できていない条件もある．たとえば，相手の種へ与える繁殖干渉の強さ（i）は種間で同じであると仮定されたが，実際には一方の種だけが大きなコストを被るような相互作用もよく報告されている（Wirtz, 1999；Gröning and Hochkirch, 2008）．また，与えられた空間では2種の食草が同じセル数だけランダムに配置されており，食草の偏った分布は考慮されていない．このような詳細な条件については，実証研究で得られたパターンをフィードバックさせて理論的な枠組みをより精緻にしていくアプローチが有用かもしれない[2]．

6.4　捕食性テントウムシにおける実証研究

6.4.1　ジェネラリストとスペシャリストの資源利用

ナミテントウ *Harmonia axyridis* はさまざまな種類のアブラムシを食べるジェネラリストだが，その姉妹種のクリサキテントウ *H. yedoensis* はマツ類に寄生するアブラムシを食べるスペシャリストである（図 6.4 左）．クリサキテントウはナミテントウの「隠蔽種」として発見された経緯があり，両種を成虫の形態から見分けるのは難しい（佐々治，1998）．なぜ系統的に近縁で，見た目もよく似ているにもかかわらず，生息環境や食性幅が異なるのだろうか．

アブラムシは種類によって捕まえやすさや栄養的な質が異なっており，また同じ種類であってもパッチによってコロニーの大きさや天敵に対する防御の強さ（随伴アリの有無など）にばらつきがある．天敵や天候によってもアブラムシの個体群動態は大きく影響され，予期しにくい時間的な変動がある．このような場合，テントウムシは特定の種類のアブラムシに特化するよりも，さまざまな種類を利用してリスクを分散させたほうがよい．実際，ナミテントウの成虫はアブラムシを食べては産卵し，資源が少なくなると別の好適なパッチへ移動する（Osawa, 2000）．これは他の分類群のジェネラリストが採用している戦略と基本的に同じである（e.g., Jaenike, 1978b ; Courtney and Forsberg, 1988 ; Wiklund and Friberg, 2009）．ジェネラリストには環境の時空間的な異質性に対処できるという明らかな利益がある．したがって，スペシャリストの進化を解明することが進化生態学の課題となる．

クリサキテントウは海岸沿いのクロマツや公園などに植えてあるアカマツからよく発見される．これらの樹木にはマツオオアブラムシ *Cinara pini* が寄生しており，クリサキテントウの主要なエサになっていると考えられる（図 6.4

2）繁殖干渉とニッチ分割の関係については，他に Konuma and Chiba (2007) および Crowder et al. (2011) などの理論研究が参考になる．

図 6.4（左）アカマツの上で交尾中のクリサキテントウ．ナミテントウと同様に種内で斑紋の変異が著しく，斑紋だけで種を区別するのが難しい．（右）クリサキテントウの主要なエサであるマツオオアブラムシ．アブラムシの仲間にしてはコロニーのサイズが小さく，すばやく動き回る．そのため，テントウムシの幼虫にとっては捕まえにくいエサとなっている．

右）．もしトレードオフがクリサキテントウの食性幅を制限しているなら，クリサキテントウにとってマツオオアブラムシが最も成長に適しており，その代償としてナミテントウが使っているような他のアブラムシに対する適合性は低いと予想される．そこで，いくつかの指標をもとにそれぞれのアブラムシに対する適合性を実験的に評価してみた．

まずは，テントウムシの孵化幼虫がアブラムシをうまく捕まえられるか調べた（Noriyuki et al., 2011）．一般に，アブラムシの活動性は低く，歩き方もゆっくりとしている．ところが，マツオオアブラムシは例外的に脚が長く，すばやく動き回ることができる．そこでマツオオアブラムシに加えて，ナミテントウが野外で利用している3種のアブラムシ（カワリコブアブラムシ *Myzus varians*・ユキヤナギアブラムシ *Aphis spiraecola*・ホリケアブラムシ *Chaitophorus horii*）をそれぞれクリサキテントウとナミテントウの孵化幼虫に与えて捕食行動を観察した．すると，ナミテントウはほとんどマツオオアブラムシを捕まえられなかったのに対し，クリサキテントウは捕食できた割合が高かった．とはいえ，スペシャリストのクリサキテントウでさえ，マツオオアブラムシを攻撃するときには失敗する回数が多く，他の種類のアブラムシと比べると捕まえやすいエサとはいえなかった．

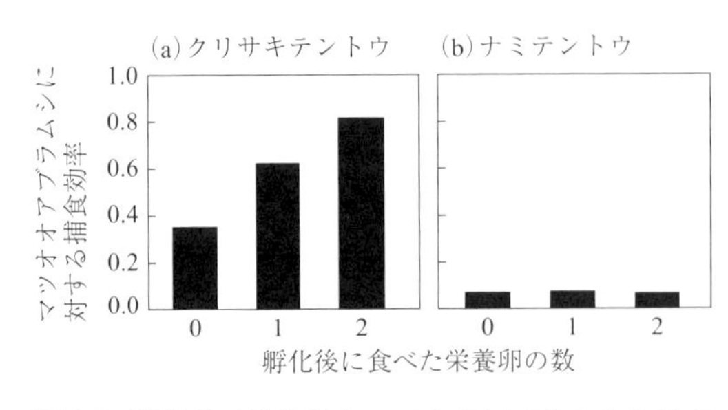

図 6.5　孵化後の投資量とマツオオアブラムシに対する捕食効率の関係．クリサキテントウの孵化幼虫（a）では，栄養卵を食べると捕食効率が上がる．対照的に，ナミテントウの孵化幼虫（b）では，栄養卵を食べてもマツオオアブラムシをうまく捕まえることができなかった．Noriyuki et al.（2011）をもとに作成．

次に，母親からの投資量に注目してクリサキテントウがマツオオアブラムシに特化しているメカニズムを検討した．母親からの投資量は，生まれてきた子の生存やその後の成長に関与することが一般的に知られている（Zalucki, 2002）．捕食性テントウムシでは卵塊の中に孵化しない卵や孵化が遅れてしまう卵が一部含まれており，孵化した幼虫はまずこれらの卵を初めてのエサとして食べ始める．このような卵のうち，単に発生上の制約で孵化しないというよりも，母親が適応的な行動として積極的に投資しているものは「栄養卵」と呼ばれている（Perry and Roitberg, 2006）．つまり，テントウムシの母親は，卵の大きさと栄養卵という二つのルートを介して子へ投資していることになる．

卵サイズはクリサキテントウのほうがナミテントウよりも大きい（Osawa and Ohashi, 2008；Noriyuki et al., 2014）．また，卵塊の孵化率はクリサキテントウのほうがナミテントウよりも低い（すなわち，栄養卵の割合が高い）．そのため，孵化幼虫あたりの投資量はクリサキテントウのほうが多く，その差がマツオオアブラムシに対する捕食効率に効いている可能性がある．

卵の大きさを実験的に操作するのは難しいため，投資量と子のパフォーマンスの因果関係を検証する研究は意外なほど進んでいない．しかし，栄養卵を産んでいる生物なら，実験者が投資量を容易に操作できる．そこで孵化したテントウムシに与える栄養卵の数を操作して，マツオオアブラムシに対する捕食効率を調べた（Noriyuki et al., 2011）．すると，クリサキテントウは栄養卵を食べるとマツオオアブラムシをうまく捕まえられるようになった（図 6.5a）．その一方，ナミテントウでは栄養卵の摂取量を実験的に増やしてもマツオオアブラムシに対する捕食効率は低いままだった（図 6.5b）．これらの結果から，投資量はたしかにマツオオアブラムシに対する捕食効率に貢献しているが，それ以外の要因も重要であることが示唆された．

最適投資理論によれば，母親は好適な環境では子あたりの投資量を少なくし，逆に不適な環境では子あたりの投資量を増やすと予測される（Smith and Fretwell, 1974）．クリサキテントウの母親は卵サイズと栄養卵を介して投資することでマツオオアブラムシに対処していたが，それと引き換えに子の総数を犠牲にしている（Osawa and Ohashi, 2008）．これは，特殊化に付随したコストであると捉えられる．

投資量だけでなく，形態や行動にも種間で差があった．クリサキテントウの孵化幼虫はより頭部が大きく，脚が長く，さらに速く歩くことができた．ナミテントウでは投資量を増やしただけではマツオオアブラムシにうまく対処できなかったことから（図6.5），こうした形態も捕食行動に影響していることが示唆される．ただし，それぞれの卵の中においても，限られた資源を捕食のための形態に投資するか，成長のために投資するかでトレードオフがある（Iida and Fujisaki, 2007）．したがって，捕食形態への投資も何らかの犠牲の上に成り立っていると考えられる．

最後に，アブラムシの捕まえやすさだけではなく，栄養的な側面も調べることにした（Noriyuki and Osawa, 2012）．アブラムシの動きを止めるために，いったん冷凍したものを毎日テントウムシの幼虫に与え，蛹になるまでの日数と蛹の重さを計測した．その結果，クリサキテントウは野外でいっさい出会うことのない，クリオオアブラムシ *Lachnus tropicalis* やエンドウヒゲナガアブラムシ *Acyrthosiphon pisum* を食べても順調に成長した．むしろ，これらのエサはマツオオアブラムシよりも成長に適していた．至近要因はまだ明らかではないが，マツオオアブラムシの体内にテントウムシの成長を阻害する成分が含まれているか，単に栄養分が少ないと考えられる．

以上の結果から，クリサキテントウは捕まえにくく栄養的な質の低いエサにコストをかけて特化していることがわかった．これはトレードオフによる特殊化が予測する状況とは異なっている．幼虫の成長にとって好適なエサが周囲の環境にあるにもかかわらず，なぜそれらをメニューに含めないのだろうか．この問いに対しては，負の種間相互作用を取り入れるのが合理的なアプローチだろう．

6.4.2　繁殖干渉

クリサキテントウとナミテントウで種間交尾が生じることは，先行研究ですでに明らかにされていた（佐々治，1998）．クリサキテントウがナミテントウの隠蔽種として認識された頃，両種の間に交配後の生殖隔離が存在するか確かめるために交尾に関する実験が行われていたのである．繁殖干渉が個体群動態に与える影響を考える上では，単に種間交尾や雑種の有無を調べるだけでなく，他種の存在がメスの繁殖成功度に及ぼす影響を定量化する必要がある．そこで，両種の配偶に関わる一連の行動を評価することにした．

まず，クリサキテントウとナミテントウにおいて同種どうしの交尾と種間交尾のどちらが成立しやすいか検証した（Noriyuki et al., 2012）．具体的には，シャーレの中に未交尾のオスと同種または他種のメスを 1 頭ずつ入れて，交尾に至るか観察した（計 2 頭，非選択実験）．同様に，シャーレの中に 1 頭のオスと同種および他種のメスを 1 頭ずつ入れて観察した（計 3 頭，選択実験）．結果，両方の実験においてたしかに種間交尾は観察された．オスは他種のメスにも求愛し，メスは他種のオスでも交尾を受け入れるのである．ただし，オスの配偶選好性（種認識の程度）は種間で異なっていた．ナミテントウのオスは同種のメスを好み他種のメスにはあまり求愛しない一方で，クリサキテントウのオスは同種と他種のメスを区別せずに求愛した．なお，どちらの種類のメスも，オスが求愛してきた場合はほとんど拒否することなく交尾を受け入れた．したがって，オスだけでなくメスの種認識も正確でないと考えられる．

次に，種間交尾をした後のコストを調べるために，以下の条件でメスを交尾させた（Noriyuki et al., 2012）．(1)同種のオスのみ，(2)他種のオスのみ，(3)同種のオスに続いて他種のオス，(4)他種のオスに続いて同種のオス．そのあとメスに産卵させ，その卵塊の孵化率を調べた（図 6.6）．同種のオスだけと交尾した場合（条件 1），卵塊の孵化率はクリサキテントウでおよそ 6 割だった．孵化し

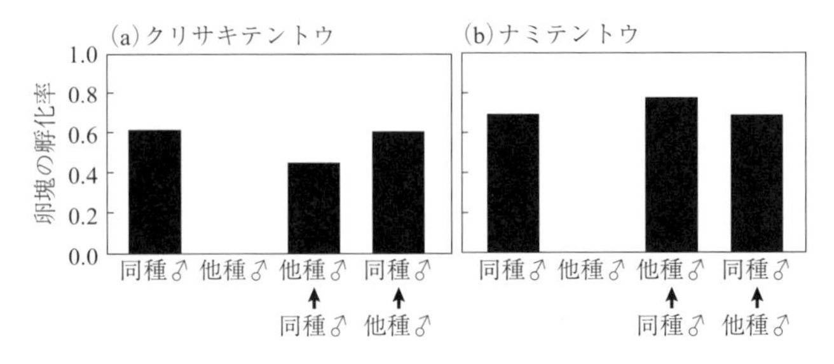

図 6.6　種間交尾が孵化率に与える影響．クリサキテントウ（a）とナミテントウ（b）ともに，他種のオスと交尾するとまったく幼虫は孵化しない．ただし，たとえ他種のオスと交尾しても，同種のオスとも交尾をすれば，その順番にかかわらず孵化率は回復する．つまり，同種精子優先が生じている．Noriyuki et al. (2012) をもとに作成．

ない卵が混じっているのは，前述したように卵塊の中に栄養卵が含まれるためである．また，他種のオスだけと交尾した場合（条件 2），メスは産卵するが，その卵塊から孵化した幼虫はいなかった．しかし，他種のオスだけでなく同種のオスとも交尾したメスでは，その交尾の順番にかかわらず，孵化率が大きく回復した（条件 3 および条件 4）．ナミテントウでも同様の傾向が見られた．この現象は「同種精子優先（より一般的には「同種配偶子優先」）と呼ばれており，ショウジョウバエやコオロギといった昆虫のほかにも，ウニやネズミの仲間で知られている（e.g., Howard, 1999）．これらの実験結果から，同種と交尾すれば種間交尾のデメリットが大きく解消されることが示唆された．したがって，テントウムシのメスの繁殖成功にとっては「同種と交尾できるかどうか」が重要だといえるだろう．

そこで最後に，他種が存在するときに同種どうしで交尾できるか調べた (Noriyuki et al., 2012)．この実験では以下の処理区を設定した．(1)同種 1 ペアのみ（他種はなし），(2)同種が 5 ペア・他種が 1 ペア，(3)同種と他種が 3 ペアずつ，(4)同種が 1 ペア・他種が 5 ペア．条件 2 では，周りに同種がたくさんいる「多数派」の状況を再現した．対照的に，条件 4 は他種がたくさんいる「少数派」の状況を表している．条件 1 と条件 4 では同種の絶対数は変わらないが，同種と他種の割合が異なっている．これらの実験設定によって，「同種と他種の割

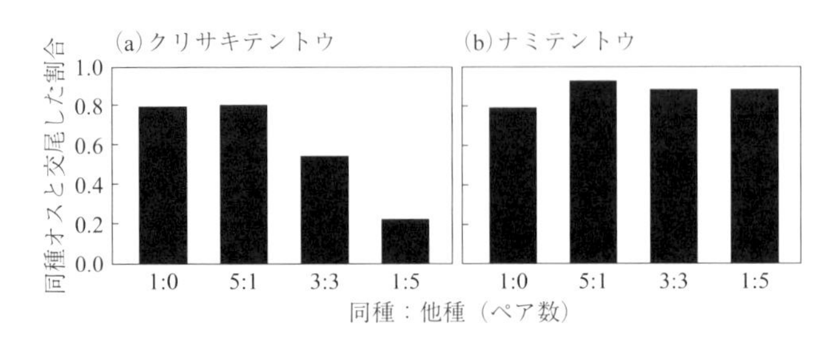

図 6.7　他種の存在が同種どうしの交尾に与える影響．クリサキテントウ（a）では，他種の割合が高くなるほど同種との交尾成功度は減少した．それに対してナミテントウ（b）では，他種の割合にかかわらず同種との交尾成功度が高かった．つまり，繁殖干渉においてナミテントウが有利でクリサキテントウが不利であるといえる．Noriyuki et al.（2012）をもとに作成．

合」および「同種の絶対数」が交尾成功度に与える影響を検証できる（Friberg et al., 2013）．エサ（エンドウヒゲナガアブラムシ）を含んだ虫かごの中に上記のペアをそれぞれ導入し，単位時間（24 時間）後に成虫を回収した．そのあと個別にメスに産卵させ，卵が孵化した場合に単位時間内で同種のオスと交尾したと判断した．

ナミテントウのメスでは，他種の割合にかかわらず同種のオスと交尾した割合が高かった（図 6.7）．それに対してクリサキテントウのメスでは，他種の割合が高くなるほど交尾成功度が低下した．つまり，繁殖干渉の効果は一方的であった．このような結果をもたらしたメカニズムはまだはっきりとわかっていないが，いくつかの行動から原因を推測することはできる．初めの実験においてナミテントウのオスは他種のメスよりも同種のメスを選びやすかったことから，ナミテントウは少数派になったとしても同種どうしで交尾しやすいと思われる．クリサキテントウのメスにも同種精子優先のメカニズムが備わっているので，同種のオスと 1 回でも交尾すれば自分の子を産むことができる．しかし周りに他種がたくさんいる状況では，そもそも同種と交尾するチャンスが減ってしまうため，同種精子優先のメカニズムが発揮されることなく終わってしまっていると考えられる．

繁殖干渉と資源利用についての実験結果をふまえて，野外における両種の

コラム 4

ギルド内捕食の可能性

Nishida et al. (2015) は植食性昆虫とその食草を対象に作られた理論だが，テントウムシの事例で検討してきたように，捕食者のニッチ分割にも適用できると考えられる．相互作用するどちらか一方の種が有性生殖していれば，栄養段階にかかわらず繁殖干渉は近縁種間で生じうる．ただし，捕食者どうしは資源をめぐる消費型の競争だけでなく，食う―食われるの関係（ギルド内捕食）にあることも多い．したがって，ギルド内捕食がクリサキテントウとナミテントウのニッチ分割に貢献している可能性についても検討しておこう．

野外では，複数の種類のテントウムシが同じアブラムシのパッチを利用していることは珍しくない．また，テントウムシだけではなくヒラタアブやクサカゲロウの幼虫もアブラムシの捕食者である．これらの種間では，野外においても室内実験においてもギルド内捕食が観察されている（Hironori and Katsuhiro, 1997 ; Agarwala and Yasuda, 2001）．さらに，寄生蜂がアブラムシの体内に産卵し，そのアブラムシを他の捕食者が食べることでもギルド内捕食の関係が成り立つ（Rosenheim et al., 1995）．ところが，このような複雑な食う―食われるの関係があったとしても，野外では同じニッチに多くの種類が共存していることになる．つまり，ギルド内捕食があるからといって必ずしも局所共存が妨げられるわけではないといえる．

単純なモデルでは，ギルド内捕食と資源競争にトレードオフがないと相互作用している 2 種は共存できないことが指摘されている（Holt and Polis, 1997）．しかし，このようなトレードオフは実際にはそれほど検出されておらず，局所共存を説明する普遍的な原理にはなっていないようである．それを受けて，捕食者の最適採餌（Křivan, 2000 ; Holt and Huxel, 2007）や資源の時空間的な異質性（e.g., Amarasekare, 2007）を取り入れた理論がギルド内捕食系の局所共存を説明するために提唱されており，野外における生物の実態をより反映していると考えられる．

ナミテントウとクリサキテントウの場合，体サイズが種間で変わらないために，決まってどちらかの種が「ギルド内捕食者」となり，もう一方の種が「ギルド内被食者」になるわけではない．実際，種にかかわらず体サイズの大きい個体が小さい個体を一方的に捕食するのであり，体サイズ（齢数）が変わらない場合は捕食行動に優劣が見られないことが室内実験によって示されている（山田，2010）．したがって，ギルド内捕食だけではクリサキテントウが一方的に質の低い資源に特化していることを説明しにくい．両種のニッチ分割を理解するためには，繁殖干渉のような種間で優劣がつきやすい相互作用を考慮する必要があるだろう．ただし，資源競争と繁殖干渉が相乗的に競争排除をもたらすように（Kishi and Nakazawa, 2013），ギルド内捕食も繁殖干渉の効果を増幅している可能性はある．

ニッチ分割について考察してみよう．ナミテントウは幼虫の成長に適しているさまざまなエサを食べるジェネラリストである．クリサキテントウも本来は幼虫の成長に適したエサを利用したいはずだが，ナミテントウが多数派となるパッチでは交尾成功度が著しく低下してしまう．そこでナミテントウからの繁殖干渉を軽減するために，クリサキテントウは仕方なく幼虫の成長にとって不適なマツ類のアブラムシに特化していると結論できる．

6.4.3　入れ子状の特殊化

両種が分布している地域において，クリサキテントウの生息環境はマツ類に限定されており，ナミテントウが利用しているその他の樹木から発見されたことはない．その一方，ナミテントウはクリサキテントウが特化しているマツ類も野外で利用する．つまり，スペシャリストの資源がジェネラリストの資源に含まれるという，入れ子状の特殊化が生じている（図 6.3）．ナミテントウにとってマツオオアブラムシは特に捕まえにくいエサであるため，質の良いエサが得られないときの代替資源として利用しているのだろう．とはいえ，マツ類においてさえパッチによってはナミテントウしか観察されない場合もあり（鈴木，未発表），パッチレベルにおいてクリサキテントウが排除されていることは珍しくないのかもしれない．

Nishida et al.（2015）の予測にもとづいて考えると，両種が同じ地域で安定的に共存するためには，両種が用いるエサの質に大きな差があることが必要である（図 6.2）．つまり，クリサキテントウが特化しているマツオオアブラムシの質がナミテントウにとってかなり低いことが重要である．もしそれほど差がなければ，ナミテントウがマツオオアブラムシを利用する頻度が増えるだろう．それはクリサキテントウとナミテントウにおける相互作用の増加を意味し，局所的な絶滅，ひいては地域レベルの絶滅をも引き起こしかねない．マツオオアブラムシの質が低いからこそナミテントウとの遭遇頻度が低く保たれているはずであり，クリサキテントウが特殊化に大きなコストをかけているのはニッチ分割の宿命であるといえる．

近縁種間の食性幅の研究において入れ子状の特殊化が生じる原因についてはこれまであまり検討されてこなかったようだが，空間生態学で発展したソース・シンク動態（集団効果）や繁殖干渉の優劣を考慮することで，このパターンについての理解が進むことが期待される．

6.4.4　地理分布と形質置換

南北に長い日本列島の生物地理は，クリサキテントウの食性幅の進化を考える上で絶好の舞台となっている．クリサキテントウとナミテントウの分布は本州（青森県）から九州本土にかけて重複しているが，北海道ではナミテントウだけ，南西諸島ではクリサキテントウだけが分布している．北海道のナミテントウは本州の個体群と同じようにジェネラリストである．その一方で南西諸島のクリサキテントウは，マツ類（リュウキュウマツ）のほかにもギンネム（東ほか，1996）・シマサルスベリ（盛口，2015）・ハイビスカス（鈴木，未発表）などの樹木から発見されている．これらのことから，南西諸島のクリサキテントウはナミテントウによる繁殖干渉から解放されているためさまざまな環境を利用できると考えられる．つまり，クリサキテントウの食性幅において形質置換が生じているといえる．

形質置換では，同所的分布地域において両種の形質が分化する場合と，片方の種の形質が分化して，もう一方の種の形質は異所的分布域と変わらない場合が知られている（Schluter, 2000，図 6.8）．どのような条件がこれらの違いをもたらすのかよくわかっていないが，繁殖干渉は種間で優劣がはっきりする場合と互角になる場合の両方があるので（Wirtz, 1999；Gröning and Hochkirch, 2008），

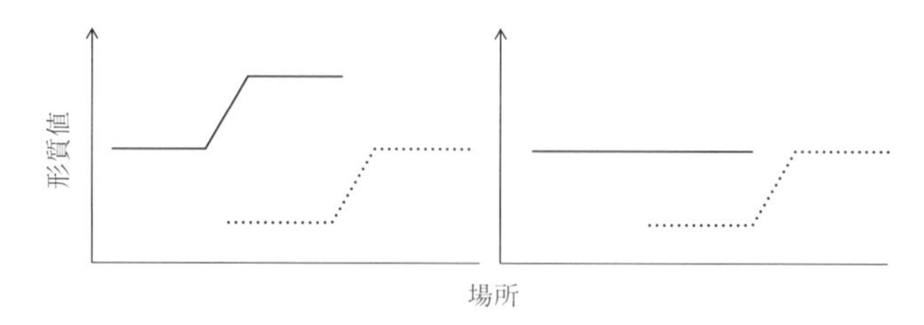

図 6.8　形質置換の二つのタイプ．実線と点線は異なる種の形質値を示す．同所的に分布している地域において，両方の種で形質の分化が生じる場合（左）と片方の種だけで形質の分化が生じる場合（右）がある．

形質置換の多様な結末を説明できる鍵になるかもしれない．クリサキテントウはナミテントウと出会ったときに相互作用を回避しなければならないので，同所的分布域と異所的分布域で食性幅が異なっているのだろう．対照的に，ナミテントウはクリサキテントウの存在を気にせず，成長にとっての適合性にもとづいて資源を選択すればよいので，同所的地域でも異所的地域でも食性幅に変わりはないと考えられる．

南西諸島のクリサキテントウはナミテントウとの相互作用から解放されたジェネラリストであるとはいえ，マツ類からもよく発見される（鈴木，未発表）．リュウキュウマツにはマツオオアブラムシと同属で特徴の似た種類のアブラムシ（*Cinara* sp.）が寄生しているため，南西諸島におけるクリサキテントウの主要なエサになっている可能性がある．アブラムシが植物に著しく加害するのは基本的に温帯域であり，南西諸島などの亜熱帯域ではアブラムシの個体数はそれほど多くない．そのため，南西諸島のクリサキテントウは利用できる資源が少なく，リュウキュウマツに寄生するアブラムシへの依存度が高いのかもしれない．

Konuma and Chiba（2007）による理論研究では，繁殖干渉が生じる前に 2 種の資源利用形質があらかじめずれていると，形質置換が生じやすいことが示されている．資源利用形質の初期値が 2 種で変わらない場合は，形質が十分に分化して繁殖干渉を避けられるようになる前に個体群が絶滅してしまうリスクが高いためである．南西諸島のクリサキテントウは生息環境としてマツ類も利用しているため，母親による投資量だけでなく，幼虫の形態を含んだ一連の形質が本州のクリサキテントウと似通っている（鈴木，未発表）．そのため，ナミテントウと二次的に接触したとき，あらかじめ適応していた形質をもとにして特殊化がさらに進んだのかもしれない．このシナリオは，新たな資源への適応によってスペシャリストが誕生したというよりも，もともと広かったニッチ幅を削減してスペシャリストになったことを意味している．

6.5　他の系との比較

繁殖干渉がニッチ分割に与える影響について調べた実証研究は限られているが，それでも参考になるケーススタディがいくつかある．ここではヒメシロチョウとタバココナジラミにおける一連の研究を紹介することで，繁殖干渉にもとづいた仮説がさまざまな系に適用できることをみていこう．テントウムシの研究を合わせて考えると，植食者と捕食者における近縁種間のニッチ分割を同じ枠組みで理解することができる．また，自然生態系の昆虫だけでなく，農業生態系における害虫の動態にも繁殖干渉は大きく関与しており，応用にかかわる研究として注目に値する．

6.5.1　ヒメシロチョウ

ヨーロッパに広く分布するヒメシロチョウ属 *Leptidea* には形態によって区別しにくいいくつかの系統が含まれているが，今のところ分子系統や染色体数によって3種に分類されている．スウェーデンでは，*Leptidea sinapis* はジェネラリストであり，明るい草地と薄暗い森林の両方を生息地として利用し，そこに生育するマメ科植物を食草としている．その一方，*L. juvernica* はスペシャリストであり，生息環境は森林内に限定されている（Friberg, Bergman, et al., 2008）．オスは求愛のときにメスの近くにまとわりつき，触角で相手を叩くなどの儀式的な行動をとる（Friberg, Vongvanich, et al., 2008）．この行動は種間でも生じ，ときに長時間にわたってメスの行動を拘束するため，採餌や産卵などの行動にコストとなっている可能性がある．ビニールハウスで行われた実験では，相手の種の割合が高くなるほど交尾成功度が低下することが明らかになった（Friberg et al., 2013）．この傾向はどちらの種でも見られた．つまり，同じ個体数であれば繁殖干渉に優劣はなく，個体数の多い種が常に有利であるといえる．ただし，この系では種間交尾はほとんど生じておらず，遺伝子浸透もほとんど検出されていない．したがって，交尾に至る前の求愛行動によって交尾成功の低下が生じたと考えられる．

2 種のヒメシロチョウが同じ地域で安定的に共存するには，それぞれの生息環境に対する適合性が種間で異なる必要がある．しかし，両種の幼虫に草地と森林内に生育する何種類かのマメ科植物をそれぞれ与えて成長パフォーマンスが定量化されたところ，はっきりとした種間差は検出されなかった（Friberg and Wiklund, 2009）．植食性昆虫では，食草の質だけでなく，天敵の効果も生息環境によって変化しうる（e.g., Ohsaki and Sato, 1994）．よって，これらの要因を組み合わせて解析すれば，地域的な共存を可能にするメカニズムについて詳細に理解することができるだろう．

この系で特に興味深いことは，両種の食性幅に地理変異が見られることである．前述のように，スウェーデンでは *L. sinapis* がジェネラリストで *L. juvernica* がスペシャリストであるが，チェコでは逆に *L. juvernica* がジェネラリストで *L. sinapis* がスペシャリストの稀少種であることが知られている（Friberg et al., 2013）．この 2 種において繁殖干渉の優劣がないことを考えると，ある地域に先に侵入した種がさまざまな好適な生息環境を利用するジェネラリストになり，後から侵入した種は不適な環境のみを利用するスペシャリストになったと予想できる．つまり，個体数の増えた種による繁殖干渉が先住効果 priority effect をもたらした可能性がある（Friberg et al., 2013）．系統地理についての解析が進み，それぞれの地域における侵入の順番が明らかになれば，この仮説を検証できるだろう．

テントウムシの研究からも示唆されたように，食性幅は相手種の在不在によって変化しうると考えられる．これは，スペシャリストとジェネラリストの移行についてのマクロ生態学的なパターンとも整合性が高い．従来は，進化的な傾向としてジェネラリストからスペシャリストへ一方的に移行しやすいと想定されていた（Schluter, 2000）．この背景には植物と昆虫の共進化の概念がある．すなわち，いったん軍拡競走によって特定の資源に特化してしまえば，そこが「進化の袋小路」となってしまい，他の資源を利用したり食性幅を拡大することが難しくなってしまうと考えられていた．しかし，さまざまな分類群における食性幅と分子系統樹を用いた解析によると，食性幅の進化の方向性に一貫したパターンは検出されていない（Nosil, 2002；Nosil and Mooers, 2005）．つまり，分類群によってはスペシャリストからジェネラリストへの移行も生じている．生物がその分布を変遷していく上で，繁殖干渉の生じる近縁種と出会うこともあれば，単独分布域へ定着することもあるだろう．そのとき，相手種の在不在によって食性幅が決まるのであれば，スペシャリストからジェネラリストへの進化が生じても不思議ではない．食性幅は固定された形質ではなく，種間相互作用によって柔軟に進化しうるのだ．

6.5.2　タバココナジラミ

タバココナジラミ *Bemisia tabaci* はトマト・ナス・ピーマン・カボチャ・メロン・インゲンマメといったさまざまな作物に被害を与える世界的な大害虫である．形態的に区別のつかない系統（バイオタイプ）がいくつか含まれているが，交配後の生殖隔離が成立しているペアもあり，何種類かの隠蔽種によって構成されていると考えられている（De Barro et al., 2011）．中国やオーストラリアをはじめとした地域では，侵入してきたバイオタイプBが在来のバイオタイプQを繁殖干渉によって急速に駆逐していることが報告されている（Liu et al., 2007）．その一方，イスラエルではバイオタイプBとバイオタイプQが地域的に共存しているため（Khasdan et al., 2005），繁殖干渉とニッチ分割の関係を考える上での適した系になっている．

イスラエルでは，バイオタイプBは主にウリ科作物を加害する一方で，バイオタイプQはアオイ科（オクラ）やキク科をよく利用する（Crowder et al.,

2011)．これらのバイオタイプではそれぞれの植物に対する適合性が異なっている．さらに，殺虫剤への抵抗性はバイオタイプQのほうが高い（Crowder, Horowitz, et al., 2010）．したがって，バイオタイプQは繁殖干渉において不利にもかかわらず，特に薬剤散布された地域では完全に排除されることなくバイオタイプBとニッチ分割しながら地域的に共存していると考えられる．

イスラエルではニッチ分割している一方で，他の地域では種の置換（地域的な競争排除）が生じている要因は明らかになっていない．同じバイオタイプといえども，繁殖干渉に関わる行動や薬剤に対する感受性といった生物学的な特性が地域によって異なるのかもしれない．あるいは，作物の種類や栽培方法（環境の異質性），殺虫剤の使用方法といった農学的な要因も関わっているかもしれない．環境の適合性に種間で大きな差があり，繁殖干渉が中程度だとニッチ分割が維持されやすいことが空間明示的なモデルによって明らかになっているので（Crowder et al., 2011），これらの軸をもとにして繁殖干渉の結末の地域差を説明できる可能性がある．

6.6　他の生態的特性との関係

6.6.1　産卵選好性

6.1節で述べたように，成虫は幼虫の成長にとって不適な資源を選んで産卵することもあるが，このパターンを説明できる適応にもとづいた仮説は限られていた（Scheirs et al., 2000）．繁殖干渉はこのパターンを導きうる相互作用である（Noriyuki, 2015）．繁殖干渉に優劣がある場合，有利な種は好適な資源に，不利な種は不適な資源に特化するだろう．あるいは，先住者によって好適な資源がすでに独占されている場合，侵入してきた種は不適な資源を使わざるをえない．その結果，繁殖干渉に不利な種において，成虫の産卵選好性と幼虫の成長にとっての適合性は一致しなくなる．子の成長にとって最適な資源を選ばないという親の行動は一見すると不合理だが，他種がいる状況において繁殖成功度を最大化させる戦略なのである．

また，成虫の産卵選好性と幼虫の成長パフォーマンスの関係は，近縁種間であっても変わりうる．たとえば，ハバチの一種である *Nematus pavidus* はジェネラリストであり，成虫の産卵選好性と幼虫の成長パフォーマンスがおおまかに一致しているが，近縁種である *N. salicis* の幼虫は飼育条件においてさまざまな種類の植物を食べて順調に成長できるものの，成虫が野外で産卵する植物はその中の一部に限られている（Roininen and Tahvanainen, 1989）．近縁種間で繁殖干渉によるニッチ分割が生じている場合，有利な種の成虫は幼虫の成長にもとづいて産卵し，不利な種では成虫の産卵選好性と幼虫の成長パフォーマンスが一致しなくなると考えられる（Noriyuki, 2015）．

6.6.2　ハビタット選択と至近メカニズム

成虫が寄主を選択して産卵するというプロセスには，いくつかの行動ステップが含まれている．植食性昆虫を例にすると，まず成虫は食草が生育している生息環境（ハビタット）を探索し，次に揮発性の物質や視覚を頼りに食草の候補となる植物に定位し，そのあと植物の表面から化学物質を受容し，その植物に産卵するか忌避して他の植物に移るかの意思決定を行う（Hassell and Southwood, 1978）．これらの行動ステップは別々の遺伝子によって支配されていると考えられるので（Jaenike, 1986），注目している選択圧がどのステップの進化を促したのか特定することが重要である．

繁殖干渉の場合，上記の行動ステップの上流に位置する，ハビタットの選好性に進化が生じやすいと考えられる（鈴木ほか，2012）．メスが産卵のため寄主に定位すると，近くにいる他種と相互作用する機会が増えてしまうだろう．また，寄主に定位しなくてもその周りで行動しているだけで，他種からの繁殖干渉を受けることもある（e.g., Friberg et al., 2013）．したがって，もし繁殖干渉を避けたいなら，そもそも他種のいるハビタットには近づかないことが賢明である．その結果，ハビタットの選好性に特殊化が生じることになる．それに対し，ハビタットの特殊化が生じた後であれば，定位後の産卵選好性は繁殖干渉を避ける上で特に重要ではない．そのため，定位後の産卵選好性については祖先のジェネラリスト的な形質が維持されやすいと考えられる．

前節で繁殖干渉の実証例として紹介したスペシャリストの昆虫では，ハビタットへの定位と寄主への定位後の産卵選好性について違いが見出されている．スペシャリストのヒメシロチョウである *L. juvernica* は野外においては森林内のハビタットへ定位するが，狭いケージに閉じ込めると明るいハビタットに生育する植物にも産卵する（Friberg and Wiklund, 2009）．本州のクリサキテントウは野外でマツ類にしか定位しないが，シャーレの中に本来は利用しないエサ（エンドウヒゲナガアブラムシや人工飼料など）を与えると順調に産卵する（Noriyuki et al., 2012）．いずれの場合も，定位後の産卵選好性はジェネラリストと似た傾向を示している．野外でスペシャリストをスペシャリストたらしめているのは，寄主に定位した後の産卵選好性ではなく，ハビタットに対する選好性なのだ．このように，産卵に至るまでの行動ステップをひもといていくことで，スペシャリストの進化を促した選択圧を特定しやすくなるだろう．

これまで昆虫分野の化学生態学によって重点的に研究されてきたのは，産卵刺激物質に対する成虫の応答である．しかしながら，実際の特殊化がハビタットの選好性で決まっているケースでは，それより行動ステップの下流に位置する至近メカニズムを調べたとしても，食性の多様化をもたらした要因について得られる知見は少ないだろう．むしろ，ジェネラリストの祖先から引き継がれた選好性によって形質はマスクされているため，その進化史を解釈するときには注意が必要である．

とはいえ，モデル生物を参照した近年の研究では，ハビタットの定位についての分子メカニズムとそのゲノム基盤が解明されつつある．*Scaptomyza flava* はキイロショウジョウバエ *Drosophila melanogaster* に近縁であるものの，シロイズナズナをはじめとしたアブラナ科植物に潜葉する植食者である．キイロショウジョウバエの成虫は酵母に由来する揮発性物質に強く誘引されるが，*S. flava* では触角に存在する嗅覚受容体が応答せずに酵母に対する選好性は失われている．酵母への定位に関与する嗅覚受容体は OR 遺伝子ファミリーと呼ばれる遺伝子群によってコードされているが，*Scaptomyza* 属の進化ではそのオーソログが部分的に失われているか偽遺伝子となっている（Goldman-Huertas et al., 2015）．もちろん *S. flava* は遺伝子重複をもとにしてアブラナ科植物に対する選好性も進化させているが，アブラナ科植物への誘因はキイロショウジョウバエでも多少は維持されている．つまり，植物という新たなニッチへ特化するためには，ジェネラリスト的な祖先が維持していた選好性を失うことが重要だったのである．これは，「ノニ」として知られるヤエヤマアオキ *Morinda citrifolia* に特化しているセイシェルショウジョウバエ *Drosophila sechellia* の状況とも似ている（Matsuo et al., 2007；Whiteman and Pierce, 2008）．その他の生物ではこれほど詳細なメカニズムは明らかになっていないが，スペシャリストの進化がジェネラリストにおけるニッチ幅の縮小によって生じるという点においては，クリサキテントウやヒメシロチョウで観察されているパターンと同じである．この場合，スペシャリストの資源がジェネラリストの資源に含まれるという「入れ子状の特殊化」になりやすい．このようにして，ゲノムレベルの現象と生態学の理論に整合性が見出されるようになれば，生物学の細分化に対する批判を克服し，階層や分野を越えた理解に到達したといえるのではないだろうか．

III

繁殖干渉研究の
現在と未来

第7章
最近の研究の動向

これまで植物や昆虫の具体的な例をもとに繁殖干渉を説明してきた．いずれの例でも，繁殖干渉は近縁種を絶滅させるだけでなく，生息場所やエサ資源の分割といった進化的・生態的に重要な帰結をもたらしていた．それではこのような繁殖干渉は，多様な生物種であふれかえるこの自然界において，どのくらい普遍的な現象なのだろうか．そして，繁殖干渉は種のニッチや分布以外にどのような影響を与えているのだろうか．たとえば個体の形質や生活史の進化に影響を与えていないだろうか．

そこで本章では，繁殖干渉についての既存の研究を総括することで，今後取り組むべき研究の指針を示すことを目的とする．まず，これまで出版された論文をチェックし，分類群の多様性（7.1節）について述べる．次に，繁殖干渉の効果が検出されなかった実験の解釈について述べる（7.2節），最後に，繁殖干渉がもたらす影響として，繁殖や環境適応に関わる形質だけでなく，遺伝多型や擬態といったさまざまな現象との関連を指摘する（7.3節）．本章をきっかけに，繁殖干渉のメカニズムがいまだ明らかになっていない分類群や，繁殖干渉の影響が明らかでない形質についての研究が促進されることを願っている．

7.1　分類群の多様性

7.1.1　これまでの研究

この地球上には実に多くの生物種が存在する．現在までにおよそ120万種が記録されているが，実際には870万種存在するという予測もある（Mora et al., 2011）．これらの生物の分類体系は，界 kingdom，門 phylum，綱 class，目 order，科 family，属 genus，種 species，という階級に従っている．繁殖干渉は，少なくとも一方の種が有性生殖をする種間にのみ生じるから，原生生物界，菌界，動物界，植物界に生じうる．しかし菌界については繁殖干渉に関する研究がほとんど行われていないため，本章では扱わない．

繁殖干渉が個体の適応度や個体群動態に与える影響を調べた研究のうち，それぞれの分類群において代表的なものを表7.1にまとめた．しかし表7.1に取り上げたものは繁殖干渉に関する研究すべてを把握できていない可能性が高い．なぜなら繁殖干渉には reproductive interference 以外にも多くの呼称が使われてきたため，それらの呼称が使われている場合，検索結果として現れないからである．たとえば動物に限っても，「mating interference」「heterospecific sexual harassment」「interspecific mate choice」「satyr effect」「pseudocompetition」「sexual competition」などといった用語があてはめられてきた（Gröning and Hochkirch, 2008）．以下に取り上げる研究例でも reproductive interference を使用していないものがある．ただし近年では，繁殖干渉を意味する用語として reproductive interference が定着しつつあるため（Burdfield-Steel and Shuker, 2011；Kyogoku, 2015），今後はこの用語が普及していくと思われる．

また，交雑・遺伝子浸透・繁殖隔離の強化を調べた研究の多くが繁殖干渉と深く関連している．これらの研究は遺伝子汚染や生態的種分化といったテーマを念頭に行われてきたはずだが，その反面，近縁種どうしの二次的な接触が個体群動態におよぼす影響については見過ごされてきた傾向がある（第1章）．したがって，これまで繁殖干渉の研究として認識されてこなかった事例につい

表 7.1　主な先行研究.

大まかな分類	主な研究例
昆虫	バッタ（Hochkirch et al. 2007），トンボ（van Gossum et al. 2007），マメゾウムシ（Kishi et al. 2009），コナジラミ（Crowder, Horowitz et al. 2010），テントウムシ（Noriyuki et al. 2012），ネッタイシマカ（Bargielowski et al. 2013），ミツバチ（Remnant et al. 2014），チョウ（Friberg et al. 2013）カメムシ（Shuker et al. 2015），ショウジョウバエ（Yassin and David 2016）
その他の節足動物	マダニ（Andrews et al. 1982），ザリガニ（Butler and Stein 1985），ハダニ（Takafuji et al. 1997），カイアシ（Thum 2007），*ヨコエビ（Cothran et al. 2013）
無脊椎動物	カタツムリ（Wiwegweaw et al. 2009），センチュウ（Liao et al. 2014），マラリア原虫（Ramiro et al. 2015）
脊椎動物	カエル（Ficetola and Bernardi 2005），ヤモリ（Dame and Petren 2006），ヒタキ（Vallin et al. 2012）
草本植物	*シオン属（Armbruster and McGuire 1991），タンポポ（Takakura et al. 2009），オナモミ（Takakura and Fujii 2010），*ミミナグサ（Takakura 2012），ツリフネソウ（Tokuda et al. 2015），ツルウメモドキ（Zaya et al. 2015）
木本植物	ユーカリ（Pollock et al. 2015）

* は否定的な結果を示す.

ても改めて見直すことで，分布や群集構造についてより合理的な理解が得られるだろう.

7.1.2　原生生物

原生生物とは，真核生物のうち，菌界，植物界，動物界に属さないものをいう．原生生物を対象とした繁殖干渉の研究は少ない．しかし個体が小さいものが多く，一部の種は比較的小規模な装置で多数の個体を飼育・増殖できるうえに，野外採集も身近な場所でできるので，優秀な実験材料になりうる.

ゾウリムシの仲間（*Paramecium* 属）はガウゼが行った種間競争の実験材料として有名である（第 2 章）．ガウゼは，ゾウリムシ *P. caudatum* とヒメゾウリムシ *P. aurelia*[1] を共に飼育すると，ゾウリムシが絶滅することを報告した

1）ガウゼが実験を行ったヒメゾウリムシは，ガウゼの本の中では *P. aurelia* となっているが，現在では *P. aurelia* は 14 種に分けられており，その中に後掲の *P. tetraurelia* も含まれている.

(Gause, 1934b). この結果は資源競争によって説明されているが，ゾウリムシ種間には繁殖干渉は生じないのだろうか．普通，ゾウリムシは分裂によって増殖するが，接合も行う．接合では2個体が減数分裂した小核を交互に交換する．ヒメゾウリムシの集団内には異なる二つのタイプ（性）が存在し，同じタイプどうしは接合を行わず，もっぱら異なるタイプどうしで接合することが知られている（Sonneborn, 1937；Murakami and Haga, 1995）．さらにChau and Ng（1988）は，*P. jenningsi* と *P. tetraurelia* の2種を共にすると，種間接合が起き，種間で小核を交換すると不和合が生じて死亡しやすいことを報告している．つまり，ゾウリムシ種間でも繁殖干渉が生じている可能性がある．ただしゾウリムシは分裂によって増殖することが多いため，種間接合による繁殖干渉が一方の種の絶滅に与える影響は限定的かもしれない．

マラリア原虫 *Plasmodium* では分子生物学的なアプローチを駆使した研究がある（Ramiro et al., 2015）．マラリア原虫はベクター（媒介者）となる蚊の体内では無性生殖をくり返すが，ヒトやネズミなどの宿主に移ると有性生殖を行う．このとき，複数の種のマラリア原虫が同じ宿主に感染することもあるため，ヒトやネズミの体内ではマラリア原虫の種間で性的相互作用が生じることがある．Ramiro et al.（2015）によれば，種間の接合は確かに起こるが，同種と他種の割合から期待されるほど多くはない．その上で，他種がいる培地にいると同種どうしの接合が著しく低下することが示された．他種がいると交尾成功度が下がるメカニズムはよくわかっていないが，異性の配偶子を認識するときに使われる特定のタンパク質をノックアウトすると種間の接合のしやすさが変わることから，これらのタンパク質がメカニズムとして関与していることが示唆されている．ここで重要なことは，単に交雑の有無を調べただけでなく，他種と混合されたときの繁殖成功度を定量化したことである．

7.1.3　動　物

昆虫

昆虫を対象とした繁殖干渉の研究は多い．昆虫は実験のしやすさもさることながら，繁殖干渉についての初期の数理モデルが昆虫を念頭に作られたことも（Ribeiro and Spielman, 1986 ; Kuno, 1992），研究が進みやすかった要因かもしれない．昆虫は人間社会に重要な影響を持つものも多い．たとえば農業害虫，ポリネーター（送粉昆虫），感染症のベクターが挙げられる．これらのいずれについても繁殖干渉の研究が存在する．応用上の要請によって基礎研究が発展した良い例とみなせるだろう．今後は，基礎研究の知見をいかに応用の現場へフィードバックさせるかが課題となっている．

農業害虫のうち，繁殖干渉が最もよく調べられたものの一つはタバココナジラミ *Bemisia tabaci* であろう．第6章でも取り上げたタバココナジラミは体長1 mm程度の小さな昆虫で，トマト黄化葉巻病ウィルスを媒介する害虫である．本種は半数倍数性で，メスはオスと交尾しない場合，オスを産み続ける．本種には隠蔽種が20種以上も確認されており，それらはバイオタイプと呼ばれている（De Barro et al., 2011）．バイオタイプBとQはいずれも侵略的外来種で世界各国に分布を広げている．嚆矢となる研究はLiu et al.（2007）によるもので，外来バイオタイプBと在来のバイオタイプAN（オーストラリア）およびZHJ1（中国）との繁殖干渉を調べたものである．実験すると，BのメスはAN，ZHJ1のオスが近くにいても子のメス比はあまり変わらなかった．一方，AN，ZHJ1のメスはBのオスと同居すると同じバイオタイプどうしで交尾することができず，子のメス比が低下した．この違いの原因は，BのメスはAN，ZHJ1のオスの求愛をBのオスと同様に受容するのに対し，AN，ZHJ1のメスはBのオスによる求愛を拒否するだけでなく同じバイオタイプのオスによる求愛も拒否するためだとされている．さらにBのオスとメスは異なるバイオタイプのオスが近くにいるとき交尾頻度を増加させることも知られている（Liu et al., 2007）．これにより，Bのオスは他のバイオタイプの交尾をより多く邪魔することになり，一方BのメスはBのオスと交尾できる確率が増加する．BとQを比較したときにも結果は同様で，Bのメスは交尾頻度を上げることでQのオスと同居しても子のメス比はそれほど変わらない一方，QのメスはBのオスと同居すると子のメス比が低下する（Crowder, Sitvarin, et al., 2010）．この結果は，BがQよりも繁殖干渉に強いことを意味しており，自然状態でBがQを駆逐したことと一致している．しかし興味深いことに，日本ではBの後にQが侵入し，多くの場所でQがBを駆逐しつつある（飯田ほか，2009）．この原因は現在のところQの薬剤耐性がBよりも強いためとされている．

セイヨウオオマルハナバチ *Bombus terrestris* は日本に人為的に導入されたマルハナバチの1種である．本種は主にトマトの受粉のためにヨーロッパで人工飼育法が開発され，1980年代には農業用資材として人工巣が販売されるようになった．トマトの花はミツバチがあまり訪花しないのでハウス栽培する場合には植物ホルモン剤を使って人の手で一つ一つ処理していた．そのような中，本種が花粉を集めるためにトマトの花をよく訪花することがわかり，人工巣が開発されたのである．実際，マルハナバチが送粉することによってトマトの結実率が高まり，形がよく大きな実ができることも知られている（Morandin et al., 2001）．人工巣はホルモン剤処理の苦労から解放されるものとして急速に広まり，日本にも1992年頃から輸入されるようになった．その後2004年には70,000コロニー（巣）が輸入された記録がある（米田ほか，2008）．こうした利用によってビニールハウスから女王個体が逃げ出し，日本に定着し，分布を拡大した．まず1996年に北海道の民家の床下で営巣しているのが見つかり，野外での定着が確認された．その後，セイヨウオオマルハナバチの分布が急速に拡大する一方，在来種であるエゾオオマルハナバチ *B. hypocrita sapporoensis* やノサップマルハナバチ *B. florilegus* が減少したことが報告されている（高橋ほか，2010）．この原因には，繁殖干渉，資源競争（巣の乗っ取り，花での盗蜜など），寄生者（寄生ダニ，微胞子虫など）などが考えられており，そのなかで繁殖干渉が最も有力である（Tsuchida et al., 2010）．室内実験でセイヨウオオマルハナバチのオスとエゾオオマルハナバチ，クロマルハナバチ *B. ignitus* の女王をともにケースに入れると種間交尾が生じる（Kanbe et al., 2008；Yoon et al., 2009）．そこで野外でセイヨウオオマルハナバチと同所的に生息するエゾオオマルハナバチ，オオマルハナバチ *B. hypocrita hypocrita* の女王個体を採集し貯精嚢を調べたところ，30％近い個体がセイヨウオオマルハナバチのオスの精子を持っていた（Kondo et al., 2009）．つまり，野外でもセイヨウオオマルハナバチのオスと在来マルハナバチの女王の種間交尾が高い頻度で生じていた．種間交尾をすると，いずれの組み合わせでもほとんどの卵は孵化せず，孵化してもオスばかりになるので，女王はコロニーを創設できないと考えられている（Kanbe et al., 2008）．このように種間交尾については比較的多くの知見が蓄積している一方，種間交尾以外の繁殖干渉については不明な部分も残っている．

第 6 章で触れたように，ヒメシロチョウの仲間（*Leptidea* 属）のうち *L. sinapsis* と *L. juvernica* は，一方の種が草地から森林の広い生息地を利用している地域では，もう一方の種は草地のみを利用するスペシャリストになっていて，しかも 2 種のこの関係は，地域によって逆転していた．そこでビニールハウスに 2 種を入れ，交尾成功度を調べた結果，いずれの種も，異種ペアとの割合に応じて交尾成功度が低下した（Friberg et al., 2013）．これは異種オスによる求愛によるものと考えられる．野外での状況を考慮すると，これら 2 種の繁殖干渉の優劣はある地域に定着し個体数が増えた順番（先住効果）によって決まっていると予想される．

古くから注目されてきた生態現象の一つに種の置換がある．昆虫でも，侵入種が先住の近縁種を駆逐してしまうような種の置換が多く観察されている．有名な例の一つは，オレンジの害虫であるアカマルカイガラムシ類 *Aonidiella* spp. に寄生する寄生蜂の種の置換である（DeBach and Sundby, 1963 ; DeBach, 1966）．まず 1900 年頃にミカンマルカイガラキイロコバチの 1 種 *Aphytis chrisomphali* が偶然にアメリカに侵入し増加した．しかしアカマルカイガラムシが減らないので，今度は 1947 年頃，中国から意図的に近縁な別種 *A. lingnanensis* が導入された．するとこの寄生蜂はカイガラムシを減らすどころか，その後およそ 10 年で先住の *A. chrisomphali* を駆逐してしまった．そしてさらに 1956 年頃にインド・パキスタンから近縁の *A. melinus* を導入したところ，今度は内陸のほとんどの地域で *A. lingnanensis* が駆逐され，10 年もたたずに *A. melinus* ばかりになった．しかし，これらの種の置換が生じている間ずっと，アカマルカイガラムシ類は豊富に発生していたことから，これらの種の置換は資源競争によって生じたものではないと考えられる．さらに，アカマルカイガラムシ類にはこれらと異なる寄生蜂 *Prospaltella perniciosi* と *Comperiella bifasciata* も知られていたが，これらの種は *Aphytis* 属と常に共存し，種の置換の影響を受けなかった．これらのことから，*Aphytis* 属で生じた種の置換は，同属近縁種間でのみ生じる，資源競争以外の種間相互作用によって駆動されたといえる．繁殖干渉は最有力な候補であろう．

昆虫以外の節足動物

近年，ハダニ類の繁殖干渉に着目した研究が増えている（e.g., Ben-David et al., 2009；Chae et al., 2015；Sato et al., 2014）．ハダニ類は実験に扱いやすい種も多く，今後も多くの発見が期待される．ここでは日本に生息するクワオオハダニ *Panonychus mori* とミカンハダニ *P. citri* の研究を紹介しよう．2 種はいずれもナシやモモに発生する害虫である．ミカンハダニは名前の通り，カンキツ類でも生育するが，クワオオハダニはカンキツ類で生育できない．2 種の分布をみると，瀬戸内から太平洋沿岸域を境に，それより高緯度にクワオオハダニが，低緯度にミカンハダニが生息する（藤本・平松，1995）．境界線付近では両種がしばしば混生する（藤本・平松，1995）．混生地域である岡山県で両種のメスを調べた結果，オスしか産まないメスがいずれの種にも認められ，これは種間交尾の結果と考えられた（Fujimoto et al., 1996）．なぜなら 2 種のハダニは半数倍数性なのでオスの精子で受精した卵は通常メスになるが，異種オスの精子で受精した卵は卵期や幼虫期にすべて死ぬからである（Takafuji, 1988）．しかもそのようなメスの割合は，その木における異種の割合とともに増加した．そこで室内で 2 種のオスとメスをともにするといずれの組み合わせでも種間交尾が生じた（Takafuji et al., 1997）．しかし 2 種のオスはメスに対する選好性が異なっており，クワオオハダニのオスは同種メスを選好する一方，ミカンハダニのオスは同種メスにも異種メスにも同様に求愛した（Takafuji et al., 1997）．クワオオハダニのメスは，ミカンハダニのオスと交尾した後に同種オスと交尾してもメスが産めない．それに対して，ミカンハダニのメスは，クワオオハダニのオスとの交尾が失敗しやすく，そうしたメスはその後に同種オスと交尾するとメスを産むことができる（Takafuji et al., 1997）．したがってこれら 2 種の繁殖干渉は，ミカンハダニからクワオオハダニにより強くかかる．実際，2 種を室内でともに飼育するとクワオオハダニが絶滅しやすく，行動実験の結果と整合性がある．

ブラジル南部の川沿いに生息するサシアシグモ科の2種 *Paratrechalea ornata* と *P. azul* は交尾時にオスがメスに婚姻贈呈を行う（Costa-Schmidt and Machado, 2012）．オスがエサを糸にくるんでメスに見せ，メスがその包みに気をとられているときに交尾を行う．2種間の配偶行動を観察した結果，*P. azul* のオスは *P. ornata* のメスにしばしば婚姻贈呈を行い，メスもオスに近づくが，交尾には至らなかった．一方，*P. ornata* のオスは *P. azul* のメスにあまり近づかないが，婚姻贈呈をしようと近づいたときには，メスがオスを攻撃し，ギフトを奪うだけでなくしばしばオスを食べてしまった．このメスの攻撃性の差はオスとの体サイズの違いによるものと考えられている（Costa-Schmidt and Machado, 2012）．この研究で興味深いのは，*P. ornata* ではメスよりもオスのほうが種を厳しく識別することである．*P. ornata* のオスが異種メスに求愛したときのコストやリスクを考慮すれば当然に見える．しかし，このような例は他にカマキリが知られているが（Fea et al., 2013）比較的少ない．

これらのクモの場合，オスが準備した婚姻贈呈を他種メスに渡してしまい，さらに他種メスから捕食される危険もあるので，種間配偶のコストはオスにとってより大きいと考えられる．第1章で定義されているように，繁殖干渉をメスにコストがかかるものに限定する立場もあり，本書でもその定義にならっている．そのため種間配偶のコストがオスにのみかかるケースは繁殖干渉に含めない．しかしオスのコストを通じてメスの適応度が低下する場合や，種間相互作用を通じてメスもコストを負う場合には繁殖干渉に含まれる．上に挙げたクモの場合，*P. azul* のメスは *P. ornata* のオスとの相互作用を通じて適応度の上昇さえ起きているようにみえる一方，*P. ornata* のメスは *P. azul* のオスとの相互作用を通じた時間的なロスや同種オスとの遭遇頻度の減少などが適応度コストとして考えられる．しかしこれらのクモのメスにかかるコストは限定的かもしれない．

オスによりコストがかかるケースでは，メスによりコストがかかるケースと生態的，進化的帰結が異なる．繁殖干渉による絶滅や資源分割はメスの適応度減少を通じて生じるから，オスによりコストがかかり，メスにかかるコストが小さい場合，これらの生態的現象が生じにくいと考えられる．実際，これらのクモ2種は現地では広い地域で共存している（Costa-Schmidt and Machado, 2012）．また，オスは同種メスとの交尾成功に対して強い選択圧がかかるため，繁殖干渉のコストがあってもそのコストを避けるような進化がメスよりも起こりにくいと考えられる．つまり形質置換などの進化も生じにくいかもしれない．

甲殻類では，カイアシ，ザリガニ，ヨコエビで繁殖干渉に関する研究がある．アメリカ北東部からカナダの湖沼には2種のカイアシ類 *Skistodiaptomus oregonensis* と *S. pygmaeus* が側所的に分布している．この2種を水槽に入れて飼育すると，同種のみのときに比べて卵をもつメスの割合が低下する（Thum, 2007）．さらにこの研究では，*S. pygmaeus* のメスが被る繁殖干渉の強さが，*S. pygmaeus* を採取した池に応じて異なっていた．繁殖干渉の強さが個体群ごとに異なることはマメゾウムシやタンポポで知られているものの，実証例はいまだ少なく，繁殖干渉の強さに影響を与える要因は詳しくわかっていない．

フィンランドのある池では1980年代まで在来種ヨーロッパザリガニ *Astacus astacus* が優占していたが，1980年代終わりから外来種シグナルザリガニ *Pacifastacus leniusculus* が侵入し，ヨーロッパザリガニをほとんど駆逐した（Westman et al., 2002）．この置換メカニズムについて，繁殖干渉（Söderbäck, 1994）のほか，寄生者，消費型の競争，そして干渉型の競争などが調べられた．Westman et al. (2002) はこれらの結果を比較・検討した結果，繁殖干渉以外の要因では異種を駆逐するまでに至らないため，繁殖干渉が種の置換に最も決定的な役割を果たしたと結論している．このように，種の置換メカニズムを調べるときには，繁殖干渉と同時に寄生者や資源競争なども同時に調べることでより合理的な結論を得られる．

ザリガニでは他に，北アメリカのオハイオ州の川に生息する2種のアメリカザリガニが調べられている．外来種である *Orconectes rusticus* が在来種 *O. sanborni* を駆逐しつつある主要因は，やはり繁殖干渉であるとされている（Butler and Stein, 1985）．興味深いことに，同属の *O. immunis* と *O. virilis* には有名なニッチ分割が知られている（Bovbjerg, 1970）．これらの2種はともに石が積み重なった生息場所を好むが，2種が同居すると *O. virilis* が *O. immunis* を石の多い生息場所から排除するため，*O. immunis* は泥のたまった場所に生息するようになる．このニッチ分割はこれまで干渉型の競争の結果として解釈されてきたが，繁殖干渉の影響を検証する必要があるようにみえる．

ヨコエビでは，北アメリカの湖に同所的に生息する淡水性ヨコエビ *Hyalella azteca* の隠蔽的な3種間の繁殖干渉が調べられている（Cothran et al., 2013）．Cothran et al.（2013）は，これらのヨコエビ種間の抱接率を調べた結果，同種のパートナーがいるときには異種間抱接はほとんど起きなかったことから，繁殖干渉の効果はほとんどないと結論している．しかしこの結論はやや尚早であろう．なぜなら，この研究では異種オスとの相互作用によるメスの繁殖成功度の減少を調べていないからである．彼らの結果によれば，実験に使った3種のオスは異種メスにみさかいなく求愛する．しかも種Aのメスは種Bのオスと一緒にいるとき生存率が低下しているようだ（Cothran et al., 2013）．このヨコエビ3種の繁殖干渉は改めて検証する必要があるだろう．

その他の無脊椎動物

線形動物のマツノザイセンチュウ *Bursaphelenchus xylophilus* はおよそ100年前に北米から日本に侵入した外来種と考えられている（吉田，2006）．主に在来種マツノマダラカミキリ *Monochamus alternatus* によって媒介され，マツ類の内部で増殖し最終的に松枯れを引き起こす．日本には，マツノザイセンチュウに近縁な在来種ニセマツノザイセンチュウ *B. mucronatus* が知られており，この種も同様にマツノマダラカミキリに媒介されるが，ほとんど病原性はなく松枯れもほとんど引き起こさない．したがって，在来種であるマツノマダラカミキリ，ニセマツノザイセンチュウ，そしてマツ類の3者の関係に，侵入種であるマツノザイセンチュウが新たに入り込んだと考えられている（吉田，2006）．2種のセンチュウは体長1 mmほどで雌雄がある．糸状菌をエサとしたシャーレで2種を共に飼育すると，開始時の2種の割合に応じて勝ち残る種が変化した（Liao, 2014）．すなわち開始時に相対的に多い種が少ない種を駆逐した．さらにマツノザイセンチュウが勝ち残る場合のほうが，ニセマツノザイセンチュウが勝ち残る場合に比べて相手種を駆逐する時間が早かった．実際，2種を同居させるとニセマツノザイセンチュウの増殖率が低下する一方，マツノザイセンチュウの増殖率はむしろ増加した（Cheng et al., 2009）．繁殖干渉のメカニズムはあまり明らかになっていないが，ニセマツノザイセンチュウのメスが，同種オスがいないときに異種オスとの交尾を受け入れやすいことが明らかになっている（Liao, 2014）．

軟体動物の陸産貝類でも繁殖干渉の重要性を示唆する研究が報告されている（Baur, 1990；Kameda et al., 2009；Wiwegweaw et al., 2009）．陸産貝類の主なエサは，生きた植物や分解の進んだ落ち葉である．このような資源は環境に豊富にあるので，消費型の資源競争がはたらきにくい状況にある．その一方で近縁種間では生息場所の分割や形態の分化が生じている（e.g., Chiba, 2004）．そのため消費型の資源競争に代わってこれらの現象をもたらすメカニズムが考えられてきた．

日本の房総半島には在来種のコハクオナジマイマイ *Bradybaena pellucida* と，江戸時代に侵入した外来種オナジマイマイ *B. similaris* の 2 種が分布する（Seki et al., 2002）．このカタツムリは雌雄同体で，交尾時には恋矢（炭酸カルシウムでできた生殖のための構造）を互いに相手個体に突き刺して精包を受け渡す．2 種をともに容器に入れると容易に種間求愛・種間交尾が生じるが，コハクオナジマイマイはオナジマイマイから精包を受け取る一方，オナジマイマイはコハクオナジマイマイから精包を受け取らない（Wiwegweaw et al., 2009）．そうしてコハクオナジマイマイは産卵し孵化した雑種は問題なく育つ一方，オナジマイマイは産卵しない．このような繁殖干渉がある場合，両種が同じ環境に安定的に生息するのは難しいと考えられるので，将来的には個体群レベルの動態へと波及することも予想される．

さらに陸産貝類の研究例を挙げよう．フロリダの島に約 100 年前に侵入したオオタワラガイの 1 種 *Cerion casablancae* は近縁種の *C. incanum* と交雑し，雑種を産んだ（Woodruff and Gould, 1987）．当初，2 種は遺伝的に明確に分かれていたが，50 年後に調べてみると純粋な *C. casablancae* はほとんどいなくなり，*C. incanum* ばかりになった．*C. casablancae* の殻形態を経時的に並べてみると，徐々に *C. incanum* に近づいたことがわかった．この結果から，おそらく *C. casablancae* と *C. incanum* の交雑も非対称になっており，*C. casablancae* は雑種を産まないか，産んでも少ないことが予想される．

陸産貝類だけでなく，淡水性貝類にもいくつかの報告がある（Mackie et al., 1978；Wullschleger et al., 2002）．カナダのオタワ川には淡水シジミの *Musculium securis* と *M. transversum* が分布する（Mackie et al., 1978）．*M. securis* は水深の深いところに生息し，*M. transversum* は水深の浅いところに生息する．2 種をともに飼育すると，いずれの種も相手種との割合に応じて出生率が減少した．ただしその減少率は種間で異なっており，*M. transversum* は相手種が多いとき子を産まなくなった一方，*M. securis* は相手種が多いときでも少ないながら子を産んだ（Mackie et al., 1978）．すなわち，*M. securis* は *M. transversum* に比べて繁殖干渉の影響を受けにくい．この研究では，2 種の割合をさまざまに変えたときの繁殖成功度の変化を計測している．この方法は，繁殖干渉を検証する有力な方法である．

脊椎動物

無脊椎動物での研究例が増えているのに対し，脊椎動物の研究例はやや限られている．この原因の一つは，個体ごとの繁殖成功度を定量化することが難しいことが考えられる．それでも，魚類のモツゴ，両生類のカエル，爬虫類のヤモリ，鳥類のキビタキなどで関連する研究がある．

モツゴ *Pseudorasbora parva* とシナイモツゴ *P. pumila pumila* は日本の在来淡水魚である．自然分布域は，モツゴが西日本，シナイモツゴは東日本であった．しかし 20 世紀後半になってコイやフナなどに混じって人為的に放流された結果，モツゴの分布域が拡大し，モツゴが侵入した地域ではシナイモツゴが減少した（小西，2010）．この 2 種は室内実験ではどちらの組み合わせでも交雑するが，野外ではシナイモツゴのメスとモツゴのオスの組み合わせによる雑種（ただし不稔）がほとんどである（河村ほか，2009）．このような一方向の雑種ができる原因は繁殖期のオスの行動に起因するらしい．2 種のオスは繁殖期になると産卵床を作りそこを縄張りとする．モツゴのオスはシナイモツゴよりも大きいので，シナイモツゴのオスの縄張りにしばしば侵入し追い払うが，その反対は生じない．このような一方的な種間のオス間闘争によってモツゴのオスの縄張りが増えるために，結果的にモツゴのメスは同種オスと産卵できるが，シナイモツゴのメスは異種オスと交尾する機会が増えてしまうと考えられている．

近縁な 2 種のカエル *Rana dalmatina* と *R. temporaria* では，オスは繁殖期に池にやってきたメスにしがみつき（抱接），産卵時に放精する．この時期のオスは，同種・異種に関係なくメスにしがみつく（Hettyey et al., 2005）．この種間の抱接はしばしば観察されるが，雑種はできない．スロバキアとの国境に近いハンガリー北方の 25 の池について，2 種の個体数，繁殖期の種内・種間抱接数，産卵数を調べ，2 種の繁殖成功度が推定された結果，*R. temporaria* が多い池では *R. dalmatina* の産卵数が個体数から推定される以上に少ないことがわかった（Hettyey et al., 2014）．反対に，*R. dalmatina* が多い池では *R. temporaria* にそのような産卵数の減少はみられなかった．すなわち，*R. temporaria* から *R. dalmatina* への繁殖干渉があるといえる．*R. dalmatina* が絶滅しない理由についてはあまり明らかになっていないが，*R. temporaria* は比較的開放的な池に多いこと，繁殖期には集合する傾向があること，などが考察されている．同様の繁殖干渉は *R. dalmatina* とそれに近縁な稀少種 *R. latesei* でも調べられているが，この場合には *R. dalmatina* から *R. latesei* への繁殖干渉が確認されている（Hettyey and Pearman, 2003；Ficetola and Bernardi, 2005 も参照）．

カエルの繁殖干渉は，抱接のような直接的な相互作用だけでなく，間接的なものも知られている．よく知られているように，カエルのメスはオスの鳴き声を頼りにオスを探す．このとき異種オスが多い場所では同種オスの鳴き声がかき消されてしまい，同種オスを探索することが難しくなる（Amézquita et al., 2006；Marshall et al., 2006）．このように複数種が同所的に繁殖する池では，性選択の結果，鳴き声がより多様化することがある（Amézquita et al., 2006, 2011）．

ヤモリで報告されている例はやや特殊である（Dame and Petren, 2006）．ヤモリの 1 種 *Hemidactylus garnotti* は熱帯アジア原産だが，アメリカのフロリダに侵入した単為生殖種である．つまり，すべての個体がメスである．近年，フロリダに新たに有性生殖をする *H. frenatus* が侵入し，先住していた *H. garnotti* を駆逐しつつある．そこでまず 2 種の間に（干渉型の）資源競争が生じているか調べるために 2 種を共にケージに入れたところ，種間の攻撃頻度が高いことはなく，*H. garnotti* は同種のみのときと比べてエサの消費量は減少しなかった．

したがって *H. garnotti* が野外で減少している理由は資源競争ではないと考えられた．次に，*H. frenatus* のオスの求愛行動を調べたところ，同種のメスといるときよりも *H. garnotti* のメスといるときにより多く求愛行動を起こした．これは *H. garnotti* のメスが *H. frenatus* のメスよりも大きいためオスにとってより魅力的に見えるのではないかと考察されている．この研究では *H. frenatus* のオスによる求愛が *H. garnotti* のメスの繁殖成功度をどの程度減少させるのか調べていないが，種の置換の主な原因が干渉型の資源競争ではないことを明らかにした点で意義がある．また，この研究では単為生殖種とそれに近縁な有性生殖種との間の繁殖干渉を取り上げている．このような2種に繁殖干渉が生じた場合，有性生殖種から単為生殖種に一方的に繁殖干渉が生じるため，単為生殖種が絶滅しやすいことが予測される（岸ほか，2009；Kawatsu, 2013a）．これは「なぜ単為生殖種が少ないのか」という進化生物学の重大な問いに対する部分的な回答になりうる．

両生類，爬虫類の近縁種間にはしばしば側所的な分布がみられる（Toft, 1985；Luiselli, 2006）．たとえば，アメリカのグレートスモーキー山脈国立公園ではサンショウウオの1種 *Plethodon jordani* が高所に生息し，その分布の下限に接するように近縁種 *P. glutinosus* が低所に生息する（Hairston, 1980）．日本の本州にはニホントカゲ *Plestiodon japonicus*，ヒガシニホントカゲ *P. finitimus*，オカダトカゲ *P. latiscutatus* の3種が生息するが，明確に分布域が分かれている（Okamoto et al., 2006；Okamoto and Hikida, 2012）．これらの種の分布についても繁殖干渉が影響している可能性がある．

鳥類では，スウェーデンの Öland 島におけるキビタキ属を対象にした研究が長期の野外観測にもとづき説得力がある（Vallin et al., 2012）．この島はもともとマダラヒタキ *Ficedula hypoleuca* の繁殖地になっていたが，およそ50年前にシロエリヒタキ *F. albicollis* が侵入してきた（図7.1）．両種のオスはメスよりも早く繁殖地に到着するが，そのときマダラヒタキのオスはシロエリヒタキのオスがいると縄張りを確保しにくくなる．すると，後から渡ってきたマダラヒタキのメスは同種のオスを見つけられないため，同種との交尾機会を失うかシロエリヒタキと交雑するリスクが高まってしまう．その結果，マダラヒタキが一

図 7.1　スウェーデンの Öland 島にて共存するマダラヒタキ *Ficedula hypoleuca*（左）とシロエリヒタキ *F. albicollis*（右）．どちらの個体もオス．写真提供：Eryn McFarlane 博士．

方的に不利な状況であり，近年では多くの場所でシロエリヒタキに置き換わりつつあることが観測されている．特に，エサとなる昆虫が豊富な環境ではシロエリヒタキが優占し，マダラヒタキは局所的に絶滅している場所も少なくない．ただし，マダラヒタキはエサのより少ない過酷な環境も利用できるので（Qvarnström et al., 2009），ニッチ分割による地域的な共存が続くかもしれない．「繁殖干渉に有利な種はよい環境，不利な種はわるい環境」というニッチ分割のパターンが他の生物と同じように観察されるか（第 6 章），今後の研究によって明らかになるかもしれない．

また，個体の繁殖成功度を計測するまでには至らないものの，他種の鳴き声や追飛に対する反応が調べられた例は鳥類で少なくない．モーリシャス諸島に固有のモモイロバト *Nesoenas mayeri* とチリに分布するカワリオハチドリ *Eulidia yarrellii* は，いずれも保全の対象となっている稀少種だが，近縁な外来種の侵入に伴い行動の撹乱が起こっている（van Dongen et al., 2013；Wolfenden et al., 2015）．このような研究は，個体の適応度を計測し，さらには個体群動態や形質の進化への影響を評価するための第一歩である．また，緊急を要する保全の現場では，こうした行動の観察だけでも対策を講じる上での重要な足がかりになるかもしれない．

7.1.4　植　物

海産の藻類では，繁殖干渉が示唆される事例がある．アサクサノリ *Pyropia tenera* とスサビノリ *P. yezoensis* は紅藻類アマノリ属の藻類で，いずれも海苔養殖に用いられている．海苔養殖にはアサクサノリが伝統的に使われてきたが，1960 年代以降，病気に強く育てやすいスサビノリの 1 品種であるナラワスサビノリ *P. y.* form. *narawaensis* が広く利用されるようになった．それに伴ってアサクサノリは一時，絶滅危惧 I 類に指定されるほど少なくなったが，近年になって分布が確認されている地点が増えつつある（大西ほか，2013）．両種の生活史は似通っており，春から秋の糸状体期では無性生殖をする一方，秋から春の葉状体期では有性生殖をする．秋に放出された殻胞子が岩礁等に付着して葉状体を形成する．葉状体は春にかけて成熟し，周縁部に卵と精子を生産する．放出された卵と精子が接合すると接合胞子となる（殖田，1937）．したがってこの 2 種に繁殖干渉が生じるとすれば春である．大西ほか（2013）は，全国 17 都県から採取したいずれかの種と思われる 165 個体について DNA による分子同定を行った結果，スサビノリのメスとアサクサノリのオスの交雑個体が 23 個体見つかった一方，アサクサノリのメスとスサビノリのオスの交雑個体は見つからなかった．アサクサノリのメスとスサビノリのオスの交雑個体は正常な発芽がほとんどできないことが知られている（Niwa and Sakamoto, 2010）．以上の結果は，この 2 種間に繁殖干渉が生じていることを示唆するが，いずれの種の繁殖成功度がどの程度減少するのかについては不明である．

陸上植物は主にコケ植物，シダ植物，種子植物の 3 分類群に分けることができる．このうち，コケ植物とシダ植物については，繁殖干渉の実証研究は見つからなかった．しかし，コケ植物とシダ植物でも繁殖干渉が生じている可能性が高いと考えられる．なぜなら，コケ植物もシダ植物も有性世代があり，種間の性的相互作用が生じうるからである．コケ植物とシダ植物の有性世代では精子が水中を泳いで卵細胞に行き着く．このとき同所的な近縁種の精子が混じることもありえるだろう．

種子植物では繁殖干渉の効果が検証されつつあるが，草本の被子植物に限られる（第 3 章，4 章）．一方，被子植物でも木本ではいまだに繁殖干渉の実証例が少ない．その原因は，人為的に他種の花粉を付着させる手法（本書第 3 章 3.4.3 小節を参照）などが木本には応用しにくいことなどが挙げられる．とはいえ，ブナ *Fagus crenata* とイヌブナ *F. japonica*，ナツツバキ *Camellia japonica* と

ユキツバキ *C. rusticana* のように，標高や降水量といった環境勾配に応じて分布を分けている樹木のペアは多い．これまでこれらの種の分布は環境勾配のような非生物的な環境要因によって説明されてきたが，繁殖干渉も影響している可能性がある．なお，裸子植物では繁殖干渉に関する研究はほとんどない．

被子植物における繁殖干渉は，主に花粉が他種の雌しべに付着することによって生じる．近縁種の花粉によって結実率が低下する現象については，かのダーウィンが根気よく事例を集め，また自ら庭で育てて実験も行っている．これは『種の起源』に詳しい．その一方でダーウィンは，ノハラガラシ *Sinapis arvensis* が侵入地で同属近縁種を駆逐する現象も報告している．しかし彼はこの二つの現象の因果関係をなんら書き残していない．いずれの現象も，自然淘汰によって種が分化し，徐々に繁栄，あるいは絶滅していく過程で生じる結果と捉えたと考えられる．一方，繁殖干渉では，直接的な因果関係が考えられる．すなわち，近縁種の花粉の付着によって結実率が低下し，それによって時には個体群が絶滅する．近縁種の花粉による結実率の低下はダーウィンだけでなく多くの研究者の興味を引き，これまでに多くの植物で観察されてきた（e.g., Morales and Traveset, 2008）．しかし，そのような現象と，野外に生じている種の置換や生息場所分割とを直接的に結び付けて考えるようになったのは 20 世紀後半になってからである（e.g., Levin and Anderson, 1970；Waser, 1978b）．

多くの地域で外来植物種数は外来昆虫種数よりも多い（Keller et al., 2011）．今井（2005）によれば，日本への外来植物種数は 1,552 種（2002 年）である一方，外来昆虫種数は 242 種（2000 年）である．外来種の侵入および定着は歓迎することではないが，侵入イベントは在来種との種間相互作用を検証する機会になりうる（Reitz and Trumble, 2002）．実際，これまで多く述べてきたように，外来種と在来近縁種との間でしばしば繁殖干渉が検出されている．植物では昆虫以上に多くの研究材料が身近にあるのかもしれない．

7.1.5　小　括

以上のように，繁殖干渉の実証研究は原生動物・節足動物・脊椎動物・植物のさまざまな分類群で観察されている．しかしその内訳をみると昆虫や草本に大きく偏っており，節足動物以外の多くの無脊椎動物・哺乳類・木本・裸子・シダ植物・コケ植物などいまだ多くの分類群で研究が進んでいない．これらの生物では，これまでに知られていない新たな繁殖干渉のメカニズムがみつかる可能性が高い．そして繁殖干渉の研究が増加することによって，繁殖干渉がもたらす効果の普遍性を確かめられるだろう．

とはいえ，繁殖干渉は種の共存を強く妨げる種間相互作用なので，繁殖干渉を調べようと思ったときには野外でほとんど繁殖干渉が生じていないかもしれない．そこで野外に複数の近縁種が分布しているとき，これらの種の分布に繁殖干渉が関与している可能性を調べる一つの方法を紹介する．それは生態ニッチモデルを使う方法である（岩崎ほか，2014）．生態ニッチモデルではまず「種の分布が環境によって規定されている」という仮定のもと，さまざまな環境条件を用いて潜在的に分布できる範囲を予測する．こうして予測された分布を元にして，実際の分布が異なるか調べればよい．たとえば交雑帯を境に側所的分布をしている鳥類や，島ごとに異なる種が分布するチョウを対象にした研究では，生態ニッチモデルによって予測される分布が実際の分布に反して種間で大幅に重なり合うことから，種間相互作用が実際の分布を制限していることを指摘している（Engler et al., 2013；Vodă et al., 2015）．

7.2　否定的な結果とその対応

先行研究を検索してみると，種間の性的な相互作用が個体の適応度や個体群の増殖率に負の影響を与えなかった事例も報告されている（e.g., Ficetola and Bernardi, 2005；Cothran et al., 2013）．期待通りではない結果が公表されにくい傾向（出版バイアス）を考慮すると，そのような事例はまだ眠っているはずである．これは繁殖干渉が重要ではないことを意味しているのだろうか．ここでは，このような否定的な結果が出た場合の生産的な解釈と対応について検討する．

まずは検証の方法が妥当かどうか確認すべきである．特に，繁殖干渉は繁殖プロセスのさまざまなフェーズで生じるため注意が必要である（第1章）．たとえば，2000年ごろにトマトハモグリバエ *Liriomyza sativae* が日本に侵入すると，その10年ほど前に侵入していたマメハモグリバエ *L. trifolii* が大きく減少した（Abe and Tokumaru, 2008）．この2種の繁殖干渉については種間交尾の割合が同種どうしの交尾に比べて少ないことから（Sakamaki et al., 2005；Tokumaru and Abe, 2005），繁殖干渉の影響はあまり大きくないと結論されている（Abe and Tokumaru, 2008）．しかしながら，交尾に至るまでの行動によってメスの繁殖成功度が減少する可能性もあるため，繁殖干渉の効果を過小評価しているかもしれない．たとえばカエルでは，多くの異種オスが鳴く池では同種の鳴き声がかき消されるためにメスが同種オスを見つけにくくなる（Amézquita et al., 2006）．同じような状況は，音響シグナル以外にもフェロモンなどの化学シグナルや光シグナルでも生じうると思われる．

また，精子の輸送や雑種の生産を伴わない場合であっても繁殖成功度が著しく低下することがあり，近年ではこれらの要素を実験的にうまく区別した事例がある（Carrasquilla and Lounibos, 2015；Ramiro et al., 2015）．Thum（2007）によるカイアシ類を対象にした研究では，遺伝子浸透がないことを示し，行動実験によって繁殖成功度の低下を検出した上で，（交雑を伴わない）繁殖干渉が側所的分布の維持に効いていると結論している．

このような検証を行った上で，それでも繁殖干渉が重要なコストをもたらしていないようならば，なぜそうなっているのか調べる絶好のチャンスである．特にこのような例外は繁殖干渉の理解を深めるものとなるだろう．

まず，系統的に近縁ではない種間では繁殖干渉が生じにくいと考えられる．Armbruster and McGuire（1991）は，アラスカに生息するキク科のシオン属とムカシヨモギ属を対象に研究を行った．この2種は，花の色や形が（少なくとも人間の目からすると）よく似ており，どちらも同じ種のポリネーターによって受粉されているが，開花時期は少しずれている．実験的に同じ時期に開花させ，他種の花粉を柱頭に付着させても，繁殖成功度の低下は見られなかった．つまり，野外における開花時期のずれは，繁殖干渉によって維持されているわけではないことが示唆される．おそらく系統が離れていれば，他種の花粉であることを十分に認識し，花粉管の伸長や受精に関わる間違いを前もって防ぐことができるのだろう．

Takakura (2012) によるミミナグサ *Cerastium holosteoides* var. *hallaisanense* とオランダミミナグサ *C. glomeratum* を対象にした研究では，「野外で共存していれば繁殖干渉が生じない」という仮説を積極的に検証している．このような否定的な結果は，繁殖干渉の重要性を否定するものではない．むしろ「繁殖干渉の有無によって群集パターンを説明する」という包括的な仮説の妥当性を評価するための貴重なデータとなる．

あくまでも系統や分類は繁殖干渉の起こりやすさを近似的に示しているにすぎない．同じ属に含まれていても，排他的に分布するペアもあれば何の問題もなく同所的に共存しているペアもいる．一方で，異なる属どうしでも激しい繁殖干渉が観察される事例もある．繁殖干渉の強さを決めるのは，おそらく繁殖に関わる形質の類似度や種認識のメカニズムである．系統の近さはこれらと相関することが多いために近似的に用いることができるのだろう．系統は研究の予測を立てる上でもよい指標である．繁殖干渉の研究が増えてくれば，メタ解析によって系統的な距離と繁殖干渉の強さの関係や，繁殖干渉の非対称性について定量的に評価できるだろう．

7.3　さまざまな形質への波及効果

繁殖干渉は，(1)繁殖のみに関わる形質（交尾器や配偶選好性），(2)繁殖と資源利用の両方に関わる形質（体の大きさや色），そして(3)生態のみに関わる形質に影響を与えうる（図7.2）．本節ではこの3点について順番に説明していく．さらに，遺伝多型・表現型可塑性・擬態といった，進化生態学における重要な現象との関連についても解説する．なお，交雑によって他種のゲノムが流入し，遺伝的多様性を増やし，新規形質の進化を促進させる効果については，他に優れた総説があるので（Arnold, 2006, 2015）ここでは触れない．

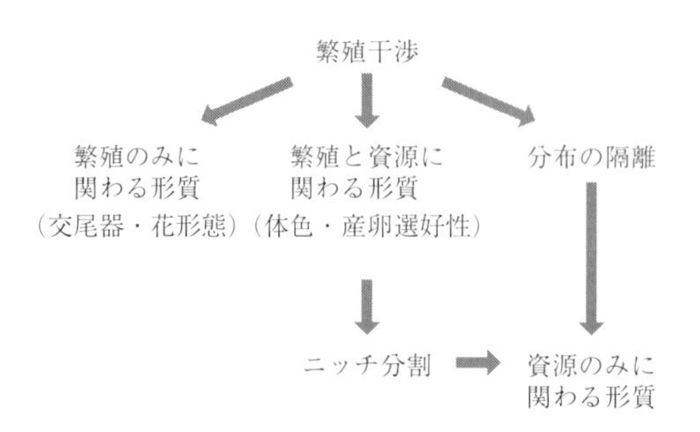

図 7.2　繁殖干渉が形質の進化に与える影響．繁殖干渉は(1)繁殖のみに関わる形質，および(2)繁殖と資源利用に関わる形質の分化を直接的に引き起こす．また，ニッチ分割もしくは地理分布の隔離に伴って，(3)資源利用のみに関わる形質の分化も生じうる．

7.3.1　繁殖に関わる形質

動物の例

繁殖干渉が繁殖に関わる形質の分化（いわゆる繁殖的形質置換）に関わっていることは容易に想像できる．ただし，形質が十分に分化して繁殖干渉を避けられる前に，どちらかの種が絶滅してしまう可能性もある．特に，繁殖干渉は正のフィードバックによって急速な競争排除を引き起こすため，繁殖的形質置換によって絶滅が免れる条件は限られるのかもしれない．

カブトムシ（Kawano, 2002）・カメムシ（Tatarnic and Cassis, 2013）・カタツムリ（Kameda et al., 2009）などでは，近縁種どうしが同所的に分布している場合にだけ交尾器形態の大きな分化が観察されている．これらのパターンは，種間相互作用が生じる前からもともと形質が分化していたのではなく，種間相互作用によって形質が分化したことを示唆している．ただし，これらの形質の分化だけで，安定的に共存できるほど繁殖干渉を避ける効果があるのか明らかではない．

繁殖干渉と形質の関係を調べたほとんどの研究は，現状における種間の形質差と地理パターンを比較しているにすぎない．その中で，形質の進化を野外で捉えた成果が，蚊を対象にした研究で得られている．日本でも普通に見られるヒトスジシマカ *Aedes albopictus* は，1980年代にアメリカ本土南部やバミューダ諸島に侵入し，分布を急激に拡大した．それに伴って在来のネッタイシマカ *A. aegypti* が減少した（Lounibos et al., 2016）．そこでケージ内で両種を一緒にすると，ヒトスジシマカのオスはネッタイシマカのメスともよく交尾する一方，ネッタイシマカのオスはヒトスジシマカのメスとほとんど交尾しなかった（Nasci et al., 1989）．種間交尾をしたネッタイシマカのメスは産卵できないため，この非対称な繁殖干渉が急速な駆逐の原因であると考えられる．実際，野外で

2種のメスを採集して解剖してみると，異種の精子をもった個体がみつかった(Bargielowski, Lounibos, et al., 2015)．しかし，近年の調査の結果，ネッタイシマカの分布が再び広がりつつある（Lounibos et al., 2016)．そこで，再び2種をともにして調べてみると，ヒトスジシマカと同所的に分布している地域のネッタイシマカは，異所的に分布している個体群と比べてヒトスジシマカとの交尾を避ける傾向にあった（Bargielowski et al., 2013)．すなわち，ヒトスジシマカが導入されてからの期間で種認識のメカニズムが進化したことが示唆された．Bargielowski and Lounibos (2014）が行った室内実験では，両種の成虫を一緒にしておくと，わずか3世代ほどでネッタイシマカのメスはヒトスジシマカとの交尾を避けるように進化した．ただし，このような系統は同種のオスと交尾する速度も低下した（Bargielowski, Blosser, et al., 2015)．つまり，繁殖的形質置換には同種との交尾を妨げるコストが伴っているといえる．

ところで，繁殖干渉の数理モデルの一つにRibeiro and Spielman (1986）がある．この数理モデルは草創期に提出されたにもかかわらず資源競争との相互作用や資源分割にも言及しており，非常に価値が高い．この論文の主著者であるJosé Ribeiroは蚊をはじめとした衛生動物の研究を続けていた．上記の論文中では言及されていないが，彼は蚊の種間にも繁殖干渉が生じうると考えていた(Ribeiro, 1988)．これら2種の蚊を用いた繁殖干渉の研究が近年多産されるようになって，彼らの数理モデルが時代を経て再評価されている．

花形質

植物ではポリネーターによって他種の花粉が柱頭へ運搬されることがあるので（第3章)，花形質を分化させることで繁殖干渉を避けられる可能性がある．中国雲南省の高地で同所的に生息している3種のツリガネニンジン属*Adenophora* spp.では，花の色・匂い・花びらの形態・開花の日周性・花蜜の量・糖度などに種間差があり，結果としてそれぞれの種におけるポリネーター群集(主にミツバチとガの仲間）が異なっている（Liu and Huang, 2013)．3種のシオガマギク属*Pedicularis*では同じ種のマルハナバチがポリネーターになっているものの，花の形態が異なることによって，花粉が付着するマルハナバチの部位

図 7.3　（左）上部に開放花を付けているホトケノザの個体，（中）閉鎖花しか付けていないホトケノザの個体，（右）同属の外来種であるヒメオドリコソウ．写真提供：佐藤安弘博士．

が頭部の先端・胸部の右側・腹部の中央というようにそれぞれの植物種間で異なっている（Huang and Shi, 2013）．これらの種間差は，他種の花粉が柱頭に付着する効果を軽減しているものと思われる．

Sato et al. (2013) では，繁殖干渉が閉鎖花の生産に与える影響について分析している．閉鎖花とは，花びらを開かずに自家受粉によって種子を生産するための方法である（図 7.3）．閉鎖花を付けることによって，同種他個体だけでなく他種の花粉もシャットアウトできるため，花粉を介した繁殖干渉を軽減できる可能性がある．ホトケノザ *Lamium amplexicaule* では同じ株であっても閉鎖花と通常の開放花が混じっているが，同属近縁種で外来種であるヒメオドリコソウ *L. purpureum* の割合がパッチ内で高くなると，閉鎖花の割合が増えることが野外で確認された．両種は局所的にも共存していることが多いことから，閉鎖花の生産が共存を促す一因になっているのかもしれない．

7.3.2　繁殖と資源利用の両方に関わる形質

繁殖干渉は資源利用に関わる形質にも影響を与えうる．Konuma and Chiba (2007) は，繁殖干渉が資源利用形質の分化（生態的形質置換）を引き起こすことを数理モデルによって示した．ただし条件付きで，資源利用形質が種認識（繁殖）にも関わっていることが必要である．この条件のもとで繁殖干渉が生じると，そのコストを避けようとして資源利用形質の分化が伴う．

「ある形質が資源利用と種認識の両方に関わっている」という条件は，考えてみると自然界でよく見られそうである．たとえば，体サイズは採餌や生活史といったさまざまな生態に関連しているだけでなく，種認識の手がかりにもなるだろう．また，ダーウィンフィンチの嘴の形状は，エサの採りやすさだけでなく鳴き声にも影響している（Podos, 2001）．この観点からいえば，植食性昆虫の産卵選好性も「資源利用と種認識の両方に関わっている形質」と見なすことができる．なぜなら，多くの植食性昆虫は食草の周辺で交尾を行うため，どの食草を選ぶのかという意思決定が子の成長だけでなく繁殖干渉の効果にも影響するからである（第6章）．

資源利用と繁殖の両方に関わる形質の分化は，繁殖干渉だけでなく資源競争によっても生じる可能性がある．これらのメカニズムを体サイズの分布パターンだけから見分けるのは難しい．オサムシを対象にした Okuzaki et al. (2010) の研究では，資源利用効率と種間交尾に関する実験を行うことでこれらのメカニズムを分離した．オサムシの幼虫の主なエサはミミズだが，もし資源競争が重要なら，異なる大きさのオサムシはそれぞれ異なる大きさのミミズを利用しているはずである．ところが，種または齢期によってオサムシの幼虫の体サイズに大きな違いがあっても，ミミズの大きさに対する選好性や捕食効率に違いは見られなかった．この結果は，資源競争が体サイズの違いをもたらしたという仮説を支持しない．対照的に，体サイズに大きな差のある種の成虫どうしはなかなか種間交尾に至らなかったが，体サイズの似ているペアだと種間交尾に進む割合が高かった．つまり，体サイズの分化は繁殖干渉を避けるために役立っているといえる．

7.3.3　ニッチ分割をもとにした波及効果

さらに，繁殖干渉の効果は繁殖とは直接には関係のない形質にも波及しうる．

繁殖干渉は近縁種間で資源分割を引き起こすことから，それぞれの種において生育環境に応じたさまざまな形質が改変されるだろう（第 4 章）．また，繁殖干渉によって側所的分布が維持されれば，気温や日長といった環境勾配に応じた生活史が形成されると考えられる．こうした環境適応は，繁殖干渉によって直接引き起こされたというよりも，エサ選択や生息場所選択，または地理分布の隔離に付随する副産物であるといえる（図 7.2）．その結果，繁殖干渉を出発点として，実に多くの形質の種間差について理解することができる．

この見方は，環境適応が生息場所選択の（原因ではなく）結果であることを示唆している．例として，海岸沿いに生息する植物の塩分耐性について考えてみよう．「塩分耐性が強いから海岸沿いに生息している」という因果関係だと，そもそもなぜ（塩分耐性というコストをかけてまで）海岸沿いに生息しているのか説明しにくい．負の種間相互作用を仮定せず，資源利用のことだけを考えれば，生物は好適な環境を利用するように進化するはずである．「繁殖干渉によって不適な環境（海岸沿い）に追いやられた」ことを出発点におけば，コストのかかる環境適応が進化した理由，そして近縁種間であっても好適な環境と不適な環境を使い分けている理由を説明しやすい．

第 1 章で詳述されているように，オオオナモミ *Xanthium occidentale* とイガオナモミ *X. italicum* はどちらも日本においては外来種だが，前者はさまざまな環境に生育しているのに対し，後者は海岸沿いに限られている．イガオナモミは繁殖干渉のコストを一方的に受けるが，塩分耐性には優れている．つまり，オオオナモミは質の良い生育環境を独占しているのに対し，イガオナモミは繁殖干渉を避けるようにして海岸沿いの環境に適応したと考えられる（Takakura and Fujii, 2010）．このオナモミ属にみられる繁殖干渉の優劣と環境適応の関係は，捕食性昆虫のナミテントウ *Harmonia axyridis*（ジェネラリスト）とクリサキテントウ *H. yedoensis*（スペシャリスト）で生じているパターンと同じである．すなわち，繁殖干渉に不利なクリサキテントウは，コストをかけてまで捕まえにくく栄養的な質の低いアブラムシに特化している（第 6 章）．これらの例のように，近縁種間の生息場所（資源）分割において一方の種が成長に好適な資源を利用し，もう一方の種が不適な資源を利用する例は少なくない．近縁なグループにおいてある種だけが海岸沿いをはじめとした生理的な適応が必要とされる環境や，河川敷などの撹乱の多い場所に特化している場合，繁殖干渉と環境適応の関係について実証できるチャンスといえよう．

7.3.4 多型現象との関連

遺伝多型の維持と喪失

遺伝的な色彩多型 color polymorphism をもつ生物では，表現型変異の維持におよぼす淘汰圧や遺伝子流動の影響を評価しやすい．そのため，色彩多型は進化学・生態学・遺伝学の研究テーマとして広く用いられてきた．色彩は体温調節や捕食回避だけでなく，配偶行動においても重要な形質である．したがって，繁殖干渉がそれぞれの色彩型の割合に影響を与える可能性がある．

van Gossum et al. (2007) は，イトトンボを対象に「近縁種と共存しているとき，近縁種と似ている色彩型の割合が下がる」というアイデアを検証した．*Nehalennia irene* のオスはすべて青色だが，メスにはオスに似た色のタイプ（オス型メス）とメスだけに特有の緑色のタイプ（メス型メス）がある．近縁種の *N. gracilis* はオスもメスもすべて青色をしていて色彩多型はない（図 7.4）．このとき，*N. gracilis* のオスは *N. irene* のメス型メスよりも同種によく似ているオス型メスを好んで求愛する（また，*N. irene* のオスは *N. gracilis* のメスにも求愛する）．このように色彩型に依存した繁殖干渉のコストがあれば，*N. irene* におけるオス型メスの割合は下がりメス型メスの割合が上がると予想される．ただし，今のところこの予測を支持するパターンは得られていない．むしろ，ほとんどの場所には *N. irene* しか生息しておらず，*N. gracilis* が共存している場所は稀である．この分布パターンは，他の分類群と同じように，繁殖干渉の生じる近縁種どうしでは局所的に共存しにくいことを示唆している．

繁殖干渉が資源分割の一因だと考えられるクリサキテントウとナミテントウのペアでは（第 6 章），斑紋型の著しい種内変異がある．どちらの種も主に四つの表現型が知られているが，それぞれの割合は同じ地域であっても種間で異なっている（Noriyuki and Osawa, 2015；図 7.5）．たとえば京都の個体群では，ナ

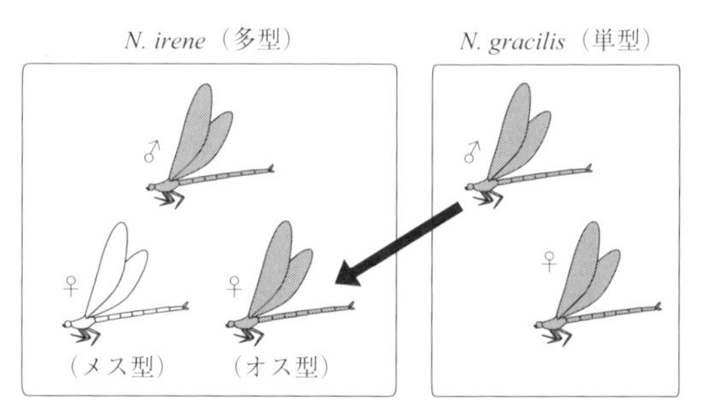

図 7.4　*Nehalennia* 属における色彩多型と繁殖干渉．*N. irene* のメスにはオスに似ているタイプ（オス型メス）と似ていないタイプ（メス型メス）がある．*N. gracilis* のメスにはこのような遺伝多型はない．*N. gracilis* のオスは色彩の似ている *N. irene* のオス型メスに求愛するため（矢印），繁殖干渉が *N. irene* のメスにおける色彩多型の割合に影響を与えていることが予測された．ただし，それを支持する結果は得られていない．

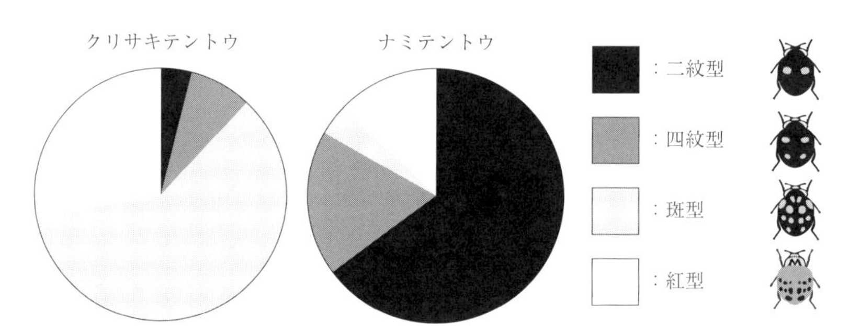

図 7.5　京都個体群におけるクリサキテントウとナミテントウの斑紋頻度．どちらの種も，主に 4 タイプの表現型が維持されている．Noriyuki and Osawa (2015) をもとに作成．

ミテントウで最も多数派である「二紋型」がクリサキテントウでは最も少数派であり，逆にクリサキテントウで最も多数派である「斑型」はナミテントウにおいて最も少数派である．ミュラー型擬態の理論に則れば，捕食者の学習を促進するために，警告シグナルとして機能する斑紋型は種間で収斂するはずである．それでは，斑紋頻度の種間差をどのように解釈すればよいのだろうか．まず，種間で生息環境が異なるため，微気象や生息地に応じた捕食者の存在が影響している可能性がある．あるいは上記のイトトンボの研究で考察されたように，繁殖干渉が2種の斑紋頻度に関係しているのだろうか．たしかに両種はおおまかに生息場所を分けているが，ナミテントウはクリサキテントウが特化しているマツ類にも副次的な生息場所として訪れる．そのため，生息場所分割によって地域的に共存できたとしても，移動分散によって繁殖干渉の機会は完全になくなるわけではない．このとき，他種と異なる斑紋であれば，繁殖干渉の効果を軽減できるのかもしれない．色彩の機能には体温調節・捕食回避・配偶行動という軸となる要素があるが，これらに対して繁殖干渉がどのように関わっているのか，理論の予測・実証のデータともに不足している状況である．

他種と異なる斑紋型が有利ならば，種内で多型が維持されるのではなく，他種と異なる斑紋型のみに収束すればいいはずである．そのような例が，Tsubaki and Okuyama (2015) によるカワトンボ属を対象とした形質置換の研究で検出されている．ニホンカワトンボ *Mnais costalis* とアサヒナカワトンボ *M. pruinosa* では，オスの翅にオレンジ色のタイプと透明のタイプがある．両種が単独で分布している地域では，どちらの種でもオレンジ色と透明のタイプが維持されている．それに対し，両種が共存している地域では多型が喪失している．ニホンカワトンボではオレンジ色，アサヒナカワトンボでは透明のタイプしか生息していない．カワトンボにおける翅の色は種認識に関わっているようなので，多型の喪失による繁殖形質の分化は繁殖干渉の緩和に役立っているかもしれない．また，これらの種では生息環境の選好性に関しても形質置換がみられる．単独分布域ではどちらの種のオスもやや明るいパッチで縄張りを作るが，共存している地域ではニホンカワトンボが明るいパッチ，アサヒナカワトンボが暗いパッチに縄張りをもつ．ただし，このニッチ分割は完璧ではなく，両種の生息環境はいくらか重なり合う．カワトンボの成虫の飛翔能力と環境の異質性を考慮すれば，野外では多少利用する空間が重なっても不思議ではない．すなわち，繁殖干渉のコストは利用する空間の分割だけでは完全にはなくならない．したがって，「資源分割をすれば完全に繁殖干渉がなくなるため，繁殖に関わる形質に分化は生じない」というわけではなさそうである．資源分割による地域的な共存が達成されてもなお，繁殖的形質置換が生じる可能性は残されているし，こうした繁殖的形質置換が安定的な共存には必要なのかもしれない．

表現型可塑性

遺伝多型が異なる遺伝子型によって生じるのに対し，表現型可塑性 phenotypic plasticity は同じ遺伝子型から環境条件の違いによって異なる表現型が生まれる仕組みである．ここでは，環境条件によって繁殖形質や種認識が変化し，繁殖干渉の強さに影響が現れた研究事例を二つ紹介しよう．

季節によって表現型に変異があらわれる「季節多型 polyphenism」は表現型可塑性のひとつである．メキシコに生息するカワトンボの一種 *Hetaerina titia* では，別種と思えるほどの著しい季節多型が知られている．春に出現する個体では翅の大部分が透明だが，夏に出現する個体では翅の大部分が黒く，特に後翅は全面が黒くなっている個体も少なくない．それに対し，同所的に分布する近縁種の *H. occisa* では，季節を問わず翅の透明度が高い．したがって，春では両種の繁殖形質（翅の模様）が似ているため，繁殖干渉が起こりやすいと考えられる（Drury, Anderson, et al., 2015）．この予想通り，テリトリーに滞在しているオスに同種または他種のメスを提示すると，春ではメスの種に関係なくオスは求愛を始めた．その一方，翅の模様が種間で大きく異なる夏では，オスは同種のメスに対して求愛するが，他種のメスが提示されてもあまり関心を示さなかった．つまり，季節多型に応じて繁殖干渉の頻度が変化することが示唆された．

繁殖干渉を避けることだけを考えれば，*H. titia* は季節多型を喪失させ，春に出現する個体も夏に出現する個体と同じように翅が黒くなればいい．そうすれば，繁殖形質が季節を通じて近縁種と大きく異なるため，繁殖干渉の頻度を減らせるだろう．しかしそうなっていないのは，体温調節や捕食回避といった他の側面において季節多型が有利だからだと思われる．どのような条件であれば繁殖干渉のコストを受容してまでも表現型可塑性が維持されるのか，興味深いところである．

ヨーロッパに分布するハムシの仲間（*Phaedon* 属）を対象にした研究におい

ても，配偶選好性における表現型可塑性が繁殖干渉の強さに影響を与えることが示唆されている（Otte et al., 2016）．*P. cochleariae* の食草はキャベツ・カブ・ダイコンといった栽培作物を含むアブラナ科植物であり，本種は害虫としても知られているが，その近縁種の *P. armoraciae* の食草はクワガタソウ属 *Veronica* である．このように両種は基本的に異なる食草を利用しているが，農地においては *P. armoraciae* もアブラナ科植物で発見されることがある．また，自然生態系においても両種の食草は同じ環境に生育しているため，移動分散を通じて両種が出会うことも頻繁にある．したがって，食草の分割だけでは繁殖干渉の機会が完全にはなくなっていないことになる．

これらのハムシでは，幼虫や成虫のときに食べた植物の種によって成虫の体表炭化水素の組成が変化することが確認された．また，オスはメスの体表炭化水素をフェロモンとして利用し，求愛するときの手がかりとする（Geiselhardt et al., 2012）．このとき，オスは自分とは異なる種の植物で育てられたメスにはあまり求愛しなくなる．逆に，自分と同じ食草で育てられたメスとは交尾する割合が高く，同類交配 assortative mating の傾向があるといえる．つまり，オスの配偶選好性は環境要因に大きく左右される．これらの結果から，Otte et al.（2016）は配偶選好性における表現型可塑性が同類交配をもたらし，種間交尾の機会を減らすことで，両種の地域的・局所的な共存を促進していると考察している．

ただし，食草の分割だけでも安定的な共存が可能なのか，それとも表現型可塑性による繁殖干渉の緩和が必要なのか，明らかではない．また，もし可塑的な配偶選好性によって繁殖干渉のコストを大幅に下げられるのなら，そもそも食草の分割すら必要ないだろう．実際には，オスは異なる食草で育てられたメスにも求愛し，その何割かは交尾に至る（Otte et al., 2016）．つまり，同類交配は完璧ではなく，繁殖干渉のリスクはなくなっていない．野外では両種が基本的にニッチ分割をしていることから，表現型可塑性を発揮してもなお消えることのない，負の種間相互作用が内在していると考えられる．

集団内における表現型の多様性が適応によって生み出される仕組みには，遺伝多型と表現型可塑性の他に，両賭け戦略 bet-hedging がある．表現型可塑性が周囲の生物的・非生物的環境から何らかの手がかりをもとに表現型を調節するのに対し，両賭け戦略は将来の環境変化が予測できないときに複数の表現型を生産する仕組みである．いずれの戦略も種内の多様性を維持し，個体群の生態的・進化的帰結に関わる重要な要素だが，繁殖干渉とのつながりは不明な点が多い．また，上記のハムシの研究において示されたように，遺伝多型や表現型可塑性は色彩の他にも行動や生活史といったさまざまな形質において多様性を生み出している．種内の表現型の多様性に繁殖干渉がどれほどの影響をもっているのか，さまざまなメカニズムを対象にした検証が期待される．

7.3.5　擬態との関連

系統と擬態との関係に与える影響

遺伝多型のところで説明したように，捕食回避として機能するシグナルは繁殖にも利用されることがある．特に，捕食者の学習を促す派手な警告シグナルは擬態の進化において重要だが，近縁種の求愛行動を引き起こす可能性もある．したがって，繁殖干渉が擬態の進化にも影響を与えることが指摘され始めている（Pfennig and Kikuchi, 2012；Kikuchi and Pfennig, 2013）．具体的には，(1)近縁種どうしではそれほど擬態が見られないこと，および(2)警告シグナルの収斂が完全ではないこと，という二つのトピックとの関連が示唆されている．繁殖干渉は，おいしい種がまずい種にシグナルを似せる「ベイツ型擬態」と，まずい種どうしの警告シグナルが収斂する「ミュラー型擬態」の両方に影響しうる．

まずは，近縁種どうしではそれほど擬態が見られないことについて検討してみよう．言い換えると，擬態している種どうしは系統的に離れているということである．たとえば，南米において広くドクチョウ属（*Heliconius* 属）とミュラー型擬態を成しているのはトンボマダラ族（Ithomiini）である（Elias and Joron, 2015）．ドクチョウ属に含まれる種どうしのミュラー型擬態も有名だが，たいていはドクチョウ属の中で異なるクレードに属する種から擬態が構成されている（Kronforst and Papa, 2015）．つまり，姉妹種の斑紋が単に似ているわけではなく，ミュラー型擬態のために色彩において収斂進化が生じたことを意味している．また，ベイツ型擬態としては，ドクチョウ属（タテハチョウ科）とは大きく系統の離れているシロチョウ科やアゲハチョウ科に含まれる種から知られている．擬態について最も驚くべきことは，系統の離れている種どうしで形質が収斂してきたという自然淘汰のプロセスである．ところが，系統が近縁ならばさまざまな形質がもともと似通っているため，本来であれば近縁種どうしのほうが擬態関係を構成しやすいはずである．それでは，なぜ近縁種どうしにはそれほど擬態が見られないのだろうか．

繁殖干渉は繁殖形質が似ているほど強く働きやすいから，近縁種どうしの擬態模様の収斂を妨げうる．このことを確認するには警告色が求愛のシグナルとしても機能していることを検証することが必要だが，そのような例はヤドクガエルやドクチョウの仲間からすでに知られている（Maan and Cummings, 2008；Finkbeiner et al., 2014）．もし警告色が似通ってしまうことで繁殖干渉が頻繁に生じてしまうなら，たとえ擬態による捕食回避の利益があったとしても，警告色の収斂は促進されないだろう．逆に系統が十分に離れていれば，警告色が似通っていても繁殖に関わるさまざまな形質が異なっている可能性がある．そのため，擬態による収斂進化の後でも繁殖干渉によるコストがあまり発生していないのかもしれない．

Estrada and Jiggins (2008）は，ドクチョウ属の2種（*Heliconius melpomene* と *H. erato*）を対象に，擬態の進化に関連して繁殖干渉についての実験を行った．この研究では，(1)警告色が求愛や種認識にも利用されていること，そして(2)斑紋の似ている種間でたしかに求愛が起こることが示された．これらの事実は，繁殖干渉が警告色の収斂進化を妨げる可能性を示唆している．ところが，*H. melpomene* と *H. erato* は同所的に分布してミュラー型擬態を形成しているのであり，この種間については擬態の進化は妨げられていないようである．実のところ，両種はドクチョウの中でも異なるクレードに属しており，姉妹種ではない．また，繁殖の仕方も大きく異なっている．*H. melpomene* が含まれるクレードの種では，他のチョウと同じようにオスが飛びながら視覚によってメスを探索して求愛行動を始める．そのため，警告色が繁殖行動にも大きく関与していると考えられる．その一方で，*H. erato* が含まれるクレードの種では，オスは食草の周りで化学物質を手がかりに同種の蛹を探索し，羽化した直後のメスと強制的に交尾を行うという独特の繁殖方法（pupal mating）が進化している．したがって，*H. erato* では視覚による求愛がそれほど重要ではなく繁殖場所も *H. melpomene* とは異なるので，繁殖干渉は野外でそれほど生じていないのかもしれない．

アメリカ南東部に分布するヘビの仲間では，警告色と系統だけでなく，生態ニッチの関係についても調べられている（Pfennig and Kikuchi, 2012）．コブラ科サンゴヘビ属の *Micrurus fulvius* は強い神経毒をもち，赤・黄・黒の縞模様といういかにも毒々しい警告色をもつモデルである．それに対し，ナミヘビ科に属する *Lampropeltis elapsoides* は無毒であるが似たような色彩をもつミミックである．両者の主なエサはトカゲや小さなヘビであり，生息環境も大きく重複している（Palmer and Braswell, 1995）．このことは，たとえ警告色が収斂していても，系統が離れていれば繁殖干渉があまり生じないため，生態ニッチの重複が許容されることを示唆しているかもしれない．一方で，同じく *M. fulvius* に対するミミックである *Lampropeltis triangulum* は，主なエサとしてネズミを利用しており，同属近縁種の *L. elapsoides* とは生態ニッチが分化している．したがって，近縁種どうしで警告色の収斂が生じる場合は，局所的な共存や食性の重複が妨げられているのかもしれない．

南米に生息するナマズ（主に *Corydoras* 属）を対象にした研究では，系統・色彩・地理分布について大規模な比較がなされている（Alexandrou et al., 2011）．熱帯魚としても人気のあるこの仲間では，体表の棘や硬い外皮によって捕食者（魚類や鳥類）から物理的に身を守っているほか，毒素を分泌する種も多い．そのため，各地で2種もしくは3種から成るミュラー型擬態が見られる．ただし，同所的に分布し，かつ似たような色彩をもつ種間では，同じグループといえども系統が離れている．さらに，これらの種間では資源利用形質（体サイズと吻の形）および安定同位体比から推定された食性が異なっている．以上のパターンから，Alexandrou et al.（2011）は資源競争が近縁種間における警告色の収斂進化を妨げ，系統的に離れた（生態ニッチの異なる）種間におけるミュラー型擬態の進化を促進したと結論している．ただし，もしドクチョウのように色彩が繁殖行動のシグナルにも使われているなら，繁殖干渉が同じパターンを生み出した可能性もある．資源競争の普遍性が疑問視されていることを考慮すると，擬態と系統の関係をもたらしたメカニズムについては再考の余地が残されているだろう．

不完全な擬態

最後に，不完全な擬態 imperfect mimicry について検討してみよう．ベイツ型擬態において，ミミックはモデルに似ることで利益を得ている．ミュラー型擬態の場合も同様に，互いが似ることで捕食者の学習を促進している．ところが，自然界で見られる擬態では「そこまで似ていない」例も少なくない．たとえば，アブの仲間は毒針をもつハチの仲間に擬態しているが，（少なくとも慣れた人の目からすると）花に止まったアブを見てハチと見間違うことはない．この不完全さは，擬態についての単純な理論とは整合性がよくない．

不完全な擬態を説明するために，制約もしくは適応にもとづいたいくつかの仮説が提示されている（Kikuchi and Pfennig, 2013）．たとえば，単に発生上の制約によってミミックがモデルとよく似た警告シグナルを発信できないだけなのかもしれない．あるいは，ミミックが警告シグナルの異なる複数のモデルに似せる必要がある場合は，それらの中間的なシグナルを採用することで，どちらのモデルとも完全には似ないように進化する可能性がある（Sherratt, 2002）．また，擬態はジェネラリストの捕食者にとっては有効かもしれないが，その警告シグナルを目印に探索するスペシャリストの捕食者に対するリスクはかえって高まってしまう（Pekár et al., 2011）．その場合は，進化的な妥協として，不完全な擬態が維持されることになるだろう．

繁殖干渉を組み入れた仮説は，警告シグナルの収斂を促す対捕食者戦略と，警告シグナルの分化を促す形質置換との妥協として捉えられる（Pfennig and Kikuchi, 2012）．警告シグナルが繁殖にも用いられる場合，互いに似すぎてしまうと繁殖干渉のコストが大きくなる可能性がある．そのため，あえて警告シグナルを厳密には収斂させないことで，繁殖干渉のコストを緩和できるかもしれない．それでもなお捕食者に対して有効であれば，不完全な擬態が安定的に維持されるだろう．このアイデアの実証は今後の課題として残されている．もし適応にもとづいた仮説によって不完全な擬態を説明できるなら，一見すると不合理な形質であっても自然淘汰が最適化をもたらしたといえるだろう．

第8章
未解決の課題と展望

第1章から第7章まで読んだ読者は，繁殖干渉が生態学において普遍的でシンプルな説明の枠組みを持ちながらも，室内実験からフィールド研究までその適用範囲と検証力が高いことが理解できたものと考える．しかし同時に，繁殖干渉は生態学における他のさまざまな概念，たとえば時間的（季節的）隔離，すみ分け，特異的な配偶場所，生殖隔離，種分化，空間分布，空間スケール，履歴効果などと密接に関連している．そのため，これまでほとんど研究されてこなかったり，相互の関係が充分に整理されていなかったり，あるいは未解決な課題もたくさんある．ここでは，そうした問題をとりあげて繁殖干渉研究の将来についても展望したい．

8.1　繁殖干渉が生み出しうるさまざまな現象

8.1.1　生物の空間分布と繁殖干渉

第6章で，地理的分布の分離，生息場所あるいは寄主植物レベルでの分布の分離が，繁殖干渉の強さと生息場所（寄主植物）の質などの相互作用で統一的に説明できることを述べた．すなわち，生物間の相互作用が原因となって，その結果，種の空間分布が決まることを示した．これに対して，因果関係を逆転させて，種の空間分布が決まれば生物間の相互作用が決まると考えることもできる．日本の生態学では，後者の考え方が強い影響力を持っていた．森下正明・巌俊一・久野英二と続く，代表的な個体群生態学者は，種の空間分布が種特異的に集中分布を示すことを理論と実証の両面から示した（森下，1950；Morisita, 1959；Iwao, 1968）．そして，たとえ種間の資源をめぐる競争が厳しい場合であっても，種特異的な集中分布によって種間の資源競争は大幅に緩和され共存が生じることが理論的に示された（Kuno, 1988）．日本の個体群生態学におけるこうした考え方は，一時的な資源がパッチ状にある環境における集中分布を仮定したモデル aggregation model でも確認されている（Atkinson and Shorrocks, 1981）．

野外でヒメアメンボ *Gerris latiabdominis* の移動について研究した森下は，小生息場所における成虫の密度が，飛翔による移動・分散過程を通じて調節されていることを明らかにし（森下，1950），さらにアリジゴクを用いた実験的研究により移動・分散を促進する個体群圧力を定量的に評価した（森下，1954）．後者の研究は，質の異なるパッチ状環境において，生物が生息場所の質を認識して自由に移動・分散したときに生じる理想自由分布 ideal free distribution（Fretwell and Lucas, 1969）と同じ論理を，ずっと早い時代に主張したものである．こうした移動・分散を通じた密度調節によって，個体間の資源をめぐる競争は最小化され，その結果，個体の得る資源量は最大になることになる．日本の昆虫生態学者は，成虫の移動・分散を通じた密度調節を重視する点がユニークであり，このことは個体群密度の調節をする鍵ステージが，昆虫ではしばしば移動・分散する成虫の段階にあることを重要な根拠としているのだろう．たとえば，空間的な変異性に富む環境条件下で植食性テントウムシの個体群過程を調べた研究によれば，成虫の産卵過程で密度に応じたパッチ間移動と産卵場所選択が行われ，これが密度調節に大きな役割を果たしていた（Iwao, 1971）．この結果は近縁種を対象とした，野外実験によりさらに精密に検証されている（大串，1996）．

このように，野外において成虫期の移動・分散を通じて密度調節がうまく機能していることが明らかになったことは，逆説的に成虫期で重要なのは移動・分散なのだという認識を強めただろう．1970 年代に，変異性に富む環境下における移動・分散についての研究が非常に盛んになった背景にはこうした事情があったものと考えられる（久野，1996）．さらに，詳細な個体群動態の研究対象となりうる種の多くは，普通種であり，その地域に優占する種であった．これらの研究の対象であったヒメアメンボ，オオニジュウヤホシテントウ *Epilachna vigintioctopunctata*，ヤマトアザミテントウ *E. niponica* はいずれも，調査地では普通種であり，しかも同所的な近縁種は存在しない[1]．したがって，こうした研究成果は，野外において種の密度を支配しているのは成虫の移動・分散なのだという認識を理論的にも，実証的にも強め，近縁種の排他的分布は別個の問題とみなされたのではないだろうか．つまり，優占種は近縁他種からの繁殖干渉を受けないので，同種の空間分布が原因となり，移動・分散が生じ，その結果がさらに空間分布となる．優占種では，空間分布は原因であり，かつ結果なのだ．

繁殖干渉が大きな役割を果たすのは，近縁種の排他的な分布である．繁殖干渉は近縁種のオス・メス個体（植物では花粉と柱頭）が出会ったときに生じるから，個体の動きが非常に大きな役割を果たす．個体が動いて繁殖干渉が生じ，その結果，繁殖干渉で劣位な種も優位な種とは排他的に分布する結果となる．ひとたび，分布が排他的になると，もはや繁殖干渉は働かず，排他的分布はもはや原因とはならない．すなわち，繁殖干渉で劣位な種では，排他的な空間分布は結果であり，原因ではない．繁殖干渉によって空間分布が平衡状態に達している在来種では，野外で空間分布が決まった過程を実証的に調べることは難しい．このことは，外来種の侵入による在来近縁種との相互作用が，空間分布の決定に果たす役割を検証する画期的な機会となることを強く示唆する．

ここで注意しなくてはならないのは，同種内の問題と異種間の問題は大きく異なることだ．同種は繁殖を通じて緊密に結びついているので，たとえ同種内に競争など負の相互作用があっても，繁殖時にはいっしょにいる必要がある．これに対して，異種は繁殖に関しては本来無縁なので，繁殖時にいっしょにいる必要はない．異種間に繁殖干渉があれば実際に空間分布に分離が生じて，相

1）ヒメアメンボについては同属近縁種がわずかにいた（森下，1954）．

互作用は消える．従来の研究では，種内・種間の相互作用をともに資源をめぐる競争とみなしてきたので，性的な相互作用が空間分布に与える影響は過小評価されてきたのだろう．

資源競争と繁殖干渉では，相互作用が生じる空間スケールが異なる．タンポポを例にとると，光，水，あるいは養分をめぐる競争は，近接した個体間で生じることになる．つまり葉や根が重なるか，近接する範囲で相互作用が生じる．これに対して，繁殖干渉は訪花昆虫が花粉を媒介する範囲内で生じることになる．前者の範囲は植物体の大きさを考えるとせいぜい 50 センチ四方くらいだろう．これに対して繁殖（花粉）干渉が生じる範囲は，数メートルにおよぶことが示されている（Takakura et al., 2011）．繁殖干渉が生じる空間スケールが定量化されたことは，この研究以外にはなく，特に個体が移動する動物ではまったくない．今後の研究に期待したい．

8.1.2　時間的すみ分けの可能性

繁殖干渉についてのこれまでの研究では，繁殖場所の空間的な分離に関するものがほとんどであった．生息場所の分離も寄主植物の分離も，いずれも空間的な分離についてのものである．繁殖干渉を避けるには，繁殖の時間的（あるいは季節的）な分離もあり得る．Kuno (1992) は，2 種間の対称的な繁殖干渉について理論的に解析し，ミドリシジミ類にみられる配偶時間帯の分離（福田ほか，1984）が繁殖干渉の結果生じた可能性を指摘している．日本で観察される，共存するミドリシジミ類の配偶時間帯の分離は，朝鮮半島（Wakabayashi and Fukuda, 1985）や沿海州（Shibatani, 1992）などでも構成種には違いがあるものの，同じように観察されるという．柴谷（1981）は，今西錦司らが構想したすみ分け論（今西，1941，1971）に言及し，こうした現象を種の認知機構にむすびつけて理解しようと試みていた．すみ分け論と繁殖干渉との関係については次節で触れる．

さて，繁殖干渉によって時間的な分離はどの程度，起きるだろうか．もし容易に起きるとすると，近縁種間には空間的分離だけではなく時間的な分離が頻繁に生じているはずだ．しかし近縁種の分布は，地理的あるいは生息場所（寄主植物）のレベルで異なることが多く，このことは時間的な分離は容易には生じないことを示唆する．現在のところ，繁殖干渉による配偶時間帯（あるいは配偶時期）の分離がどの程度生じるかを理論的に扱った研究はないようだ．ここでは，よく似た配偶時期を持つ近縁な 2 種が出会い，接触帯が形成される場合に，両種の配偶時期がどのように変わるのかについて概念的に論じたい[2)]．

最初に説明の枠組みについて述べる．2 種の配偶時期が同じか，ある程度ずれるかで分け，2 種が繁殖干渉に関して対称的か非対称的かで分けて論ずる．

(1) 2 種の配偶時期が同じで，繁殖干渉が対称的な場合

2 種の配偶時期が同じ場合には，配偶時期が平均から少し早まるかあるいは遅れる変異体が出現しても，両種の頻度には変わりはないため，変異体の被る繁殖干渉の強さに変わりはない．さらに，頻度がごく低い変異体のほとんどは従来の配偶時期を持つ個体と交配し，その子孫の配偶時期は従来の配偶時期へと回帰するだろう．したがって，繁殖干渉が対称的であれば，確率的な要因によってたまたま頻度が高くなった種が相手種を駆逐し，1 種だけが残ることになる．この場合，空間分布は接触帯をはさんで分離し，配偶時期のずれは生じないだろう．

(2) 配偶時期が同じで，繁殖干渉が非対称な場合

この場合には，繁殖干渉に優位な種のみが生き残り，配偶時期のずれは生じない．

(3) 配偶時期にある程度のずれがあり，繁殖干渉が対称的な場合

配偶時期が少し早い種を A，少し遅い種を B とする．両種の頻度が等しくなる時点より前では，種 A の頻度が高く，逆にこの時点よりも後では種 B の

2）繁殖干渉による配偶時期の分離について議論し，雄性先熟の果たす役割などについて有益な意見をいただいた森井清仁氏（滋賀県立大学大学院環境科学研究科）に感謝する．

頻度が高くなる．両種は繁殖干渉に関して対称的なので，配偶時期の前半は種 A だけ，後半は種 B だけとなる．すなわち，配偶時期は分離し，種 A では繁殖後期がなくなり，種 B では繁殖前期がなくなると予想される．

(4) 配偶時期にある程度のずれがあり，繁殖干渉が非対称な場合

配偶時期が少し早い種 A が繁殖干渉で種 B に対して優位であるならば，種 B の配偶時期の前半ないしは全体がなくなる可能性がある．種 B は，自種の頻度が種 A に対してじゅうぶんに高い時期にだけ勝ち残る可能性がある．この場合，種 A の配偶時期はほとんど変化せず，種 B の配偶時期は繁殖晩期のごく短い時期だけとなる可能性が高い．

配偶時期が少し早い種 A が繁殖干渉で種 B に対して劣位であるならば，種 A の配偶時期の大部分が失われ，種 A の頻度が種 B に対してじゅうぶんに高い繁殖初期にだけ勝ち残る可能性がある．この場合，種 B の配偶時期はほとんど変化せず，種 A の配偶時期は繁殖初期のごく短い時期だけになる可能性が高い．上述したいずれの場合にも，繁殖干渉に劣位な種の配偶時期だけがごく短くなり，繁殖の初期ないしは晩期になることになる．

ここまで述べた議論は，接触帯の内部における 2 種の動態だけを考慮したもので，配偶時期の進化や接触帯の外側に広がる単独生息域からの移入の効果については考慮していない．配偶時期にかんする変異体が繁殖干渉をより少なく受け，かつ繁殖干渉による駆逐を受けないレベルまで繁殖干渉が低減すれば，配偶時期のずれとともに個体数も回復し，やがて配偶時期の分離が進化するかもしれない．上述の(1)や(2)の場合には，配偶時期がずれる変異体が出現しても，繁殖干渉は低減しないので，配偶時期の分離は進化しないであろう．(3)および(4)の場合にも，両種の配偶時期は速やかに分離するので，分離後には配偶時期をさらに分離するような選択圧は働かないだろう．それぞれの種においてメス成体の出現時期は，成長に伴う繁殖能力の増大と成長期間の増大に伴う死亡率の増加という種内要因のトレードオフによって決まるであろう．したがって，繁殖干渉により配偶時期が分離してしまえば，それ以上配偶時期を分離させる

ような選択圧は働かなくなると予想される.

これまで述べた議論は，接触帯に隣接する単独生息域からの移入の影響をどの程度受けるであろうか．単独生息域からは本来の配偶時期を持つ個体が移入してきて変異体と交尾し，子孫を残すだろう．この子孫は両親の中間的な配偶時期を持つ可能性が高いので，接触帯において生じた配偶時期のずれを元に戻す効果を持つであろう．しかし同時に，単独生息域からの移入は，密度を高めることで繁殖干渉による個体群増殖率の低下を防ぐ効果もあるだろう．つまり，単独生息域からの移入には，繁殖干渉を強める効果と弱める効果がともにあり，互いに効果を打ち消し合うので，統合した効果はかなり弱いものと予想される．したがって接触帯において，配偶時期のずれが進化するのは，変異体が接触帯で急速に配偶時期の分離を引き起こし，かつ隣接する親個体群からの移入がなくても絶滅しないレベルで個体数を維持できる場合に限定されるのではないだろうか．以上の予測は，救援効果とよばれ本来は絶滅回避に役立つ移入（Brown and Kodoric-Brown, 1977）が，かえって配偶時期のずれの進化を阻害してしまう可能性を持つことを意味する．Brown and Kodoric-Brown（1977）では，救援効果には個体数を増加させる人口統計学的な効果と遺伝的劣化を防ぐ遺伝的な効果の両方があることが仮定されているが，ここでの議論では移入は遺伝的な救援効果をむしろ阻害することになる．

それでは，配偶時期の分離を促進するような要因は何かないのだろうか．一つの可能性として，幅広い系統群で観察される雄性先熟 protandry の効果について考えてみよう．メスの配偶時期が決まった場合，オスの出現時期はメスの配偶時期に先んじた方が有利になると理論的に予測され（Iwasa et al., 1983），この現象を雄性先熟と呼ぶ．雄性先熟は昆虫など多くの生物で認められる現象である．雄性先熟がある場合，メスはかなり早く羽化しても先にオスが羽化して待ち構えていることになり，メスの羽化の早期化は雄性先熟をさらに促進する可能性があるだろう．つまり，雄性先熟がメスの羽化の早期化に対して前適応として機能する可能性が高い．これに対して，メスが羽化をかなり遅らせる場合には，繁殖干渉は低減するものの同時に配偶相手不足に出会う可能性があり，配偶時期がより遅れるように進化する可能性はやや低いのではないだろうか．

以上の推論をまとめると，雄性先熟をする通常の種では繁殖干渉を受ける種の出現時期が受けない種よりも早くなる場合の方が，遅くなる場合よりも多くなることを示唆する．このような可能性を示唆する例については，水生昆虫のすみ分けを論ずる際に紹介する．

以上のことから，繁殖干渉による配偶時期の分離は(3)，(4)の場合の一部で生じ，仮に生じたとしても正のフィードバックによってさらに促進されるとは考えにくいと予想される．もし，(1)～(4)が同じような頻度で生じるならば，繁殖干渉による配偶時期の分離はそれほど稀にはならないだろう．しかし，これまでの知見に基づけば，(1)～(4)の中で(2)（配偶時期がほぼ同じで繁殖干渉は非対称）が最も生じやすいと推定できる．以下このことについて述べる．最近，ニッチの保守性 niche conservatism という概念が注目されるようになってきた（Harvey and Pagel, 1991；Wiens and Graham, 2005；Wiens et al., 2010 など）．ニッチの保守性とは，近縁種の間ではニッチや生活史が非常に似ていることが多く，類似の程度は系統関係を単に反映していると想定した場合よりも強いという現象を指す．つまり，近縁種では生活史形質である配偶時期もほぼ同じである可能性が高いと考えられる．一方，繁殖干渉は近縁種間で非対称なことが多い（Gröning and Hochkirch, 2008）と考えられ，その理由として配偶行動は近縁種であっても種内の性的対立によってさまざまな方向へ進化することが挙げられる（Arnqvist and Rowe, 2005）．以上のことから，近縁種間で配偶時期はほぼ等しく繁殖干渉は非対称な場合が多いので，その結果，配偶時期の分離は生じにくいと推定できる．

配偶時期の分離が生じにくいことは，空間的分離，つまり生息場所や寄主植物が異なる変異体が生じやすいことと対照的である．生息場所や寄主植物は配偶時期と異なり離散的な性質を持つので，変異が生じれば，配偶は変異体同士で生じやすくなり，絶滅が生じなければ親個体群からの分離も容易に生じるだろう．親個体群にもともと生息場所や寄主植物の異なる変異体が含まれている場合には，さらにすみやかに空間的分離が進化するであろう．

配偶時期の分離がある程度限られた条件下でしか進化しないように思われるのと同じ理由により，配偶時間帯の分離の進化もある程度限定的にしか生じないだろう．それでは，ミドリシジミ類にみられるような配偶時間帯の分離はどのように生じたのであろうか．一つの可能性はもともと配偶時間帯が異なる種同士が共存しているというものである．この場合，それぞれの種が単独で分布している地域であっても，配偶時間帯には共存域と違いはみられないだろう．もう一つの可能性は，配偶時間帯の一部が消失した結果，あたかも配偶時間帯の分離が進化したかのようにみえる可能性である．ミドリシジミ類は，いわゆる薄明薄暮に活発に飛翔するといわれる（福田ほか，1984）．薄明薄暮両方の時間帯で配偶していた近縁種が，繁殖干渉によって，薄明あるいは薄暮のいずれかに配偶時間帯が限定されたという可能性はあるかもしれない．この場合，結果的には配偶時間帯の分離が生じているわけだが，実際に生じていることは，配偶時間帯の一部が消失することである．これならば，生じる可能性はあるだろう．たとえば，もともと薄明薄暮時に配偶活動をするが，活動の活性が薄明あるいは薄暮にやや偏っている 2 種が二次的に接触し，両種間に対称的な繁殖干渉があった場合を想定する．この場合，共存域において一方の種は薄明時に，もう一方の種は薄暮時に活動時間が限定されることになるだろう．そして，単独生息域では，それぞれの種は薄明薄暮時に配偶活動をするが，活動の活性が薄明あるいは薄暮にやや偏っている現象が観察されるであろう．

ここで述べたような定性的な議論がどの程度妥当であるのかについては，定量的な理論的研究が必要であり，さらに，共存域において配偶時間帯が分離しているミドリシジミ類が，単独生息域でどのような配偶時間帯を示すのかについて，実証的な研究が必要である．将来に期待したい．

ミドリシジミ類の配偶時間帯については，他にも実証上の問題が残されている．薄明薄暮時にオスの活動が著しく活発になることは，古くから知られ，それゆえ配偶活動も同じ時間帯に行われるものと想定されてきた．しかし，ミドリシジミ類の配偶行動は，オスの活発な飛翔活動とは裏腹に，めったに観察されず，野外で 3 年間にわたりミドリシジミ *Neozephyrus japonicus* の配偶行動を調べた研究でも，交尾はわずか 8 例しか観察されなかった（Imafuku et al., 2006）．巨大なケージにミドリシジミを導入して配偶行動を観察した研究においても，交尾はわずか 1 例しか観察されなかった（Imafuku et al., 2000）．これまでの研究においても，小さなケージや吹き流し内で交尾をするのはアカシジミ *Japonica lutea*，キタアカシジミ *J. onoi*，あるいはウラゴマダラシジミ *Artopoetes pryeri* といった翅色に性的二型のない種だけで，ミドリシジミ類のように翅色に性的二型のある種では交尾が観察された例はないという（Imafuku et al., 2000）．さらに，Takeuchi et al.（2016）は，チョウのオス同士が配偶時間帯に示す特徴的な飛翔行動は，従来想定されてきたコストのかかる持久戦（Maynard-Smith and Price, 1973）ではなく，むしろオスをメスと誤認しての求愛飛翔とみなせると示唆している．金緑色に輝くオスと地味な褐色のメスをどの程度誤認するのかはわからないが，誤認しないはずという常識的な先入観は疑ったほうがよいかもしれない．こうした報告に基づくと，ミドリシジミ類が自由に飛翔できるような巨大な野外ケージに，単独生息域で配偶時間帯が重複する近縁種を異なる比率で多数導入して，メスの繁殖成功度を調べるといった時間と労力のかかる実験が必要になると予想される．すなわち，オスが金緑色の翅をもつミドリシジミ類を研究対象として，配偶時間帯の分離を繁殖干渉と関連させて実証的に調べるのはかなり難しいことがわかる．方法論上のブレイクスルーを期待したい．

8.1.3　繁殖干渉からみた遺存種・狭域分布種

第 6 章で示したように，繁殖干渉に劣位な種は，優位な種が生息しにくいような生息場所にだけ分布することが予想される．たとえば，石灰岩地や蛇紋岩地，あるいは鉱山の残土などのいわゆる劣悪な環境には，ヒメフウロ *Geranium robertianum*，イワザクラ *Primula tosaensis*，ユウバリソウ *Lagotis takedana*，シソバキスミレ *Viola yubariana*，ヘビノネゴザ *Athyrium yokoscense* といった特有の植物が生息することが知られている．これらの植物種が，近縁種からの繁殖干渉によって劣悪な環境に制限されたと仮定すると，その生活史特性にはどのような変化が現れるだろうか．劣悪な貧栄養条件で生存しつづけるには，成長速度を犠牲にしてゆっくりと成長するように自然選択が働くだろう．これに対して，栄養条件がよければ，早い成長速度が有利だろう．したがって貧栄養条件と富栄養条件でそれぞれ自然選択を受けた植物を，普通の栄養条件で発育させると，おそらく富栄養条件で自然選択を受けた植物種がより高い発育パフォーマンスを実現するものと予想される．研究者は，こうした結果をみて，ある種が貧栄養条件に特有に生息するのは，発育速度が遅く競争に弱いためだと判断するだろう．ひとたび，劣悪な貧栄養条件に適応した種は，近縁種がいない条件であっても他の植物との資源競争には容易に勝てないだろう．もしそうであるならば，隔離された劣悪な条件下でそれぞれ独自に進化を続けても，その系統群の植物は資源競争に弱いという特性を共通に持つであろう．つまり，祖先種がひとたび劣悪な環境条件に追いやられた系統ではおしなべて競争力が弱いという現象が生じ，その現象から競争力が系統によって決まるといった誤った解釈が生じる可能性が高い．

ここで示したような系統が競争力に影響するという考え方には深刻な問題がある．第一に，草原でも森林でも，系統関係が離れた多くの種が共存することが挙げられる．たとえば，筆者の研究室の近く（滋賀県彦根市開出今）にある水田の畔に生える植物を，試しにざっと調べると15科，27属，32種が生育していた．すなわち，共存するほとんどの種は1属1種であるのに対して，同じ科の異なる属の植物が共存するのは珍しくない．この事実は，系統が隔たっても競争力がほとんど変わらないこと，そして同属で遺伝的に類似し競争力もよく似ていると推定される近縁種が共存できないことを示している．生態学では伝統的に，近縁種は栄養要求が似ているので，種間の資源競争が非常に強いと考えられてきた．これも近縁種が共存しないという結果からの類推にすぎないのではないか．すみ分け論と繁殖干渉の関係の節で述べることにも関連するが，遺存種・狭域分布種についても繁殖干渉説による再検討が必要だと考える．将来の研究に期待したい．

8.1.4　体サイズへの効果

近縁種のニッチ分割や生息場所分割を考える際に，最も重要な形質は体サイズではないだろうか．Hutchinson から MacArthur に至る群集生態学の歴史をたどると，体サイズに応じた資源分割というアイデアが，群集の構成を決める鍵概念であることがわかる．ガラパゴスのダーウィンフィンチでは，体サイズに応じて嘴の形態が異なり，形態に応じて食べる種子の大きさや種類が異なることが知られている．そして嘴の形態やサイズに大きな種間差があることは，それぞれの種が特定の餌タイプを利用するように資源競争を通じて適応した結果，すなわち生態的な形質置換とみなされる．しかし，実際には，体サイズという繁殖形質に形質置換が生じた可能性があることが，理論モデルによって示されている（Konuma and Chiba, 2007）．彼らの研究によれば，生態的形質置換よりも繁殖的形質置換のほうが容易に生じやすく，これまで生態的形質置換とみなされてきた現象の中には，実際には繁殖的形質置換と考えたほうが良い現象もかなりあるようだ．こうした観点から考えると，ダーウィンフィンチの生態的形質置換も，実際には繁殖的形質置換とみなすこともできる．すなわち，もともとある程度の体サイズ差があった2種に繁殖干渉が生じ，先に体サイズに形質置換が生じて，繁殖干渉が緩和され，その後でそれぞれの種が体サイズに応じて食性を分化させ，その結果，嘴のサイズも変わったというシナリオだ．

この解釈のよいところは，同じ餌資源条件下においても，異なる体サイズと嘴サイズが維持されるところだ．もし，嘴サイズによって好適な餌サイズが異なり，好適な餌サイズが継時的に変化することで，特定の嘴サイズが選択されたとすると，ある時点では最適な嘴サイズを持つ1種だけが残ることになってしまう．Grant（1987）によれば，1977年に起きた干ばつにより餌が不足し，大きな餌を食べることができる個体が有利になり，逆に翌1978年には大雨で餌が豊富になり，小さな個体が有利になったという．干ばつの期間中に嘴サイズは10.68 mmから11.07 mmへと0.39 mmほど大きくなり，大きな嘴を持つ個体が有利になった．この結果は，干ばつが続けば，嘴サイズは大きくなりうることを示している．しかし，逆に嘴サイズの小さな種は生存が難しいであろう．すなわち，特定の条件下で嘴の大きさに強い自然選択が働きうること，および強い自然選択が長期間働けば嘴サイズは大きく変化することは説明できるが，このことは異なる嘴サイズの種が同じ自然選択下で生き延びることをうまく説明できない．さまざまな嘴サイズを持つ複数の種が，現在なぜ共存しているかを嘴サイズと餌の関係だけから説明するのは，島ごとに異なる自然選択が働くことによる頻繁な絶滅とその後の頻繁な再侵入を仮定しないと難しいだろう．創造論者として知られるJonathan Wells (2000) は，干ばつと大雨は繰り返し生じるのだから，一方向への嘴サイズの増大は起きないと批判した．Wellsの進化についての知見は浅く，まともな科学者とは言いがたいが，フィンチの嘴が長い期間を通じて一方向へ長くなったり，逆に短くなったりすることと，異なる嘴サイズのフィンチが長期間共存することがともに生じることは起きがたいだろう．

これに対して繁殖干渉は，代替仮説として機能しうる．体サイズがある程度以上異なると，近縁種であっても共存できる可能性は高いようだ．生態学では，隣り合うサイズの共存種はおよそ1.2–1.3倍の体サイズ比を示すことが古くから知られる．すなわち体重に換算しておよそ2倍異なれば共存できることになる．この結果を繁殖干渉の立場からみると，体重がおよそ2倍異なると同種として認知されなくなり，繁殖干渉がなくなるとみなすこともできる．もともとある程度体サイズが異なる近縁種が出会ったときに，繁殖干渉が生じる体サイズ範囲の個体が不利益を受け繁殖干渉が軽減するように体サイズ分化が生じる可能性は十分にあるだろう．そして，体サイズに応じて餌メニューが決まり，これに合わせて嘴サイズが決まるという可能性がある．このシナリオならば，干ばつや大雨が極端に長い期間続くことを想定しなくても，体サイズ分化と近縁種の共存を説明することが可能だ．この場合，繁殖干渉に弱い種は最適な体サイズ・嘴サイズからずれていることが予想される．

Grant and Grant (2011) は，フィンチ間にある程度の浸透交雑が生じていることを示した．これも過去に生じた繁殖干渉の結果とみなすことができる．ある程度の浸透交雑をともないながら，同時に繁殖干渉が生じるならば，2種がアイデンティティを保ったまま長期間にわたり共存することは可能だと思う．このような進化的シナリオがどの程度妥当するかは，今後の検証にかかっている．いずれにせよ，種分化の際に体サイズや嘴サイズの分化が生じたのか，部分的な生殖隔離が生じた二つの個体群が二次的に接触したときに繁殖干渉を緩和する形で体サイズや嘴サイズの分化が生じたのかを見極める必要があるだろう．

8.2　すみ分け論との関係

8.2.1　すみ分け論と繁殖干渉

今西錦司のすみ分け論 habitat segregation（今西，1941，1971）は，生態現象としての生息場所や生活様式の分割を，資源競争などではなく，種認知機構がいわば種内で同期して確立することで，種分化とすみ分けが同時的に成立することを独自の全体論的生物社会論としてまとめたものである．生態学で普通に使われるニッチや生息場所の分割 niche (habitat) partitioning と今西のすみ分け論の違いは，原動力が種間の資源競争によるのか種ないしは同類認知によるのかである．ここでは，生息場所や生活様式の分割の主因を繁殖干渉とみなす繁殖干渉説が今西のすみ分け論と正反対の関係にあり，その理由はすみ分けの原動力が種認知機構の不完全さに由来することを述べたい．

今西のすみ分け論には，さまざまな欠点があり，現在，科学的な仮説とはみなされていない．第 1 に，調和的な種認知機構の存在をその前提としているため，論理的にいわゆる論点先取の形になってしまっている．調和的な種認知機構の存在を仮定してしまえば，種間の資源競争なしにすみ分けが説明できるのは，自明である．さらに，種認知機構が調和的かについて定量的に検証されたこともほとんどない．また，すみ分け自体がどの程度，明瞭かについても定量的な評価はほとんどない[3]．今西のすみ分け論の第 2 の欠点は，多数の地域個体群の集合である“種”を相互作用の単位とみなしている点である．多くの場合，生物間の相互作用が実際に機能しているのは各個体群であり，種ではない[4]．遠く隔たった個体群間には，個体の移動はほとんどなく，さらに個体群

3）たとえば，片野（1991）は，今西のすみ分け論の根拠となった可児藤吉によるカゲロウのすみ分け概念図（可児，1944）について，分布には種間にかなりの重複があり，明瞭なすみ分けとはみなしがたいことを指摘している．

4）ただし今西（1971）における種の定義はあいまいで，種と生物群集における生態的機能を同一視するなど種を広義に解釈する場合が多いが，相互作用のある個体群や配偶集団

によって受けている選択圧も生物間の相互作用も大きく違う場合もめずらしくない．Thompson (2005) による地理的なモザイク状の共進化 geographic mosaic of coevolution という概念は，共進化が種よりも小さな単位における相互作用によって形成され，地理的にはモザイク状を成すことを表している．したがって，個体群の最大の集合としての種が統一的な全体として同時に進化することは，種が単一の個体群からなるような非常に特殊な場合にしか生じないだろう．

第 1 の調和的な種（配偶相手）認知機構に関しては，本書で示した繁殖干渉についての実証研究が正に反証となる．すなわち，種分化が成立した後でも，近縁種間での配偶相手の誤認は普通に存在する．さらに，本間ほか (2012) は，繁殖形質が一部重複した近縁種のメスが共存する場合に，オスがどのような配偶相手の認知基準を採用するのが適応的かを考察し，オスにとっては配偶相手の認知基準を緩くしてかなりの程度の種間求愛を許容するのが適応的なことを示した．なぜならば，繁殖成功度が交尾相手のメス数によって決まるオスにとっては，配偶相手の認知の基準を緩くして，同種メスに対する求愛の機会を逃さないことが，繁殖成功度を高める上で最も大切だからだ．つまり繁殖干渉は，近縁種であれば種分化後であっても存在する可能性が高く，その理由はオスが最適な配偶相手認知の基準を持つこと自体にある．

配偶相手の認知という問題は，強化 reinforcement による種分化の促進という，現在も活発に研究される課題に関わっている．自然選択説の提唱者の一人である，ウォレス Alfred Wallace は，ある程度分化した集団が二次的に接触したときに，メスが異なる集団由来のオスとの交雑を避けるように自然選択が働くと想定し，この自然選択を強化と呼び，強化によって種分化が促進されると考えた（新妻，2010）．これに対して，自然選択は交雑種に対してその適応度を高めるように働くので，強化は生じにくいという考えをダーウィンは示し，二人の間で意見は一致しなかった（新妻，2010）．それから数十年後に Dobzhansky (1937) が強化をとりあげ，さらに近年になって強化が再び注目され研究

に近い意味にもとれる場合がある．もっとも，種を広義に解釈することはかつて生態学では普通だった．

されるようになり，最近はその役割を肯定的に評価する研究が多いようである（たとえばMcPeek and Gavrilets, 2006）．ただし多くの研究では，メスの配偶選好性にのみ焦点があてられ，オスの配偶選好性は考慮されてこなかった．Takakura et al.（2015）は，オス・メスの配偶相手認知と意思決定を取り入れてこの問題を理論的に調べ，繁殖形質置換が成立した後であっても，オスによる繁殖干渉は続き，種間交雑が低頻度に保たれるのは，メスがコストのかかる拒否行動をし続ける必要にせまられるためであることを示した．以上をまとめると，強化によって交雑が回避される可能性はあるが，オスの配偶相手認知を考慮すれば，繁殖干渉はなくならないと考えるのが現状では妥当ということになろう．

ここまですみ分け論の科学的仮説としての欠陥について述べてきたが，すみ分け論を活かすことはできないだろうか．調和的な種認知機構に基づくすみ分け論は，科学の仮説として資源競争説に劣ることは明らかだが，同時に，現在では資源競争説は理論的にも実証的にも説得力を失っている．筆者は，繁殖干渉を媒介としてすみ分け論を換骨奪胎できるのではないかと考えている．まず，すみ分け論の到達点をみておこう．

水生昆虫の専門家である谷田一三は，カゲロウ類のすみ分けを再考して，すみ分けには二つの側面があることを概念的に示した（谷田，1989，1996）．以下に谷田（1989，1996）の考えの骨子について述べる．今西や可児が示したカゲロウのすみ分けでは，主に流速の違いに基づいて渓流を横断する形ですみ分けが成立することが注目されてきた．洛北の鴨川では，流速が一番速いところには，ウエノヒラタカゲロウ *Epeorus curvatulus*，次いで流速が速いところにはユミモンヒラタカゲロウ *E. nipponicus*，次にエルモンヒラタカゲロウ *E. latifolium*，流速が一番遅いところにシロタニガワカゲロウ *Ecdyonurus yoshidae* が分布し，種間の分布にはかなり重複がみられる．渓流を上流や下流へと移動すると，それぞれの種はそれぞれの近縁種へ急激に置換する．たとえば，上流に向かうと流速の最も速いところはウエノヒラタカゲロウに代わってキイロヒラタカゲロウ *Epeorus aesculus* になるという具合である．

谷田（1996）は，このようなすみ分けを系統関係にもとづいて大きく以下の二つに整理した：系統関係がやや離れた種は流速など小さな空間スケールですみ分け，系統が近い種同士は流呈，地理的など大きな空間スケールですみ分けをする．谷田（1996）はこうした関係は，種分化に伴いまず大きな空間スケールで生殖隔離が生じ，そののち生態的分化が生じると小さなスケールでのすみ分けになると論じている．同じ現象を，繁殖干渉では以下のように説明することができる．第6章で示したように，空間分布ないしはすみ分けのスケールは，繁殖干渉の強さと生息場所（あるいは寄主植物）の好適さの相互作用で決まり，繁殖干渉が強いと地理的な（大きな空間スケール）すみ分けが生じ，弱くてそれぞれの種にとって好適な生息場所が異なれば生息場所（小さな空間スケール）のすみ分けが生じ，無視できるレベルのときには共存が生じると理論的に予測できる．

この結果は，谷田（1996）による現象の整理と非常によく合致する．しかし，この二つの説には大きく異なるところがある．第1の違いは，すみ分け成立の時間的前後関係についての予想が反対なことだ．谷田（1996）では，大きな空間スケールのすみ分けが非常に近縁な種間でまず生じ，そのあとで生態的な分化に伴って，小さな空間スケールでのすみ分けに移行することになる．これに対して，繁殖干渉では，大きな空間スケールでのすみ分けの方が，小さな空間スケールでのすみ分けよりも新しく成立した可能性が高いと予想する．なぜならば，近縁種とはいえ，ある種からみた場合，非常に近縁な種よりも少し系統関係が離れた種の方が，種数が多いのが普通だからだ．すなわち，種分化後に分布を拡大して初めて出会う近縁種は，少し系統関係が離れた近縁種の場合が多いであろうし，その場合，繁殖干渉の強さはそれほど強くなく，それゆえに小さな空間スケールでのすみ分けになる可能性が高いと予想されるからだ．過去のすみ分けの実態を知るのは困難なので，いずれの予想が正しいかを判断するのは難しいが，すみ分けの実態を系統樹と照らし合わせて検証することは可能だと思う．第2の違いは，谷田（1996）ではすみ分けは，種分化や系統分化という非常に長い歴史的時間スケールでの説明であるのに対し，繁殖干渉説では種分化後の二次的接触という非常に短い時間スケールでの説明であることだ．第2の点について，この二つの説のいずれがより妥当なのかを，在来種を対象として検証することは難しいだろう．しかし，外来種とくに国内外来種が移入先で近縁種とどのようなすみ分けを示すか，すみ分けにはどの程度の時間がかかるかを調べることで，かなりの見通しが得られるのではないだろうか．また，谷田（1996）では大きな空間スケールのすみ分けは，生殖隔離を伴う種分化の過程で生じたと考えられているため，種分化後には移動による分布域の拡大が生じていないことになる．生物の高い移動・分散能力を考えると，分布域の拡大による二次的接触がないとは考えにくい．二次的接触の有無については，現在大きな空間スケールで完全にすみ分けている近縁種間で，部分的な遺伝子浸透など過去の繁殖干渉の痕跡を調べることで解明ができる可能性がある．第3の違いは，谷田（1996）では，幼虫間の相互作用がすみ分けに中心的な役割を果たしているが，繁殖干渉では成虫間の性的な相互作用が中心的な役割を果たしている．カゲロウ類は，渓流のすぐ上空で配偶飛翔を行う．そのため，たとえ幼虫が流速によってすみ分けていても，成虫の配偶時期と配偶場所が重複していれば繁殖干渉が生じる可能性がある．それゆえ筆者は，流速に応じたすみ分けはその系統群の保守的な生態特性であり，幼虫間の相互作用によって生じたものではない可能性が高いと考えている．この点については，流速に応じたすみ分けと系統との関係を調べることや，異なる種の幼虫が共存することにより，幼虫の成長率などに負の影響があるかを調べることで検証できるだろう．

近年，遺伝子データを用いた系統解析技術が急速に進展したことで，解像度の高い系統関係がわかるようになってきた．ここで注意しなければならないのは，系統そのものは分岐の前後関係を示すだけで，生態的特性の分化にともない共存を可能にすることはあっても，相互作用により共存や排他的関係をもたらす動因ではないことである．近縁種間のすみ分けのうち，系統分化の結果としての生態的特性の分化による結果的なすみ分けと，2種間の相互作用によるすみ分けを判別することが必要となるだろう．共存域と単独生息域において形質置換があるか，ないかが簡便な判別法だと考えられる．

いずれにせよ，調和的な種認知が種分化の過程で自動的に生じる可能性は低いだろう．繁殖干渉説によれば，種分化が十分に進行した後で2種が出会ったときに，繁殖干渉が生じなければその2種は共存し，生じれば空間的分離が成立する（Nishida et al., 2015）．すなわち，近縁な2種が共存するときに正確な種認知が存在している点では，繁殖干渉説は見かけ上，今西のすみ分け論と同じだが，この現象を調和的な種認知を持ち出すことなく，繁殖干渉の欠如で簡単に説明できる点で繁殖干渉説は優れている．繁殖干渉説は，すみ分け論では前提とされる調和的な種認知を前提とすることなく，すみ分け論と同じ現象を合理的に説明する．古典的なすみ分け論はその根本的な基盤を失ったとみなせるだろう．

8.2.2　生殖隔離と繁殖干渉

すみ分け論でみたような調和的な種認知という考えが出てくる背景には，生殖隔離の成立をもって種分化とみなすという伝統的な考えがあると思われる．遺伝子が種間で浸透しなければ，生殖隔離は完全である．しかし，その場合でも 2 種間に繁殖干渉が存在する可能性は充分ある．交雑を伴わない求愛ハラスメントは，生殖隔離が実現し，しかも繁殖干渉も実現する典型例である．第 5 章・6 章で示されたマメゾウムシの排除やテントウムシの寄主への特殊化はその例である．進化生物学の研究では，近縁種間の雑種の適応度に注目が集まることが多い．これは，種分化を考える上で，交雑の進行がどのように止まるかが着目されるためだろう．たとえば，アザミ食のエゾアザミテントウ *Epilachna pustulosa* とルイヨウボタン食のルイヨウマダラテントウ *E. yasutomii* では，交雑個体の適応度は低下せず寄主植物の違い以外に遺伝子流動をさまたげる機構が存在しないことから，寄主植物が唯一の生殖隔離機構とみなされている (Katakura et al., 1989)．野外では寄主植物同士がごく近接して生育する場合があり，このような場合になぜ交雑個体が存在せず，浸透交雑も進行しないのかが問題となる．雑種の適応度だけを考慮すると，浸透交雑が進行しない現象をうまく説明できない．しかし，交雑を伴わない繁殖干渉が存在すると仮定すれば，浸透交雑が進行しないことを合理的に説明できる．

第 6 章で述べた肉食性テントウムシの寄主特殊化（クリサキテントウ）と寄主一般化（ナミテントウ）は，後者から前者に対する交雑を伴わない繁殖干渉がその選択圧であった (Noriyuki et al., 2012)．人為的に種間交尾をさせても，産卵数や孵化率に何の影響もないことから，これまでは異種間の性的相互作用の影響はないものとみなされてきた．そして，人為的に種間交尾が成立しないときには，何の影響もないとみなされてきた．異種間の性的相互作用の悪影響のかなりの部分は，メスの繁殖機会の減少であり，雑種形成のように直接的には目に見えない．そのため，これまでほとんど見逃されてきたのであろう．今後は，失われた繁殖機会を定量的に可視化する新たな方法に期待したい．

8.3　無性生殖種の問題

8.3.1　繁殖干渉における無性生殖種の取り扱い

侵入種には無性生殖種が多いことは古くから知られており（桐谷，1986），また第1章でも議論されている．侵入初期には密度が著しく低いので，配偶相手を見つけるのは難しいと予想される．こうした困難さは，従来アリー効果Alee effectと呼ばれて，密度が著しく低いときに集団の増殖率が低下することを説明するものとみなされてきた．しかし，繁殖干渉の研究から明らかなように，低密度のときに集団の増殖率が低下する現象は，同種の配偶相手がみつからないためだけでなく，異種のオスが配偶を阻害することでも説明可能である．これまでのところ，この二つを分けて評価した研究はごくわずかしかない．ヨーロッパでヒメシロチョウ属の姉妹種群を研究したFriberg et al. (2013) によれば，メスの配偶成功度を決めるのは異種との相対頻度であり，同種の絶対密度は影響しない．すなわち，異種オスの存在が配偶成功度の低下をもたらしたことがわかっている．植物においても，状況はよく似ている．すなわち，従来は結実率の低下は同種花粉の不足，すなわち花粉制限で生じるとみなされてきたが，在来タンポポと外来タンポポの研究（第3章）からも明らかなように，タンポポでも同種の密度ではなく，異種との相対頻度が結実率に影響することがわかっている．

現在のところ，増殖率の低下が同種のオスの不足によるか，異種オスの存在によるかのいずれに起因するのかは，定量的な研究が少なく結論を出せる状況でない．もし，同種の密度が低いこと自体が主要な理由ならば，無性生殖種が侵入種になりやすいことは，配偶相手を必要としないことがその理由だろう．しかし，近縁な異種が存在することが主な理由ならば，理由は複雑になりうる．まず，外来タンポポのようにクローン繁殖だけをして，花粉を繁殖には全く利用しない場合について考えてみる．この場合，外来タンポポの柱頭に付いた在来種の花粉は何の効果もないと予想される．しかし，無性生殖種が近縁種の配偶子から何の影響も受けないとは限らないだろう．もし負の影響を受ける場合には，無性生殖種であっても侵入できる可能性はほとんどなくなる．動物の場合には，交尾をしなくても求愛ハラスメントによる繁殖干渉が重要な場合がありうる．このような場合には，異種の配偶子を受け入れるかどうかという検証だけでは，繁殖干渉の実態を見逃すことになる．これに対して，無性生殖種が有性生殖種に配偶を通じて繁殖干渉をする場合もあり得る．外来タンポポはまさにこの例である．

無性生殖種と有性生殖種に性的な相互作用はないという根拠のない前提はなぜ生じたのだろうか．その理由として，(1)生殖隔離こそが重要とみなす従来の考え方と(2)無性・有性生殖という概念が種内の繁殖をめぐる概念であることが挙げられるだろう．保全生物学では，しばしば在来種の遺伝子の純粋さこそが守るべき価値であるかのようにみなされる．もしそうであるならば，交雑を伴わない繁殖干渉にはさしたる重要性はなく，交雑を伴う繁殖は些細でも重要ということになる．これが在来種の保全を考える上で誤りであることは，外来タンポポが在来タンポポと交雑せず，結実率だけを低下させる場合を考えるとよく理解できる．外来タンポポの花粉による雑種形成はわずか 1.9 % 程度の割合で生じるにすぎず（Morita et al., 1990），結実率の 30 % 近い低下に比べるとその効果は微々たるものである．それにもかかわらず，交雑は在来タンポポの衰退をもたらす重要な要因とみなされてきた．おそらくその理由は，雑種タンポポがよく観察されることと，交雑が重要という思い込みにあるのだろう．結実に失敗し死んでいった圧倒的に多くの種子は，目に見えることなく消えてゆくので，重要にはみえないのだろう．あらためて，繁殖の機会コストの重要性を強調しておきたい．

これに加えて，動物では近縁種の交配実験がよく行われてきた．その場合に，異種間交尾がうまくゆかないときには，何の問題もないとみなされてきた．それは，種間交雑による雑種形成の可能性だけが重要とみなされたからだろう．そして，種間交尾しなかったメスの繁殖成功度は自動的に回復すると，暗黙に仮定されてしまったのだろう．野生生物の短い寿命を考えると，失われた時間やエネルギーのコストは非常に重要であり，繁殖干渉を研究する場合には無視してはならない．

生物学者は，種を無性生殖と有性生殖に分ける．このとき，想定されるのは種内で繁殖活動をする場合だけであり，種間で繁殖活動が生じることは想定されない．しかし，近縁種が繁殖に関わると，種内とは異なった状況が生じる．通常，無性生殖をしている種が，同種他個体の配偶子は受け入れないが，近縁異種の配偶子は受け入れてしまう可能性というのは，常にありうるのだ．残念ながらこのことを実証した研究はないようだ．侵入したものの定着に失敗した無性生殖種は多数あると考えられるので，こうした無性生殖種が在来近縁種の配偶子を受け入れるかどうかを調べてみるのは興味深い課題だ．

無性生殖と有性生殖のアナロジーとして他家受粉と自家受粉の関係についても触れておきたい．つまり，普段は他家受粉だけをしている種が，近縁異種の花粉を受け入れる場合もありうる．在来タンポポの一部では，後者の現象が実際に生じている（第 3 章）．至近的なメカニズムにはまだ不明な点が多いが，こうした現象が起きる理由を想定することはできる．他家受粉というのは，同種他個体の花粉は受け入れ，自分自身の花粉は受け入れないことを意味する．この判断をどの程度厳密に行うかによって，他家受粉の効率は決まることになる．種内の多くの個体が共有して持っている遺伝子はもちろんたくさんあるはずなので，このような共有遺伝子は識別には効果的でない．おそらく，個体によって大きな変異があり，しかも識別に利用できる以外に機能を持たない遺伝子を利用するのが効率的だろう．こうした遺伝子を複数用いて識別すれば，かなりの確率で他家受粉できることになるだろう．問題は，種内で効率的に働く識別システムが近縁種に対しては有効に働かない可能性があることだ．もし，近縁種の配偶子を識別して排除するのであれば，同種内で広く共有されるが近縁種は共有していない遺伝子も識別に取り入れればよいはずだ．しかし，こうした識別法が，近縁種が存在しない環境下で自然選択上，有利になるとは考えにくい．自然選択は，盲目的なので将来受けるかもしれない選択圧に対してあらかじめ対処することはない．つまり，初めて近縁種と出会ったときには誤作動する可能性が十分あることになる．このことは，外来近縁種がしばしば非常に強い繁殖干渉を在来近縁種にもたらすことを，うまく説明する可能性がある．ここで述べたような，同種他個体に対する認知基準が，近縁異種の識別にどのように機能するのかは，おそらくほとんど研究がない．今後の実証研究の進展に期待したい．

8.3.2 無性生殖種と有性生殖種の地理的分布

進化生物学においては，有性生殖がなぜ優占的な繁殖システムなのかが古くから問われてきた．直接子供を産まずに，遺伝子だけを寄与するオスの存在は，集団の増殖率を半減させるので不利なはずだ．それにもかかわらず，ほとんどの生物は有性生殖をするので，有性生殖には何か進化的に有利な点があるはずだというのが基本的な問いである．そして，ほとんどの答えは，遺伝子を混ぜ合わせ新しい遺伝子型を作ることが，環境の変動や病原菌への抵抗といった面で長期的には有利になる可能性があることに着目してきた．残念ながら，このような長期的な有利さで有性生殖の普遍性を説明するのは困難なようだ．ここでは，有性生殖そのものに対する問いではなく，無性生殖種と有性生殖種の地理的な分布について触れる．

無性生殖種の多くが，極地や乾燥地といった周辺的環境に分布することは，古くから知られていた（たとえば，Bell (1982)）．その理由については，極地や乾燥地といった非生物的環境が厳しいところでは，無性生殖のほうが増殖力が高くて有利だが，これに対して，湿潤熱帯など多様な生物が生息する環境では有性生殖により新たな変異を作りだせるほうが有利だからと考えられてきた．さきほども述べたように，この説を検証するのはきわめて難しいし，そもそも実証にどのくらいの時間スケールが必要かについても，意見は分かれるだろう．単為生殖系統と有性生殖系統の間で後者から前者へ一方的に性的ハラスメントが存在する場合に，どのような分布パターンが形成されるかについては，川津一隆による独創的な研究（Kawatsu, 2013b）がある．この研究によれば，単為生殖系統ではオスが不在のために性的ハラスメント耐性が進化しないので，単為生殖系統は有性生殖系統の分布地に侵入することはできず，有性生殖系統の分布の周辺に側所的あるいは異所的に残存することになる．この研究は，無性生殖種がなぜ周辺的な分布をするのかを説明し，さらに有性生殖種がなぜ2倍のコストに打ち勝てるのかも説明する点で優れている．

以下では，無性生殖種がしばしば交雑に由来し適応度が著しく低いことが無性生殖種が不適な周辺的環境に多いことの一因であること，その反対に適応度が著しく低い無性生殖種であっても，繁殖干渉によって，適応度が高い有性生殖種を不適な周辺的環境に追いやる場合があることを説明したい．第3章のタンポポの研究が示したように，セイヨウタンポポは繁殖干渉によって繁殖干渉に弱い在来の2倍体タンポポを駆逐できることがわかった．繁殖干渉しない場合には，在来の2倍体タンポポを駆逐できないこと，株の生存率は在来のカンサイタンポポと比較してかなり低いことがわかっている．つまり，繁殖干渉がない場合にはセイヨウタンポポの適応度はカンサイタンポポよりも低い．他の条件が同じであれば，結実の失敗がほとんどない無性生殖種は有性生殖種よりも適応度において有利なはずだ．さらに，セイヨウタンポポは1年で開花し，在来タンポポは2年で開花するのであるから，適応度の指標ともいえる内的自然増加率は，さらにセイヨウタンポポに有利なことになるはずだ．セイヨウタンポポの適応度がなぜこれほど低いのかはよくわからないが，タンポポの無性生殖種の多くが交雑に由来する倍数体であることを考慮すれば，理解できるかもしれない．

ここまで無性生殖するセイヨウタンポポは繁殖干渉なしでは有性生殖するカンサイタンポポを駆逐できないことを説明してきた．同じように，日本列島には在来の無性生殖するタンポポ種が多数あり，その多くはごく限られた地域に分布することが多い．たとえば，北海道南部の海岸に生育するシコタンタンポ

ポ *Taraxacum shikotanense*，瀬戸内の一部に生育するキビシロタンポポ *T. hideoi*，北陸から山陰にかけて局所的に分布するヤマザトタンポポ *T. arakii* などがその例だ．それぞれの種の個体群は，その生育環境で自然選択を受けるので，生育環境に対してよく適応しているはずだ．カンサイタンポポは近畿地方の環境に，そしてセイヨウタンポポは原産地であるヨーロッパの牧草地などの環境に適応しているはずだ．この両者の交雑種が，近畿地方の環境にカンサイタンポポよりもよく適応していると考える根拠はどこにあるのだろうか．

筆者は，このような状況でよく用いられる雑種強勢 heterosis という概念が不適だと考えている．雑種強勢とは，本来，種内の概念であり，育種などでホモ接合体になり有害遺伝子が発現する場合に，ヘテロ接合体のほうが高い適応度を実現する現象をさす．この現象は，生物学的な意義も明快で，ただちに理解できる．これに対して，種間雑種が親種よりも高い適応度を実現することは本当にあるのだろうか．もし，そのような現象が頻繁に生じるならば，自然界には交雑由来の種があふれているはずだ．たしかに自然界には，雑種由来とされる無性生殖種が多く存在するが，その多くは周辺的な環境でほそぼそと残存しているにすぎない（巌佐，1987）．タンポポの研究が示唆するところでは，こうした交雑種が2倍体の在来タンポポを駆逐するのは，セイヨウタンポポが繁殖干渉を通じて，カンサイタンポポを駆逐した結果にすぎない．なぜならば，セイヨウタンポポ（交雑種も含む）の繁殖干渉により隣接するカンサイタンポポの結実率は30％くらい低下するのに対して，セイヨウタンポポの花粉だけを人為的に授粉させた場合に生じる雑種による結実率の低下は1.9％程度にすぎず（Morita et al., 1990），繁殖干渉による適応度の低下の方がずっと効果が大きいからだ．実際に，カンサイタンポポの分布域を調べると，徳島や香川などカンサイタンポポが優占している地域でも，逆に大阪や滋賀南部などセイヨウタンポポが優占している地域でも，ともに交雑種はよく見られる．そして，前者ではセイヨウタンポポによる繁殖干渉がほとんどなく，後者では繁殖干渉が生じている．これらの結果は，雑種形成が在来タンポポ駆逐にマイナーな影響しか与えていないことを強く示唆する．

それならばなぜカンサイタンポポが駆逐された地域で交雑種が目立つのだろ

うか．カンサイタンポポが駆逐された場所に残るのは，セイヨウタンポポと雑種になる．雑種がめったにできないことを考えると，種子の数自体はセイヨウタンポポの方がずっと多いと推測できる．したがって，交雑種が目立つということは，例外的に交雑種のほうが親種のセイヨウタンポポよりも高い増殖率を達成している可能性がある．繁殖干渉がない条件下では，セイヨウタンポポが細々と生き延びていることを考えると，セイヨウタンポポ自体の増殖率は相当に低いのかもしれない．もしそういう特殊な事情があるならば，交雑種の増殖率がセイヨウタンポポよりも高い可能性があるかもしれない．種間雑種が示す雑種強勢という現象は，一方の親種の適応度が著しく低いときには例外的に生じるのかもしれない．いずれにせよ，適応度を考えるときに，通常の増殖率と繁殖干渉による相対適応度の増加分は分けて考える必要がありそうだ．これは将来の課題である．

野外で外来・在来および雑種タンポポを観察して，その生育の良否を判断するときに感じた困難さについて触れておこう．セイヨウタンポポや雑種タンポポが優占する地域では，優占種は旺盛な発育をみせることが多かった．これに対して，在来タンポポは植物体のサイズが小さく，不適と思われる環境に細々と生育する場合が多かった．一方，在来タンポポが圧倒的に優占する徳島などでは，セイヨウタンポポや雑種は，サイズも小さく，貧弱な環境でかろうじて生存しているようにみえた．タンポポにおける繁殖干渉を解明したあとからみると，こうした現象は繁殖干渉の結果であることがわかる．しかし，生態学者が普通に観察すると，発育の良さそのものがどちらの種が優占するかを決めるように感じられるだろう．つまり，株の花数，種子数などを調べると，優占種のほうが圧倒的に繁殖力が高いという結論が容易に得られるので，高い繁殖力こそが優占の理由だと推論されるだろう．実際，外来タンポポの優勢を説明するさまざまの解説には，外来タンポポの高い繁殖力がその理由に挙げられている．しかしこの説明は，結果からのアドホックな推論にすぎない．少なくとも，優占種が異なる地域から，各種の種子を採取して，共通の条件下で育てて，発育と繁殖パフォーマンスを比較する必要がある．こうした研究がほとんど行われてこなかったのは，野外でみる発育パフォーマンスの違いがあまりに明瞭で，検証する必要がないと感じられたからではないだろうか.

8.4　配偶様式・配偶場所の影響

8.4.1　配偶場所と生息場所および寄主植物との関係

繁殖干渉により，生息場所や寄主植物の分離が生じることを第6章で理論的に説明した．この理論では，メスが生息場所や寄主植物の近辺で配偶することが前提となっている．植食性昆虫は寄主植物の周辺で配偶するとみなされることが多いが，実際に配偶場所を調べた研究はそれほど多くない．たとえば，コガネムシ目ハムシ科の *Galerucella nymphaeae* や *Neochlamisus* 属は，生涯のほとんどを寄主植物上で過ごし，配偶もまた寄主植物上で行うことが知られている（Pappers, 2001；Funk et al., 2002）.

一方，チョウではかならずしも，寄主植物上で配偶するとは限らないようだ．たとえば，ミカン類を食べるナミアゲハ *Papilio xuthus* の老熟幼虫はしばしばミカンから移動して蛹を形成するのが観察され，このことはインターネット上にもたくさん出ている．しかし，定量的な研究は残念ながら見つからなかった．ナミアゲハのオスの行動を観察すると，寄主植物とその周囲をゆっくりと飛び回って丹念に羽化メスを探す行動が観察される．そのためメスは羽化直後に，まだ羽がじゅうぶんに固まっていない状態でも，交尾をする場合も多い．たとえば鈴木（2000）のジャコウアゲハ *Atrophaneura alcinous* の研究によれば，メスは明け方に羽化し，オスは夜明けとともに羽化メスを探索し，交尾するという．一匹の交尾ペアに複数のオスが群がって交尾を試みる場合がしばしばみられる．交尾に際して，オスはメスの交尾孔を交尾栓でふさぐので，メスが再交尾するのは難しい．面白いことに，ジャコウアゲハのメスは羽化直後には黒色の羽色を呈し，オスは黒色を手掛かりに羽化メスを探すという．そして，メスの羽色は時間とともに褐色に変化し，そうなるとオスはもうメスに興味を示さないという．メスの体内に残された精包（精子などが入ったカプセル状の袋）を数えることで，メスの生涯交尾数を推定できるが，ほとんどのメスは一回交尾であることがわかっている．以上のことから，オスはすでに交尾済である可能性の高い褐色の羽をもったメスを避け，羽化直後のメスだけを探すのであろう．ジャコウアゲハの幼虫はウマノスズクサ類 *Aristolochia* spp. というつる性の有毒植物を食べて育つが，蛹化の前にやはり移動をする．しかし，おそらく幼虫の移動距離はそれほど大きくなく，オスが食草周辺をたんねんに探索するので，結果的に交尾は食草の周辺で起きるのだろう．以上のことから，少なくともアゲハチョウ類では，配偶は食草の周辺でかつ羽化直後に起きるらしいことがわかる．

もし，食草と交尾場所が大きく異なっていたら，寄主植物と結びついた形での繁殖干渉は起きないと予想される．たとえば，メスが羽化後に交尾せずに分散し，食草とは関係のない場所で交尾をする場合を考えてみよう．この場合，寄主植物と結びついた繁殖干渉は生じにくいと推定できる．問題はこのような分散と配偶の様式を持った種が現実に存在するか否かである．残念ながらこのような分散様式を持つ植食性昆虫をみつけることはできなかった．もし存在すれば，繁殖干渉説の反証に好適な研究対象となるだろう．

8.4.2　種特異的な配偶様式や配偶場所が共存に与える影響

繁殖干渉の研究を始めてすぐに気づいたことは，複数の近縁種が安定的に共存しているような生物群があることだ．アリやスズメバチあるいはユスリカなどが代表的な例だ．スズメバチ類（*Vespa* 属）は，大型の社会性狩バチで，本州中部にはオオスズメバチ *V. mandarinia japonica*，ヒメスズメバチ *V. ducalis*，キイロスズメバチ *V. simillima xanthoptera*，コガタスズメバチ *V. analis*，モンスズメバチ *V. crabro*，チャイロスズメバチ *V. dybowskii* の 6 種が共存している．このうち，チャイロスズメバチは社会寄生性であり，他のスズメバチの巣を乗っ取るという特異な生態を持つ．しかしその他の 5 種は，餌メニューがやや異なるほかはよく似た生態を示す．ヒメスズメバチが主にアシナガバチ類を餌とするほかは，各種の昆虫を主な餌にし，営巣場所にもしばしば重複がみられる．資源競争説に基づけば，餌資源がやや異なるために共存できることになる．つまり，餌資源をめぐる競争が種間よりも種内で強いために共存が可能ということになる．しかし，そもそも肉食性であるスズメバチ類では餌をめぐる競争は，餌が大量に余っている植食性昆虫よりもずっと強いと予想される．餌をめぐる資源競争がほとんどない植食性昆虫で，同じ寄主植物に近縁種が共存することがごく稀なことを考えると，スズメバチ類がなぜ安定的に共存できるかは不思議である．

スズメバチ類の共存を繁殖干渉と関連させて考えてみる．スズメバチ類の配偶場所については不明な点が多いが，配偶場所はそれぞれの種に特異的な可能性がある．たとえばオオスズメバチでは，オスは巣の近くに集まって巣から出現する新女王と交尾をするらしい（中村，2007）．これに対して，ヒメスズメバチ，キイロスズメバチ，コガタスズメバチなどは高木の樹上が配偶場所である可能性が高いという（中村，2007）．もしスズメバチ類の配偶場所が種特異的に決まっているのであれば，たとえ餌や営巣場所などについて競争が存在したとしても繁殖干渉は生じず，共存は可能となる．

アリなどの社会性昆虫では特定の日に配偶が集中して行われることが知られ，flying ant day などと呼ばれる．日本でも 5 月の晴れた日にクロオオアリ *Camponotus japonicus* が結婚飛行をするのがよく観察される．社会性昆虫では，それぞれの巣で繁殖虫が生産されるので，効率的な配偶のためには特定の日と場所に結婚飛行を同期させる必要があるだろう．これは推測にすぎないが，種ごとにそれぞれ特定の日と場所に配偶機会が限定されるならば，たとえ近縁種であっても繁殖干渉の機会は著しく少なくなるだろう．社会性のハチやアリなどで，近縁種が同所的に共存できる理由はここにあるのかもしれない．

残念ながら社会性昆虫については，繁殖干渉や配偶場所などについての定量的な研究はないのでこれ以上考察することはできない．共存する種間では繁殖干渉はおそらく存在しないので，侵入種との相互作用が興味深い．この点で，対馬に侵入したのち，北九州でも侵入が確認されたツマアカスズメバチ *Vespa velutina*（Minoshima et al., 2015）と在来スズメバチの関係は興味深い．今後の研究の進展に期待したい．

8.4.3　移動・分散および繁殖のための渡りと繁殖干渉の関係

第6章では，植食性昆虫の寄主選択について繁殖干渉説により説明した．すでに述べたように，ここでは寄主植物が配偶場所としても機能することを前提としている．ただしすべての植食性昆虫が，寄主植物の近傍で配偶するわけではない．とくに，メスが羽化後に移動してから配偶する種では，寄主植物と配偶場所の関わりは希薄になる可能性がある．移動・分散する昆虫は，しばしば移動・分散後に配偶するといわれている（藤崎，2001）．サトウキビの害虫であるカンシャコバネナガカメムシ *Caverelius saccharivorus* には，翅の長さに短翅と長翅の2型があり，短翅型のメスは羽化後にすぐに配偶するのに対して，長翅型のメスは配偶が遅れる（藤崎，2001）．ただしこの場合であっても，長翅型のメスは移動前にかなりの割合が交尾済であった（藤崎，2001）．カンシャコバネナガカメムシはサトウキビやススキなどを寄主植物とするが，同じ寄主植物を利用する同属近縁種は存在しない．カンシャコバネナガカメムシは台湾由来の外来種であり，侵入が成功した理由として同属近縁種が分布せず，繁殖干渉を受けなかったことが想定される．そのような条件の下では，移動・分散後の配偶も可能かもしれない．寄主植物の範囲が重複する同属近縁種が同じ地域に分布する場合には，配偶が移動・分散の前か後か，および寄主植物が移動・分散の前後で同じかあるいは異なるかは，繁殖干渉の影響を考える上できわめて重要である．残念ながら，移動・分散と繁殖干渉を関連させた研究は全くないので，具体的に論じることはできない．これも将来の研究課題として残されている．

渡りや長距離移動と繁殖干渉の関係も興味深い．なぜ鳥が渡りをするのかは，古くから興味が持たれてきた．自然選択説の共同提案者であるウォレスは，祖先種において同じだった夏と冬の分布地が，気候や地質学的な変化に応じて分かれ始め，両者間を行き来することで渡りが進化したと論じた（Wallace, 1874）．その後，氷河期による気候変動が渡りの進化に強く影響したという考えもあったという（Thomson, 1926）．しかし，Birkhead et al.（2014）は，氷河期が存在しなかった南半球にも北半球と同様に渡りがみられること（Mayr and Meise, 1930）

や，さらに，分布拡大や人為的な移入に伴って，渡りが急速に進化した例（Berthold, 1993；Able and Belthoff, 1998）を根拠に，渡りの氷河期起源説に否定的である．現在でも，至近メカニズムについては解明が進む一方で，渡りの適応的意義については諸説ありよくわかっていないようだ（Birkhead et al., 2014）．

ここでは，繁殖のための渡りについてだけ考える．夏鳥を例にとると，春に熱帯から温帯に渡り，繁殖してふたたび熱帯に戻ってゆく．長距離の渡りには高い死亡リスクがかかると予想されるが，同時に夏鳥がいなかった時代には温帯には大量の餌が余っていたかもしれない．このとき，渡りをするかしないかは，渡りをして繁殖し戻ってくる場合に期待される増殖率と，渡りをせずに繁殖した場合に期待される増殖率のいずれが大きいかで決まることになる．熱帯に比べて温帯の餌資源が非常に豊かと仮定すると，渡りの方が有利になりうるが，渡り率の増加とともに有利さは相殺され，ある渡り率で渡りと渡りをしないことの適応度は釣り合うことになる．もしそのような過程で渡りが進化したとすると，いろいろな鳥で渡り個体と渡りをしない個体が共存する可能性が高い．しかし，現実には，渡りをするかしないかは種ごとにおおよそ決まっているようだ．たとえば，ツバメ属 *Hirund* には世界で32種が知られ，そのうちデータ不足の1種をのぞいて，渡りをしない種が大多数の20種で，一部が渡りをする種が6種で，全面的に渡りをする種が5種であった（BirdLife International, 2016）．私たちが日常的によくみるツバメ *H. rustica* は，全面的に渡りをするめずらしい種であった．しかも同属のツバメの大部分が，地理的にわかれた分布域を持つのに対して，*H. rustica* は分布が世界中に広がるコスモポリタンである．同属種を，絶滅リスクの面からみると，絶滅リスクのほとんどない軽度懸念（LC）種が29種で，危急種（VU）はわずか2種にすぎない（BirdLife International, 2016）．危急種である *H. atrocaerulea* はアフリカ中部のウガンダ周辺からアフリカ南部の山地草原にわたって繁殖し，*H. megaensis* はエチオピア南部のごく狭い地域の山地にある乾燥草原に定住し繁殖する（BirdLife International, 2016）．いずれの種も，土地利用の変化や生息場所の劣化が原因となって減少していると考えられている（BirdLife International, 2016）．しかし前者が非繁殖期に生息する地域では，普通種 *H. angolensis* が渡りをせずに繁殖し，後者が渡りをせずに繁殖する地域には普通種 *H. aethiopica* が渡りをせずに繁殖する．すなわち，この2種の危急種は，近縁の普通種が繁殖する時期に渡りをして，おそらく劣悪な別の場所で繁殖するか，近縁の普通種が繁殖する時期に渡りをせずに，ごく狭い範囲で繁殖していることになる．したがって，両種が危急種となっている理由として近縁な普通種の存在が影響している可能性がある．これに対して，熱帯から温帯に渡り，日本でも繁殖するツバメ *H. rustica* とコシアカツバメ *H. dauric* はいずれも世界的な広域分布種である．このような輻輳した事実を考えると，渡りをするかしないかには，渡りのリスクと渡り先での繁殖の効率の得失から単純に決まるものと，繁殖する優占種から逃れる渡りが混在している可能性がある．後者は，高い分散力で競争種から逃れ続ける放浪種とか supertramp（Diamond, 1974）などと類似した選択圧の下で進化した可能性がある．

渡り，長距離移動といった生態現象を繁殖干渉の視点から再検討することは全く未開拓の分野であり，普遍的な法則性が見つかる可能性があると考える．

8.5　履歴効果との関係

生物群集の構成は，同じ種の組み合わせであっても，どちらが先に侵入したかによって結果が大きく変わる場合がある．このような効果は履歴効果 hysteresis とか先住効果 priority effect などと呼ばれ，群集生態学において注目を集めるようになった．履歴効果についての最近の総説（Fukami, 2015）によれば，履歴効果をもたらす機構として，ニッチを先に占める効果とニッチを改変する効果があるという．すなわち，先に侵入した種がニッチを占めると後から同じニッチを占める種は侵入できなくなったり，先に侵入した種が周囲の環境に影響を与えてニッチを改変してしまい，後からは同じニッチを利用する種が侵入できなくなったりすることが想定されている．こうした履歴効果は，生態系が，複数の代替可能な安定状態 alternative stable states を急激に移行する現象を引き起こす可能性が指摘され注目されるようになった（Scheffer et al., 2001）．ここでは，このような履歴効果ではなく，繁殖干渉がごくシンプルな機構で履歴効果を引き起こすこと，およびその生態学的な意義について触れたい．

繁殖干渉が近縁な2種間で対称的に生じるとき，いずれの種が勝つかは，遭遇時にどちらの種の個体数が多いかで決まる．これは繁殖干渉に正の頻度依存性があることからの必然的な帰結である．このことは，対称的な繁殖干渉をする2種のうち，先に侵入して個体数を増加させた種が侵入に成功し，後から侵入した種は失敗することを示す．すなわち，非常に強い履歴効果があることを意味する．2種間の繁殖干渉が非対称的な場合にはどうだろうか．繁殖干渉に強い種が先に侵入した場合には，弱い種は侵入できない．繁殖干渉に弱い種が先に侵入して個体数を増加させた場合には，状況は複雑になる．強い種が侵入できるかどうかは，相互の個体数，繁殖干渉の非対称性の程度，および生息場所や寄主植物の好適さが2種でどの程度違うかなどが，複合的に効いて結果が決まることになる．興味深いのは，たとえ繁殖干渉に強い種であっても，侵入先に先着した弱い種が増殖して個体数が充分に多ければ，侵入できないことだ．先着して個体数を増した弱い種を，後着した強い種が駆逐できるのはどのような場合だろうか．一つの可能性は，繁殖干渉をまったく受けない場合だ．セイヨウタンポポのようにそもそも花粉をまったく受け付けないクローン繁殖種であれば，侵入可能であろう．ただし，有性生殖種であれば繁殖干渉を全く受けないことはないだろう．なぜならば，たとえ近縁種からの繁殖干渉を受けなくても，同種の密度がきわめて低ければ配偶相手を見つけるのが困難だからだ．動物であれば，求愛ハラスメントが繁殖干渉の重要な要素なので，繁殖干渉をまったく受けないという可能性はほとんどないだろう．したがって，後着した種が先着種からの繁殖干渉をうまく回避して定着に成功するのは，おそらく先着種が不在かあるいはごく少ない生息場所が存在する場合などに限られるであろう．

ここで，生息場所の人為的な撹乱に注目する．生態学的にみると，撹乱には大きく二つの意義がある．一つは，予期できない死亡により個体数が低下するという意義であり，もう一つはその結果として無住の生息場所が生み出されるという意義である．前者は，いわばランダムな死亡であり，個体数の少ない方の種にとってより深刻な影響を与えるだろう．つまり，少数派をさらに不利にするので，繁殖干渉を促進する効果を持つと考えられる．一方，後者では，少数派の種が無住の生息場所に先着する可能性がある．とりわけ，繁殖干渉に強い種が空いた生息場所に先着すると，その生息場所はオセロのように強い種が占有することになる．こうした生息場所が足場になることで，先に侵入した繁殖干渉に弱い種を駆逐する可能性が出てくるだろう．雑草や害虫などの侵入種が，撹乱地や定期的に撹乱のある農耕地などにとりわけ多いことは，こうした推論を裏付けるのではないだろうか．

以上から，安定した生息場所では，繁殖干渉の強弱にかかわりなく先に侵入した種が勝つ可能性が高く，撹乱地では繁殖干渉に強い種が勝つ可能性が高いものと考えられる．つまり，非常に安定した生息場所では繁殖干渉による履歴効果だけで，どの種が生息するかが決まることになる．これに対して撹乱地では，繁殖干渉に強い種が先着した弱い種を駆逐できる可能性がでてくる．したがって，先着種を駆逐できるのは，撹乱地でしかも繁殖干渉に強い種が弱い種を駆逐する場合に限定されることになる．セイヨウタンポポがカンサイタンポポを駆逐したのはまさにこの例にあたる．

侵入の順序を，さらに 3 種以上の系に拡大するとどのような結果が現れるだろうか．種 A，B，C の 3 種がいて，この順に繁殖干渉が強いものとする．種 A は先着すれば定着し，他の 2 種は侵入できない．種 B は，先着すれば種 C が侵入できないが，種 A に駆逐される可能性がある．種 C は，先着した場合に限り定着できる可能性があるが，種 A ついで種 B に駆逐される可能性がある（図 8.1）．つまり，種 A が分布する可能性が最も高く，次いで種 B，種 C の順番になる．侵入元の生息場所でも状況は同じなので，侵入元でも種 A，B，C の順に分布する可能性が高い．その場合，ある島に種 A が定着する確率はさらに高まり，種 B，C が定着する確率はさらに低くなる．同様に，島状の生息場所が一次元に連なっていて，そこに侵入元からこの 3 種のいずれかが個体数頻度に応じて侵入する状況を仮定すると，侵入元から離れるほど種 A だけが分布する可能性が高く，次いで種 B となり，種 C が分布する可能性はほとんどなくなるだろう．すなわち，島状の生息場所が連なっている場合には，島状の元から先端に進むにしたがって構成種は入れ子状になることが予想される．生物群集の構成が入れ子状になることはいくつかの研究で実証されており（Patterson, 1990；Wright et al., 1998），その理由として分散の制限，面積が狭いと絶滅しやすい，面積が広いと生息場所の異質性が高いなどさまざまな理由が挙げられている（Wright et al., 1998）．このようにさまざまな要因が入れ子状の群集構成に影響することが想定されている．これらの説と繁殖干渉による入れ子構造の違いは，繁殖干渉説では互いに繁殖干渉をする同属近縁種において強い入れ子構造があり，広く分布する種ほど繁殖干渉に強いことが予測されることである．逆に，系統的に離れた種間では明瞭な入れ子構造は見られないことも示唆する．こうした予測を検証した研究はまだなく，群集生態学，島の生物地理などの研究に，新たな説明の枠組みを提供するものと考えている．

最初に侵入した種：予想される駆逐の順序
A：A
B：B, B → A
C：C, C → B, C → B → A, C → A

図 8.1　繁殖干渉の優位性と侵入の順序が侵入の成功に与える影響を示す概念図．繁殖干渉に関しては，種 A が最も優位で，次いで種 B，種 C は最も劣位とする．最終的に駆逐されずに残る種は，A の可能性が最も高く，次いで B，C の順と予想される．

繁殖干渉が強い履歴効果を産みだすことを実証するには，繁殖干渉についてのデータとともに侵入順序についてのデータが必要となる．遺伝子情報から得られる侵入年代の推定は誤差が非常に大きいので，侵入時期が種により大きく異なる場合以外には利用するのは難しいだろう．さらに，侵入時期が大きく異なると環境条件なども気候変動や火山活動あるいは遷移などにより，大きく異なる可能性が高い．したがって，侵入時期を正確に把握できるかどうかが問題となる．繁殖干渉による駆逐がせいぜい数十年という非常に短期間に進行することを考えると，侵入外来種はよい研究対象となるであろう．文献データあるいは，博物館に保存された標本などを用いて，侵入と分布拡大の過程をある程度正確に把握できれば，こうした研究が可能になるかもしれない．ただし，筆者は，共同研究者とともに雑草を対象にこのような研究を試みたことがあるが，いくつかの困難にであった．それは，植物採集者が珍しい種を熱心に採集するが，普通種はあまり採集しない傾向があるために，外来種は侵入初期には競って採集されるが，定着にともなって個体数は多いのに採集されなくなってしまうことだ．この傾向は特に，外来種で著しいように感じられた．こうした問題を克服するための方法論が必要である．

8.6　繁殖干渉を利用した応用研究

繁殖干渉の研究は，なぜある種が地理的分布，生息場所（あるいは寄主利用）の範囲が広く，優占種になるのかをうまく説明する．すなわち，なぜ近縁種の中である特定の種が害虫や雑草になるのかを説明する．このことを逆に利用して，害虫や雑草の防除など応用的な研究につなげることはできないだろうか．タンポポについてはすでに高倉ほか（2012）が，外来タンポポの在来タンポポに対する悪影響を低減する方法として，花期の直前に花とつぼみだけを除去する簡便な方法が，株を根こそぎ除去するのとあまり変わらない効果を発揮することを，シミュレーション・モデルによって明らかにしている．深く根を張るタンポポを根こそぎ除去するには非常な労力がかかるが，花やつぼみの除去であれば除草機で簡単にできる．したがって，繁殖干渉をもたらす繁殖器官の除去や，開花の抑制などが簡単に行える場合であれば，従来の根こそぎ除去に代わって，この方法を試す価値が高いであろう．

害虫についても，いくつか対策が考えられる．最初の対策は，不妊虫放飼による害虫根絶策に繁殖干渉の考えを取り入れて，複数種の害虫に適用するというアイデアであり，ごく最近提唱された（Honma et al., 2018）．このアイデアは近い将来，実用化される可能性が高いであろう．次いで，もっと仮想的なアイデアを紹介しよう．たとえば，繁殖干渉に強い種 A が害虫で，繁殖干渉に弱い種 B が非害虫である場合に，種 A に対して近縁な非害虫種 C を導入することで，種 A が防除できるかもしれない．具体的には，種 A に対しては繁殖干渉に強いが，種 B に対しては繁殖干渉に弱い種を種 C として選び，種 C の人為的な導入によって種 A を駆逐することが可能になる．そのまま放置すると，いずれ種 C は種 B に駆逐される可能性があるが，人為的に種 B の密度が高くなりすぎないように維持できれば，種 B と種 C が共存する状態を作り出すことが可能かもしれない．この状態を維持できれば主要な害虫である種 A をうまく防除できるかもしれない．もっともこの方法には，種 A からの繁殖干渉を逃れた種 B が害虫化する潜在的なリスクもあるので，応用的には慎重な対応が必要になるものと考えている．第三者の非害虫による主要害虫の置き換えは，主要害虫が殺虫剤抵抗性を発達させて防除が困難になった場合などにも広範に応用ができる可能性があり，今後の研究の進展を期待している．

引用文献

欧文文献

Abe, Y. and S. Tokumaru (2008) : Displacement in two invasive species of leafminer fly in different localities. Biol. Invasions, 10 : 951-953.

Able, K. P. and J. R. Belthoff (1998) : Rapid "evolution" of migratory behaviour in the introduced house finch of eastern North America. Proc. Roy. Soc. B, 265 : 2063-2071.

Aerts, R. (1999) : Interspecific competition in natural plant communities : mechanisms, trade-offs and plant-soil feedbacks. J. Exp. Bot., 50 : 29-37.

Agarwala, B. K. and H. Yasuda (2001) : Overlapping oviposition and chemical defense of eggs in two co-occurring species of ladybird predators of aphids. J. Ethol., 19 : 47-53.

Aiken, R. B. and D. L. Gibo (1979) : Changes in fecundity of *Drosophila melanogaster* and *D. simulans* in response to selection for competitive ability. Oecologia, 43 : 63-77.

Alexandrou, M. A., C. Oliveira, et al. (2011) : Competition and phylogeny determine community structure in Mullerian co-mimics. Nature, 469 : 84-88.

Allee, W. C., O. Park, et al. (1949) : Principles of Animal Ecology (No. Edn 1), WB Saundere.

Amarasekare, P. (2007) : Trade-offs, temporal variation, and species coexistence in communities with intraguild predation. Ecology, 88 : 2720-2728.

Amézquita, A., S. V. Flechas, et al. (2011) : Acoustic interference and recognition space within a complex assemblage of dendrobatid frogs. Proc. Nat. Acad. Sci., 108 : 17058-17063.

Amézquita, A., W. Hödl, et al. (2006) : Masking interference and the evolution of the acoustic communication system in the Amazonian dendrobatid frog *Allobates femoralis*. Evolution, 60 : 1874-1887.

Anderson, B. and S. D. Johnson (2008) : The geographical mosaic of coevolution in a plant-pollinator mutualism. Evolution, 62 : 220-225.

Anderson, R. F. V. (1977) : Ethological isolation and competition of allospecies in secondary contact. Am. Nat., 939-949.

Andrews, R. H., T. N. Petney, et al. (1982) : Reproductive interference between three parapatric species of reptile tick. Oecologia, 52 : 281-286.

Anonymous (1944) : Easter Meeting 1944 : Symposium on "The Ecology of Closely Allied Species". J. Anim. Ecol., 13 : 176-177.

Armbruster, W. S. and A. D. McGuire (1991) : Experimental assessment of reproductive interactions between sympatric *Aster* and *Erigeron* (Asteraceae) in interior Alaska. Am. J. Bot., 78 : 1449-1457.

Arnold, M. L. (2006) : Evolution through Genetic Exchange (Vol. 3), Oxford University Press.

Arnold, M. L. (2015) : Divergence with Genetic Exchange, Oxford University Press.

Arnqvist, G. and L. Rowe (2005) : Sexual Conflict, Princeton University Press.

Atkinson, W. D. and B. Shorrocks (1981) : Competition on a divided and ephemeral resource : a simulation model. J. Anim. Ecol., 50 : 461–471.

Awmack, C. S. and S. R. Leather (2002) : Host plant quality and fecundity in herbivorous insects. Annu. Rev. Entomol., 47 : 817–844.

Baack, E. J. (2004) : Cytotype segregation on regional and microgeographic scales in snow buttercups (*Ranunculus adoneus* : Ranunculaceae). Am. J. Bot., 91 : 1783–1788.

Bargielowski, I., E. Blosser, et al. (2015) : The effects of interspecific courtship on the mating success of *Aedes aegypti* and *Aedes albopictus* (Diptera : Culicidae) males. Ann. Entomol. Soc. Am., 108 : 513–518.

Bargielowski, I. E., L. P. Lounibos, et al. (2013) : Evolution of resistance to satyrization through reproductive character displacement in populations of invasive dengue vectors. Proc. Nat. Acad. Sci., 110 : 2888–2892.

Bargielowski, I. and L. P. Lounibos (2014) : Rapid evolution of reduced receptivity to interspecific mating in the dengue vector *Aedes aegypti* in response to satyrization by invasive *Aedes albopictus*. Evol. Ecol., 28 : 193–203.

Bargielowski, I. E., L. P. Lounibos, et al. (2015) : Widespread evidence for interspecific mating between *Aedes aegypti* and *Aedes albopictus* (Diptera : Culicidae) in nature. Infect. Genet. Evol., 36 : 456–461.

Barker, J. S. F. (1963) : The estimation of relative fitness of *Drosophila* populations. III. The fitness of certain strains of *Drosophila melanogaster*. Evolution, 17 : 138–146.

Barker, J. S. F. (1971) : Ecological differences and competitive interaction between *Drosophila melanogaster* and *Drosophila simulans* in small laboratory populations. Oecologia, 8 : 139–156.

Barker, J. S. F. and R. N. Podger (1970) : Interspecific competition between *Drosophila melanogaster* and *Drosophila simulans* : effects of larval density on viability, developmental period and adult body weight. Ecology, 51 : 170–189.

Bascompte, J., P. Jordano, et al. (2003) : The nested assembly of plant-animal mutualistic networks. Proc. Nat. Acad. Sci., 100 : 9383–9387.

Bascompte, J. and P. Jordano (2013) : Mutualistic Networks, Monographs in Population Biology, Princeton University Press.

Baur, A. (1990) : Intra- and interspecific influences on age at first reproduction and fecundity in the land snail *Balea perversa*. Oikos, 57 : 333–337.

Beckerman, A., T. G. Benton, et al. (2002) : Population dynamic consequences of delayed life-history effects. Trend. Ecol. Evol., 17 : 263–269.

Begon, M., C. R. Townsend, et al. (2006) : Ecology : From Individuals to Ecosystems, 4th edition, Blackwell Publishing.

Bell, G. (1982) : The Masterpiece of Nature : The Evolution and Genetics of Sexuality, University of California Press.

Bellows, T. S. and M. P. Hassell (1984) : Models for interspecific competition in laboratory populations of *Callosobruchus* spp. J. Anim. Ecol., 53 : 831–848.

Ben-David, T., U. Gerson, et al. (2009) : Asymmetric reproductive interference between two closely related spider mites : *Tetranychus urticae* and *T. turkestani* (Acari : Tetranychidae). Exp. Appl. Acarol., 48 : 213–227.

Berlocher, S. H. and J. L. Feder (2002) : Sympatric speciation in phytophagous insects : moving beyond controversy? Annu. Rev. Entomol., 47 : 773–815.

Berthold, P. (1993) : Bird Migration : A General Survey, Oxford University Press.

Birch, L. C. (1954) : Experiments on the relative abundance of two sibling species of grain weevils. Aust. J. Zool., 2 : 66–74.

Birch, L. C., T. Park, et al. (1951) : The effect of intraspecies and interspecies competition on the fecundity of two species of flour beetles. Evolution, 5 : 116–132.

BirdLife International (2016) : IUCN Red List for birds. http://www.birdlife.org on 13/08/2016.

Birkhead, T., J. Wimpenny, et al. (2014) : Ten Thousand Birds : Ornithology since Darwin, Princeton University Press.

Bolnick, D. I. and B. M. Fitzpatrick (2007) : Sympatric speciation : models and empirical evidence. Annu. Rev. Ecol. Evol. Syst., 38 : 459–487.

Bovbjerg, R. V. (1970) : Ecological isolation and competitive exclusion in two crayfish (*Orconectes virilis* and *Orconectes immunis*). Ecology, 51 : 225–236.

British Ecological Society (2013) : 100 influential papers published in 100 years of the British Ecological Society journals. British Ecological Society.

Brown, B. J. and R. J. Mitchell (2001) : Competition for pollination : effects of pollen of an invasive plant on seed set of a native congener. Oecologia, 129 : 43–49.

Brown B. J., R. J. Mitchell, et al. (2002) : Competition for pollination between an invasive species (purple loosestrife) and a native congener. Ecology, 83 : 2328–2336.

Brown, J. H. and A. Kodoric-Brown (1977) : Turnover rates in insular biogeography : effect of immigration on extinction. Ecology, 58 : 445–449.

Brown, J. H. and A. Kodric-Brown (1979) : Convergence, competition, and mimicry in a temperate community of hummingbird-pollinated flowers. Ecology, 60 : 1022–1035.

Budnik, M. and D. Brncic (1974) : Preadult competition between *Drosophila pavani* and *Drosophila melanogaster, Drosophila simulans*, and *Drosophila willistoni*. Ecology, 55 : 657–661.

Bull, C. M. (1991) : Ecology of parapatric distributions. Annu. Rev. Ecol. Syst., 22 : 19–36.

Burdfield-Steel, E. R. and D. M. Shuker (2011) : Reproductive interference. Curr. Biol., 21 : R450–R451.

Burgess, K. S., M. Morgan, et al. (2008) : Interspecific seed discounting and the fertility cost of hybridization in an endangered species. New Phytol., 177 : 276–284.

Butler M. J. IV and R. A. Stein (1985) : An analysis of the mechanisms governing species replacements in crayfish. Oecologia, 66 : 168–177.

Cain, M., W. Bowman, et al. (2008) : Ecology, Sinauer Associates.

Cain, M., W. Bowman, et al. (2014) : Ecology, 3rd edition, Sinauer Associates.

Carrasquilla, M. C. and L. P. Lounibos (2015) : Satyrization without evidence of successful insemination from interspecific mating between invasive mosquitoes. Biol. Lett., 11 : 20150527.

Chae, Y., N. Yokoyama, et al. (2015) : Reproductive isolation between *Stigmaeopsis celarius* and its sibling species sympatrically inhabiting bamboo (*Pleioblastus* spp.) plants. Exp. Appl. Acarol., 66 : 11–23.

Chapman, T., L. F. Liddle, et al. (1995) : Cost of mating in *Drosophila melanogaster* females is mediated by male accessory gland products. Nature, 373 : 241–244.

Chau, M. F. and D. F. Ng (1988) : Interspecific micronuclear transplantation in *Paramecium* : nucleogenesis and stomatogenesis in asexual and sexual reproduction. Development, 103 : 179–191.

Cheng, X. Y., P. Z. Xie, et al. (2009) : Competitive displacement of the native species *Bursaphelenchus mucronatus* by an alien species *Bursaphelenchus xylophilus* (Nematoda : Aphelenchida : Aphelenchoididae) : a case of successful invasion. Biol. Invasions, 11 : 205–213.

Chiba, S. (2004) : Ecological and morphological patterns in communities of land snails of the genus *Mandarina* from the Bonin Islands. J. Evol. Biol., 17 : 131–143.

Cody, M. L. and J. M. Diamond (1975) : Ecology and Evolution of Communities, Harvard University Press.

Colwell, R. K. (1986) : Community biology and sexual selection : lessons from hummingbird flower mites. In J. M. Diamond and T. J. Case (eds.), Community Ecology. Harper and Row, pp. 406–424.

Comita, L. S., H. C. Muller-Landau, et al. (2010) : Asymmetric density dependence shapes species abundances in a tropical tree community. Science, 329 : 330–332.

Connell, J. H. (1980) : Diversity and the coevolution of competitors, or the ghost of competition past. Oikos, 35 : 131–138.

Connell, J. H. (1983) : On the prevalence and relative importance of interspecific competition : evidence from field experiments. Am. Nat., 122 : 661–696.

Connor, E. F., M. D. Collins, et al. (2013) : The checkered history of checkerboard distributions. Ecology, 94 : 2403–2414.

Costa-Schmidt, L. E. and G. Machado (2012) : Reproductive interference between two sibling species of gift-giving spiders. Anim. Behav., 84 : 1201–1211.

Cothran, R. D., A. R. Stiff, et al. (2013) : Reproductive interference via interspecific pairing in an amphipod species complex. Behav. Ecol. Sociobiol., 67 : 1357–1367.

Courtney, S. P. and J. Forsberg (1988) : Host use by two pierid butterflies varies with host density. Funct. Ecol., 2 : 67–75.

Coyne, J. A. and H. A. Orr (2004) : Speciation, Sinauer Associates.

Crenshaw, J. W. (1966) : Productivity and competitive ability in *Tribolium*. Am. Nat., 100 : 683–687.

Crombie, A. C. (1945) : On competition between different species of graminivorous insects. Proc. Roy. Soc. B : Biol. Sci., 132 : 362–395.

Crowder, D. W., A. R. Horowitz, et al. (2010) : Mating behaviour, life history and adaptation to insecticides determine species exclusion between whiteflies. J. Anim. Ecol., 79 : 563–570.

Crowder, D. W., A. R. Horowitz, et al. (2011) : Niche partitioning and stochastic processes shape community structure following whitefly invasions. Basic Appl. Ecol., 12 : 685–694.

Crowder, D. W., M. I. Sitvarin, et al. (2010) : Plasticity in mating behaviour drives asymmetric reproductive interference in whiteflies. Anim. Behav., 79 : 579–587.

Crudgington, H. S. and M. T. Siva-Jothy (2000) : Genital damage, kicking and early death. Nature, 407 : 855–856.

Dame, E. A. and K. Petren (2006) : Behavioural mechanisms of invasion and displacement in Pacific island geckos (*Hemidactylus*). Anim. Behav., 71 : 1165–1173.

Darwin, C. (1859) : On the Origins of Species by Means of Natural Selection, London : John Murray.

Darwin, C. (1874) : The Descent of Man and Selection in Relation to Sex, 2nd edition, London : John Murray.

Dawson, P. S. (1966) : Developmental rate and competitive ability in *Tribolium*. Evolution, 20 : 104–116.

Dawson, P. S. (1970) : A further assessment of the role of founder effects in the outcome of *Tribolium* competition experiments. Proc. Nat. Acad. Sci., 66 : 1112–1118.

Dawson, P. S. (1977) : Life history strategy and evolutionary history of *Tribolium* flour beetles. Evolution, 31 : 226–229.

De Barro, P., S. S. Liu, et al. (2011) : *Bemisia tabaci* : a statement of species status. Annu. Rev. Entomol., 56 : 1–19.

de Vries, H. (1909) : The Mutation Theory ; Experiments and Observations on the Origin of Species in the Vegetable Kingdom, Open Court Pub. Co..

DeBach, P. (1966) : The competitive displacement and coexistence principles. Annu. Rev. Entomol., 11 : 183–212.

DeBach, P. and R. Sundby (1963) : Competitive displacement between ecological homologues. Calif. Agric., 34 : 105–166.

Diamond, J. M. (1974) : Colonization of exploded volcanic islands by birds : the supertramp strategy. Science, 184 : 803–806.

Dieckmann, U. and M. Doebli (1999) : On the origin of species by sympatric speciation. Nature, 400 : 354–357.

Dincă, V., V. A. Lukhtanov, et al. (2011) : Unexpected layers of cryptic diversity in wood white *Leptidea* butterflies. Nat. Comm., 2 : 324.

Diver, C. (1936) : The problem of closely related species and the distribution of their populations. Proc. Roy. Soc. B, 121 : 62–65.

Diver, C. (1940) : The problem of closely related species living in the same area. In J. Huxley (ed.), The New Systematics. The Clarendon Press, pp. 303, 328.

Dobzhansky, T. (1937) : Genetics and the Origin of Species, Colombia University Press.

Dobzhansky, T. (1940) : Speciation as a stage in evolutionary divergence. Am. Nat., 74 : 312–321.

Drès, M. and J. Mallet (2002) : Host races in plant-feeding insects and their importance in sympatric speciation. Philos. Trans. Roy. Soc. B : Biol. Sci., 357 : 471–492.

Drury, J. P., C. N. Anderson, et al. (2015) : Seasonal polyphenism in wing coloration affects species recognition in rubyspot damselflies (*Hetaerina* spp.). J. Evol. Biol., 28 : 1439–1452.

Drury, J. P., K. W. Okamoto, et al. (2015) : Reproductive interference explains persistence of aggression between species. Proc. Roy. Soc. B : Biol. Sci., 282 : 20142256.

Dukas, R. (2004) : Male fruit flies learn to avoid interspecific courtship. Behav. Ecol., 15 : 695–698.

Eaton, D. A. R., C. B. Fenster, et al. (2012) : Floral diversity and community structure in *Pedicularis* (Orobanchaceae). Ecology, 93 : Supplement : S182–S194.

Edmunds, J., J. M. Cushing, et al. (2003) : Park's *Tribolium* competition experiments : a non-equilibrium species coexistence hypothesis. J. Anim. Ecol., 72 : 703–712.

Edvardsson, M. (2007) : Female *Callosobruchus maculatus* mate when they are thirsty : resource-rich ejaculates as mating effort in a beetle. Anim. Behav., 74 : 183–188.

Ehrlich, P. R. and H. Raven (1964) : Butterflies and plants : a study of coevolution. Evolution, 18 : 586–608.

Elías, G., M. Sartor, et al. (2011) : Patterns of cytotype variation of *Turnera sidoides* subsp. *pinnatifida* (Turneraceae) in mountain ranges of central Argentina. J. Plant Res., 124 : 25–34.

Elias, M. and M. Joron (2015) : Mimicry in *Heliconius* and *Ithomiini* butterflies : the profound consequences of an adaptation. BIO Web Conf., 4 : 00008.

Elton, C. (1927) : Animal Ecology, London : Sidgwick and Jackson.

Elton, C. (1946) : Competition and the structure of ecological communities. J. Anim. Ecol., 15 : 54–68.

Elton, C. (1949) : Population interspersion : an essay on animal community patterns. J. Ecol., 37 : 1–23.

Elton, C. (1958) : The Ecology of Invasions by Animals and Plants, Methuen, London. (川那部浩哉・大沢秀行・安部琢哉訳（1971）：侵略の生態学，思索社)

Elton, C. and M. Nicholson (1942) : The ten-year cycle in numbers of the lynx in Canada. J. Anim. Ecol., 11 : 215–244.

Emlen, S. T. and L. W. Oring (1977) : Ecology, sexual selection, and the evolution of mating systems. Science, 197 : 215–223.

Engler, J. O., D. Rödder, et al. (2013) : Species distribution models contribute to determine the effect of climate and interspecific interactions in moving hybrid zones. J. Evol. Biol., 26 : 2487–2496.

Eoff, M. (1975) : Artificial selection in *Drosophila melanogaster* females for increased and decreased sexual isolation from *D. simulans* males. Am. Nat., 109 : 225–229.

Estrada, C. and C. D. Jiggins (2008) : Interspecific sexual attraction because of convergence in warning colouration : is there a conflict between natural and sexual selection in mimetic species? J. Evol. Biol., 21 : 749–760.

Fea, M. P., M. C. Stanley, et al. (2013) : Fatal attraction : sexually cannibalistic invaders attract naive native mantids. Biol. Lett., 9 : 20130746.

Feder, J. L., S. B. Opp, et al. (1994) : Host fidelity is an effective premating barrier between sympatric races of the apple maggot fly. Proc. Nat. Acad. Sci., 91 : 7990–7994.

Feder, J. L., S. H. Berlocher, et al. (2003) : Allopatric genetic origins for sympatric host-plant shifts and race formation in *Rhagoletis*. Proc. Nat. Acad. Sci., 100 : 10314–10319.

Feder, J. L., S. P. Egan, et al. (2012) : The genomics of speciation-with-gene-flow. Trends Genet., 28 : 342–350.

Fedina, T. Y. and S. M. Lewis (2008) : An integrative view of sexual selection in *Tribolium* flour beetles. Biol. Rev., 83 : 151–171.

Feng, W. (1997) : Competitive exclusion and persistence in models of resource and sexual competition. J. Math. Biol., 35 : 683–694.

Ficetola, G. F. and F. D. Bernardi (2005) : Interspecific social interactions and breeding success of the frog *Rana latastei* : a field study. Ethology, 111 : 764–774.

Finkbeiner, S. D., A. D. Briscoe, et al. (2014) : Warning signals are seductive : relative contributions of color and pattern to predator avoidance and mate attraction in *Heliconius* butterflies. Evolution, 68 : 3410–3420.

Fisher, R. A. (1930) : The Genetical Theory of Natural Selection : a complete variorum edition, Oxford University Press.

Fox, C. W. (1993) : Multiple mating, lifetime fecundity and female mortality of the bruchid beetle, *Callosobruchus maculatus* (Coleoptera : Bruchidae). Funct. Ecol., 7 : 203–208.

Fretwell, S. D. and H. L. Lucas, Jr. (1969) : On territorial behavior and other factors influencing habitat distribution in birds. I. Theoretical Development. Acta Biotheor., 19 : 16–36.

Friberg, M., M. Bergman, et al. (2008) : Niche separation in space and time between two sympatric sister species—a case of ecological pleiotropy. Evol. Ecol., 22 : 1–18.

Friberg, M., O. Leimar, et al. (2013) : Heterospecific courtship, minority effects and niche separation between cryptic butterfly species. J. Evol. Biol., 26 : 971–979.

Friberg, M., N. Vongvanich, et al. (2008) : Female mate choice determines reproductive isolation between sympatric butterflies. Behav. Ecol. Sociobiol., 62 : 873–886.

Friberg, M. and C. Wiklund (2009) : Host plant preference and performance of the sibling species of butterflies *Leptidea sinapis* and *Leptidea reali* : a test of the trade-off hypothesis for food specialisation. Oecologia, 159 : 127–137.

Fujii, K. (1965) : Studies on interspecies competition between the azuki bean weevil and the southern cowpea weevil. Res. Popul. Ecol., 7 : 43–51.

Fujii, K. (1967) : Studies on interspecies competition between the azuki bean weevil, *Callosobruchus chinensis*, and the southern cowpea weevil, *C. maculatus* II. Competition under different environmental conditions. Res. Popul. Ecol., 9 : 192–200.

Fujii, K. (1969) : Studies on the interspecies competition between the azuki bean weevil and the southern cowpea weevil IV. Competition between strains. Res. Popul. Ecol., 11 : 84–91.

Fujii, K. (1970) : Studies on the interspecies competition between the azuki bean weevil,

Callosobruchus chinensis, and the southern cowpea weevil, *C. maculatus* V. The role of adult behavior in competition. Res. Popul. Ecol., 12 : 233-242.

Fujimoto, H., T. Hiramatsu, et al. (1996) : Reproductive interference between *Panonychus mori* Yokoyama and *P. citri* (McGregor) (Acari : Tetranychidae) in peach orchards. Appl. Entomol. Zool., 31 : 59-65.

Fukami, T. (2015) : Historical contingency in community assembly : integrating niches, species pools, and priority effects. Annu. Rev. Ecol. Evol. Syst., 46 : 1-23.

Funk, D. J., K. E. Filchak, et al. (2002) : Herbivorous insects : model systems for the comparative study of speciation ecology. Genetica, 116 : 251-267.

Futuyma, D. J. (2008) : Sympatric speciation : norm or exception? In K. J. Tilmon (ed.), Specialization, Speciation, and Radiation : The Evolutionary Biology of Herbivorous Insects. University of California Press, pp. 136-148.

Gause, G. F. (1932) : Experimental studies on the struggle for existence : 1. Mixed population of two species of yeast. J. Exp. Biol., 9 : 389-402.

Gause, G. F. (1934a) : The Struggle for Existence, Williams & Wilkins.

Gause, G. F. (1934b) : Experimental analysis of Vito Volterra's mathematical theory of the struggle for existence. Science, 79 : 16-17.

Gause, G. F. (1958). The search for anticancer antibiotics ; some theoretical problems. Science, 127 : 506-508.

Geiselhardt, S., T. Otte, et al. (2012) : Looking for a similar partner : host plants shape mating preferences of herbivorous insects by altering their contact pheromones. Ecol. Lett., 15 : 971-977.

Gemeno, C., O. Alomar, et al. (2007) : Mating periodicity and post-mating refractory period in the zoophytophagous plant bug *Macrolophus caliginosus* (Heteroptera : Miridae). Euro. J. Entomol., 104 : 715.

Ghent, A. W. (1963) : Studies of behavior of the *Tribolium* flour beetles. I. Contrasting responses of *T. castaneum* and *T. confusum* to fresh and conditioned flours. Ecology, 44 : 269-283.

Ghent, A. W. (1966) : Studies of behavior of the *Tribolium* flour beetles. II. Distributions in depth of *T. castaneum* and *T. confusum* in fractionable shell vials. Ecology, 47 : 355-367.

Gilbert, F. (1990) : Size, phylogeny and life-history in the evolution of feeding specialization in insect predators. In F. Gilbert (ed.), Insect Life Cycles : Genetics, Evolution and Co-ordination. Springer, pp. 101-124.

Goldman-Huertas, B., R. F. Mitchell, et al. (2015) : Evolution of herbivory in Drosophilidae linked to loss of behaviors, antennal responses, odorant receptors, and ancestral diet. Proc. Nat. Acad. Sci., 112 : 3026-3031.

Goodman, N. (1871) : The descent of man and selection in relation to sex. J. Anat. Physiol., 5 : 363.

Goodnight, C. J. and D. M. Craig (1996) : The effect of coexistence on competitive outcome in *Tribolium castaneum* and *Tribolium confusum*. Evolution, 50 : 1241-1250.

Grant, P. R. (1972) : Convergent and divergent character displacement. Biol. J. Lin. Soc., 4 : 39-68.

Grant, P. R. (1987) : Ecology and Evolution of Darwin's Finches, Princeton University Press.

Grant, P. R. and B. R. Grant (2011) : How and Why Species Multiply : The Radiation of Darwin's Finches, Princeton University Press.

Graur, D. and D. Wool (1985) : Undirectional interspecific mating in *Tribolium castaneum* and *T. confusum* : evolutionary and ecological implications. Entomol. Exp. Appl., 38 : 261–265.

Greenwood, P. J. (1981) : Mating systems, philopatry and dispersal in birds and mammals. Anim. Behav., 28 : 1140–1162.

Grinnell, J. (1904) : The origin and distribution of the chest-nut-backed chickadee. The Auk, 21 : 364–382.

Grinnell, J. (1914) : Barriers to distribution as regards birds and mammals. Am. Nat., 48 : 248–254.

Gripenberg, S., P. J. Mayhew, et al. (2010) : A meta-analysis of preference-performance relationships in phytophagous insects. Ecol. Lett., 13 : 383–393.

Gröning, J. and A. Hochkirch (2008) : Reproductive interference between animal species. Quart. Rev. Biol., 83 : 257–282.

Hairston, N. G. (1980) : The experimental test of an analysis of field distributions : competition in terrestrial salamanders. Ecology, 61 : 817–826.

Haldane, J. B. (1922) : Sex ratio and unisexual sterility in hybrid animals. J. Genetics, 12 : 101–109.

Hao, J. H., S. Qiang, et al. (2011) : A test of Baker's law : breeding systems of invasive species of Asteraceae in China. Biol. Invasions, 13 : 571–580.

Harano, T. and T. Miyatake (2005) : Heritable variation in polyandry in *Callosobruchus chinensis*. Anim. Behav., 70 : 299–304.

Harano, T., Y. Yasui, et al. (2006) : Direct effects of polyandry on female fitness in *Callosobruchus chinensis*. Anim. Behav., 71 : 539–548.

Harder, L., M. Cruzan, et al. (1993) : Unilateral incompatibility and the effects of interspecific pollination for *Erythronium americanum* and *Erythronium albidum* (Liliaceae). Can. J. Botany, 71 : 353–358.

Hardin, G. (1960) : The competitive exclusion principle. Science, 131 : 1292–1297.

Harris, J. A. (1913) : The data of inter-varietal and inter-specific competition in their relation to the problem of natural selection. Science, 38 : 402–403.

Harrison, R. G. (1993) : Hybrid Zones and the Evolutionary Process, Oxford University Press.

Hart, J. W. (1990) : Plant Tropisms : And Other Growth Movements, Chapman and Hall.

Harvey, P. H. and M. R. Pagel (1991) : The Comparative Method in Evolutionary Biology, Oxford University Press.

Hassell, M. P. and T. R. E. Southwood (1978) : Foraging strategies of insects. Annu. Rev. Ecol. Syst., 9 : 75–98.

Hedrick, P. W. (1972) : Factors responsible for a change in interspecific competitive ability in *Drosophila*. Evolution, 26 : 513–522.

Hengeveld, R. (1989) : Dynamics of Biological Invasions, Chapman and Hall.

Hereford, J. (2009) : A quantitative survey of local adaptation and fitness trade-offs. Am. Nat., 173 :

579–588.

Hettyey, A. and P. B. Pearman (2003) : Social environment and reproductive interference affect reproductive success in the frog *Rana latastei*. Behav. Ecol., 14 : 294–300.

Hettyey, A., J. Török, et al. (2005) : Male mate choice lacking in the agile frog, *Rana dalmatina*. Copeia, 2005 : 403–408.

Hettyey, A., B. Vági, et al. (2014) : Reproductive interference between *Rana dalmatina* and *Rana temporaria* affects reproductive success in natural populations. Oecologia, 176 : 457–464.

Higashi, M., G. Takimoto, et al. (1999) : Sympatric speciation by sexual selection. Nature, 402 : 523–526.

Higashiyama, T. and R. Inatsugi (2006) : Comparative analysis of biological models used in the study of pollen tube growth. In R. Malhó (ed.), The Pollen Tube. Springer, pp. 265–286.

Himuro, C. and K. Fujisaki (2008) : Males of the seed bug *Togo hemipterus* (Heteroptera : Lygaeidae) use accessory gland substances to inhibit remating by females. J. Insect Physiol., 54 : 1538–1542.

Hironori, Y. and S. Katsuhiro (1997) : Cannibalism and interspecific predation in two predatory ladybirds in relation to prey abundance in the field. Entomophaga, 42 : 153–163.

Hochkirch, A., J. Gröning, et al. (2007) : Sympatry with the devil : reproductive interference could hamper species coexistence. J. Anim. Ecol., 76 : 633–642.

Hollander, J., C. M. Smadja, et al. (2013) : Genital divergence in sympatric sister snails. J. Evol. Biol., 26 : 210–215.

Holm, S. (1979) : A simple sequentially rejective multiple test procedure. Scand. J. Stat., 6 : 65–70.

Holt, R. D. and G. R. Huxel (2007) : Alternative prey and the dynamics of intraguild predation : theoretical perspectives. Ecology, 88 : 2706–2712.

Holt, R. D. and G. A. Polis (1997) : A theoretical framework for intraguild predation. Am. Nat., 149 : 745–764.

Honma, A., N. Kumano, et al. (2018) : Killing two bugs with one stone : a perspective for targeting multiple pest species by incorporating reproductive interference into sterile insect technique. Pest Management Science, https://doi.org/10.1002/ps.5202.

Hoshiai, T. (1960) : Synecological study on intertidal communities III. An analysis of interrelation among sedentary organisms on the artificially denuded rock surface. Bull. Marine Biol. Sta. Asamushi, 10 : 49–56.

Hoskin, C. J., M. Higgie, et al. (2005) : Reinforcement drives rapid allopatric speciation. Nature, 437 : 1353–1356.

Hotzy, C. and G. Arnqvist (2009) : Sperm competition favors harmful males in seed beetles. Curr. Biol., 19 : 404–407.

Howard, D. J. (1999) : Conspecific sperm and pollen precedence and speciation. Annu. Rev. Ecol. Syst., 30 : 109–132.

Hoya, A., H. Shibaike, et al. (2004) : Germination and seedling survivorship characteristics of hybrids between native and alien species of dandelion (*Taraxacum*). Plant Sp. Biol., 19 : 81–90.

Huang, S. Q. and X. Q. Shi (2013) : Floral isolation in *Pedicularis* : how do congeners with shared pollinators minimize reproductive interference? New Phytol., 199 : 858–865.

Hubbell, S. P. (2001) : The Unified Neutral Theory of Biodiversity and Biogeography (Monographs in Population Biology), Princeton University Press.

Hutchinson, G. E. (1957) : Concluding remarks. Cold Spring Harbor Symposia on Quantitative Biology, 22 : 415–427.

Hutchinson, G. E. (1961) : The paradox of the plankton. Am. Nat., 95 : 137–145.

Huxel, G. R. (1999) : Rapid displacement of native species by invasive species : effects of hybridization. Biol. Conserv., 89 : 143–152.

Ide, J. Y. (2004) : Diurnal and seasonal changes in the mate-locating behavior of the satyrine butterfly *Lethe diana*. Ecol. Res., 19 : 189–196.

Iida, H. and K. Fujisaki (2007) : Seasonal changes in resource allocation within an individual offspring of the wolf spider, *Pardosa pseudoannulata* (Araneae : Lycosidae). Physiol. Entomol., 32 : 81–86.

Imafuku, M., Y. Matsui, et al. (2006) : Flight patterns and mating behavior in a zephyrus hairstreak, *Neozephyrus japonicus* (Lepidoptera : Lycaenidae). J. Res. Lepidoptera, 39 : 8–17.

Imafuku, M., T. Ohtani, et al. (2000) : Copulation of *Neozephyrus japonicas* (Lycaenidae) under captive conditions. Trans. Lepid. Soc. Japan, 52 : 1–10.

Inouye, N. and I. M. Lerner (1965) : Competition between *Tribolium* species (Coleoptera, Tenebrionidae) on several diets. J. Stored Prod. Res., 1 : 185–191.

Ishii, Y. and M. Shimada (2008) : Competitive exclusion between contest and scramble strategists in *Callosobruchus* seed-beetle modeling. Popul. Ecol., 50 : 197–205.

Ishii, Y. and M. Shimada (2010) : The effect of learning and search images on predator-prey interactions. Popul. Ecol., 52 : 27–35.

Ishii, Y. and M. Shimada (2012) : Learning predator promotes coexistence of prey species in host-parasitoid systems. Proc. Nat. Acad. Sci., 109 : 5116–5120.

Iwao, S. (1968) : A new regression method for analyzing the aggregation pattern of animal populations. Res. Popul. Ecol., 10 : 1–20.

Iwao, S. (1971) : Dynamics of numbers of a phytophagous lady-beetle, *Epilachna vigintioctomaculata*, living in patchily distributed habitats. Proc. Adv. Study Inst. on Dynamics of Numbers in Populations. Oosterbeek, 1970, pp. 129–147.

Iwasa,Y., F. J. Odendaal, et al. (1983) : Emergence patterns in male butterflies : a hypothesis and a test. Theor. Popul. Biol., 23 : 363–379.

Izquierdo, J. I., M. C. Carracedo, et al. (1992) : Response to selection for increased hybridization between *Drosophila melanogaster* females and *D. simulans* males. J. Hered., 83 : 100–104.

Jaenike, J. (1978a) : On optimal oviposition behavior in phytophagous insects. Theor. Popul. Biol., 14 : 350–356.

Jaenike, J. (1978b) : Resource predictability and niche breadth in the *Drosophila quinaria* species group. Evolution, 32 : 676–678.

Jaenike, J. (1986) : Genetic complexity of host-selection behavior in *Drosophila*. Proc. Nat. Acad. Sci., 83 : 2148–2151.

Jaenike, J. (1990) : Host specialization in phytophagous insects. Annu. Rev. Ecol. Syst., 21 : 243–273.

Jeffries, M. J. and J. H. Lawton (1984) : Enemy free space and the structure of ecological communities. Biol. J. Lin. Soc., 23 : 269–286.

Jermy, T. (1988) : Can predation lead to narrow food specialization in phytophagous insects? Ecology, 69 : 902–904.

Johnson, D. D. P., D. T. Blumstein, et al. (2013) : The evolution of error : error management, cognitive constraints, and adaptive decision-making biases. Trend. Ecol. Evol., 28 : 1–8.

Jordan, D. S. (1905) : The origin of species through isolation. Science, 22 : 545–562.

Jordano, P., J. Bascompte, et al. (2003) : Invariant properties in coevolutionary networks of plant-animal interactions. Ecol. Lett., 6 : 69–81.

Junghans T. and E. Fischer (2008) : Aspects of dispersal in *Cymbalaria muralis* (Scrophulariaceae). Botanische Jahrbücher, 127 : 289–298.

Kameda, Y., A. Kawakita, et al. (2009) : Reproductive character displacement in genital morphology in *Satsuma* land snails. Am. Nat., 173 : 689–697.

Kamimura, Y. (2012) : Correlated evolutionary changes in *Drosophila* female genitalia reduce the possible infection risk caused by male copulatory wounding. Behav. Ecol. Sociobiol., 66 : 1107–1114.

Kamimura, Y. and H. Mitsumoto (2011) : Comparative copulation anatomy of the *Drosophila melanogaster* species complex (Diptera : Drosophilidae). Entomol. Sci., 14 : 399–410.

Kamimura, Y. and H. Mitsumoto (2012) : Lock-and-key structural isolation between sibling *Drosophila* species. Entomol. Sci., 15 : 197–201.

Kanbe, Y., I. Okada, et al. (2008) : Interspecific mating of the introduced bumblebee *Bombus terrestris* and the native Japanese bumblebee *Bombus hypocrita sapporoensis* results in inviable hybrids. Naturwissenschaften, 95 : 1003–1008.

Kandori I., T. Hirao, et al. (2009) : An invasive dandelion unilaterally reduces the reproduction of a native congener through competition for pollination. Oecologia, 159 : 559–569.

Kaplan, I. and R. F. Denno (2007) : Interspecific interactions in phytophagous insects revisited : a quantitative assessment of competition theory. Ecol. Lett., 10 : 977–994.

Katakura, H. (1997) : Species of *Epilachna* ladybird beetles. Zool. Sci., 14 : 869–881.

Katakura, H., M. Shioi, et al. (1989) : Reproductive isolation by host specificity in a pair of phytophagous ladybird beetles. Evolution, 43 : 1045–1053.

Kawanishi, M. and T. K. Watanabe (1981) : Genes affecting courtship song and mating preference in *Drosophila melanogaster*, *Drosophila simulans* and their hybrids. Evolution, 35 : 1128–1133.

Kawano, K. (2002) : Character displacement in giant rhinoceros beetles. Am. Nat., 159 : 255–271.

Kawatsu, K. (2013a) : Sexually antagonistic coevolution for sexual harassment can act as a barrier to further invasions by parthenogenesis. Am. Nat., 181 : 223–234.

Kawatsu, K. (2013b) : Sexual conflict over the maintenance of sex : effects of sexually antagonistic coevolution for reproductive isolation of parthenogenesis. PLoS ONE : e58141.

Kawatsu, K. and S. Kishi (2018) : Identifying critical interactions in complex competition dynamics between bean beetles. Oikos, 127 : 553–560.

Kawecki, T. J., R. E. Lenski, et al. (2012) : Experimental evolution. Trend. Ecol. Evol., 27 : 547–560.

Keese, M. C. (1997) : Does escape to enemy-free space explain host specialization in two closely related leaf-feeding beetles (Coleoptera : Chrysomelidae)? Oecologia, 112 : 81–86.

Keller, R. P., J. Geist, et al. (2011) : Invasive species in Europe : ecology, status, and policy. Env. Sci. Euro., 23 : 23.

Kergoat, G. J., B. P. Le Ru, et al. (2011) : Phylogenetics, species boundaries and timing of resource tracking in a highly specialized group of seed beetles (Coleoptera : Chrysomelidae : Bruchinae). Mol. Phylogenet. Evol., 59 : 746–760.

Khasdan, V., I. Levin, et al. (2005) : DNA markers for identifying biotypes B and Q of *Bemisia tabaci* (Hemiptera : Aleyrodidae) and studying population dynamics. Bull. Entomol. Res., 95 : 605–613.

Kikuchi, D. W. and D. W. Pfennig (2013) : Imperfect mimicry and the limits of natural selection. Quart. Rev. Biol., 88 : 297–315.

Kimura, K. and S. Chiba (2015) : The direct cost of traumatic secretion transfer in hermaphroditic land snails : individuals stabbed with a love dart decrease lifetime fecundity. Proc. Roy. Soc. B, 282 : 20143063.

Kiritani, K., N. Hokyo, et al. (1963) : Co-existence of the two related stink bugs *Nezara viridula* and *N. antennata* under natural conditions. Res. Popul. Ecol., 5 : 11–22.

Kishi, S. (2015) : Reproductive interference in laboratory experiments of interspecific competition. Popul. Ecol., 57 : 283–292.

Kishi, S. and T. Nakazawa (2013) : Analysis of species coexistence co-mediated by resource competition and reproductive interference. Popul. Ecol., 55 : 305–313.

Kishi, S. and Y. Tsubaki (2014) : Avoidance of reproductive interference causes resource partitioning in bean beetle females. Popul. Ecol., 56 : 73–80.

Kishi, S., T. Nishida, et al. (2009) : Reproductive interference determines persistence and exclusion in species interactions. J. Anim. Ecol., 78 : 1043–1049.

Kondo, N. I., D. Yamanaka, et al. (2009) : Reproductive disturbance of Japanese bumblebees by the introduced European bumblebee *Bombus terrestris*. Naturwissenschaften, 96 : 467–475.

Kondoh, M., S. Kato, et al. (2010) : Food webs are built up with nested subwebs. Ecology, 91 : 3123–3130.

Kondrashov, A. S. and F. A. Kondrashov (1999) : Interactions among quantitative traits in the course of sympatric speciation. Nature, 400 : 351–354.

Konishi, M., K. Hosoya, et al. (2003) : Natural hybridization between endangered and introduced species of *Pseudorasbora*, with their genetic relationships and characteristics inferred from allozyme analyses. J. Fish Biol., 63 : 213–231.

Konuma, J. and S. Chiba (2007) : Ecological character displacement caused by reproductive interference. J. Theor. Biol., 247 : 354–364.

Křivan, V. (2000) : Optimal intraguild foraging and population stability. Theor. Popul. Biol., 58 : 79–94.

Kronforst, M. R. and R. Papa (2015) : The functional basis of wing patterning in *Heliconius* butterflies : the molecules behind mimicry. Genetics, 200 : 1–19.

Kuboyama, T., C. S. Chung, et al. (1994) : The diversity of interspecific pollen-pistile incongruity in *Nicotiana*. Sex. Plant Reprod., 7 : 250–258.

Kuno, E. (1988) : Aggregation pattern of individuals and the outcomes of competition within and between species : differential equation models. Res. Popul. Ecol., 30 : 69–82.

Kuno, E. (1991) : Some strange properties of the logistic equation defined with *r* and *K* : inherent defects or artifacts? Res. Popul. Ecol., 33 : 33–39.

Kuno, E. (1992) : Competitive exclusion through reproductive interference. Res. Popul. Ecol., 34 : 275–284.

Kuno, E., Y. Kozai, et al. (1995) : Modelling and analyzing density-dependent population processes : comparison between wild and laboratory strains of the bean weevil, *Callosobruchus chinensis* (L.). Res. Popul. Ecol., 37 : 165–176.

Kurota, H. and M. Shimada (2001) : Photoperiod- and temperature-dependent induction of larval diapause in a multivoltine bruchid, *Bruchidius dorsalis*. Entomol. Exp. Appl., 99 : 361–369.

Kyogoku, D. (2015) : Reproductive interference : ecological and evolutionary consequences of interspecific promiscuity. Popul. Ecol., 57 : 253–260.

Kyogoku, D. and T. Nishida (2013) : The mechanism of the fecundity reduction in *Callosobruchus maculatus* caused by *Callosobruchus chinensis* males. Popul. Ecol., 55 : 87–93.

Kyogoku, D. and T. Sota (2015a) : Does heterospecific seminal fluid reduce fecundity in interspecific copulation between seed beetles? J. Insect Physiol., 72 : 54–60.

Kyogoku, D. and T. Sota (2015b) : Exaggerated male genitalia intensify interspecific reproductive interference by damaging heterospecific female genitalia. J. Evol. Biol., 28 : 1283–1289.

Lack, D. (1945) : The ecology of closely related species with special reference to cormorant (*Phalacrocorax carbo*) and shag (*P. aristotelis*). J. Anim. Ecol., 14 : 12–16.

Lack, D. (1947) : Darwin's Finches, Cambridge University Press.

Láníková, D. and Z. Lososová (2009) : Rocks and walls : natural versus secondary habitats. Folia Geobot., 44 : 263–280.

Lederhouse, R. C. (1982) : Territorial defense and lek behavior of the black swallowtail butterfly, *Papilio polyxenes*. Behav. Ecol. Sociobiol., 10 : 109–118.

Leibold, M. A., M. Holyoak, et al. (2004) : The metacommunity concept : a framework for multi-scale community ecology. Ecol. Lett., 7 : 601–613.

Leslie, P. H., T. Park, et al. (1968) : The effect of varying the initial numbers on the outcome of competition between two *Tribolium* species. J. Anim. Ecol., 37 : 9–23.

Levin, D. A., J. Francisco-Ortega, et al. (1996) : Hybridization and the extinction of rare plant species. Conserv. Biol., 10 : 10–16.

Levin, D. A. and W. W. Anderson (1970) : Competition for pollinators between simultaneously flowering species. Am. Nat., 104 : 455–467.

Lewinsohn, T. M., V. Novotny, et al. (2005) : Insects on plants : diversity of herbivore assemblages revisited. Annu. Rev. Ecol. Evol. Syst., 36 : 597–620.

Lian, C. L., M. A. Wadud, et al. (2006) : An improved technique for isolating codominant compound microsatellite markers. J. Plant Res., 119 : 415–417.

Liao, S. M. (2014) : Effects of reproductive interference between *Bursaphelenchus xylophilus* and *B. mucronatus* on the development of pine wilt disease. Ph. D. thesis (The University of Tokyo).

Liao, S. M., S. Kasuga, et al. (2014) : Suppressive effects of *Bursaphelenchus mucronatus* on pine wilt disease development and mortality of *B. xylophilus*—inoculated pine seedlings. Nematology, 16 : 219–227.

Liou, L. W. and T. D. Price (1994) : Speciation by reinforcement of premating isolation. Evolution, 48 : 1451–1459.

Liu, C. Q. and S. Q. Huang (2013) : Floral divergence, pollinator partitioning and the spatiotemporal pattern of plant-pollinator interactions in three sympatric *Adenophora* species. Oecologia, 173 : 1411–1423.

Liu, S. S., P. J. De Barro, et al. (2007) : Asymmetric mating interactions drive widespread invasion and displacement in a whitefly. Science, 318 : 1769–1772.

Lotka, A. J. (1920) : Analytical note on certain rhythmic relations in organic systems. Proc. Nat. Acad. Sci., 6 : 410–415.

Lounibos, L. P., I. Bargielowski, et al. (2016) : Coexistence of *Aedes aegypti* and *Aedes albopictus* (Diptera : Culicidae) in peninsular Florida two decades after competitive displacements. J. Med. Entomol., 53 : 1385–1390.

Luiselli, L. (2006) : Resource partitioning and interspecific competition in snakes : the search for general geographical and guild patterns. Oikos, 114 : 193–211.

Maan, M. E. and M. E. Cummings (2008) : Female preferences for aposematic signal components in a polymorphic poison frog. Evolution, 62 : 2334–2345.

MacArthur, R. H. (1972) : Geographical Ecology, Harper & Row Publishers.（巌俊一・大崎直太監訳（1982）：地理生態学，蒼樹書房）

MacArthur, R. and R. Levins (1967) : The limiting similarity, convergence, and divergence of coexisting species. Am. Nat., 101 : 377–385.

MacArthur, R. H. and E. R. Pianka (1966) : On optimal use of a patchy environment. Am. Nat., 100 : 603–609.

Mackie, G. L., S. U. Qadri, et al. (1978) : Significance of litter size in *Musculium securis* (Bivalvia : Sphaeriidae). Ecology, 59 : 1069–1074.

Madjidian, J. A., C. L. Morales, et al. (2008) : Displacement of a native by an alien bumblebee : lower pollinator efficiency overcome by overwhelmingly higher visitation frequency. Oecologia,

156 : 835–845.

Manning, A. (1959) : The sexual isolation between *Drosophila melanogaster* and *Drosophila simulans*. Anim. Behav., 7 : 60–65.

Markow, T. A. (1981) : Mating preferences are not predictive of the direction of evolution in experimental populations of *Drosophila*. Science, 213 : 1405–1407.

Marshall, V. T., J. J. Schwartz, et al. (2006) : Effects of heterospecific call overlap on the phonotactic behaviour of grey treefrogs. Anim. Behav., 72 : 449–459.

Matsubayashi, K., I. Ohshima, et al. (2010) : Ecological speciation in phytophagous insects. Entomol. Exp. Appl., 134 : 1–27.

Matsumoto, T., K.-I. Takakura, et al. (2010) : Alien pollen grains interfere with the reproductive success of native congener. Biol. Invasions, 12 : 1617–1626.

Matsuo, T., S. Sugaya, et al. (2007) : Odorant-binding proteins OBP57d and OBP57e affect taste perception and host-plant preference in *Drosophila sechellia*. PLoS Biol 5 : 985–996.

Mayer, E. and W. Meise (1930) : Theoretisches zur Geschichte des Vogelzuges. Der Vogelzug 1 : 149–172.

Mayhew, P. J. (1997) : Adaptive patterns of host-plant selection by phytophagous insects. Oikos, 79 : 417–428.

Mayhew, P. J. (2001) : Herbivore host choice and optimal bad motherhood. Trend. Ecol. Evol., 16 : 165–167.

Maynard-Smith, J. (1966) : Sympatric speciation. Am. Nat., 100 : 637–650.

Maynard-Smith, J. and G. R. Price (1973) : The logic of animal conflict. Nature, 246 : 15–18.

McIntosh, R. P. (1986) : The Background of Ecology : Concept and Theory, Cambridge University Press.

McPeek, M. A., S. Gavrilets (2006) : The evolution of female mating preferences : differentiation from species with promiscuous males can promote speciation. Evolution, 60 : 1967–1980.

Mertz, D. B., D. A. Cawthon, et al. (1976) : An experimental analysis of competitive indeterminacy in *Tribolium*. Proc. Nat. Acad. Sci., 73 : 1368–1372.

Milbrath, L. R., M. J. Tauber, et al. (1993) : Prey specificity in *Chrysopa* : an interspecific comparison of larval feeding and defensive behavior. Ecology, 74 : 1384–1393.

Miller, R. S. (1964) : Larval competition in *Drosophila melanogaster* and *D. simulans*. Ecology, 45 : 132–148.

Minamori, S. (1951) : The lethal phenomena in the second generation of the spinous loach hybrid. J. Sci. Hiroshima Univ., BI, 12 : 57–66.

Minoshima, Y. N., S. Yamane, et al. (2015) : An invasive alien hornet, *Vespa velutina nigrithorax* du Buysson (Hymenoptera, Vespidae), found in Kitakyushu, Kyushu Island : a first record of the species from mainland Japan. Jpn. J. Syst. Entomol., 21 : 259–261.

Miyatake, T. and F. Matsumura (2004) : Intra-specific variation in female remating in *Callosobruchus chinensis* and *C. maculatus*. J. Insect Physiol., 50 : 403–408.

Moore, J. A. (1952) : Competition between *Drosophila melanogaster* and *Drosophila simulans*. I.

Population cage experiments. Evolution, 6 : 407–420.

Mora, C., D. P. Tittensor, et al. (2011) : How many species are there on Earth and in the ocean? PLoS Biol., 9 : e1001127.

Morales, C. L. and A. Traveset (2008) : Interspecific pollen transfer : magnitude, prevalence and consequences for plant fitness. Crit. Rev. Plant Sci., 27 : 221–238.

Morandin, L. A., T. M. Laverty, et al. (2001) : Bumble bee (Hymenoptera : Apidae) activity and pollination levels in commercial tomato greenhouses. J. Econ. Entomol., 94 : 462–467.

Morgan, T. H. (1910) : Chromosomes and heredity. Am. Nat., 44 : 449–496.

Morisita, M. (1959) : Measuring of the dispersion of individuals and analysis of the distribution patterns. Memories of Faculty of Science, Kyushu University, Series E (Biology), 2 : 215–235.

Morita, T., S. B. J. Menken, et al. (1990) : Hybridization between European and Asian dandelions (*Taraxacum* section *Ruderalia* and section *Mongolica*). New Phytol., 114 : 519–529.

Moth, J. J. (1974) : Density, frequency and interspecific competition : fertility of *Drosophila simulans* and *Drosophila melanogaster*. Oecologia, 14 : 237–246.

Moth, J. J. and J. S. F. Barker (1977) : Interspecific competition between *Drosophila melanogaster* and *Drosophila simulans* : effects of adult density on adult viability. Genetica, 47 : 203–218.

Moth, J. J. and J. S. F. Barker (1981) : Interspecific competition between *Drosophila melanogaster* and *Drosophila simulans* : effects of adult density, species frequency, light, and dietary phosphorus-32 on fecundity. Physiol. Zool., 54 : 28–43.

Murakami, Y. and N. Haga (1995) : Interspecific pair formation induced by natural mating reaction in *Paramecium*. Zool. Sci., 12 : 219–223.

Murray Jr, B. G. (1982) : On the meaning of density dependence. Oecologia, 53 : 370–373.

Naisbit, R. E., C. D. Jiggins, et al. (2002) : Hybrid sterility, Haldane's rule and speciation in *Heliconius cydno* and *H. melpomene*. Genetics, 161 : 1517–1526.

Nakajima, R., H. Yamamoto, et al. (2015) : Post-drilling changes in seabed landscape and megabenthos in a deep-sea hydrothermal system, the Iheya North field, Okinawa Trough. PLoS ONE, 10 : e0123095.

Nakamura, M., S. Utsumi, et al. (2005) : Flood initiates bottom-up cascades in a tri-trophic system : host plant regrowth increases densities of a leaf beetle and its predators. J. Anim. Ecol., 74 : 683–691.

Nakanishi, H. (1994) : Myrmecochorous adaptations of *Corydalis* species (Papaveraceae) in southern Japan. Ecol. Res., 9 : 1–8.

Narise, T. (1965) : The effect of relative frequency of species in competition. Evolution, 19 : 350–354.

Nasci, R. S., S. G. Hare, et al. (1989) : Interspecific mating between Louisiana strains of *Aedes albopictus* and *Aedes aegypti* in the field and laboratory. J. Am. Mosq. Control Assoc., 5 : 416–421.

Neyman, J., T. Park, et al. (1956) : Struggle for existence. The *Tribolium* model : biological and statistical aspects. In Proceedings of the third Berkeley symposium on mathematical statistics and probability (Vol. 4, No. 4), University of California Press.

Nishida, S., K. Hashimoto, et al. (2017) : Variation in the strength of reproductive interference from an alien congener to a native species in *Taraxacum*. J. Plant Res., 130 : 125–134.

Nishida, S., M. M. Kanaoka, et al. (2014) : Pollen-pistil interactions in reproductive interference : comparisons of heterospecific pollen tube growth from alien species between two native *Taraxacum* species. Funct. Ecol., 28 : 450–457.

Nishida, S., K.-I. Takakura, et al. (2012) : Differential effects of reproductive interference by an alien congener on native *Taraxacum* species. Biol. Invasions, 14 : 439–447.

Nishida, T., K. Takakura, et al. (2015) : Host specialization by reproductive interference between closely related herbivorous insects. Popul. Ecol., 57 : 273–281.

Niwa, K. and T. Sakamoto (2010) : Allopolyploidy in natural and cultivated populations of *Porphyra* (Bangiales, Rhodophyta). J. Phycol., 46 : 1097–1105.

Noor, M. A. F. (1999) : Reinforcement and other consequences of sympatry. Heredity, 83 : 503–508.

Noriyuki, S. (2015) : Host selection in insects : reproductive interference shapes behavior of ovipositing females. Popul. Ecol., 57 : 293–305.

Noriyuki, S., Y. Kameda, et al. (2014) : Prevalence of male-killer in a sympatric population of two sibling ladybird species, *Harmonia yedoensis* and *Harmonia axyridis* (Coleoptera : Coccinellidae). Eur. J. Entomol., 111 : 307–311.

Noriyuki, S. and N. Osawa (2012) : Intrinsic prey suitability in specialist and generalist *Harmonia* ladybirds : a test of the trade-off hypothesis for food specialization. Entomol. Exp. Appl., 144 : 279–285.

Noriyuki, S. and N. Osawa (2015) : Geographic variation of color polymorphism in two sibling ladybird species, *Harmonia yedoensis* and *H. axyridis* (Coleoptera : Coccinellidae). Entomol. Sci., 18 : 502–508.

Noriyuki, S., N. Osawa, et al. (2011) : Prey capture performance in hatchlings of two sibling *Harmonia* ladybird species in relation to maternal investment through sibling cannibalism. Ecol. Entomol., 36 : 282–289.

Noriyuki, S., N. Osawa, et al. (2012) : Asymmetric reproductive interference between specialist and generalist predatory ladybirds. J. Anim. Ecol., 81 : 1077–1085.

Nosil, P. (2002) : Transition rates between specialization and generalization in phytophagous insects. Evolution, 56 : 1701–1706.

Nosil, P. (2008) : Speciation with gene flow could be common. Mol. Ecol., 17 : 2103–2106.

Nosil, P. and A. Ø. Mooers (2005) : Testing hypotheses about ecological specialization using phylogenetic trees. Evolution, 59 : 2256–2263.

Nowicki, P., S. Bonelli, et al. (2009) : Relative importance of density-dependent regulation and environmental stochasticity for butterfly population dynamics. Oecologia, 161 : 227–239.

Ogawa, K. and I. Mototani (1985) : Invasion of the introduced dandelions and survival of the native ones in the Tokyo metropolitan area of Japan. Jpn. J. Ecol., 33 : 443–452.

Ohnishi, Y. K., N. Katayama, et al. (2013) : Differential dispersal of *Chamaesyce maculata* seeds by two ant species in Japan. Plant Ecol., 214 : 907–915.

Ohsaki, N. and Y. Sato (1994) : Food plant choice of *Pieris* butterflies as a trade-off between parasitoid avoidance and quality of plants. Ecology, 75 : 59–68.

Okamoto, T. and T. Hikida (2012) : A new cryptic species allied to *Plestiodon japonicus* (Peters, 1864) (Squamata : Scincidae) from eastern Japan, and diagnoses of the new species and two parapatric congeners based on morphology and DNA barcode. Zootaxa, 3436 : 1–23.

Okamoto, T., J. Motokawa, et al. (2006) : Parapatric distribution of the lizards *Plestiodon* (formerly *Eumeces*) *latiscutatus* and *P. japonicus* (Reptilia : Scincidae) around the Izu Peninsula, central Japan, and its biogeographic implications. Zool. Sci., 23 : 419–425.

Okuyama, H., Y. Samejima, et al. (2013) : Habitat segregation of sympatric *Mnais* damselflies (Odonata : Calopterygidae) : microhabitat insolation preferences and competition for territorial space. Int. J. Odonatol., 16 : 109–117.

Okuzaki, Y., Y. Takami, et al. (2010) : Resource partitioning or reproductive isolation : the ecological role of body size differences among closely related species in sympatry. J. Anim. Ecol., 79 : 383–392.

Osawa, N. (2000) : Population field studies on the aphidophagous ladybird beetle *Harmonia axyridis* (Coleoptera : Coccinellidae) : resource tracking and population characteristics. Popul. Ecol., 42 : 115–127.

Osawa, N. and K. Ohashi (2008) : Sympatric coexistence of sibling species *Harmonia yedoensis* and *H. axyridis* (Coleoptera : Coccinellidae) and the roles of maternal investment through egg and sibling cannibalism. Euro. J. Entomol., 105 : 445–454.

Otte, T., M. Hilker, et al. (2016) : Phenotypic plasticity of mate recognition systems prevents sexual interference between two sympatric leaf beetle species. Evolution, 70 : 1819–1828.

Packard, A. S. (1898) : A half-century of evolution, with special reference to the effects of geological changes on animal life. Am. Nat., 32 : 623–674.

Palmer, W. M. and A. L. Braswell (1995) : Reptiles of North Carolina, University of North Carolina Press.

Pappers, S. M. (2001) : Evolution in action. Host race formation in *Galerucella nymphaeae*. PhD Thesis Univ. Nijmegen.

Park, T. (1933) : Studies in population physiology. II. Factors regulating initial growth of *Tribolium confusum* populations. J. Exp. Zool., 65 : 17–42.

Park, T. (1934) : Observations on the general biology of the flour beetle, *Tribolium confusum*. Quart. Rev. Biol., 9 : 36–54.

Park, T. (1948) : Experimental studies of interspecies competition. I. Competition between populations of the flour beetles, *Tribolium confusum* Duval and *Tribolium castaneum* Herbst. Ecol. Monogr., 18 : 265–308.

Park, T., P. H. Leslie, et al. (1964) : Genetic strains and competition in populations of *Tribolium*. Physiol. Zool., 37 : 97–162.

Park, T., D. B. Mertz, et al. (1965) : Cannibalistic predation in populations of flour beetles. Physiol. Zool., 38 : 289–321.

Park, T., M. Nathanson, et al. (1970) : Cannibalism of pupae by mixed-species populations of adult *Tribolium*. Physiol. Zool., 43 : 166–184.

Park, T., J. R. Ziegler, et al. (1974) : The cannibalism of eggs by *Tribolium* larvae. Physiol. Zool., 47 : 37–58.

Patterson, B. D. (1990) : On the temporal development of nested subset patterns of species composition. Oikos, 59 : 330–342.

Pearl, R. (1932) : The influence of density of population upon egg production in *Drosophila melanogaster*. J. Exp. Zool., 63 : 57–84.

Pekár, S., M. Jarab, et al. (2011) : Is the evolution of inaccurate mimicry a result of selection by a suite of predators? A case study using myrmecomorphic spiders. Am. Nat., 178 : 124–134.

Perry, J. C. and B. D. Roitberg (2006) : Trophic egg laying : hypotheses and tests. Oikos, 112 : 706–714.

Pfennig, D. W. and D. W. Kikuchi (2012) : Competition and the evolution of imperfect mimicry. Curr. Zool., 58 : 608–619.

Pfennig, K. S. (1998) : The evolution of mate choice and the potential for conflict between species and mate-quality recognition. Proc. Roy. Soc. B : Biol. Sci., 265 : 1743–1748.

Pfennig, K. S. and D. W. Pfennig (2009) : Character displacement : ecological and reproductive responses to a common evolutionary problem. Quart. Rev. Biol., 84 : 253.

Podos, J. (2001) : Correlated evolution of morphology and vocal signal structure in Darwin's finches. Nature, 409 : 185–188.

Pollock, L. J., M. J. Bayly, et al. (2015) : The roles of ecological and evolutionary processes in plant community assembly : the environment, hybridization, and introgression influence co-occurrence of *Eucalyptus*. Am. Nat., 185 : 784–796.

Poore, A. G. and P. D. Steinberg (1999) : Preference-performance relationships and effects of host plant choice in an herbivorous marine amphipod. Ecol. Monogr., 69 : 443–464.

Popper, K. R. (1959) : The Logic of Scientific Discovery, London : Hutchinson.

Poulin, R. (2011) : Evolutionary Ecology of Parasites, Princeton University Press.

Pratchett, M. S., M. L. Berumen, et al. (2008) : Habitat associations of juvenile versus adult butterflyfishes. Coral Reefs, 27 : 541–551.

Qvarnström, A., C. Wiley, et al. (2009) : Life-history divergence facilitates regional coexistence of competing *Ficedula* flycatchers. Ecology, 90 : 1948–1957.

R Core Team (2007) : R : a language and environment for statistical computing. R Foundation for Statistical Computing, Vienna, Austria.

Rambuda, T. D. and S. D. Johnson (2004) : Breeding systems of invasive alien plants in South Africa : does Baker's rule apply? Divers. Distrib., 10 : 409–416.

Ramiro, R. S., S. M. Khan, et al. (2015) : Hybridization and pre-zygotic reproductive barriers in *Plasmodium*. Proc. Roy. Soc. B, 282 : 20143027.

Rausher, M. D. (1988) : Is coevolution dead? Ecology, 69 : 898-901.

Reitz, S. R. and J. T. Trumble (2002) : Competitive displacement among insects and arachnids. Annu. Rev. Entomol., 47 : 435-465.

Remnant, E. J., A. Koetz, et al. (2014) : Reproductive interference between honeybee species in artificial sympatry. Mol. Ecol., 23 : 1096-1107.

Ribeiro, J. M. (1988) : Can satyrs control pests and vectors? J. Med. Entomol., 25 : 431-440.

Ribeiro, J. M. C. and A. Spielman (1986) : The satyr effect : a model predicting parapatry and species extinction. Am. Nat., 128 : 513-528.

Richards, A. J. (1973) : The origin of *Taraxacum* agamospecies. Bot. J. Lin. Soc., 66 : 189-211.

Roger, A. O. (2008) : The role of amoeboid protists and the microbial community in moss-rich terrestrial ecosystems : biogeochemical implications for the carbon budget and carbon cycle, especially at higher latitudes. J. Eukaryot. Microbiol., 55 : 145-150.

Roininen, H. and J. Tahvanainen (1989) : Host selection and larval performance of two willow-feeding sawflies. Ecology, 70 : 129-136.

Rönn, J., M. Katvala, et al. (2006) : The costs of mating and egg production in *Callosobruchus* seed beetles. Anim. Behav., 72 : 335-342.

Rönn, J. L., M. Katvala, et al. (2008) : Interspecific variation in ejaculate allocation and associated effects on female fitness in seed beetles. J. Evol. Biol., 21 : 461-470.

Rosenheim, J. A., H. K. Kaya, et al. (1995) : Intraguild predation among biological-control agents : theory and evidence. Biol. Control, 5 : 303-335.

Ruokolainen, L. and I. Hanski (2016) : Stable coexistence of ecologically identical species : conspecific aggregation via reproductive interference. J. Anim. Ecol., 85 : 638-647.

Sadakiyo, S. and M. Ishihara (2012) : The role of host seed size in mediating a latitudinal body size cline in an introduced bruchid beetle in Japan. Oikos, 121 : 1231-1238.

Sakamaki, Y., K. Miura, et al. (2005) : Interspecific hybridization between *Liriomyza trifolii* and *Liriomyza sativae*. Ann. Entomol. Soc. Am., 98 : 470-474.

Sakurai, G., C. Himuro, et al. (2012) : Intra-specific variation in the morphology and the benefit of large genital sclerites of males in the adzuki bean beetle (*Callosobruchus chinensis*). J. Evol. Biol., 25 : 1291-1297.

Sandercock, G. A. (1967) : A study of selected mechanisms for the coexistence of *Diaptomus* spp. in Clarke Lake, Ontario. Limnol. Oceanogr., 12 : 97-112.

Sarwat, M. (2012) : ISSR : a reliable and cost-effective technique for detection of DNA polymorphism. In N. J. Sucher, J. R. Hennell and M. C. Carles (eds.), Plant DNA Fingerprinting and Barcoding. Humana Press, pp. 103-121.

Sato, Y., J. M. Alba, et al. (2014) : Testing for reproductive interference in the population dynamics of two congeneric species of herbivorous mites. Heredity, 113 : 495-502.

Sato, Y., K. I. Takakura, et al. (2013) : Dominant occurrence of cleistogamous flowers of *Lamium amplexicaule* in relation to the nearby presence of an alien congener *L. purpureum* (Lamiaceae). ISRN Ecol., 2013 : 476862.

Scheffer, M., S. Carpenter, et al. (2001) : Catastrophic shifts in ecosystems. Nature, 413 : 591–596.

Scheirs, J., L. De Bruyn, et al. (2000) : Optimization of adult performance determines host choice in a grass miner. Proc. Roy. Soc. B, 267 : 2065–2069.

Schluter, D. (2000) : The Ecology of Adaptive Radiation, Oxford University Press.

Schoener, T. W. (1974) : Resource partitioning in ecological communities. Science, 185 : 27–39.

Schoener, T. W. (1983) : Field experiments on interspecific competition. Am. Nat., 122 : 240–285.

Seki, K., S. Inoue, et al. (2002) : Geographical distributions of sibling species of land snails *Bradybaena pellucida* and *B. similaris* in the Boso peninsula. Venus, 61 : 41–48.

Serrano, J. M., L. Castro, et al. (2000) : Inter- and intraspecific sexual discrimination in the flour beetles *Tribolium castaneum* and *Tribolium confusum*. Heredity, 85 : 142–146.

Sherman, P., H. Reeve, et al. (1997) : Recognition Systems. In J. Krebs and N. Davies (eds.), Behavioural Ecology, 4th Edition. Oxford : Blackwell Science, pp. 69–96.

Sherratt, T. N. (2002) : The evolution of imperfect mimicry. Behav. Ecol., 13 : 821–826.

Shibatani, A. (1992) : Observations on the period of active flight in males of *Favonius* (Lycaenidae) in southern Primor'e, the Russian Federation. Tyô to Ga, 43 : 23–34.

Shimada, M. (1999) : Population fluctuation and persistence of one-host-two-parasitoid systems depending on resource distribution : from parasitizing behavior to population dynamics. Res. Popul. Ecol., 41 : 69–79.

Shinoda, K., T. Yoshida, et al. (1992) : Population ecology of the azuki bean beetle, *Callosobruchus chinensis* (L.) (Coleoptera : Bruchidae) on two wild leguminous hosts, *Vigna angularis* var. *nipponensis* and *Dunbaria villosa*. Appl. Entomol. Zool., 27 : 311–318.

Shuker, D. M., N. Currie, et al. (2015) : The extent and costs of reproductive interference among four species of true bug. Popul. Ecol., 157 : 321–331.

Slobodkin, L. B. (1961) : Preliminary ideas for a predictive theory of ecology. Am. Nat., 95 : 147–153.

Smith, C. C. and S. D. Fretwell (1974) : The optimal balance between size and number of offspring. Am. Nat., 108 : 499–506.

Smith, D. S. (1970) : Crowding in grasshoppers. I. Effect of crowding within one generation on *Melanoplus sanguinipes*. Ann. Entomol. Soc. Am., 63 : 1775–1776.

Söderbäck, B. (1994) : Reproductive interference between two co-occurring crayfish species, *Astacus astacus* L. and *Pacifastacus leniusculus* Dana. Nord. J. Freshw. Res., 69 : 137–143.

Sokoloff, A. and I. M. Lerner (1967) : Laboratory ecology and mutual predation of *Tribolium* species. Am. Nat., 101 : 261–276.

Sonneborn, T. M. (1937) : Sex, sex inheritance and sex determination in *Paramecium aurelia*. Proc. Nat. Acad. Sci., 23 : 378–385.

Soriano, P., E. Estrelles, et al. (2012) : Conservation aspects for chasmophytic species : phenological behavior and seed strategies of the Central Apennine threatened endemism *Moehringia papulosa* Bertol. Plant Biosyst., 146 : 143–152

Sota, T. and K. Kubota (1998) : Genital lock-and-key as a selective agent against hybridization.

Evolution, 52 : 1507–1513.

Stiling, P. D. and D. R. Strong (1984) : Experimental density manipulation of stem-boring insects : some evidence for interspecific competition. Ecology, 65 : 1683–1685.

Strong, D. R., J. H. Lawton, et al. (1984) : Insects on Plants : Community Patterns and Mechanisms, Harvard University Press.

Strong Jr, D. R., D. Simberloff, et al. (eds.) (2014) : Ecological Communities : Conceptual Issues and the Evidence, Princeton University Press.

Sturtevant, A. H. (1929) : Contributions to the genetics of *Drosophila simulans* and *Drosophila melanogaster*. I. The genetics of *Drosophila simulans*. Publs. Carnegie Instn., 399 : 1–62.

Sun, S.-G., B. R. Montgomery, et al. (2013) : Contrasting effects of plant invasion on pollination of two native species with similar morphologies. Biol. Invasions, 15 : 2165–2177.

Sugano, Y. C. and S. I. Akimoto (2011) : Mating asymmetry resulting from sexual conflict in the brachypterous grasshopper *Podisma sapporensis*. Behav. Ecol., 22 : 701–709.

Summerhayes, V. S. and C. S. Elton (1923) : Bear Island. J. Ecol., 11 : 216–233.

Sutton, W. S. (1903) : The chromosomes in heredity. Biol. Bull., 4 : 231–250.

Takafuji, A. (1988) : Mating between diapausing and nondiapausing strains of the citrus red mite, *Panonychus citri* (McGregor). Mem. Entomol. Soc. Canada, 120 : 181–189.

Takafuji, A., E. Kuno, et al. (1997) : Reproductive interference and its consequences for the competitive interactions between two closely related *Panonychus* spider mites. Exp. Appl. Acarol., 21 : 379–391.

Takahashi, Y., K.-I. Takakura, et al. (2015) : Flower color polymorphism maintained by overdominant selection in *Sisyrinchium* sp. J. Plant. Res., 128 : 933–939.

Takai, K. and T. Kanda (1986) : Phylogenetic relationships among the *Anopheles hyrcanus* species group based on the degree of hybrid development and comparison with phylogenies by other methods. Jpn. J. Genet., 61 : 295–314.

Takakura, K. (2002) : The specialist seed predator *Bruchidius dorsalis* (Coleoptera : Bruchidae) plays a crucial role in the seed germination of its host plant, *Gleditsia japonica* (Leguminosae). Funct. Ecol., 16 : 252–257.

Takakura, K. I. (2004) : The nutritional contribution of males affects the feeding behavior and spatial distribution of females in a bruchid beetle, *Bruchidius dorsalis*. J. Ethol., 22 : 37–42.

Takakura, K. I. (2012) : No reproductive interference from an alien to a native species in *Cerastium* (Caryophyllaceae) at the stage of seed production. ISRN Bot., 2012 : 193807.

Takakura, K. I. (2013) : Two-way but asymmetrical reproductive interference between an invasive Veronica species and a native congener. Am. J. Plant. Sci., 4 : 535–542

Takakura, K. I. and S. Fujii (2010) : Reproductive interference and salinity tolerance differentiate habitat use between two alien cockleburs : *Xanthium occidentale* and *X. italicum* (Compositae). Plant Ecol., 206 : 309–319.

Takakura, K.-I. and S. Fujii (2015) : Island biogeography as a test of reproductive interference. Popul. Ecol., 57 : 307–319.

Takakura, K.-I., T. Matsumoto, et al. (2011) : Effective range of reproductive interference exerted by an alien dandelion, *Taraxacum officinale*, on a native congener. J. Plant Res., 124 : 269–276.

Takakura, K. I., T. Nishida, et al. (2009) : Alien dandelion reduces the seed-set of a native congener through frequency-dependent and one-sided effects. Biol. Invasions, 11 : 973–981.

Takakura, K. I., T. Nishida, et al. (2015) : Conflicting intersexual mate choices maintain interspecific sexual interactions. Popul. Ecol., 57 : 261–271.

Takano, M., Y. Toquenaga, et al. (2001) : Polymorphism of competition type and its genetics in *Callosobruchus maculatus* (Coleoptera : Bruchidae). Popul. Ecol., 43 : 265–273.

Takeuchi, T., S. Yabuta, et al. (2016) : The erroneous courtship hypothesis : do insects really engage in aerial wars of attrition? Biol. J. Lin. Soc., 118 : 970–981.

Tantawy, A. O. and M. H. Soliman (1967) : Studies on natural populations of *Drosophila* VI. Competition between *Drosophila melanogaster* and *Drosophila simulans*. Evolution, 21 : 34–40.

Tatarnic, N. J. and G. Cassis (2013) : Surviving in sympatry : paragenital divergence and sexual mimicry between a pair of traumatically inseminating plant bugs. Am. Nat., 182 : 542–551.

Thatje, S., C. D. Hillenbrand, et al. (2005) : On the origin of Antarctic marine benthic community structure. Trend. Ecol. Evol., 20 : 534–540.

Thomson, A. L. (1926) : Problems of Bird-Migration, Witherby.

Thompson, J. N. (1988) : Evolutionary ecology of the relationship between oviposition preference and performance of offspring in phytophagous insects. Entomol. Exp. Appl., 47 : 3–14.

Thompson, J. N. (2005) : The Geographic Mosaic of Coevolution, University of Chicago Press.

Thum, R. (2007) : Reproductive interference, priority effects and the maintenance of parapatry in *Skistodiaptomus* copepods. Oikos, 116 : 759–768.

Tilman, D. (1987) : The importance of the mechanisms of interspecific competition. Am. Nat., 129 : 769–774.

Toft, C. A. (1985) : Resource partitioning in amphibians and reptiles. Copeia, 1985 : 1–21.

Toju, H., H. Sato, et al. (2013) : How are plant and fungal communities linked to each other in belowground ecosystems? A massively parallel pyrosequencing analysis of the association specificity of root-associated fungi and their host plants. Ecol. Evol., 3 : 3112–3124.

Tokeshi, M. (1998) : Species Coexistence : Ecological and Evolutionary Perspectives, Blackwell Science.

Tokuda, N., M. Hattori, et al. (2015) : Demonstration of pollinator-mediated competition between two native *Impatiens* species, *Impatiens noli-tangere* and *I. textori* (Balsaminaceae). Ecol. Evol., 5 : 1271–1277.

Tokumaru, S. and Y. Abe (2005) : Interspecific hybridization between *Liriomyza sativae* Blanchard and *L. trifolii* (Burgess) (Diptera : Agromyzidae). Appl. Entomol. Zool., 40 : 551–555.

Tsubaki, Y. and H. Okuyama (2015) : Adaptive loss of color polymorphism and character displacements in sympatric *Mnais* damselflies. Evol. Ecol., 30 : 1–14.

Tsuchida, K., N. I. Kondo, et al. (2010) : Reproductive disturbance risks to indigenous Japanese bumblebees from introduced *Bombus terrestris*. Appl. Entomol. Zool., 45 : 49–58.

Tuda, M. (2007) : Applied evolutionary ecology of insects of the subfamily Bruchinae (Coleoptera : Chrysomelidae). Appl. Entomol. Zool., 42 : 337-346.

Tuda, M., J. Rönn, et al. (2006) : Evolutionary diversification of the bean beetle genus *Callosobruchus* (Coleoptera : Bruchidae) : traits associated with stored-product pest status. Mol. Ecol., 15 : 3541-3551.

Udvardy, M. F. (1959) : Notes on the ecological concepts of habitat, biotope and niche. Ecology, 40 : 725-728.

Utida, S. (1941) : Studies on experimental population of the azuki bean weevil, *Callosobruchus chinensis* (L.). IV. Memoirs of the College of Agriculture, Kyoto Imperial University, 51 : 1-25.

Utida, S. (1953) : Interspecific competition between two species of bean weevil. Ecology, 34 : 301-307.

Utida, S. (1967) : Damped oscillation of population density at equilibrium. Res. Popul. Ecol., 9 : 1-9.

Utsumi, S. (2013) : Evolutionary community ecology of plant-associated arthropods in terrestrial ecosystems. Ecol. Res., 28 : 359-371.

Utsumi, S., Y. Ando, et al. (2009) : Evolution of feeding preference in a leaf beetle : the importance of phenotypic plasticity of a host plant. Ecol. Lett., 12 : 920-929.

Utsumi, S., Y. Ando, et al. (2013) : Herbivore community promotes trait evolution in a leaf beetle via induced plant response. Ecol. Lett., 16 : 362-370.

Utsumi, S. and T. Ohgushi (2007) : Plant regrowth response to a stem-boring insect : a swift moth-willow system. Popul. Ecol., 49 : 241-248.

Utsumi, S. and T. Ohgushi (2008) : Host plant variation in plant-mediated indirect effects : moth boring-induced susceptibility of willows to a specialist leaf beetle. Ecol. Entomol., 33 : 250-260.

Vallin, N., A. M. Rice, et al. (2012) : Combined effects of interspecific competition and hybridization impede local coexistence of *Ficedula* flycatchers. Evol. Ecol., 26 : 927-942.

van Dongen, W. F., I. Lazzoni, et al. (2013) : Behavioural and genetic interactions between an endangered and a recently-arrived hummingbird. Biol. Invasions, 15 : 1155-1168.

van Gossum, H., K. Beirinckx, et al. (2007) : Reproductive interference between *Nehalennia* damselfly species. Ecoscience, 14 : 1-7.

Varley, G. C. (1947) : The natural control of population balance in the knapweed gall-fly (*Urophora jaceana*). J. Anim. Ecol., 16 : 139-187.

Vickers, R. A. (1997) : Effect of delayed mating on oviposition pattern, fecundity and fertility in codling moth, *Cydia pomonella* (L.) (Lepidoptera : Tortricidae). Aust. J. Entomol., 36 : 179-182.

Vodă, R., L. Dapporto, et al. (2015) : Why do cryptic species tend not to co-occur? A case study on two cryptic pairs of butterflies. PLoS ONE, 10 : e0117802.

Volkov, I., J. R. Banavar, et al. (2005) : Density dependence explains tree species abundance and diversity in tropical forests. Nature, 438 : 658-661.

Volterra, V. (1926) : Fluctuations in the abundance of a species considered mathematically. Nature,

118 : 558–560.

Wade, M. J. and N. A. Johnson (1994) : Reproductive isolation between two species of flour beetles, *Tribolium castaneum* and *T. freemani* : variation within and among geographical populations of *T. castaneum*. Heredity, 72 : 155–162.

Wakabayashi, M. and Y. Fukuda (1985) : A new *Favonius* species from the Korean Peninsula (Lepidoptera : Lycaenidae). Nature and Life, Kyungpook Journal of Biological Sciences, 15 : 33–46.

Wallace, A. R. (1874) : Migration of birds. Nature, 10 : 459.

Wallace, B. (1974) : Studies on Intra- and Inter- specific competition in *Drosophila*. Ecology, 55 : 227–244.

Waser, N. M. (1978a) : Competition for hummingbird pollination and sequential flowering in two Colorado wildflowers. Ecology, 59 : 934–944.

Waser, N. M. (1978b) : Interspecific pollen transfer and competition between co-occurring plant species. Oecologia, 36 : 223–236.

Wasserman, M. and H. R. Koepfer (1977) : Character displacement for sexual isolation between *Drosophila mojavensis* and *Drosophila arizonensis*. Evolution, 31 : 812–823.

Wasserman, S. S. and D. J. Futuyma (1981) : Evolution of host plant utilization in laboratory populations of the southern cowpea weevil, *Callosobruchus maculatus* Fabricius (Coleoptera : Bruchidae). Evolution, 35 : 605–617.

Watanabe, T. K. and M. Kawanishi (1979) : Mating preference and the direction of evolution in *Drosophila*. Science, 205 : 906–907.

Watts, D. J. and S. H. Strogatz (1998) : Collective dynamics of 'small-world' networks. Nature, 393 : 440–442.

Wells, J. (2000) : Icon of Evolution : Science or Myth?, Regnery Publishing.

Wennersten, L. and A. Forsman (2012) : Population-level consequences of polymorphism, plasticity and randomized phenotype switching : a review of predictions. Biol. Rev., 87 : 756–767.

Westman, K., R. Savolainen, et al. (2002) : Replacement of the native crayfish *Astacus astacus* by the introduced species *Pacifastacus leniusculus* in a small, enclosed Finnish lake : a 30-year study. Ecography, 25 : 53–73.

Whiteman, N. K. and N. E. Pierce (2008) : Delicious poison : genetics of *Drosophila* host plant preference. Trend. Ecol. Evol., 23 : 473–478.

Wickliff, G. A. (2015) : Draper, Darwin, and the Oxford evolution debate of 1860. Earth Sciences History, 34 : 124–151.

Wiens, J. J. and C. H. Graham (2005) : Niche conservatism : integrating evolution, ecology, and conservation biology. Annu. Rev. Ecol. Evol. Syst., 36 : 519–539.

Wiens, J. J., D. D. Ackerly, et al. (2010) : Niche conservatism as an emerging principle in ecology and conservation biology. Ecol. Lett., 13 : 1310–1324.

Wiklund, C. (1975) : The evolutionary relationship between adult oviposition preferences and larval host plant range in *Papilio machaon* L. Oecologia, 18 : 185–197.

Wiklund, C. and M. Friberg (2008) : Enemy-free space and habitat-specific host specialization in a butterfly. Oecologia, 157 : 287–294.

Wiklund, C. and M. Friberg (2009) : The evolutionary ecology of generalization : among-year variation in host plant use and offspring survival in a butterfly. Ecology, 90 : 3406–3417.

Wirtz, P. (1999) : Mother species-father species : unidirectional hybridization in animals with female choice. Anim. Behav., 58 : 1–12.

Wiwegweaw, A., K. Seki, et al. (2009) : Fitness consequences of reciprocally asymmetric hybridization between simultaneous hermaphrodites. Zool. Sci., 26 : 191–196.

Wolfenden, A., C. G. Jones, et al. (2015) : Endangered pink pigeons treat calls of the ubiquitous Madagascan turtle dove as conspecific. Anim. Behav., 99 : 83–88.

Wolfinger, R. and M. O'Connell (1993) : Generalized linear mixed models : a pseudo-likelihood approach. J. Statist. Comput. Simul., 48 : 233–243.

Wood, D. and J. M. Ringo (1980) : Male mating discrimination in *Drosophila melanogaster, D. simulans* and their hybrids. Evolution, 34 : 320–329.

Woodruff, D. S. and S. J. Gould (1987) : Fifty years of interspecific hybridization : genetics and morphometrics of a controlled experiment on the land snail *Cerion* in the Florida Keys. Evolution, 41 : 1022–1045.

Wright, D. H., B. D. Patterson, et al. (1998) : A comparative analysis of nested subset patterns of species composition. Oecologia, 113 : 1–20.

Wullschleger, E. B., J. Wiehn, et al. (2002) : Reproductive character displacement between the closely related freshwater snails *Lymnaea peregra* and *L. ovata*. Evol. Ecol. Res., 4 : 247–257.

Yamaguchi, H. and S. Hirai (1987) : Natural hybridization and flower color inheritance in *Sisyrinchium rosulatum* bickn. Weed Res., 32 : 38–45.

Yamaguchi, R. and Y. Iwasa (2015) : Reproductive interference can promote recurrent speciation. Popul. Ecol., 57 : 343–346.

Yamane, T. and T. Miyatake (2010a) : Induction of oviposition by injection of male-derived extracts in two *Callosobruchus* species. J. Insect Physiol., 56 : 1783–1788.

Yamane, T. and T. Miyatake (2010b) : Inhibition of female mating receptivity by male-derived extracts in two *Callosobruchus* species : consequences for interspecific mating. J. Insect Physiol., 56 : 1565–1571.

Yamawo, A. (2015) : Relatedness of neighboring plants alters the expression of indirect defense traits in an extrafloral nectary-bearing plant. Evol. Biol., 42 : 12–19.

Yanagi, S. I. and T. Miyatake (2003) : Costs of mating and egg production in female *Callosobruchus chinensis*. J. Insect Physiol., 49 : 823–827.

Yassin, A. and J. R. David (2016) : Within-species reproductive costs affect the asymmetry of satyrization in *Drosophila*. J. Evol. Biol., 29 : 455–460.

Yoon, H. J., S. Y. Kim, et al. (2009) : Interspecific hybridization of the bumblebees *Bombus ignitus* and *B. terrestris*. Int. J. Indust. Entomol., 18 : 41–48.

Yoshida, T. (1966) : Studies on the interspecific competition between bean weevils. Memoirs of the

Faculty of Liberal Arts and Education, Miyazaki University, 20 : 59–98.
Yoshimura, J. and C. W. Clark (1994) : Population dynamics of sexual and resource competition. Theor. Popul. Biol., 45 : 121–131.
Yoshimura, J. and W. T. Starmer (1997) : Speciation and evolutionary dynamics of asymmetric mating preference. Res. Popul. Ecol., 39 : 191–200.
Zalucki, M. P., A. R. Clarke, et al. (2002) : Ecology and behavior of first instar larval Lepidoptera. Annu. Rev. Entomol., 47 : 361–393.
Zaya, D. N., S. A. Leicht-Young, et al. (2015) : Genetic characterization of hybridization between native and invasive bittersweet vines (*Celastrus* spp.). Biol. Invasions, 17 : 2975–2988.
Zeman, P. and G. Lynen (2010) : Conditions for stable parapatric coexistence between *Boophilus decoloratus* and *B. microplus* ticks : a simulation study using the competitive Lotka-Volterra model. Exp. Appl. Acarol., 52 : 409–426.
Zhu, Y., X. Mi, et al. (2010) : Density dependence is prevalent in a heterogeneous subtropical forest. Oikos, 119 : 109–119.

和文文献

阿江茂（1962）：アゲハチョウ属の種間雑種の研究．蝶と蛾，12 (4) : 65–89.
東清二・金城政勝ほか（1996）：沖縄昆虫野外観察図鑑，沖縄出版.
飯田博之・北村登史雄ほか（2009）：タバココナジラミバイオタイプＱの寄主範囲．関西病虫害研究会報，51 : 75–77.
石川良輔（1991）：オサムシを分ける錠と鍵，八坂書房.
伊藤大一輔・藤原篤志ほか（2006）：サケ科魚類の致死性雑種と染色体異常．動物遺伝育種研究，34 : 65–70.
今井長兵衛（2005）：日本における外来種問題．生活衛生，49 : 199–214.
今西錦司（1941）：生物の世界，弘文堂書房.
今西錦司（1971）：生物社会の論理，思索社.
巖佐庸（1987）：有性生殖の意義に関する理論的諸研究．Networks in Evolutionary Biology, 4 : 29–39.
岩崎暁生・高林透ほか（2012）：北海道におけるインゲンマメゾウムシの野外寄生の確認と越冬場所の推定．北日本病害虫研究会報，63 : 171–176.
岩崎貴也・阪口翔太ほか（2014）：生物地理学とその関連分野における地理情報システム技術の基礎と応用．日本生態学会誌，64 : 183–199.
殖田三郎（1937）：アサクサノリの生活史に關する研究．日本水産学会誌，6 : 91–104.
内田俊郎（1971）：貯蔵豆を害するマメゾウムシ類の産卵・死亡・発育に対する温度の影響．日本応用動物昆虫学会誌，15 : 23–30.
内田俊郎（1998）：動物個体群の生態学，京都大学学術出版会.
内田俊郎・掛見富貴子（1959）：ヨツモンマメゾウムシ幼虫期の成長と発育日数．日本応用動物昆虫学会誌，3 : 29–33.
梅谷献二（1968）：マメゾウムシ類の比較生態学的研究 III．3 種のマメゾウムシ成虫に対する給餌が寿命と産卵数におよぼす影響．植物防疫所調査研報，5：39–49．
梅谷献二（1981）：マメゾウムシの生物学成虫の寿命を追って．インセクタリウム，18：16–23．
梅谷献二（1987）：マメゾウムシの生物学，築地書館．
大串隆之（1996）：個体の適応形質と個体群の安定性――メカニスティック・アプローチ．久野英二編著，『昆虫個体群生態学の展開』，京都大学学術出版会，pp. 30–52．
大崎直太（1996）：産卵植物の決定要因．久野英二編著，『昆虫個体群生態学の展開』，京都大学学術出版会，pp. 323–348．
大西舞・菊地則雄ほか（2013）：絶滅危惧I類に指定されている紅藻アサクサノリの集団遺伝構造．藻類，61：84–97．
岡田一次・新島恵子ほか（1978）：同胞種クリサキテントウ *Harmonia yedoensis* とナミテントウ *H. axyridis* の比較研究．玉川大農研報，18：60–68．
奥本大三郎訳（2006）：完訳　ファーブル昆虫記，第3巻下，集英社．
小川潔（2001）：日本のタンポポとセイヨウタンポポ，どうぶつ社．
小川誠（2011）：各府県のタンポポの割合．タンポポ調査・西日本2011実行委員会編，『タンポポ調査・西日本2010報告書』，タンポポ調査・西日本2011実行委員会，pp. 27–32．
小川誠（2016a）：各府県のタンポポの割合．タンポポ調査・西日本2015実行委員会編，『タンポポ調査・西日本2010報告書』，タンポポ調査・西日本2015実行委員会，pp. 41–43．
小川誠（2016b）：タンポポの生育環境．タンポポ調査・西日本2015実行委員会編，『タンポポ調査・西日本2010報告書』，タンポポ調査・西日本2015実行委員会，pp. 44–48．
片野修（1991）：個性の生態学――動物の個体から群集へ，京都大学学術出版会．
可児藤吉（1944）：渓流棲昆虫の生態．日本生物誌，昆虫上巻，研究社．
亀田龍吉・有沢重雄（2010）：花と葉で見わける野草，小学館．
河村功一・片山雅人ほか（2009）：近縁外来種との交雑による在来種絶滅のメカニズム（〈特集1〉生物学的侵入の分子生態学）．日本生態学会誌，59：131–143．
環境省（2015）：外来種被害防止行動計画．https://www.env.go.jp/nature/intro/2outline/actionplan/actionplan.pdf（2016年7月27日アクセス）
環境省（2016）：侵略的な外来種．https://www.env.go.jp/nature/intro/2outline/invasive.html（2016年7月27日アクセス）
環境省自然環境局野生生物課（2012）：植物I（維管束植物）環境省第4次レッドリスト．http://www.env.go.jp/press/file_view.php?serial=20557&hou_id=15619（2016年7月27日アクセス）
菊池泰二（1974）：動物の種間関係．生態学講座13，共立出版．
岸茂樹・西田隆義（2012）：繁殖干渉の視点から競争実験を再検討する．日本生態学会誌，62：225–238．
岸茂樹・深澤恵介ほか（2009）：繁殖干渉，アリー効果，環境変動を考慮した有性生殖種と無性生殖種の種間競争の解析．数理解析研究所講究録，1653：52–68．
木村進（2016）：大阪府．タンポポ調査・西日本2015 実行委員会編，『タンポポ調査・西日本2015 報告書』，タンポポ調査・西日本2015 実行委員会，pp. 80–83．

木村進・小川誠（2016）：タンポポから見た自然環境．タンポポ調査・西日本 2015 実行委員会編，『タンポポ調査・西日本 2015 報告書』，タンポポ調査・西日本 2015 実行委員会，pp. 52–55.
桐谷圭治（1986）：日本の昆虫——侵略と撹乱の生態学，東海大学出版会．
久野英二編著（1996）：昆虫個体群生態学の展開，京都大学学術出版会．
倉本満（1974）：カエル類の交雑実験．爬虫両棲類学雑誌，5 (4)：85–90.
五箇公一・村中孝司（2015）：外来生物の生態学．日本生態学会編，『シリーズ現代の生態学 3．人間活動と生態系』，共立出版，pp. 192–212.
小西繭（2010）：シナイモツゴ——希少になった雑魚をまもる．魚類学雑誌，57：80–83.
小沼順二・千葉聡（2012）：繁殖干渉によって生じる生態的形質置換．日本生態学会誌，62：247–254.
佐々木均・石川陽司ほか（2009）：北海道北西部地域における吸血性アブ類の捕獲調査．衛生動物，60：311–315.
佐々木浩（1996）：ニホンイタチとチョウセンイタチ．日本動物大百科，1：128–131.
佐々木尚友（1953）：春の雑草．幼児の教育，52 (3)：25–27.
佐々治寛之（1986）：テントウムシ科の二つの同胞種群．木本新作編著，『日本の昆虫地理学』，東海大学出版会，pp. 164–174.
佐々治寛之（1998）：テントウムシの自然史，東京大学出版会．
佐藤宏明（2008）：ニホンジカによる森林の変化が昆虫類に及ぼす影響——奈良県大台ケ原においてニホンジカの増加がもたらした糞虫群集の多様性の低下．日本森林学会誌，90：315–320.
重定南奈子（1992）：侵入と伝播の数理生態学，東京大学出版会．
篠田一孝・吉田敏治（1985）：アズキ畑におけるアズキゾウムシの生態．日本応用動物昆虫学会誌，29：14–20.
芝池博幸（2005）：無融合生殖種と有性生殖種の出会い——日本に侵入したセイヨウタンポポの場合．生物科学，56：74–82.
芝池博幸・森田竜義（2002）：拡がる雑種タンポポ．遺伝，56：16–18.
柴谷篤弘（1981）：今西進化論批判試論，朝日出版社．
柴谷篤弘・谷田一三編著（1989）：日本の水生昆虫——種分化とすみ分けをめぐって，東海大学出版会．
白水隆（2006）：日本産蝶類標準図鑑，学習研究社．
鈴木忠（2006）：クマムシ?!——小さな怪物（岩波 科学ライブラリー），岩波書店．
鈴木信彦（2000）：いかに多くの子を残すか．大崎直太編著，『蝶の自然史』，北海道大学図書刊行会，pp. 31–44.
鈴木紀之・大澤直哉ほか（2012）：繁殖干渉による寄主特殊化の進化．日本生態学会誌，62：267–274.
瀬戸山雅人・嶋田正和（2007）：マメゾウムシの均等産卵行動と意思決定ルールの進化．日本生態学会誌，57：189–199.
芹沢俊介（1995）：エコロジーガイド　人里の自然，保育社．

高倉耕一（2008）：大阪およびその周辺地域に優占する外来巻貝ハブタエモノアラガイ *Lymnaea columella* (Say) とその自家受精による繁殖能力．大阪市立環科研報告，70：43–51．
高倉耕一（2018）：繁殖干渉と雑草の分布——オナモミ類とイヌノフグリ類を事例として．山口裕文監修，雑草学入門，講談社，pp. 78–96．
高倉耕一・西田佐知子ほか（2010）：植物における繁殖干渉とその生態・生物地理に与える影響．分類，10：151–162．
高倉耕一・松本崇ほか（2012）：個体ベースモデルを用いた在来—外来タンポポ間繁殖干渉の解析．日本生態学会誌，62：255–265．
高桑正敏（2013）：非武装地帯の崩壊がコブヤハズ群にもたらしたもの．新里達也編著，『カミキリ学のすすめ』，海游舎，pp. 191–236．
高橋純一・山崎和久ほか（2010）：根室半島のマルハナバチ相——特に北海道の希少種ノサップマルハナバチに対する外来種セイヨウオオマルハナバチの影響について．保全生態学研究，15：101–110．
高橋裕一郎・福澤秀哉（2000）：モデル生物として注目される緑藻クラミドモナス．蛋白質 核酸 酵素，45：39–47．
田島隆宣・大橋和典ほか（2007）：同所的に発生するカンザワハダニ *Tetranychus kanzawai* (Acari：Tetranychidae) の寄主利用能力の分化．日本ダニ学会誌，16：21–27．
谷田一三（1989）：「すみわけ」論再考．柴谷篤弘・谷田一三編著，『日本の水生昆虫』，東海大学出版会，pp. 1–16．
谷田一三（1996）：「すみ分け」と種分化——歴史生態学の枠組みへ．海洋と生物，18：457–461．
タンポポ調査・近畿2005実行委員会（2006）：タンポポ調査・近畿2005報告書．タンポポ調査・近畿2005実行委員会．
永易正男・松下慶三郎（1981）：雑豆類の加工工場等におけるマメゾウムシ類の発生調査．植防研報，17：87–92．
中村雅雄（2007）：スズメバチ——都会進出と生き残り戦略，増補改訂版，八坂書房．
新妻昭夫（2010）：進化論の時代——ウォーレス＝ダーウィン往復書簡，みすず書房．
西田佐知子・高倉耕一ほか（2015）：伊豆における外来タンポポと在来タンポポ間の繁殖干渉．分類，15：41–50．
西田隆義（2012）：総括．日本生態学会誌，62：287–293．
西田智子（2014）：外来植物の侵入メカニズムとリスク評価．根本正之・冨永達編，『身近な雑草の生物学』，朝倉書店，pp. 131–142．
日本チョウ類保全協会（2012）：日本のチョウ，誠文堂新光社．
林弥栄・畔上能力ほか（1983）：日本の野草，山と渓谷社．
林匡夫・森本桂ほか（1984）：原色日本甲虫図鑑 IV，保育社．
福田晴夫・浜栄一ほか（1984）：原色日本蝶類生態図鑑 III，保育社．
福田道雄（1977）：不忍池に飛来するカモ類に関する調査 II．1974年度–1976年度冬期間の飛来状況．鳥，26：105–114．
藤崎憲治（2001）：カメムシはなぜ群れる？離散集合の生態学．京都大学学術出版会．

藤本博明・平松高明（1995）：岡山県のモモにおけるクワオオハダニとミカンハダニの発生分布と薬剤感受性．日本ダニ学会誌，4：103-111．
細谷和海（1979）：最近のシナイモツゴとウシモツゴの減少について．淡水魚，5：117．
堀田凱樹・岡田益吉（1989）：ショウジョウバエの発生遺伝学，丸善出版．
堀田満（1977）：近畿地方におけるタンポポ類の分布．自然史研究，1：117-134．
保谷彰彦（2010）：雑種性タンポポの進化．種生物学会編，『外来生物の生態学』，文一総合出版，pp. 218-246．
本浄高治ほか（1984）：指標植物中の重金属の状態分析——金沢城鉛瓦による汚染地域に群落をなすシダ植物ヘビノネゴザの鉛の集積と耐性について．植物地理・分類研究，32：68-80．
本間淳・岸茂樹ほか（2012）：特集にあたって：繁殖干渉の歴史的な位置づけと行動生態学的な背景（〈特集2〉いま種間競争を問いなおす：繁殖干渉による挑戦）．日本生態学会誌，62：217-224．
牧野富太郎（1907）：野外植物の研究，参文舎・積文社．
牧野富太郎（1919）：断枝片葉（其九）．植物研究雑誌，2：61-66．
牧野富太郎（1961）：牧野新日本植物図鑑，北隆館．
牧野富太郎（2017）：新分類牧野日本植物図鑑，北隆館．
丸山宗利・小松貴ほか（2013）：アリの巣の生きもの図鑑，東海大学出版会．
三浦励一・土井倫子ほか（2003）：京都大学周辺におけるイヌノフグリの分布とアリによる種子散布．雑草研究，48：140-142．
水原秋櫻子（1975）：俳句歳時記植物　春，保育社．
皆森寿美夫（1951）：シマドジョウ類の交雑と分類．魚類学雑誌，1：215-225．
三宅利雄（1950）：豆象虫類の生態（2）．広島農業特別報告，3：1-9．
盛口満（2015）：テントウムシの島めぐり，地人書館．
森下正明（1950）：ヒメアメンボの棲息密度と移動——動物集団についての観察と考察．京都大学生理生態学研究業績，65：1-149．
森下正明（1954）：分散と個体群圧力．アリジゴクの棲息密度についての実験的研究（III）．日本生態学会誌 4：71-79．
森田竜義（1978）：カンサイタンポポ雑記．Nature Study，24：25-31．
森田竜義（1980）：タンポポ．堀田満編，『植物の生活誌』，平凡社，pp. 58-67．
森田竜義（1997）：世界に分布を広げた盗賊種セイヨウタンポポ．山口裕文編，『雑草の自然史——たくましさの生態学』，北海道大学図書刊行会，pp. 193-208．
山住一郎（1989）：旧大和川とイヌノフグリ．Nature Study，35：39-41．
山田陽子（2010）：ナミテントウとクリサキテントウの産卵様式が2種の幼虫の生存に及ぼす影響．山形大学大学院農学研究科修士論文．
湯浅浩史（2008）：マメの栽培化と伝播．『BIOSTORY vol. 9』，昭和堂，pp. 8-23．
吉田敏治（1957）：貯穀害虫の種間競争の研究　第4報：アズキゾウムシとヨツモンマメゾウムシの競争．宮崎大学学芸学部紀要 自然科学，61：55-80．
吉田敏治（1958）：貯穀害虫の起源とその害虫化．生物科学，10：60-68．

吉田成章（2006）：研究者が取り組んだマツ枯れ防除．日本森林学会誌，88：422–428.
米田昌浩・土田浩治ほか（2008）：商品マルハナバチの生態リスクと特定外来生物法．日本応用動物昆虫学会誌，52：47–62.
鷲谷いづみ（1998）：保全生態学からみたセイヨウオオマルハナバチの侵入問題．日本生態学会誌，48：73–78.
渡辺直（1976）：新発生したイネミズゾウムシ（仮称）の生態．植物防疫，30：342–346.
渡辺直（1984）：アズキゾウムシとヨツモンマメゾウムシの生態に関する比較研究．日本応用動物昆虫学会誌，28：223–228.
渡辺直（1985）：アズキゾウムシとヨツモンマメゾウムシの生態に関する比較研究．日本応用動物昆虫学会誌，29：107–112.
渡辺政隆（2009）：解説．種の起源（下）（ダーウィン著），光文社.

おわりに

本書は，共編者である高倉耕一氏が中軸となって，繁殖干渉についてのこれまでの研究成果と残された課題について体系的にまとめたものである．繁殖干渉は理論的にはシンプルであり，理解は本来難しくないはずだ．それにもかかわらず誤解が生じやすいのは，これまでに培われてきた生物観を根本的に変えて，新たな枠組みで生物群集をみる必要があるからだと思う．そこで最後に，生物群集などの複雑で多くの偶然を含むルースなシステムの研究はどうあるべきか，および日本における繁殖干渉説の復活の舞台裏について簡単に述べて，結びの言葉としたい．

繁殖干渉とは俗にいうと，近縁な異種間における性的ハラスメントのことである．そして，繁殖干渉が，正の頻度依存性という特性によって累積的に効果を強め，その結果，近縁種の分布パターン，生息場所や資源利用の分割などの巨視的な生態現象を実質的に決める最も重要な要因なのだというのが，本書の一貫した主張である．

科学は精密な法則性に支配されるシステムを理解するのにとりわけ優れている．これに対して，偶然性を多く含むルースなシステムを理解するのは得意ではない．生物の体は，遺伝情報の複製効率が最大になるように自然選択によって作り出された精密なシステムであり，科学による解明が驚異的に進んだ．これに対して，生物群集は多種とその間の複雑な相互作用を含むルースなシステムであり，システム全体が自然選択によって適応しているわけではない．また，生物多様性の美名のもとに，多様性そのものが普遍性に置き換えられるわけでもない．ではこのようなルースなシステムを貫く法則性をどうやったら見つけることができるだろうか．この悩みは，1980 年代の末からずっと晴れぬままだった．

生態学における標準的な見解では，生物群集を形成する中心的な概念は資源をめぐる競争だった．20 世紀の前半に資源競争を表現する理論モデルが提出され，そののち実験生態学による競争排除則の実証，さらに20世紀の中後半には群集は競争平衡にあるとする見かたが隆盛を誇った．ただし，競争平衡説を主導したロバート・マッカーサーの早すぎる死とともにこの説は輝きを失い，非平衡群集説，さらには群集は種のランダムな集まりにすぎないとする中立群集説，あるいはこれと対照的に共生など種間の互恵的な関係も重視する複雑な群集観も隆盛した．現在では，群集生態学は混沌の中にあるといっても過言ではない．

しかし冷静に振り返ってみると，資源競争説が失敗だったとしてもなんらかの強い負の相互作用が近縁種間に普遍的になければ，すみ分けやニッチ分割が普遍的にみられるはずはない．もし，個別の複雑極まりない詳細な相互作用が大きな影響を持つならば，すみ分けやニッチ分割が普遍的に観察されることはありそうもない．しかし普遍的で強い負の相互作用があるはずなのに，なぜ目の当たりにできないのだろうかというのが，長年の疑問だった．そんなときに物理学者の田崎晴明氏の普遍性とは何かというエセーをたまたま読んで，強い感銘を受けた．

> 「普遍性」とは，物理系の（マクロな）ふるまいの本質的な部分が，系の（ミクロな）詳細には依存しないという経験事実を指す．「普遍性」は，物理学という営みを可能にするための不可欠な前提であると思う．仮に，実験で観測される結果に，非常に多くの詳細な要素が有意に関わってくるような状況があったとすると，それを説明するためのモデルは現実の系と同じだけの詳細を持った極めて複雑なものになってしまう．（中略）ある程度理想化したモデルを用いて（人間にも面白い）研究をすることに意味があるのは，「普遍性」の一つの現れなのである．（田崎 1997；くりこみ群と普遍性．数理科学4月号）

物理学だけでなく，生物群集の成り立ちを決める要因は何かを探求する生態学にも普遍性が存在するはずだという形而上学的な確信が必要だと思う．しかし，形而上学が強すぎると「すみ分け論」のような論点先取の観念論に陥り，逆に形而上学がないと群集を多様性に満ちた個別の相互作用の集合にすぎないとみなしかねない．つまり，形而上学の果たすべき役割があるはずだが，バランスのとれた使い方は難しい．当時，江戸時代の思想家である富永仲基のことを知った．富永は，思想の発達を文献学的に推定する方法として「加上」という概念を提唱したことで知られる．新しい思想は，先人の思想を乗り越えるために，先人が思索の対象とした思想よりも古い時代の思想をも思索の対象とするとともに，先人の思想に新たな考えを加えて複雑化する．このパターンを解読することで，文献の成立順序が推定できることになる．生態学における資源競争説も，加上の上に加上を重ねて本来の姿がわからない状態になっていた．一度原点であるチャールズ・ダーウィンにまで立ち返って資源競争説を見直す必要があるように思った（この点については，岸茂樹氏による本書第2章を参照してほしい）．日本の思想には形而上学がないことがしばしば嘆かれるが，富永は日本にも意義ある形而上学が成立することを雄弁に示しており，勇気づけられる思いがした．特に注目したのは，「もの」ではなく「こと」の普遍性だった．とりわけ，存在するはずの「こと」が存在しないことは，強い負の相互作用によってみかけ上，消えたことを意味するはずなのだ，そして消えた相互作用の中にこそ見つけるべき聖杯があるのだと心に刻んだ．

今から思い返せば，繁殖干渉の重要性に気づくきっかけの一つは，ジョン・パウロスという数学者が書いたエセー（J. A. Paulos (1998) Once Upon a Number : The Hidden Mathematical Logic of Stories, Basic Books）を退屈しのぎに読んだことだった．パウロスは，個人が少数派に属するだけで生じる不利益について残念そうに考察していた．社会的な差別が減って，多数派も少数派もそのごく一部だけが同じ割合で差別的にふるまう状況を仮定する．そんな状況であっても，少数派は単に少数派であるという理由だけで多数派よりも差別を受けやすいことになる．なぜならば差別者の人数は多数派の方が少数派よりも必然的に多く，その結果，多数派と比較して少数派一人あたりの差別者の数はさらに多くなるからだ．しかし，パウロスの本を読んで同時に考えたのは，少数派であっても少数派が集まって暮らせば，相互作用は少数派間で卓越するはずだということだった．少数派が集まって暮らすのは世界中でよくみられる現象であるし，生物でもほとんどの種は集中分布するのだ．このことは生態学的に何か重要なヒントを投げかけてくれるのではないかと思い，しばらく考えた．しかし，ほとんどの生物には社会性はなく，重要な社会的な相互作用もまた存在しない．社会性のない普通の生物で生じる重要な相互作用は何かを考えたが，残念ながら繁殖干渉にまでは思い至らなかった．

そもそも私が繁殖干渉というアイデアに初めて出会ったのは，1990 年代初期の，京大昆虫生態研のセミナーであった．院生時代の指導教員だった久野英二先生が，Ribeiro and Spielman（1986）のモデルをもとにして作った繁殖干渉の微分方程式モデルを紹介するとともに，繁殖干渉の生態学における意義について解説したものだった．そのセミナーを聞いた当時，私は，繁殖干渉が過大に評価されていると考えた．なぜならば，昆虫の多くではメスは複数回交尾をし，しかも受精には同種の精子が異種の精子に優先するのが原則であることが，すでに精子競争の研究からわかっていたからだった．仮にメスが異種オスと交尾をしても，その後で同種オスと交尾をすれば繁殖干渉の悪影響は大幅に低下すると考えたのだった．しかし，このセミナーから十数年後に，考えは大きく変わった．当初，ギフチョウなど生涯に 1 回しか交尾しない種では繁殖干渉の効果が強く，そのため側所的分布が生じると考え，その仮説の妥当性を高倉耕一氏の協力を得て理論的に検討した．その結果は，意外なことに，メスの複数回交尾も同種オス精子の優先的受精も，現実の世界では繁殖干渉の軽減にはあまり役立たないというものであり，仮説は反証された．しかし，この結果をよく考えると，繁殖干渉はメスが複数回交尾をし，同種精子が受精に優先する多くの昆虫でも大きな影響を持つことになる．

この結果について考えをめぐらせていた 2004 年春のある晴れた日に庭仕事を終えて風呂に入っていたとき，突然，頭の中に立ち込めた雲が水平線まで勢いよく後退し，世界が晴れ渡った圧倒的な感覚に包まれた．そのときは何がわかったのかも判然としなかったが，何か大切なことがわかったという強い実感があった．後でよく考えてみると，繁殖干渉が動植物を問わず多くの系統群の生物に普遍的で，大きな影響を及ぼしうること，近縁種の地理分布，生息場所や寄主植物の分割，普通種や稀少種はなぜいるのかなど，広範な生態現象が，繁殖干渉による繁殖ニッチの空間的な隔離というアイデアで統一的に説明できることが，一気に理解できた瞬間だった．Eureka はそのときに訪れたのだった．しかし同時に，生態学者を長年悩ませてきた難題がそんなに簡単に説明できるものだろうか，説明の論理に重大な穴があるのではないか，繁殖干渉説の反証となる生態現象があるのではないか，といった疑問がわいてきた．それから1年ほどは，こうした疑念について考え続けるとともに，研究室の院生といっしょに議論を重ねた．生物の分布やニッチ分割を統一的に説明する繁殖干渉説は，同世代や年長の生態学者だけでなく，若い世代にも評判が悪かったが，興味を持ってくれる人も少数ながらいた．本書の筆頭編者である高倉耕一氏は，生物のすみ分けやニッチ分割がうまく説明できないことを不思議に思っていた，群集生態学者ではなく行動生態学者だった，性選択の研究をした経験があった，適応論者だったなど，私と学問的な背景を共有していたこともあり，すぐに共同研究をすることとなった．同じ研究室の大崎直太氏は，長年にわたり院生とともに昆虫の寄主植物を決める適応的な理由について精力的に研究していた．長年の研究の結果，植物の栄養的な質と天敵回避の相互作用が主因であるとの結論に達していたが，その当時，データを再解析した結果，昆虫間に強い負の相互作用が存在しないかぎりうまく説明できないと，考えを変えたところだった．議論を重ねて繁殖干渉こそが強い負の相互作用の実態ではないかと想定した．若い院生の中には，本書の執筆者のように強い興味を示す人もいた．それからしばらくは研究室のお茶飲み部屋は梁山泊のような熱気と知的な興奮に包まれて，多くのアイデアが誕生した．研究者として，最も楽しい時であった．

研究の大きな方針としては，(1)繁殖干渉の理論をつくる，(2)資源競争説の最も強力なエビデンスである競争実験の結果を見直す，(3)研究対象を昆虫だけでなく植物にも広げて普遍性を高める，(4)外来種による近縁在来種の駆逐を調べる，(5)在来種同士の繁殖干渉と分布やニッチ分割の関係を調べる，そして，(6)生態学の未解決の難題に挑む，といった気宇壮大なものだった．本書を読まれた方は，この研究方針の中のいくつかで大きな進展があったことに納得されるのではないだろうか．

研究の順調な進展とは裏腹に，繁殖干渉が生物群集の形成についての鍵要因であるというものの見方の大転換は，残念ながらそれほど進んでいない．生態学，特に群集生態学には普遍的な法則はないと考える多くの生態学者にとっては，多様な系統群においてケーススタディーの成功が蓄積したことも，「そういう場合もある」という個別論を打ち破る力にはまだなっていないようだ．それでも若い生態学者の中には，繁殖干渉に興味を持つ人も徐々に増えてきた．

私は，多くの人が研究する学問的な流行分野ではなく，無人の荒野，つまりだれも興味をもたず廃れてはいるがしかし重要だと思う研究分野において，自前でおんぼろ小屋を建てるような研究がしたかった．生態学における資源競争説など膨大な研究成果に支えられ外見は壮麗な宮殿のようでありながら，支えとなる柱は朽ちかけている建築物よりも，外見はぼろだが，細い柱は意外に頑健な小屋を建てたかったのだ．科学における新しい考え方の本質的な価値は，研究を新たに活性化させることにこそあると私は考える．本書が新たな研究のきっかけとなることを願う．

最後に，名古屋大学出版会の神舘健司氏には本の構成を決めることや脱稿後の綿密な校正など，多くの面でお世話になった．また，本書の刊行にあたり，日本学術振興会科学研究費補助金（研究成果公開促進費「学術図書」）の助成を受けたことはたいへん有難かった．深く感謝したい．

2018 年 9 月

西田隆義

索　引

A–Z

ア　行

カ　行

サ　行

タ　行

ナ・ハ行

マ　行

ヤ　行

ラ・ワ行

著者一覧（執筆順，＊印は編者）

＊高倉耕一（滋賀県立大学環境科学部准教授）　はじめに，第1章，第4章

岸　茂樹（農業・食品産業技術総合研究機構 生物機能利用研究部門研究員）　第2章，第5章，第7章

西田佐知子（名古屋大学博物館准教授）　第3章

鈴木紀之（高知大学農林海洋科学部准教授）　第6章，第7章

＊西田隆義（滋賀県立大学環境科学部教授）　第8章，おわりに

《編者紹介》

高倉耕一（たかくら こういち）

1972年生まれ

2000年　京都大学大学院農学研究科博士後期課程修了

　　　　大阪市立環境科学研究所研究主任などを経て

現　在　滋賀県立大学環境科学部准教授，博士（農学）

西田隆義（にしだ たかよし）

1956年生まれ

1988年　京都大学大学院農学研究科博士後期課程単位取得退学

　　　　京都大学農学部助手などを経て

現　在　滋賀県立大学環境科学部教授，農学博士

繁殖干渉

2018年11月30日　初版第1刷発行

定価はカバーに
表示しています

編　者　高　倉　耕　一
　　　　西　田　隆　義

発行者　金　山　弥　平

発行所　一般財団法人　名古屋大学出版会

〒464-0814　名古屋市千種区不老町1名古屋大学構内

電話(052)781-5027／FAX(052)781-0697

印刷・製本　亜細亜印刷㈱　ISBN978-4-8158-0925-6

乱丁・落丁はお取替えいたします。